개념기본

중 2/1
2022 개정 교육과정
중학 수학은 개념의 연결과 확장이다.

디딤돌수학 개념기본 중학 2-1

펴낸날 [초판 1쇄] 2024년 10월 1일
펴낸이 이기열
펴낸곳 (주)디딤돌 교육
주소 (03972) 서울특별시 마포구 월드컵북로 122 청원선와이즈타워
대표전화 02-3142-9000
구입문의 02-322-8451
내용문의 02-336-7918
팩시밀리 02-335-6038
홈페이지 www.didimdol.co.kr
등록번호 제10-718호

수학은 개념이다!

개념기본

중 **2** $\frac{1}{1}$ 개념북

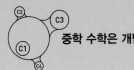 중학 수학은 개념의 연결과 확장이다.

디딤돌

올바른 **개념학습**을 통한 **중학수학 완성!**

1 꼭 알아야 할 핵심개념!

Think Way

올바른 개념학습의
길을 열어줍니다.

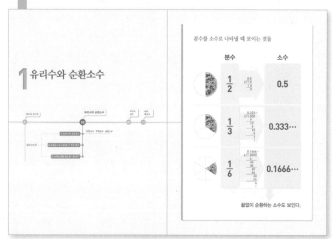

개념을 연결하고 핵심개념 포인트로 생각을
열어주고, 개념특강을 통해 개념을 마무리
정리해줍니다.

중단원 도입

이전 학습개념, 이 단원에서 배울 개념, 이후
학습개념의 연결고리를 통해 개념의 연결성
을 이끌어주고, 단원의 핵심개념을 통해 생
각을 열어줍니다.

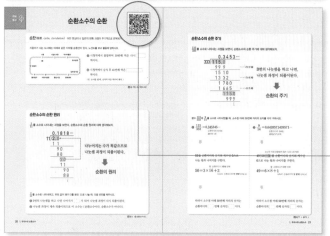

개념특강

이 단원의 중요한 개념, 설명이 필요한 개
념, 공식화는 과정 등 필요한 단원의 마무
리 개념을 정리하는 길을 열어줍니다.

▶ **개념강의 및 문제풀이 동영상**
QR코드를 이용, 개념강의 및 문제풀이 동영
상을 수록하여 개념 이해에 도움이 되도록
합니다.

2 사례 중심으로 쉽게 설명하는 개념 정리!

Think Way

왜?라는
궁금증을 해결합니다.

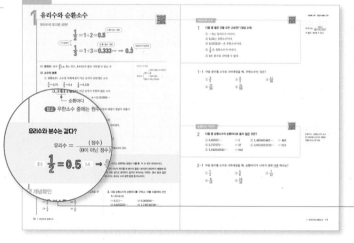

수학적 개념을 이해하는 데 꼭 필요한 '왜?'
라는 궁금증을 해결해줍니다.

주제별 개념

외우지 않아도 개념을 한눈에 이해할 수 있
게 정리해줍니다.

왜 개념이 필요한지, 그 원리 등을 설명
해주어 개념 학습의 이해를 도와줍니다.

3 5 Part의 문제 훈련을 통한 개념완성!

Think Way

문제를 통해
개념정리를 도와줍니다.

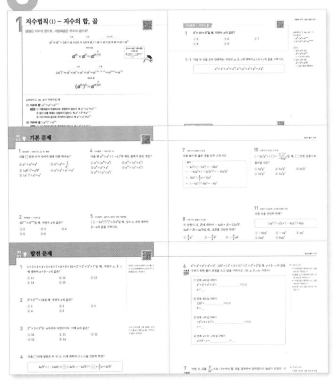

머릿속에 정리된 개념을 문제 학습 5개
Part를 통해 확실하게 내 개념으로 만들수
있습니다.

개념북

Part 1 개념적용
배운 개념을 개념적용 파트를 통
해 문제에 적용하여 개념을 정리
합니다.

Part 2 기본문제
개념적용 파트에서 정리한 개념을
기본 문제 파트를 통해 다시 한 번
반복! 머릿속에 꼭꼭 담아줍니다.

Part 3 발전문제
기본 문제 파트보다 조금 더 발전
된 문제를 통해 문제해결력을 키
워줍니다.

익힘북

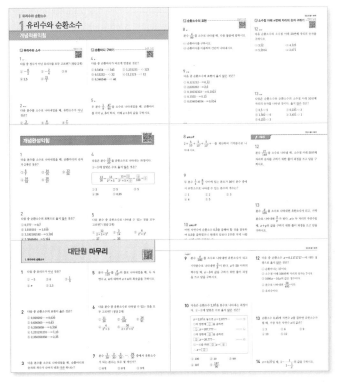

Part 4 개념적용익힘
개념북의 개념적용 파트와 1:1매
칭 문제로 구성되어 좀 더 다양한
개념적용 문제를 학습하며, 반복학
습을 통해 개념을 완성시켜줍니다.

Part 5 개념완성익힘+대단원 마무리
배운 개념을 응용단계 학습까지 연
결할 수 있도록, 그리고 최종 해당
단원의 평가까지 확인하며 마무리
할 수 있도록 구성하였습니다.

디딤돌수학 개념기본 중학편은 반복학습으로 개념을 이해하고
확장된 문제를 통해 응용단계 학습의 발판을 만들어 줍니다.

4 단계별 학습을 통한 서술형완성!

Think Way

서술형 학습의
올바른 길을 열어줍니다.

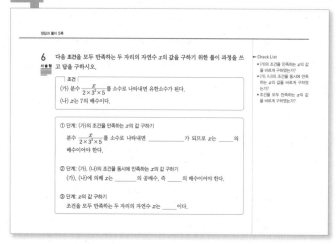

서술형 학습

- **개념북**에서는 서술형 훈련을 단계별로 학습 할 수 있게 빈칸 넣기로 구성되어 있습니다.

- **익힘북**에서는 실전을 대비하여 실전처럼 서술형 훈련을 할 수 있게 구성되어 있습니다.

5 문제 이해도를 높인 정답과 풀이!

Think Way

문제 이해도를
높여줍니다.

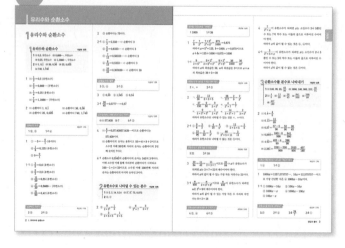

정답과 풀이

학생 스스로 정답과 풀이를 통해 충분히 이해 및 학습 할 수 있도록 정답과 풀이를 친절하게 구성하였습니다.

차례

I

유리수와 순환소수

1 유리수와 순환소수

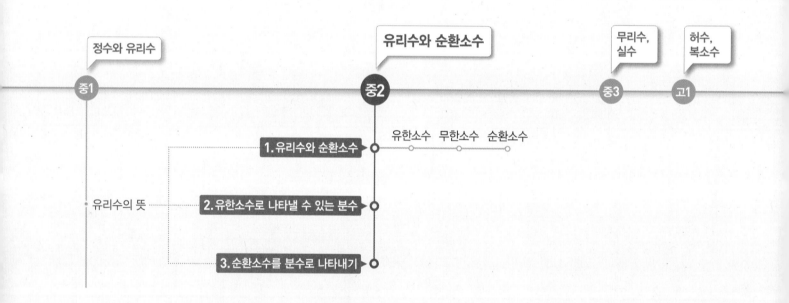

정수와 유리수

유리수와 순환소수

무리수, 실수

허수, 복소수

중1

중2

중3

고1

유한소수 무한소수 순환소수

유리수의 뜻

1. 유리수와 순환소수

2. 유한소수로 나타낼 수 있는 분수

3. 순환소수를 분수로 나타내기

분수를 소수로 나타낼 때 보이는 것들

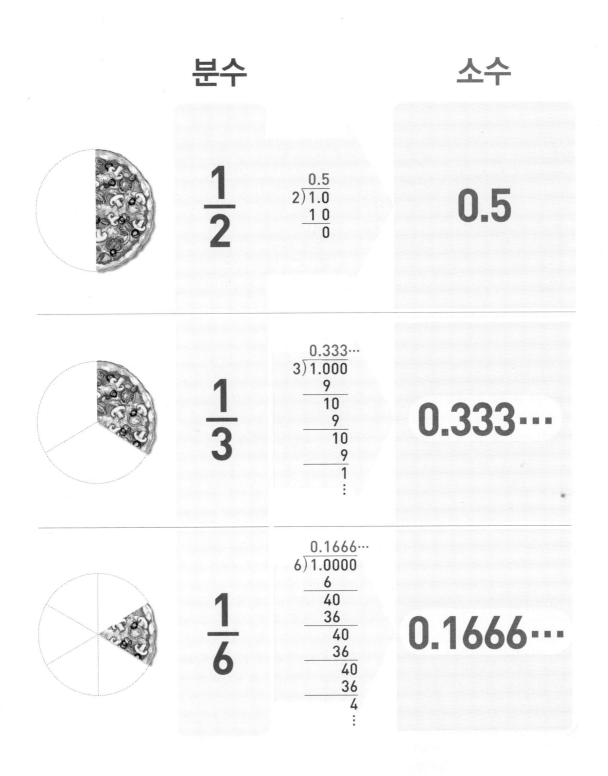

분수 소수

$\dfrac{1}{2}$

$$2\,)\overline{\,1.0\,}$$

0.5

$\dfrac{1}{3}$

0.333…

$\dfrac{1}{6}$

0.1666…

끝없이 순환하는 소수도 보인다.

1 유리수와 순환소수

유리수의 또다른 표현!

$$\frac{1}{2} = 1 \div 2 = 0.5$$

난 끝이 있지. 유한!

나? 유리수!!

난 끝이 없지. 무한!

간단히!! 더 간단히!!

$$\frac{1}{3} = 1 \div 3 = 0.333\cdots \Rightarrow 0.\dot{3}$$

(1) **유리수**: 분수 $\dfrac{a}{b}$ (a, b는 정수, $b \neq 0$)의 꼴로 나타낼 수 있는 수

(2) **소수의 분류**

① **유한소수**: 소수점 아래에 0이 아닌 숫자가 유한개인 소수

$$\frac{3}{4} = 0.75 \qquad \frac{2}{5} = 0.4 \qquad \frac{1}{8} = 0.125$$

② **무한소수**: 소수점 아래에 0이 아닌 숫자가 무한히 많은 소수

$$\frac{1}{6} = 0.166\cdots \qquad \frac{1}{7} = 0.142857\cdots \qquad \pi = 3.141592\cdots$$

(3) **순환소수**

① **순환소수**: 소수점 아래의 어떤 자리부터 일정한 숫자의 배열이 한없이 되풀이 되는 무한소수

② **순환마디**: 순환소수에서 숫자의 배열이 되풀이되는 한 부분

③ **순환소수의 표현**: 순환마디의 양 끝의 숫자 위에 점을 찍어 나타낸다.

$0.\underline{333}\cdots = 0.\dot{3}$ $1.\underline{24}2424\cdots = 1.\dot{2}\dot{4}$
     └─ 순환마디   └─ 순환마디

$5.\underline{741}741741\cdots = 5.\dot{7}4\dot{1}$ $0.90\underline{67}6767\cdots = 0.90\dot{6}\dot{7}$
     └─ 순환마디   └─ 순환마디

참고 무한소수 중에는 원주율 $\pi = 3.141592\cdots$와 같이 순환하지 않는 무한소수도 있다.

유리수의 분류

$$\text{유리수} \begin{cases} \text{정수} \begin{cases} \text{양의 정수}(=\text{자연수}) \\ 0 \\ \text{음의 정수} \end{cases} \\ \text{정수가 아닌 유리수} \end{cases}$$

유리수와 분수는 같다?

$$\text{유리수} = \frac{(\text{정수})}{(0\text{이 아닌 정수})}$$

분수 $\dfrac{1}{2} = 0.5$ 소수 → 유리수

$\dfrac{1}{2}$과 0.5는 같은 수이고, 표현하는 방법이 다를 뿐 두 수 모두 유리수이다.

이처럼 유리수인지 아닌지 판단할 때 분수의 꼴로 나타내어 판단하기 때문에 유리수와 분수가 서로 같다고 생각하기 쉽지만 유리수는 자연수, 정수 등과 같은 수체계 중 하나이고, 분수는 수의 표현 방법 중 하나이다.

✅ **개념확인**

1. 다음 분수를 소수로 나타내고, 유한소수와 무한소수로 구분하시오.

    (1) $\dfrac{1}{2}$ (2) $\dfrac{2}{3}$

    (3) $\dfrac{1}{4}$ (4) $\dfrac{7}{6}$

2. 다음 순환소수의 순환마디를 구하고, 이를 이용하여 간단히 나타내시오.

    (1) $0.111\cdots$ (2) $0.363636\cdots$

    (3) $0.0252525\cdots$ (4) $1.740740740\cdots$

유리수와 소수

1 다음 중 옳은 것을 모두 고르면? (정답 2개)

① -5는 유리수가 아니다.

② 0.32는 유한소수이다.

③ $0.123123\cdots$은 무한소수이다.

④ $\dfrac{1}{8}$은 유한소수가 아니다.

⑤ 0은 분수로 나타낼 수 없다.

유리수는 $\dfrac{(정수)}{(0이\ 아닌\ 정수)}$ 의 꼴로 나타낼 수 있다.

1-1 다음 분수를 소수로 나타내었을 때, 무한소수인 것은?

① $\dfrac{3}{5}$ 　　② $\dfrac{5}{2}$ 　　③ $\dfrac{11}{20}$

④ $\dfrac{17}{30}$ 　　⑤ $\dfrac{21}{50}$

순환마디 구하기

2 다음 중 순환소수의 순환마디로 옳지 <u>않은</u> 것은?

① $0.69555\cdots$ ⇨ 5 　　② $1.483483483\cdots$ ⇨ 483

③ $5.757575\cdots$ ⇨ 57 　　④ $3.0512512512\cdots$ ⇨ 512

⑤ $2.042042042\cdots$ ⇨ 042

순환마디: 순환소수의 소수 점 아래에서 숫자의 배열이 되풀이되는 한 부분

2-1 다음 분수를 소수로 나타내었을 때, 순환마디가 나머지 넷과 <u>다른</u> 하나는?

① $\dfrac{7}{3}$ 　　② $\dfrac{5}{6}$ 　　③ $\dfrac{7}{12}$

④ $\dfrac{8}{15}$ 　　⑤ $\dfrac{10}{33}$

순환소수의 표현

3 다음 중 순환소수의 표현이 옳은 것을 모두 고르면? (정답 2개)

① $0.202020\cdots = 0.\dot{2}$　　② $1.245245245\cdots = 1.\dot{2}4\dot{5}$

③ $3.2898989\cdots = 3.28\dot{9}$　　④ $0.5017017017\cdots = 0.5\dot{0}1\dot{7}$

⑤ $0.3444\cdots = 0.3\dot{4}4\dot{4}$

순환소수의 표현
① 순환마디를 찾는다.
② 순환마디의 양 끝의 숫자 위에 점을 찍어 나타낸다.

3-1 분수 $\dfrac{26}{45}$ 을 순환소수로 나타내면?

① $0.\dot{7}$　　② $0.5\dot{7}$　　③ $0.\dot{5}\dot{7}$

④ $0.7\dot{5}$　　⑤ $0.\dot{7}\dot{5}$

소수점 아래 n번째 자리의 숫자 구하기

4 분수 $\dfrac{4}{7}$ 를 소수로 나타낼 때, 다음 물음에 답하시오.

(1) 순환마디를 구하시오.
(2) 소수점 아래 50번째 자리의 숫자를 구하시오.

순환소수에서 소수점 아래 n번째 자리의 숫자 구하기
소수점 아래 첫째 자리부터 순환마디가 시작되는 순환소수에서 소수점 아래 n번째 자리의 숫자는 다음과 같은 방법으로 구한다.
① 순환마디의 숫자의 개수 a를 구한다.
② n을 a로 나눈 나머지 r를 구한다.
③ 소수점 아래 n번째 자리의 숫자는 순환마디의 r번째 숫자와 같다. (단, $r=0$인 경우 소수점 아래 n번째 자리의 숫자는 순환마디의 마지막 숫자와 같다.)

4-1 순환소수 $0.5\dot{3}4\dot{2}$에서 소수점 아래 100번째 자리의 숫자는?

① 0　　② 2　　③ 3

④ 4　　⑤ 5

2 유한소수로 나타낼 수 있는 분수

끝이 있는 소수!

$\frac{1}{6} = 0.1666\cdots$ $\frac{1}{3} = 0.333\cdots$ 끝이 없네?

$\frac{1}{10} = 0.1$ $\frac{1}{5} = 0.2$ 분모의 소인수가 2나 5만 있을 때 끝이 있군! $\frac{1}{2} = 0.5$

(1) 유한소수로 나타낼 수 있는 분수

① 분모가 10의 거듭제곱인 분수는 모두 유한소수로 나타낼 수 있다.

② 기약분수의 분모의 소인수가 2나 5뿐이면 유한소수로 나타낼 수 있다.

(2) 유한소수로 나타낼 수 있는 분수를 판별하는 방법

분수를 기약분수로 고친 후, 그 분모를 소인수분해하였을 때

① 분모의 소인수가 2나 5뿐이면 유한소수로 나타낼 수 있다.

② 분모가 2나 5 이외의 소인수를 가지면 그 분수는 유한소수로 나타낼 수 없다. ⇨ 순환소수로 나타낼 수 있다.

분수 → 기약분수로 고치기 → 분모를 소인수분해하기 → 분모의 소인수가 2나 5뿐인지 확인하기 → Yes 유한소수로 나타낼 수 있다. / No 유한소수로 나타낼 수 없다. → 순환소수

$\frac{6}{40}$ $=$ $\frac{3}{20}$ $=$ $\frac{3}{2^2 \times 5}$ ⇨ 분모의 소인수가 2나 5뿐임 ⇨ 유한소수

왜 분모의 소인수가 2나 5뿐일 때에만 유한소수로 나타낼 수 있을까?

초4 [분수와 소수]

분수를 소수로 바꾸려면 분모를 10, 100, 1000, …인 분수로 바꾸면 된다.

$\frac{1}{2} = \frac{1 \times 5}{2 \times 5} = \frac{5}{10} = 0.5$ $\frac{1}{4} = \frac{1 \times 25}{4 \times 25} = \frac{25}{100} = 0.25$

중2 [유한소수]

기약분수로 나타내었을 때, 분모의 소인수가 2나 5뿐인 분수는 분모를 10의 거듭제곱의 꼴로 나타낼 수 있다. 분모를 10의 거듭제곱의 꼴로 나타낼 수 있다면 당연히 유한소수로 나타낼 수 있다.

$\frac{3}{2^2 \times 5} = \frac{3 \times 5}{2^2 \times 5 \times 5} = \frac{15}{100} = 0.15$ ⇒ 유한소수

$\frac{1}{2 \times 3 \times 5} = \frac{1}{30} = 0.0333\cdots$ ⇒ 순환소수

✅ 개념확인

1. 다음은 분수의 분모를 10의 거듭제곱의 꼴로 고쳐서 유한소수로 나타내는 과정이다. □ 안에 알맞은 수를 써넣으시오.

(1) $\frac{7}{50} = \frac{7}{2 \times 5^2} = \frac{7 \times \square}{2 \times 5^2 \times \square} = \frac{\square}{100} = \square$

(2) $\frac{3}{40} = \frac{3}{2^3 \times 5} = \frac{3 \times \square}{2^3 \times 5 \times \square} = \frac{\square}{1000} = \square$

2. 다음 분수 중 유한소수로 나타낼 수 <u>없는</u> 것을 모두 고르면? (정답 2개)

① $\frac{1}{5}$ ② $\frac{9}{2 \times 3^2}$ ③ $\frac{11}{3 \times 5^3}$

④ $\frac{6}{2^2 \times 7}$ ⑤ $\frac{3}{2 \times 3 \times 5}$

분수를 유한소수로 나타내기

1 다음은 분수 $\dfrac{7}{8}$을 유한소수로 나타내는 과정이다. 이때 $a+bc$의 값을 구하시오.

$$\frac{7}{8}=\frac{7}{2^3}=\frac{7\times a}{2^3\times a}=\frac{875}{b}=c$$

> 분수를 유한소수로 나타내려면 분모의 소인수 2와 5의 지수가 같아지도록 분모, 분자에 2나 5의 거듭제곱을 곱해 분모를 10의 거듭제곱으로 나타낸다.

1-1 분수 $\dfrac{9}{2\times 5^3}$를 $\dfrac{a}{10^n}$의 꼴로 나타내었을 때, 두 자연수 a, n에 대하여 $a+n$의 최솟값을 구하시오.

유한소수로 나타낼 수 있는 분수 찾기

2 다음 보기의 분수 중 유한소수로 나타낼 수 있는 것을 모두 고르시오.

> **보기**
>
> ㄱ. $\dfrac{13}{30}$ ㄴ. $\dfrac{26}{117}$ ㄷ. $\dfrac{27}{150}$
>
> ㄹ. $\dfrac{4}{2^2\times 7}$ ㅁ. $\dfrac{9}{2\times 3^2\times 5^2}$ ㅂ. $\dfrac{14}{3\times 5^2\times 7}$

> 기약분수로 나타내었을 때 분모의 소인수가 2나 5뿐이면 유한소수로 나타낼 수 있다.

2-1 다음 분수 중 유한소수로 나타낼 수 <u>없는</u> 것은?

① $\dfrac{9}{6}$ ② $\dfrac{4}{25}$ ③ $\dfrac{12}{2\times 3\times 5}$

④ $\dfrac{15}{96}$ ⑤ $\dfrac{60}{2^2\times 5\times 11}$

유한소수가 되게 하는 수 구하기 (1)

3 $\dfrac{22}{84} \times a$를 소수로 나타내면 유한소수가 된다. 이때 a의 값이 될 수 있는 가장 작은 자연수를 구하시오.

3-1 분수 $\dfrac{n}{450}$을 소수로 나타내면 유한소수가 될 때, n의 값이 될 수 있는 가장 작은 두 자리의 자연수를 구하시오.

분수에 자연수를 곱하여 유한소수가 되게 하려면
① 주어진 분수를 기약분수로 나타낸다.
② 분모를 소인수분해한다.
③ 분모의 소인수 중 2나 5 이외의 소인수를 약분하여 없앨 수 있는 수를 곱한다.

유한소수가 되게 하는 수 구하기 (2)

4 분수 $\dfrac{7}{2^3 \times x}$을 소수로 나타내면 유한소수가 될 때, 다음 중 자연수 x의 값이 될 수 있는 것을 모두 고르면? (정답 2개)

① 12   ② 16   ③ 21
④ 28   ⑤ 30

분수의 분모에 자연수 x를 곱하여 유한소수가 되게 하려면
① 주어진 분수를 기약분수로 나타낸다.
② x는 소인수가 2나 5뿐인 수 또는 분자의 약수 또는 이들의 곱으로 이루어진 수이어야 한다.

4-1 분수 $\dfrac{3}{2^2 \times 5 \times x}$을 소수로 나타내면 유한소수가 될 때, 다음 중 자연수 x의 값이 될 수 없는 것은?

① 3   ② 6   ③ 9
④ 12   ⑤ 15

3 순환소수를 분수로 나타내기

순환소수를 분수로!

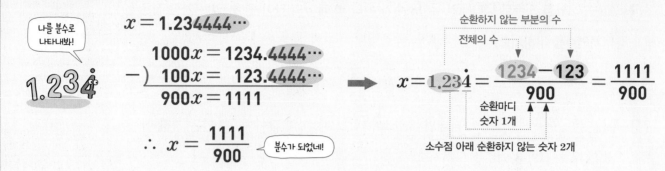

나를 분수로 나타내봐!

$1.23\dot{4}$

$x = 1.234444\cdots$

$\begin{array}{r} 1000x = 1234.4444\cdots \\ -)\quad 100x = 123.4444\cdots \\ \hline 900x = 1111 \end{array}$

$\therefore x = \dfrac{1111}{900}$ 분수가 되었네!

순환하지 않는 부분의 수
전체의 수

$x = 1.23\dot{4} = \dfrac{1234 - 123}{900} = \dfrac{1111}{900}$

순환마디 숫자 1개

소수점 아래 순환하지 않는 숫자 2개

---

(1) 순환소수를 분수로 나타내는 방법

① 주어진 순환소수를 x로 놓는다.

② 양변에 10, 100, 1000, …을 곱하여 소수점 아래 부분이 같은 두 식을 만든다.

③ 두 식을 변끼리 빼어 소수점 아래 부분을 없앤 후 x의 값을 구한다.

(참고) 위의 $1000x - 100x$ 이외에 $100x - 10x$, $10000x - 1000x$, … 등의 식의 계산으로도 확인할 수 있지만 소수점 아래 부분이 같은 두 수의 차는 정수이므로 일반적으로 변끼리 빼었을 때 정수만 남는 가장 간단한 식으로 계산한다.

순환소수를 분수로 나타낼 때 가장 간단한 식은 다음과 같다.

$\left(\begin{array}{c}\text{순환소수의 소수점을}\\\text{첫 순환마디 뒤로 옮긴 식}\end{array}\right) - \left(\begin{array}{c}\text{순환소수의 소수점을}\\\text{첫 순환마디 앞으로 옮긴 식}\end{array}\right)$

(2) 순환소수를 분수로 나타내는 공식

① 분자: (전체의 수) − (순환하지 않는 부분의 수)

② 분모: 순환마디의 숫자의 개수만큼 9를 쓰고, 그 뒤에 소수점 아래에서 순환하지 않는 숫자의 개수만큼 0을 쓴다.

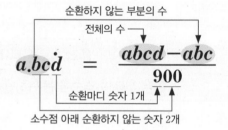

순환하지 않는 부분의 수
전체의 수

$a.b\dot{c}\dot{d} = \dfrac{abcd - abc}{900}$

순환마디 숫자 1개

소수점 아래 순환하지 않는 숫자 2개

모든 순환소수는 유리수야.

순환소수를 분수로 나타내는 방법의 핵심은 소수점 아래가 같아지는 순환소수를 만드는 것이다.

모든 순환소수는 오른쪽과 같은 방법으로 분모와 분자가 모두 정수인 분수로 나타낼 수 있으므로 순환소수는 모두 유리수이다.

순환소수 $0.4\dot{0}\dot{9}$를 x로 놓으면 $\qquad x = 0.40909\cdots \qquad \cdots\cdots$ ㉠

㉠의 양변에 1000을 곱하면 $\qquad 1000x = 409.0909\cdots \cdots\cdots$ ㉡

㉠의 양변에 10을 곱하면 $\qquad 10x = 4.0909\cdots \cdots\cdots$ ㉢

㉡에서 ㉢을 변끼리 빼면 $\qquad 990x = 405$

$\therefore x = \dfrac{405}{990} = \dfrac{9}{22}$

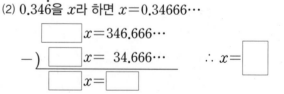

개념확인

1. 다음은 순환소수를 분수로 나타내는 과정이다. ☐ 안에 알맞은 수를 써넣으시오.

(1) $0.\dot{6}\dot{5}$를 x라 하면 $x = 0.6565\cdots$

$\begin{array}{r} \boxed{}\,x = 65.6565\cdots \\ -)\quad \boxed{}\,x = 0.6565\cdots \\ \hline \boxed{}\,x = \boxed{} \end{array}$

$\therefore x = \boxed{}$

(2) $0.3\dot{4}\dot{6}$을 x라 하면 $x = 0.34666\cdots$

$\begin{array}{r} \boxed{}\,x = 346.666\cdots \\ -)\quad \boxed{}\,x = 34.666\cdots \\ \hline \boxed{}\,x = \boxed{} \end{array}$

$\therefore x = \boxed{}$

2. 다음 순환소수를 기약분수로 나타내시오.

(1) $0.\dot{4}$

(2) $0.\dot{1}\dot{3}$

(3) $0.5\dot{7}$

(4) $0.8\dot{4}\dot{9}$

(5) $4.0\dot{2}$

(6) $2.2\dot{6}\dot{1}$

순환소수를 분수로 나타내는 계산식 찾기

1 다음 중 순환소수 $x=1.2\dot{5}\dot{7}$을 분수로 나타낼 때, 가장 간단한 식은?

① $10x-x$ ② $100x-10x$ ③ $1000x-x$

④ $1000x-10x$ ⑤ $1000x-100x$

소수점 아래 부분이 같은 두 순환소수의 차는 정수가 되므로 주어진 순환소수를 이용하여 소수점 아래 부분이 같은 두 식을 만들어 차를 구한다.

1-1 다음 중 순환소수를 분수로 나타내는 과정에서 $100x-10x$를 이용하는 것이 가장 간단한 것은?

① $x=7.6\dot{1}\dot{5}$ ② $x=3.1\dot{5}$ ③ $x=4.\dot{1}0\dot{7}$

④ $x=1.65\dot{4}$ ⑤ $x=0.\dot{8}\dot{1}$

순환소수를 분수로 나타내기

2 다음 중 순환소수를 분수로 나타낸 것으로 옳지 <u>않은</u> 것은?

① $0.\dot{8}=\dfrac{8}{9}$ ② $0.\dot{3}\dot{1}=\dfrac{31}{99}$ ③ $2.\dot{3}\dot{6}=\dfrac{13}{55}$

④ $0.3\dot{7}=\dfrac{17}{45}$ ⑤ $0.1\dot{4}\dot{5}=\dfrac{8}{55}$

순환소수를 분수로 나타내는 공식

(1) $0.\dot{a}\dot{b}=\dfrac{ab}{99}$

(2) $a.\dot{b}\dot{c}\dot{d}=\dfrac{abcd-a}{999}$

(3) $0.a\dot{b}\dot{c}=\dfrac{abc-ab}{900}$

(4) $a.b\dot{c}\dot{d}=\dfrac{abcd-ab}{990}$

2-1 순환소수 $0.3\dot{8}$을 기약분수로 나타내면 $\dfrac{b}{a}$일 때, 두 자연수 a, b에 대하여 $a-b$의 값은?

① 8   ② 9   ③ 10

④ 11   ⑤ 12

2-2 순환소수 $0.\dot{7}$의 역수를 a, $0.\dot{4}\dot{6}$의 역수를 b라 할 때, $a+b$의 값을 구하시오.

2-3 다음을 만족하는 한 자리의 자연수 a, b에 대하여 $a-b$의 값은?

$$0.\dot{a}=\frac{2}{3}, \quad 0.0\dot{b}=\frac{1}{30}$$

① 3   ② 4   ③ 5
④ 6   ⑤ 7

순환소수를 포함한 식 계산하기

3 부등식 $\dfrac{1}{4}\le 0.\dot{x}<\dfrac{5}{6}$를 만족하는 한 자리의 자연수 x의 개수는?

① 2   ② 3   ③ 4
④ 5   ⑤ 6

순환소수를 분수로 나타낸 후 계산한다.

3-1 부등식 $\dfrac{2}{5}<0.\dot{x}\le 0.\dot{8}$을 만족하는 한 자리의 자연수 x의 개수를 구하시오.

3-2 한 자리의 자연수 a에 대하여 $\dfrac{a}{11}$가 $0.8\dot{0}$보다 작을 때, a의 개수를 구하시오.

3-3 $0.0\dot{1}\dot{3}=13\times a$일 때, a를 순환소수로 나타내면?

① $0.\dot{1}$ ② $0.0\dot{1}$ ③ $0.\dot{0}\dot{1}$

④ $0.00\dot{1}$ ⑤ $0.\dot{0}0\dot{1}$

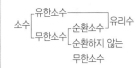

유리수와 순환소수

4 다음 중 옳은 것을 모두 고르면? (정답 2개)

① 유한소수 중에서 유리수가 아닌 것도 있다.

② 무한소수는 유리수가 아니다.

③ 순환하지 않는 무한소수는 유리수가 아니다.

④ 무한소수는 순환소수이다.

⑤ 모든 유한소수는 분수로 나타낼 수 있다.

소수 ┬ 유한소수
　　 └ 무한소수 ┬ 순환소수 ─ 유리수
　　　　　　　 └ 순환하지 않는 무한소수

4-1 다음 **보기**에서 옳지 **않은** 것을 모두 고르시오.

┌─ **보기** ┐

ㄱ. 순환소수 중에서 유리수가 아닌 것도 있다.

ㄴ. 순환하지 않는 무한소수는 $\dfrac{(정수)}{(0이\ 아닌\ 정수)}$의 꼴로 나타낼 수 없다.

ㄷ. 모든 순환소수는 무한소수이다.

ㄹ. 정수가 아닌 유리수는 모두 유한소수로 나타낼 수 있다.

순환소수의 순환

순환(循環, cycle, circulation) 어떤 현상이나 일련의 변화 과정이 주기적으로 반복되거나 되풀이하여 돎.

지윤이가 사는 도시에는 아래와 같은 지하철 순환선이 있다. 노선도를 보고 물음에 답하시오.

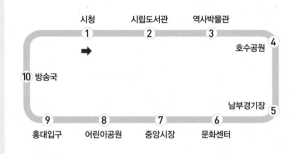

❶ 시청역에서 출발하여 10번째 역은 다시 ☐ 역이다.

❷ 시청역에서 승차 후 41번째 역은 ☐ 역이다.

(단, 순서를 셀 때, 승차역 다음 역부터 센다.)

순환소수의 순환 원리

$\dfrac{2}{11}$를 소수로 나타내는 과정을 보면서, 순환소수의 순환 원리에 대해 생각해보자.

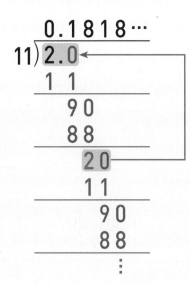

나누어지는 수가 똑같으므로 나눗셈 과정이 되풀이된다.

순환의 원리

$\dfrac{2}{11}$를 소수로 나타내려고, 위와 같이 분자 2를 분모 11로 나눌 때, 다음 빈칸을 채우시오.

❶ 2번의 나눗셈을 하고 나면 나머지가 ☐ 가 되어 나눗셈 과정이 다시 되풀이된다.

❷ 나눗셈 과정이 계속 되풀이되므로 이 소수는 (순환소수이다, 순환소수가 아니다).

순환소수의 순환 주기

$\frac{115}{333}$ 를 소수로 나타내는 과정을 보면서, 순환소수의 순환 주기에 대해 생각해보자.

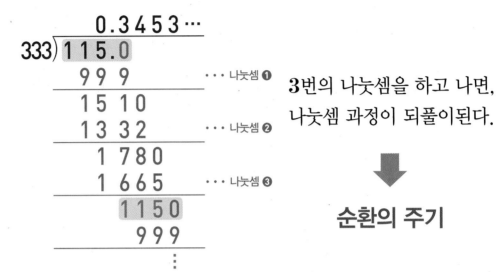

3번의 나눗셈을 하고 나면,
나눗셈 과정이 되풀이된다.

순환의 주기

분수 $\frac{115}{333}$ 와 $\frac{9}{14}$ 를 소수로 나타내었을 때, 소수점 아래 50번째 자리의 숫자를 각각 구하시오.

❶ $\frac{115}{333} = 0.345345\cdots$
순환마디의 숫자는
345의 3개

50을 순환마디의 숫자의 개수인 3으로
나눈 몫과 나머지를 구한다.

몫: 순환마디가 **16번** 반복

$50 = 3 \times \underline{16} + \underline{2}$
나머지: 순환마디의 **두 번째** 숫자(4)

따라서 소수점 아래 50번째 자리의 숫자는
순환마디의 ☐ 번째 숫자인 ☐ 이다.

❷ $\frac{9}{14} = 0.6428571428571\cdots$
순환마디의 숫자는
428571의 6개

소수점 아래 순환하지 않는 숫자 1개 제외
$49(50-1)$를 순환마디의 숫자의 개수인
6으로 나눈 몫과 나머지를 구한다.

몫: 순환마디가 **8번** 반복

$49 = 6 \times \underline{8} + \underline{1}$
나머지: 순환마디의 **첫 번째** 숫자(4)

따라서 소수점 아래 50번째 자리의 숫자는
순환마디의 ☐ 번째 숫자인 ☐ 이다.

1 순환마디 구하기

두 분수 $\dfrac{8}{37}$과 $\dfrac{5}{11}$를 소수로 나타내었을 때, 순환마디의 숫자의 개수를 각각 a, b라 하자. 이때 $a+b$의 값은?

① 5   ② 6   ③ 7
④ 8   ⑤ 9

2 순환소수의 표현

다음 중 순환소수의 표현으로 옳지 <u>않은</u> 것을 모두 고르면? (정답 2개)

① $0.101010\cdots=0.\dot{1}\dot{0}$ ② $1.292292292\cdots=1.\dot{2}\dot{9}$
③ $3.131313\cdots=\dot{3}.\dot{1}$ ④ $10.011011\cdots=10.\dot{0}1\dot{1}$
⑤ $21.7212121\cdots=21.7\dot{2}\dot{1}$

3 분수를 유한소수로 나타내기

다음은 분수 $\dfrac{19}{50}$를 유한소수로 나타내는 과정이다. 이때 a, b, c에 알맞은 수를 차례로 나열한 것은?

$$\frac{19}{50}=\frac{19}{2\times 5^2}=\frac{19\times a}{2\times 5^2\times a}=\frac{b}{100}=c$$

① 2, 19, 0.19   ② 2, 38, 0.19   ③ 2, 38, 0.38
④ 2^2, 38, 0.38   ⑤ 2^2, 76, 0.76

4 유한소수로 나타낼 수 있는 분수 찾기

다음 분수 중 유한소수로 나타낼 수 <u>없는</u> 것은?

① $\dfrac{15}{16}$ ② $\dfrac{14}{35}$ ③ $\dfrac{18}{150}$
④ $\dfrac{6}{2\times 3^2\times 5}$ ⑤ $\dfrac{33}{2\times 3\times 11}$

5 유한소수가 되게 하는 수 구하기 (1)

두 분수 $\dfrac{17}{102}$, $\dfrac{3}{110}$에 각각 자연수 n을 곱하여 소수로 나타내면 모두 유한소수가 된다. 이때 가장 작은 자연수 n의 값은?

① 3   ② 11   ③ 22
④ 33   ⑤ 66

6 순환소수를 분수로 나타내는 계산식 찾기

다음 중 순환소수 $x=0.1\dot{1}\dot{4}$를 분수로 나타낼 때, 가장 간단한 식은?

① $10x-x$ ② $100x-x$ ③ $100x-10x$
④ $1000x-x$ ⑤ $1000x-10x$

7 순환소수를 포함한 식 계산하기

어떤 자연수에 순환소수 $0.1\dot{8}$을 곱해야 할 것을 잘못하여 0.18을 곱하였더니 원래의 답보다 2만큼 작게 나왔다. 이때 어떤 자연수는?

① 162   ② 170   ③ 180
④ 225   ⑤ 332

8 유리수와 순환소수

다음 중 옳은 것을 모두 고르면? (정답 2개)

① 모든 순환소수는 유리수이다.
② 모든 무한소수는 유리수이다.
③ 유한소수와 무한소수는 유리수이다.
④ 분모가 소수인 기약분수는 항상 유한소수로 나타낼 수 있다.
⑤ 정수가 아닌 유리수 중 유한소수로 나타낼 수 없는 수는 순환소수로 나타낼 수 있다.

1 분수 $\frac{11}{14}$ 을 소수로 나타내었을 때, 소수점 아래 40번째 자리의 숫자는?

① 2   ② 4   ③ 5   ④ 7   ⑤ 8

2 두 분수 $\frac{1}{5}$ 과 $\frac{6}{7}$ 사이에 있는 분모가 35인 분수 중에서 유한소수로 나타낼 수 있는 분수는 몇 개인가?

① 1개   ② 2개   ③ 3개   ④ 4개   ⑤ 5개

3 분수 $\frac{x}{170}$ 를 소수로 나타내면 유한소수가 되고, 기약분수로 나타내면 $\frac{3}{y}$ 이 된다. 이때 x, y의 값을 각각 구하시오. (단, x는 두 자리의 자연수이다.)

4 순환소수 $0.4\dot{6}$에 자연수 a를 곱하면 자연수가 될 때, 다음 중 a의 값이 될 수 <u>없는</u> 것은?

① 15   ② 30   ③ 45   ④ 50   ⑤ 60

주어진 순환소수를 기약분수로 나타낸 후 a의 값이 될 수 있는 수의 조건을 구한다.

5 어떤 기약분수를 순환소수로 나타내는데 정은이는 분자를 잘못 보아서 답이 $1.5\dot{7}$이 되었고, 용환이는 분모를 잘못 보아서 답이 $0.1\dot{2}\dot{7}$이 되었다. 이 기약분수를 순환소수로 바르게 나타내시오.

$1.5\dot{7}$과 $0.1\dot{2}\dot{7}$을 기약분수로 나타낸 후 어떤 기약분수를 구한다.

6
서술형

다음 조건을 모두 만족하는 두 자리의 자연수 x의 값을 구하기 위한 풀이 과정을 쓰고 답을 구하시오.

┌─ 조건 ─────────────────────────────────────┐
(가) 분수 $\dfrac{x}{2 \times 3^2 \times 5}$ 를 소수로 나타내면 유한소수가 된다.

(나) x는 7의 배수이다.
└──┘

┌──┐
① 단계: (가)의 조건을 만족하는 x의 값 구하기

분수 $\dfrac{x}{2 \times 3^2 \times 5}$ 를 소수로 나타내면 _____ 가 되므로 x는 _____ 의 배수이어야 한다.

② 단계: (가), (나)의 조건을 동시에 만족하는 x의 값 구하기

(가), (나)에 의해 x는 _____ 의 공배수, 즉 _____ 의 배수이어야 한다.

③ 단계: x의 값 구하기

조건을 모두 만족하는 두 자리의 자연수 x는 _____ 이다.
└──┘

► Check List
• (가)의 조건을 만족하는 x의 값을 바르게 구하였는가?
• (가), (나)의 조건을 동시에 만족하는 x의 값을 바르게 구하였는가?
• 조건을 모두 만족하는 x의 값을 바르게 구하였는가?

7
서술형

서로소인 두 자연수 a, b에 대하여 $1.3\dot{8} \times \dfrac{b}{a} = 0.\dot{5}$일 때, a, b의 값을 각각 구하기 위한 풀이 과정을 쓰고 답을 구하시오.

① 단계: 주어진 두 순환소수를 기약분수로 나타내기

_____

_____

② 단계: $\dfrac{b}{a}$의 값 구하기

_____

_____

③ 단계: a, b의 값을 각각 구하기

_____

_____

► Check List
• 주어진 두 순환소수를 기약분수로 바르게 나타내었는가?
• $\dfrac{b}{a}$의 값을 바르게 구하였는가?
• a, b의 값을 바르게 구하였는가?

II

식의 계산

1 단항식의 계산

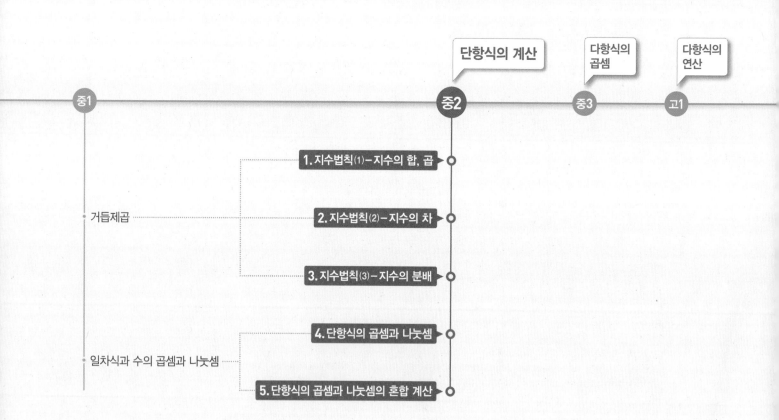

단항식의 계산

다항식의 곱셈

다항식의 연산

중1

중2

중3

고1

거듭제곱

일차식과 수의 곱셈과 나눗셈

1. 지수법칙 (1) – 지수의 합, 곱

2. 지수법칙 (2) – 지수의 차

3. 지수법칙 (3) – 지수의 분배

4. 단항식의 곱셈과 나눗셈

5. 단항식의 곱셈과 나눗셈의 혼합 계산

지수의 뜻을 알면 저절로 이해되는 지수의 계산 법칙

$$2^6 = 2 \times 2 \times 2 \times 2 \times 2 \times 2$$

지수의 합

$$2^5 \times 2^1 = 2 \times 2 \times 2 \times 2 \times 2 \times 2$$
$$2^4 \times 2^2 = 2 \times 2 \times 2 \times 2 \times 2 \times 2$$
$$2^3 \times 2^3 = 2 \times 2 \times 2 \times 2 \times 2 \times 2$$

$$= 2^6 \begin{cases} 5+1 \\ 4+2 \\ 3+3 \end{cases}$$

지수의 곱

$$(2^2)^3 = 2^2 \times 2^2 \times 2^2$$
$$= 2 \times 2 \times 2 \times 2 \times 2 \times 2$$
$$(2^3)^2 = 2^3 \times 2^3$$
$$= 2 \times 2 \times 2 \times 2 \times 2 \times 2$$

$$= 2^6 \begin{cases} 2 \times 3 \\ 3 \times 2 \end{cases}$$

지수의 차

$$2^7 \div 2^1 = \frac{2 \times 2 \times 2 \times 2 \times 2 \times 2 \times \cancel{2}}{\cancel{2}}$$

$$2^8 \div 2^2 = \frac{2 \times 2 \times 2 \times 2 \times 2 \times 2 \times \cancel{2} \times \cancel{2}}{\cancel{2} \times \cancel{2}}$$

$$= 2^6 \begin{cases} 7-1 \\ 8-2 \end{cases}$$

1 지수법칙 (1) – 지수의 합, 곱

곱셈은 지수의 합으로, 거듭제곱은 지수의 곱으로!

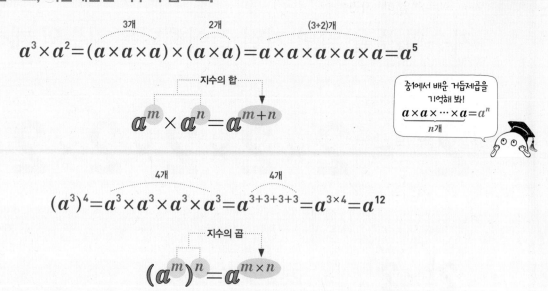

$a \neq 0$이고, m, n이 자연수일 때

(1) 지수의 합: $a^m \times a^n = a^{m+n}$

주의 ① 거듭제곱의 덧셈에서는 성립하지 않는다. 예 $a^m + a^n \neq a^{m+n}$

② 밑이 다를 때에는 성립하지 않는다. 예 $a^m \times b^n \neq a^{m+n}$

③ 지수끼리의 곱으로 착각하지 않는다. 예 $a^m \times a^n \neq a^{mn}$

(2) 지수의 곱: $(a^m)^n = a^{mn}$

주의 ① 지수끼리의 합으로 착각하지 않는다. 예 $(a^m)^n \neq a^{m+n}$

② 지수의 거듭제곱으로 계산하지 않는다. 예 $(a^m)^n \neq a^{m^n}$

$2^2 + 2^2$도 지수법칙을 이용할 수 있을까?

흔히 지수법칙을 잘못 사용하여 $2^2 + 2^2 = 2^{2+2} = 2^4$으로 계산하곤 해. 하지만 실제로 계산해보면 $2^2 + 2^2 = 8$, $2^4 = 16$이므로 $2^2 + 2^2 \neq 2^4$이야. $2^2 + 2^2 = 2 \times 2 + 2 \times 2$인데, 가운데에 곱셈이 아니라 덧셈이기 때문에 2의 거듭제곱으로 나타내기 어려워.

따라서 지수법칙을 이용하기 위해서는
$$2^2 + 2^2 = 2 \times 2^2 = 2^{1+2} = 2^3$$
과 같이 덧셈을 곱셈으로 고쳐야 해. 마찬가지로 생각하면
$$3^2 + 3^2 + 3^2 = 3 \times 3^2 = 3^{1+2} = 3^3$$
이야.

✓ 개념확인

1. 다음 식을 간단히 하시오.

(1) $3^5 \times 3^2$

(2) $a^2 \times a^4$

(3) $5^2 \times 5 \times 5^3$

(4) $x^4 \times x \times x^2$

(5) $a^2 \times b^4 \times a^3 \times b$

(6) $x^2 \times y \times x^5 \times y^3$

2. 다음 식을 간단히 하시오.

(1) $(2^5)^3$

(2) $(a^2)^3$

(3) $(3^3)^4 \times (3^4)^2$

(4) $(x^2)^3 \times (-x)^2$

(5) $(a^3)^4 \times (b^2)^2 \times (a^2)^5$

(6) $x \times (y^5)^2 \times (x^3)^6$

지수법칙 – 지수의 합

1 $2^5 \times 16 = 2^x$일 때, 자연수 x의 값은?

① 5 　　　　　 ② 6 　　　　　 ③ 7

④ 8 　　　　　 ⑤ 9

1-1 다음 두 식을 모두 만족하는 자연수 a, b, c에 대하여 $a+b+c$의 값을 구하시오.

$$x^2 \times x^a \times x^4 = x^{10}, \ x^3 \times y^5 \times x^2 \times y^b = x^c y^8$$

$a \neq 0$이고 l, m, n이 자연수일 때
(1) $a^m \times a^n = a^{m+n}$
(2) $a^l \times a^m \times a^n = a^{l+m+n}$

[참고]
(1) 밑이 같은 경우
$a^m \times a^n = a^{m+n}$
⇨ 지수끼리 더한다.
(2) 밑이 다른 경우
$a^m \times b^n = a^m b^n$
⇨ 곱셈 기호만 생략한다.

지수법칙 – 지수의 곱

2 $(x^2)^a \times (y^b)^5 \times x^3 \times y^4 = x^7 y^{19}$을 만족하는 자연수 a, b에 대하여 $a+b$의 값은?

① 4 　　　　　 ② 5 　　　　　 ③ 6

④ 7 　　　　　 ⑤ 8

2-1 $5^{x+2} = 25^3$을 만족하는 자연수 x의 값은?

① 2 　　　　　 ② 3 　　　　　 ③ 4

④ 5 　　　　　 ⑤ 6

$a \neq 0$이고 l, m, n이 자연수일 때
(1) $(a^m)^n = a^{mn}$
(2) $\{(a^l)^m\}^n = a^{lmn}$

3 $2^5+2^5+2^5+2^5$을 2의 거듭제곱으로 나타내면?

① 2^5　　　　　② 2^7　　　　　③ 2^{10}

④ 2^{15}　　　　　⑤ 2^{20}

$\underbrace{a^m+a^m+a^m+\cdots+a^m}_{n개}$
$=n\times a^m$

3-1 $3^3+3^3+3^3=3^a$, $4^4+4^4+4^4+4^4=4^b$일 때, 자연수 a, b에 대하여 $a+b$의 값은?

① 7　　　　　② 8　　　　　③ 9

④ 10　　　　　⑤ 11

4 $2^4=A$라 할 때, 32^8을 A를 사용하여 나타내면?

① $8A$　　　　　② $16A$　　　　　③ A^2

④ A^6　　　　　⑤ A^{10}

$a^n=A$일 때,
$a^{mn}=(a^n)^m=A^m$

4-1 $2^2=A$, $3^2=B$라 할 때, $\dfrac{27^6}{8^4}$을 A, B를 사용하여 나타내면?

① $\dfrac{B^3}{A^2}$　　　　　② $\dfrac{B^6}{A^4}$　　　　　③ $\dfrac{B^9}{A^6}$

④ $\dfrac{B^{12}}{A^8}$　　　　　⑤ $\dfrac{B^{15}}{A^{10}}$

거듭제곱을 문자를 사용하여 나타내기(2)

5 $a=3^x$일 때, 9^{x+1}을 a를 사용하여 나타내면?

① $a+9$ ② $9a$ ③ a^2

④ $9a^2$ ⑤ a^3

$a^n=A$일 때,
$a^{m+n}=a^m \times a^n=a^m A$

5-1 $a=3^{x+1}$일 때, 81^x을 a를 사용하여 나타내면?

① a^4 ② $27a^3$ ③ $\dfrac{a^3}{27}$

④ $81a^4$ ⑤ $\dfrac{a^4}{81}$

a^n의 일의 자리의 숫자 구하기

6 3^{30}의 일의 자리의 숫자는?

① 1 ② 3 ③ 5

④ 7 ⑤ 9

a^n의 일의 자리의 숫자는 a의 거듭제곱을 여러 개 구해 보면 반복되는 일의 자리의 숫자를 찾을 수 있다.

6-1 7^{55}의 일의 자리의 숫자는?

① 1 ② 3 ③ 7

④ 8 ⑤ 9

지수법칙 (2) - 지수의 차

나눗셈은 지수의 차로!

① $m > n$일 때

$$a^3 \div a^2 = \frac{a^3}{a^2} = \frac{\cancel{a} \times \cancel{a} \times a}{\cancel{a} \times \cancel{a}} = a^{3-2}$$

3개

2개

지수의 차
(큰 수) - (작은 수)

$$a^m \div a^n = a^{m-n}$$

② $m = n$일 때

$$a^3 \div a^3 = \frac{a^3}{a^3} = \frac{\cancel{a} \times \cancel{a} \times \cancel{a}}{\cancel{a} \times \cancel{a} \times \cancel{a}} = 1$$

3개

3개

같은 수끼리 나누면 1이야!

$$a^m \div a^n = 1$$

③ $m < n$일 때

$$a^2 \div a^3 = \frac{a^2}{a^3} = \frac{\cancel{a} \times \cancel{a}}{\cancel{a} \times \cancel{a} \times a} = \frac{1}{a^{3-2}}$$

2개

3개

지수의 차
(큰 수) - (작은 수)

$$a^m \div a^n = \frac{1}{a^{n-m}}$$

지수의 차: $a \neq 0$이고 m, n이 자연수일 때

$$a^m \div a^n = \begin{cases} a^{m-n} & (m > n) \\ 1 & (m = n) \\ \dfrac{1}{a^{n-m}} & (m < n) \end{cases}$$

주의 ① 지수끼리의 나눗셈으로 착각하지 않는다. $\Rightarrow a^m \div a^n \neq a^{m \div n}$
② $m = n$일 때, $a^m \div a^n$이 0이라고 착각하지 않는다.

2^{10}의 절반은 2^5일까?

2¹⁰의 절반은?

2⁵!!!

공부 좀 더 하자!

2^{10}의 절반은 2^9이야. 실제로 계산해 보면 $2^{10} = 1024$, $2^9 = 512$이므로 2^{10}의 절반이 2^9임을 확인할 수 있어.

$$2^{10} \div 2 = \frac{2^{10}}{2} = 2^{10-1} = 2^9$$

✓ 개념확인

1. 다음 식을 간단히 하시오.

(1) $5^7 \div 5^3$
(2) $a^8 \div a^8$
(3) $x^3 \div x^6$
(4) $3^5 \div 3^2 \div 3$
(5) $x^5 \div x \div x^3$
(6) $a^6 \div a^2 \div a^4$

2. 다음 식을 간단히 하시오.

(1) $(x^2)^2 \div x^3$
(2) $a^9 \div (a^3)^3$
(3) $(a^4)^3 \div (a^3)^6$
(4) $(x^3)^7 \div (x^2)^5 \div x^8$

지수법칙 – 지수의 차

1 $(x^8)^3 \div x^6 \div (x^2)^\square = x^2$일 때, $\square$ 안에 알맞은 수는?

① 5   ② 6   ③ 7

④ 8   ⑤ 9

1-1 다음 중 $a^7 \div a^3 \div a^2$의 계산 결과와 같은 것은?

① $a^7 \div (a^3 \div a^2)$ ② $a^7 \div (a^3 \times a^2)$ ③ $a^7 \times (a^3 \div a^2)$

④ $a^3 \times a^2 \div a^7$ ⑤ $a^3 \times (a^2 \div a^7)$

(1) $a \neq 0$이고 m, n이 자연수일 때
$$a^m \div a^n$$
$$= \begin{cases} a^{m-n} & (m > n) \\ 1 & (m = n) \\ \dfrac{1}{a^{n-m}} & (m < n) \end{cases}$$

(2) $a \neq 0$이고 l, m, n이 자연수일 때
$$a^l \div a^m \div a^n = a^{l-m-n}$$
(단, $l > m+n$)

지수의 차의 응용

2 $8^x \div 4^2 = 2^8$일 때, 자연수 x의 값은?

① 3   ② 4   ③ 5

④ 6   ⑤ 7

미지수가 포함되어 있는 변을 간단히 한 후 양변의 지수를 비교하여 미지수를 구한다.

2-1 $(3^2)^3 \times 9^5 \div 3^a = 27^4$일 때, 자연수 a의 값은?

① 4   ② 5   ③ 6

④ 7   ⑤ 8

3 지수법칙 (3) – 지수의 분배

각각의 거듭제곱으로 분배해!

$$(ab)^3 = \underbrace{ab}_{3개} \times ab \times ab = \underbrace{a \times a \times a}_{} \times \underbrace{b \times b \times b}_{} = a^3 b^3$$

지수의 분배
$$(ab)^m = a^m b^m$$

$$\left(\frac{a}{b}\right)^3 = \underbrace{\frac{a}{b} \times \frac{a}{b} \times \frac{a}{b}}_{3개} = \frac{a \times a \times a}{\underbrace{b \times b \times b}_{3개}} = \frac{a^3}{b^3}$$

지수의 분배
$$\left(\frac{a}{b}\right)^m = \frac{a^m}{b^m}$$

지수의 분배: n이 자연수일 때

① $(ab)^n = a^n b^n$

② $\left(\dfrac{a}{b}\right)^n = \dfrac{a^n}{b^n}$ (단, $b \neq 0$)

참고 음수의 거듭제곱의 부호는 지수가 짝수인지 홀수인지에 의해 결정된다.

$(-)^{짝수} = (+), \ (-)^{홀수} = (-)$

주의
① 부호를 포함하여 거듭제곱을 한다.

$\Rightarrow (-2a^3)^2 < \begin{matrix} (-2)^2 a^{3 \times 2} \ (\bigcirc) \\ -2^2 a^{3 \times 2} \ (\times) \end{matrix}$

② 수와 지수를 곱하지 않도록 한다.

$\Rightarrow (2xy)^3 < \begin{matrix} 2^3 x^3 y^3 \ (\bigcirc) \\ 2 \times 3 x^3 y^3 \ (\times) \end{matrix}$

$a \times 10^n$ (a, n은 자연수) 꼴로 나타내어 자릿수 확인하기!

$2 \times 10 = 20$ ➡ 두 자리 수
$2 \times 10^2 = 200$ ➡ 세 자리 수
$2 \times 10^3 = 2000$ ➡ 네 자리 수
$\vdots$
$2 \times 10^n = \underbrace{2000 \cdots 0}_{n개}$ ➡ $(n+1)$ 자리 수

$$2^5 \times 5^4 = 2 \times 2^4 \times 5^4 = 2 \times (2 \times 5)^4 = 2 \times 10^4 = 2\underbrace{0000}_{4개}$$
➡ $(4+1)$ 자리 수

0의 개수가 명확하게 드러나면 큰 수라도 자릿수를 정확히 파악할 수 있어.

복잡한 수라도 자연수와 10의 거듭제곱의 곱으로 나타내면 자릿수를 쉽게 파악할 수 있어

✓ **개념확인**

1. 다음 식을 간단히 하시오.

(1) $(5x)^3$

(2) $(ab)^5$

(3) $\left(-\dfrac{2}{a}\right)^4$

(4) $\left(-\dfrac{xy}{3}\right)^4$

2. 다음 식을 간단히 하시오.

(1) $(a^2 b)^3$

(2) $(-2xy^3)^2$

(3) $\left(\dfrac{y^2}{x^3}\right)^4$

(4) $\left(-\dfrac{b^3}{2a}\right)^3$

지수법칙 – 곱으로 나타낸 수의 거듭제곱

1 $(-2x^ay^3)^b=16x^8y^c$일 때, 자연수 a, b, c에 대하여 $a+b+c$의 값은?

① 12　　　　② 14　　　　③ 16

④ 18　　　　⑤ 20

$a\neq0$, $b\neq0$이고 l, m, n
이 자연수일 때
(1) $(ab)^n=a^nb^n$
(2) $(a^mb^n)^l=a^{ml}b^{nl}$

1-1 다음 **보기** 중 옳은 것을 모두 고르시오.

> 보기
>
> ㄱ. $(-2x^2)^2=-4x^4$　　ㄴ. $(x^2y^3)^2=x^4y^5$　　ㄷ. $(-ab^3)^5=-a^5b^{15}$
>
> ㄹ. $\left(\dfrac{1}{2}xy\right)^4=\dfrac{1}{16}x^4y^4$　　ㅁ. $(-a^4b^2)^3=-a^7b^5$　　ㅂ. $(3xy)^3=9x^3y^3$

지수법칙 – 분수로 나타낸 수의 거듭제곱

2 $\left(\dfrac{a^2b^y}{a^xb^3}\right)^2=\dfrac{b^6}{a^4}$일때, 자연수 x, y에 대하여 $x-y$의 값은?

① -6　　　　② -4　　　　③ -2

④ 0　　　　⑤ 2

$a\neq0$, $b\neq0$이고 l, m, n
이 자연수일 때
(1) $\left(\dfrac{a}{b}\right)^n=\dfrac{a^n}{b^n}$
(2) $\left(\dfrac{a^m}{b^n}\right)^l=\dfrac{a^{ml}}{b^{nl}}$

2-1 $\left(-\dfrac{2x^a}{y^b}\right)^4=\dfrac{cx^{12}}{y^8}$일 때, 상수 a, b, c에 대하여 $a+b+c$의 값은?

① -20　　　　② -7　　　　③ 4

④ 16　　　　⑤ 21

지수법칙에 관한 종합 문제

3 다음 중 옳지 <u>않은</u> 것은?

① $(x^5)^2 = x^{10}$ ② $x^4 \times x = x^5$ ③ $x^8 \div x^2 = x^6$

④ $(-2xy^2)^3 = 8x^3y^6$ ⑤ $\left(\dfrac{x^2}{y^3}\right)^5 = \dfrac{x^{10}}{y^{15}}$

> $a \neq 0, b \neq 0$이고 m, n이 자연수일 때
> (1) $a^m \times a^n = a^{m+n}$
> (2) $(a^m)^n = a^{mn}$
> (3) $a^m \div a^n$
> $= \begin{cases} a^{m-n} & (m > n) \\ 1 & (m = n) \\ \dfrac{1}{a^{n-m}} & (m < n) \end{cases}$
> (4) $(ab)^m = a^m b^m$
> $\left(\dfrac{a}{b}\right)^m = \dfrac{a^m}{b^m}$

3-1 다음 중 계산 결과가 나머지 넷과 <u>다른</u> 하나는?

① $a^3 \times a^3$ ② $a^{10} \div a^4$ ③ $(a^4)^2 \div a^2$

④ $a^5 \div a^3 \times a^4$ ⑤ $(a^2 \times a^3)^2 \div a^6$

자릿수 구하기

4 $2^6 \times 5^8$이 n자리의 자연수일 때, n의 값은?

① 8   ② 9   ③ 10

④ 11   ⑤ 12

> 자연수 m, n, k에 대하여 $2^m \times 5^n$이 몇 자리의 자연수인지 구하기
> (1) $a \times 10^k$ 꼴로 나타낸다.
> (2) (자릿수)
> $= (a$의 자릿수$) + k$

4-1 $2^3 \times 4^2 \times 5^5$이 n자리의 자연수일 때, n의 값은?

① 5   ② 6   ③ 7

④ 8   ⑤ 9

4 단항식의 곱셈과 나눗셈

계수는 계수끼리, 문자는 문자끼리! 나눗셈은 곱셈으로!

단항식의 곱셈

계수의 곱

$$2\,a^2 \times 5\,b = 10\,a^2 b$$

문자의 곱

단항식의 나눗셈

방법 1

곱셈으로

$$8xy \div \frac{x}{2} = 8xy \times \frac{2}{x} = 16y$$

역수로

방법 2

분자로

$$8xy \div 2x = \frac{8xy}{2x} = 4y$$

분모로

(1) 단항식의 곱셈

① 단항식끼리 곱할 때는 계수는 계수끼리, 문자는 문자끼리 곱한다.

② 같은 문자끼리의 곱은 지수법칙을 이용하여 간단히 한다.

> **참고** 단항식의 곱셈 순서
>
> $(-2a)^3 \times (-3a)^2$ ⎫ ① 거듭제곱을 간단히 한다.
> $= (-8a^3) \times 9a^2$ ⎬ ② 부호를 결정한다.
> $= -8 \times 9 \times a^3 \times a^2$ ⎭ ③ 계수는 계수끼리, 문자는 문자끼리 곱한다.
> $= -72a^5$

(2) 단항식의 나눗셈

(단항식)÷(단항식)은 다음 두 가지 방법 중 편리한 방법으로 계산한다.

[방법 1]

나누는 식의 역수를 곱하여 계산한다.

$\Rightarrow A \div B = A \times \dfrac{1}{B}$

> **참고** 나누는 식이 분수 꼴일 때 주로 이용한다.

[방법 2]

나눗셈을 분수로 고친 다음 계산한다.

$\Rightarrow A \div B = \dfrac{A}{B}$

✓ 개념확인

1. 다음 식을 간단히 하시오.

(1) $5x^2 \times 4xy^2$

(2) $(-3a^2) \times (-2b)$

(3) $4xy^2 \times (-3x^3 y)$

(4) $\left(-\dfrac{1}{8} a^2 b\right) \times (-2ab)^3$

2. 다음 식을 간단히 하시오.

(1) $18x^2 y \div 6xy^2$

(2) $8x^3 \div \dfrac{2}{5} x^2$

(3) $30y^5 \div 3y^2 \div (-2y)$

(4) $\left(-\dfrac{5}{2} xy\right) \div \dfrac{5}{8} x^3 y^4 \div \dfrac{4}{y^2}$

단항식의 곱셈과 나눗셈

1 다음 중 옳지 <u>않은</u> 것은?

① $24x^5y^2 \div 4x^3 = 6x^2y^2$

② $(-a^2b)^3 \times 3ab = -3a^7b^4$

③ $(-2ab)^2 \div ab = 4ab$

④ $10x^2y^2 \times \left(-\dfrac{1}{2y}\right)^2 \times 4xy^3 = 10x^3y^3$

⑤ $8x^2y^3 \div 2x \div (-y)^4 = 4xy$

(1) 단항식의 곱셈: 계수는 계수끼리, 문자는 문자 끼리 곱한다.

(2) 단항식의 나눗셈: 나누 는 식의 역수를 곱하거 나 분수 꼴로 고친 후 계산한다.

1-1 다음 중 옳은 것은?

① $4x^3 \times (-6x^2) = -24x^6$

② $(-2x^2y)^3 \times (3xy)^2 = 72x^8y^5$

③ $-(2x^2)^2 \div 2x^4 = 1$

④ $16x^2y \div 4xy \div 2x = 2x$

⑤ $(-x^2y^3)^2 \div \left(\dfrac{1}{3}xy\right)^2 = 9x^2y^4$

단항식의 곱셈과 나눗셈의 활용

2 오른쪽 그림과 같이 밑면이 직각삼각형인 삼각기둥의 부피를 구 하시오.

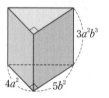

도형의 부피를 구하는 공 식에 단항식을 대입하여 식을 간단히 한다.

2-1 오른쪽 그림과 같이 세로의 길이가 $6a^2b$ cm인 직사 각형의 넓이가 $24a^3b^2$ cm²일 때, 직사각형의 가로의 길이는?

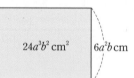

① ab cm

② $(2a+b)$ cm

③ $2b^2$ cm

④ $4ab$ cm

⑤ $4(a+b)$ cm

5 단항식의 곱셈과 나눗셈의 혼합 계산

거듭제곱을 먼저 계산해!

$$3x \times 6x^2 \div (3x)^2$$
$$=3x \times 6x^2 \div 9x^2$$ 거듭제곱을 간단히
$$=3x \times 6x^2 \times \frac{1}{9x^2}$$ 나눗셈을 곱셈으로
$$=\left(3 \times 6 \times \frac{1}{9}\right) \times \left(x \times x^2 \times \frac{1}{x^2}\right)$$ 계수는 계수끼리, 문자는 문자끼리
$$=2x$$

단항식의 곱셈과 나눗셈이 혼합된 식은 다음과 같은 순서로 계산한다.

거듭제곱을 간단히   괄호가 있는 거듭제곱은 지수법칙을 이용하여 간단히 한다.

⬇

나눗셈을 곱셈으로   나눗셈은 나누는 식을 역수의 곱셈으로 바꾼다.

⬇

계수끼리, 문자끼리   부호를 결정한 후 계수는 계수끼리, 문자는 문자끼리 계산한다.

나눗셈을 모두 곱셈으로 바꾸면 순서에 관계없이 계산할 수 있어.

곱셈과 나눗셈의 혼합 계산에서는 왼쪽부터 차례로 계산해. 만약 계산 순서를 바꾸면 결과가 달라져.

$$(4x^5 \div x^2) \times 2x^3 = 4x^3 \times 2x^3 = 8x^6$$
$$4x^5 \div (x^2 \times 2x^3) = 4x^5 \div 2x^5 = 2$$
→ 계산 결과가 서로 다르다.

하지만 다음과 같이 나눗셈을 역수의 곱셈으로 바꾸면 순서에 관계없이 계산할 수 있으므로 실수하지 않고 정확하게 계산할 수 있어.

$$\left(4x^5 \times \frac{1}{x^2}\right) \times 2x^3 = 4x^3 \times 2x^3 = 8x^6$$
$$4x^5 \times \left(\frac{1}{x^2} \times 2x^3\right) = 4x^5 \times 2x = 8x^6$$
→ 계산 결과가 서로 같다.

✅ **개념확인**

1. 다음 식을 간단히 하시오.

(1) $3a^2 \times 2b \div 6ab$ (2) $(-5x^2) \times 9x \div 15x^3$

(3) $a^3b \div \left(\frac{1}{3}ab\right)^2 \times 4ab^3$ (4) $(2xy^2)^4 \div (-x^2y^3)^2 \times \frac{1}{2}xy^3$

2. 다음 □ 안에 알맞은 식을 구하시오.

(1) $8x^3y^4 \times \square = 24x^8y^8$ (2) $(2xy^2)^2 \div \square = 12x^5y^3$

(3) $\square \times (y^2)^4 \div (x^2y)^3 = y^4$ (4) $(-a^5b^2)^3 \times \left(\frac{3b^3}{2a}\right)^2 \div \square = \frac{9}{4}$

1 다음 중 옳지 <u>않은</u> 것은?

① $\left(-\dfrac{5a}{3b}\right) \times 9a^2b^3 = -15a^3b^2$

② $(-3x^2y)^3 \times 5xy \div (-9y) = 5x^7y^3$

③ $(-2x)^4 \times 3x^2 \div 6x = 8x^5$

④ $(-a^2b)^3 \div \dfrac{1}{2}ab \times 7b^3 = -14a^5b^5$

⑤ $(4x^2)^3 \div (-x^3) \div (2x)^2 = -16x$

① 지수법칙을 이용하여 괄호를 푼다.
② 나눗셈을 역수의 곱셈으로 바꾼다.
③ 계수는 계수끼리, 문자는 문자끼리 계산한다.

1-1 $(-2a^2b)^3 \times (2a^2b)^2 \div 4a^6b^2$을 간단히 하면?

① $-8a^4b^3$

② $-4a^3b$

③ $-\dfrac{b^3}{2a^2}$

④ $\dfrac{2b^3}{a^2}$

⑤ $8a^4b^3$

2 $(-2xy) \div 8x^3y \times (2x^2y^2)^2 = Ax^By^C$일 때, 상수 A, B, C에 대하여 $A+B+C$의 값을 구하시오.

주어진 식의 좌변을 간단히 한 후 계수와 지수를 각각 비교한다.

2-1 $(xy^A)^2 \div x^2y \times 3x^By^4 = Cx^3y^5$일 때, 상수 A, B, C에 대하여 $A+B+C$의 값은?

① 4

② 5

③ 6

④ 7

⑤ 8

□ 안에 알맞은 식 구하기

3 $(-4a^3b^2) \times \square \div (-2ab)^2 = -3a^3b$에서 다음 □ 안에 알맞은 식은?

① $-3b$ ② $-ab$ ③ a^2

④ ab^2 ⑤ $3a^2b$

$A \times \square \div B = C$

$\Rightarrow A \times \square \times \dfrac{1}{B} = C$

$\Rightarrow \square = C \times \dfrac{1}{A} \times B$

3-1 다음 □ 안에 알맞은 식을 구하시오.

$$(x^2y^3)^3 \div \square \times (-3xy)^2 = \frac{3y^3}{7x^2}$$

단항식의 곱셈과 나눗셈의 혼합 계산의 활용

4 오른쪽 그림과 같이 밑면의 가로, 세로의 길이가 각각 $3ab^2$, $2a$인 직육면체 모양의 그릇에 물을 가득 넣은 다음, 물의 부피를 측정하였더니 $12a^3b^3$이었다. 이 그릇의 높이를 구하시오.

(단, 그릇의 두께는 생각하지 않는다.)

입체도형의 부피를 구하는 공식에 주어진 단항식을 대입하여 식을 간단히 한다.

4-1 오른쪽 그림과 같이 직각을 낀 두 변의 길이가 각각 $2a^2$, $7ab$인 직각삼각형을 밑면으로 하는 삼각기둥이 있다. 이 삼각기둥의 부피가 $35a^6b^3$일 때, 삼각기둥의 높이를 구하시오.

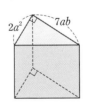

거듭제곱 문제 해결의 2가지 포인트

밑 또는 지수를 통일해라!

1 밑을 통일하는 경우

	$2^x \times 4 = 64$	$9^{x-2} = 3^x$	$\dfrac{2^x}{4} = 2^6$
1 밑 통일	$2^x \times 4 = 64$ 2의 거듭제곱 꼴로 통일 $2^x \times 2^2 = 2^6$	$9^{x-2} = 3^x$ 3의 거듭제곱 꼴로 통일 $(3^2)^{x-2} = 3^x$	$\dfrac{2^x}{4} = 2^6$ 2의 거듭제곱 꼴로 통일 $\dfrac{2^x}{2^2} = 2^6$
2 지수법칙 적용	$2^{x+2} = 2^6$	$3^{2x-4} = 3^x$	$2^{x-2} = 2^6$
3 방정식 풀기	$x + 2 = 6$ $\therefore x = 4$	$2x - 4 = x$ $\therefore x = 4$	$x - 2 = 6$ $\therefore x = 8$

밑을 통일하면, 지수끼리 계산할 수 있어 거듭제곱 문제가 쉽게 풀린다.

다음 식에서 자연수 a의 값을 구하시오.

❶ $3^3 \times 81 = 3^a$

❸ $49^{2a-3} = 7^{a+3}$

❷ $2 \times 2^a \times 4 = 2^6$

❹ $2^9 \times 4^4 \div 8^a = 2^{11}$

답 ❶7 ❷3 ❸3 ❹2

지수를 통일하는 경우

	$3^2 \times 4 = 6^x$	$6^3 \div 8 = 3^{x+1}$
1 지수 통일	$3^2 \times 4 = 6^x$ 3^2처럼 ●^{2} 꼴로 고칠 수 있음 $3^2 \times 2^2 = 6^x$	$6^3 \div 8 = 3^{x+1}$ 6^3처럼 ●^{3} 꼴로 고칠 수 있음 $6^3 \div 2^3 = 3^{x+1}$
2 밑끼리 계산	$(3 \times 2)^2 = 6^x$	$(6 \div 2)^3 = 3^{x+1}$
3 방정식 풀기	$2 = x$ $\therefore x = 2$	$3 = x + 1$ $\therefore x = 2$

지수를 통일하면, **밑끼리 계산할 수 있어** 거듭제곱 문제가 쉽게 풀린다.

다음 식에서 자연수 b의 값을 구하시오.

❶ $2^2 \times 49 = 14^{b+1}$ ❷ $6^3 \div 27 = 2^{b-1}$

답 ❶ 1 ❷ 4

보충

덧셈의 꼴은 곱셈의 꼴로 바꿔라!

지수법칙을 이용하려면, 덧셈 꼴의 문제는 반드시 식을 곱셈 꼴로 바꾼 후 계산한다.

$2^x + 2^{x+2} = 20$ $2^x = 4$

$2^x \times (1 + 2^2) = 20$ $2^x = 2^2$

$2^x \times 5 = 20$ $\therefore x = 2$

※ $3^{c+1} + 3^{c+2} = 36$일 때, 자연수 c의 값을 구하시오.

답 1

1 지수법칙 – 지수의 합, 곱, 차, 분배

다음 □ 안의 수가 나머지 넷과 <u>다른</u> 하나는?

① $a^{\square} \times a^4 = a^6$

② $a^3 \div a^5 = \dfrac{1}{a^{\square}}$

③ $(ab^{\square})^3 = a^3 b^6$

④ $a^2 \times a^4 \div a^{\square} = a^3$

⑤ $(a^{\square})^4 \div a^6 = a^2$

2 지수법칙 – 지수의 곱

$25^{x-1} = 5^{x+2}$일 때, 자연수 x의 값은?

① 2 　　② 3 　　③ 4

④ 5 　　⑤ 6

3 거듭제곱을 문자를 사용하여 나타내기(1)

$A = \dfrac{1}{3^5}$일 때, 27^{15}을 A를 사용하여 나타내면?

① $\dfrac{1}{A^3}$ 　　② $\dfrac{1}{A^5}$ 　　③ $\dfrac{1}{A^9}$

④ A^5 　　⑤ A^9

4 지수법칙 – 지수의 합, 차

다음 중 $a^{12} \div a^5 \div (-a)^4$과 계산 결과가 같은 것은?

① $a^4 \times (a^{12} \div a^5)$

② $a^{12} \div (a^4 \times a^5)$

③ $a^{12} \div a^4 \times a^5$

④ $a^{12} \div (a^5 \div a^4)$

⑤ $a^{12} \times (a^4 \div a^5)$

5 지수법칙 – 곱으로 나타낸 수의 거듭제곱

$[\{(-3x^2)^3\}^4]^5 = 3^a x^b$일 때, 상수 a, b에 대하여 $b - a$의 값을 구하시오.

6 지수법칙 – 분수로 나타낸 수의 거듭제곱

$\left(\dfrac{xy^b}{x^a y^3}\right)^5 = \dfrac{y^5}{x^{10}}$일 때, 자연수 a, b에 대하여 $a + b$의 값은?

① 7 　　② 9 　　③ 11

④ 13 　　⑤ 15

7 단항식의 곱셈과 나눗셈

다음 **보기** 중 옳은 것을 모두 고르시오.

┌ **보기** ┐
ㄱ. $4x^2 \times (-5x^3) = -20x^5$
ㄴ. $-4xy^3 \times (-2x^3y^2)^2 = -16x^6y^5$
ㄷ. $16x^4 \div \dfrac{4}{3}x = 12x^5$
ㄹ. $(-4x^2)^3 \div 8x^4 = -8x^2$

8 단항식의 곱셈과 나눗셈

두 단항식 A, B에 대하여 $-4ab \times A = 12a^3b^2$, $3ab^2 \div B = 4a^3b$일 때, AB를 간단히 하면?

① $\dfrac{9}{4}a^2$ ② $-\dfrac{9}{4}b^2$ ③ $-\dfrac{9}{4}ab$

④ $4a^2$ ⑤ $-4b^2$

9 단항식의 곱셈과 나눗셈

세 단항식 A, B, C에 대하여 A를 B로 나누면 $(3x)^2$, A를 C로 나누면 $(-3x)^3$일 때, $B \div C$를 간단히 하면?

① $-3x^2$ ② $-3x$ ③ $-\dfrac{1}{3}x$

④ $3x$ ⑤ $3x^2$

10 단항식의 곱셈과 나눗셈

$(-3x^5y^6) \div \square = \dfrac{(\square)^2}{-9xy^3}$일 때, $\square$ 안에 공통으로 들어갈 식은?

① $3x^2y^2$ ② $3x^2y^3$ ③ $3x^3y^2$

④ $3x^3y^3$ ⑤ $3x^3y^4$

11 단항식의 곱셈과 나눗셈의 혼합 계산

다음 식을 간단히 하면?

┌─────────────────────────────┐
$(xy^2)^2 \div x^3y \times (-4xy)^3 \div 8xy$
└─────────────────────────────┘

① $-8xy^5$ ② $-xy^5$ ③ xy^5

④ $2xy^5$ ⑤ $8xy^5$

12 단항식의 곱셈과 나눗셈의 혼합 계산의 활용

오른쪽 그림에서 원기둥의 부피와 원뿔의 부피가 같을 때, 원뿔의 높이는?

① $\dfrac{a^2}{b}$ ② $\dfrac{2a}{b}$ ③ $\dfrac{3a^2}{b}$

④ $\dfrac{4a}{b}$ ⑤ $\dfrac{5a^2}{b}$

개념 완성 발전 문제

1 $1\times2\times3\times4\times5\times6\times7\times8\times9\times10=2^a\times3^b\times5^2\times7^c$일 때, 자연수 a, b, c 에 대하여 $a+b-c$의 값은?

① 11   ② 12   ③ 13

④ 14   ⑤ 15

주어진 식에서 좌변의 숫자를 각 각 소인수분해하여 소인수의 거 듭제곱으로 나타낸다.

2 $2^x+2^{x+1}=24$일 때, 자연수 x의 값은?

① 1   ② 2   ③ 3

④ 4   ⑤ 5

3 $2^{11}\times3\times5^{13}$은 n자리의 자연수이다. 이때 n의 값은?

① 10   ② 11   ③ 12

④ 13   ⑤ 14

수의 자릿수를 구할 때에는 주어 진 수를 $a\times10^k$(a, k는 자연수) 의 꼴로 나타낸다.

4 다음 ☐ 안에 알맞은 두 식 ㉠, ㉡에 대하여 ㉠÷㉡을 간단히 하면?

$$6a^2b^2\div(-12ab)\times\boxed{㉠}=3a^2b,\ (-2a^2b)^2\div\boxed{㉡}\times\frac{3}{2}a=3a^4b^2$$

① $-3a$ ② -3 ③ 1

④ 3 ⑤ $3a$

5 오른쪽은 길이를 나타내는 단위인 센티미터(cm), 밀 리미터(mm), 마이크로미터(μm), 나노미터(nm) 사이의 관계이다. 700 nm를 거듭제곱을 이용하여 cm 로 나타내면?

$$1\,mm=\frac{1}{10}\,cm$$
$$1\,\mu m=\left(\frac{1}{10}\right)^3 mm$$
$$1\,nm=\left(\frac{1}{10}\right)^3 \mu m$$

① $7\times\left(\frac{1}{10}\right)^3 cm$ ② $7\times\left(\frac{1}{10}\right)^4 cm$

③ $7\times\left(\frac{1}{10}\right)^5 cm$ ④ $7\times\left(\frac{1}{10}\right)^6 cm$

⑤ $7\times\left(\frac{1}{10}\right)^7 cm$

먼저 1 nm를 cm로 나타낸다.

6 $4^3+4^3+4^3+4^3=2^a$, $120^3=(2^b\times3\times5)^3=2^c\times3^3\times5^3$일 때, $a+b-c$의 값을
서술형 구하기 위한 풀이 과정을 쓰고 답을 구하시오. (단, a, b, c는 자연수)

▶ Check List
• 지수법칙을 이용하여 a의 값을 바르게 구하였는가?
• 120을 소인수분해하여 b의 값을 바르게 구하였는가?
• 지수법칙을 이용하여 c의 값을 바르게 구하였는가?
• $a+b-c$의 값을 바르게 구하였는가?

① 단계: a의 값 구하기

$4^3+4^3+4^3+4^3=$ _____ 이므로

$a=$ __

② 단계: b의 값 구하기

$120^3=$ _____ 이므로

$b=$ __

③ 단계: c의 값 구하기

$(2^b\times3\times5)^3=$ _____ 이므로

$c=$ __

④ 단계: $a+b-c$의 값 구하기

$a+b-c=$ _____ $=$ __

7 어떤 식 A를 $\dfrac{b^2}{3a^2}$ 으로 나누어야 할 것을 잘못하여 곱하였더니 $9ab$가 되었다. 이
서술형 때 어떤 식 A와 바르게 계산한 답을 구하기 위한 풀이 과정을 쓰고 답을 구하시오.

▶ Check List
• 잘못 계산한 식을 바르게 세웠는가?
• 어떤 식 A를 바르게 구하였는가?
• 바르게 계산한 답을 구하였는가?

① 단계: 잘못 계산한 식 세우기

② 단계: 어떤 식 A 구하기

③ 단계: 바르게 계산한 답 구하기

2 다항식의 계산

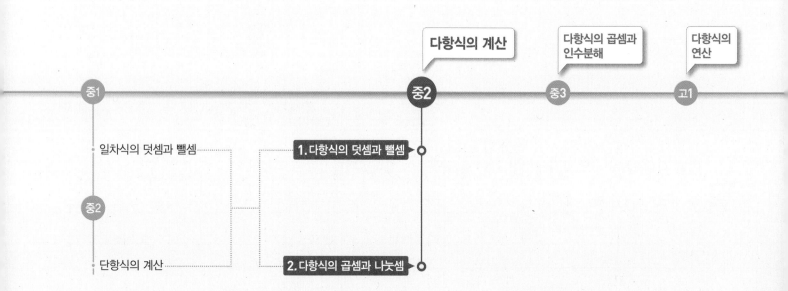

다항식의 계산

다항식의 곱셈과 인수분해

다항식의 연산

중1　　　　　중2　　　　　중3　　　　　고1

일차식의 덧셈과 뺄셈

중2

단항식의 계산

1. 다항식의 덧셈과 뺄셈

2. 다항식의 곱셈과 나눗셈

다항식의 사칙계산은   괄호 풀기부터!

덧셈 $\blacksquare + (\bullet + \blacktriangle)$ 항의 부호 그대로 괄호 풀기 $\blacksquare + \bullet + \blacktriangle$

뺄셈 $\blacksquare - (\bullet + \blacktriangle)$ 항의 부호 바꾸어 괄호 풀기 $\blacksquare - \bullet - \blacktriangle$

곱셈 $\blacksquare \times (\bullet + \blacktriangle)$ 분배법칙 이용하여 괄호 풀기 $\blacksquare \times \bullet + \blacksquare \times \blacktriangle$

나눗셈 $(\blacksquare + \bullet) \div \blacktriangle$ 역수의 곱 이용하여 괄호 풀기 $(\blacksquare + \bullet) \times \dfrac{1}{\blacktriangle}$ $\blacksquare \times \dfrac{1}{\blacktriangle} + \bullet \times \dfrac{1}{\blacktriangle}$

1 다항식의 덧셈과 뺄셈

같은 종류의 항끼리 모아 간단히!

일차식의 덧셈과 뺄셈

> 괄호 안의 부호에 주의해!

$$(2x+y)-(x-y)$$
$$=2x+y-x+y$$
$$= \boxed{2x-x} + \boxed{y+y}$$
$$=x+2y$$

괄호 풀기
동류항끼리

이차식의 덧셈과 뺄셈

> 괄호 안의 부호에 주의해!

$$(2x^2+x+1)-(x^2-x-2)$$
$$=2x^2+x+1-x^2+x+2$$
$$= \boxed{2x^2-x^2} + \boxed{x+x} + \boxed{1+2}$$
$$=x^2+2x+3$$

괄호 풀기
동류항끼리

---

(1) 다항식의 덧셈과 뺄셈

① **다항식의 덧셈:** 괄호를 풀고 동류항끼리 모아서 간단히 정리한다.

② **다항식의 뺄셈:** 빼는 식의 각 항의 부호를 바꾸어 더한다.

③ **여러 가지 괄호가 있는 식의 계산**

   소괄호 ( ) ⇨ 중괄호 { } ⇨ 대괄호 [ ]의 순서로 괄호를 풀면서 동류항끼리 정리한다.

   예 $5x-\{2x+y-(-2x+2y)\}=5x-(2x+y+2x-2y)=5x-(4x-y)=5x-4x+y=x+y$

(2) 이차식의 덧셈과 뺄셈

① **이차식:** 다항식의 각 항의 차수 중에서 가장 큰 항의 차수가 2인 다항식

   예 $3x^2$, x^2+1, $5x^2-3x+2$는 모두 x에 대한 이차식이다.

② **이차식의 덧셈과 뺄셈:** 괄호를 풀고 동류항끼리 모아서 계산한다.

✔️ **개념확인**

1. 다음 식을 간단히 하시오.

(1) $(-6x-2)+(3x+8)$

(2) $(7a+2)-(4a-5)$

(3) $\left(\dfrac{1}{2}x-\dfrac{1}{3}y\right)+\left(\dfrac{1}{3}x+\dfrac{1}{4}y\right)$

(4) $\dfrac{2a-b}{3}-\dfrac{a+3b}{2}$

2. 다음 보기 중 이차식을 모두 고르시오.

> **보기**
>
> ㄱ. $2a+10$ ㄴ. $1-x^2$
>
> ㄷ. $\dfrac{1}{x^2}+x$ ㄹ. a^2+a+1
>
> ㅁ. $3a^2-a^3+5$ ㅂ. $\dfrac{1}{2}y^2-\dfrac{1}{3}y$

다항식의 덧셈과 뺄셈

1 $(8a-2b+3)+5(-2a+b-3)$을 간단히 하면?

① $-2a+12$ ② $-2a+3b-12$ ③ $2a+b-12$

④ $3b+12$ ⑤ $2a+3b-12$

다항식의 덧셈
① $A+(B+C)$
  $=A+B+C$
② $A+(B-C)$
  $=A+B-C$
다항식의 뺄셈
① $A-(B+C)$
  $=A-B-C$
② $A-(B-C)$
  $=A-B+C$

1-1 $\dfrac{x-2y}{2}-\dfrac{2x-4y}{3}=ax+by$일 때, 상수 a, b에 대하여 $a+b$의 값은?

① $-\dfrac{2}{3}$ ② $-\dfrac{1}{6}$ ③ $\dfrac{1}{6}$

④ $\dfrac{1}{2}$ ⑤ $\dfrac{2}{3}$

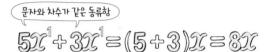

문자와 차수가 같은 동류항

$$5x^1+3x^1=(5+3)x=8x$$

이차식의 덧셈과 뺄셈

2 $(2x^2+6x-1)-(-9x^2-x+5)$를 간단히 한 식에서 x^2의 계수와 상수항의 합을 구하시오.

먼저 괄호를 풀고, 동류항끼리 계산한다.

2-1 $(-2x^2+5x-4)+\square=3x^2+2x-3$일 때, $\square$ 안에 알맞은 식은?

① x^2-7x-7 ② x^2+7x-7 ③ $5x^2-3x-1$

④ $5x^2-3x+1$ ⑤ $5x^2+3x+1$

여러 가지 괄호가 있는 식 계산하기

3 다음 식을 간단히 하면 $Aa+Bb+C$가 된다. 이때 $A+B+C$의 값은?

(단, A, B, C는 상수)

$$5a-[3b-\{a-4(a+b)+1\}]$$

① -4 ② -2 ③ 0

④ 1 ⑤ 2

( ) → { } → [ ]의 순서로 괄호를 차례로 풀어 계산한다. 이때 괄호 안의 동류항을 간단히 한 다음 괄호를 푼다.

3-1 $x-[x^2-2x-\{x-(x^2-x+1)\}]$을 간단히 하였을 때, 일차항의 계수는?

① -1 ② 1 ③ 3

④ 5 ⑤ 7

잘못 계산한 식에서 바른 답 구하기

4 $x-3y+5$에서 어떤 식을 빼어야 할 것을 잘못하여 더했더니 $5x-4y+7$이 되었다. 이때 바르게 계산한 답은?

① $-3x-2y$ ② $-3x-2y+3$ ③ $-2x-3y+4$

④ $-2x-y+4$ ⑤ $2x+y-4$

① 어떤 식을 A라 놓고, 잘못 계산한 식을 세운다.
② 잘못 계산한 식에서 A를 구한다.
③ 바르게 계산한 답을 구한다.

4-1 어떤 식에 $-3x^2+2x-4$를 더해야 할 것을 잘못하여 뺐더니 $2x^2+5x+1$이 되었다. 이때 바르게 계산한 답을 구하시오.

분배법칙으로 식을 간단히!

단항식과 다항식의 곱셈

$$3x(x+1) = 3x \times x + 3x \times 1$$
$$= 3x^2 + 3x$$

다항식과 단항식의 나눗셈

방법 1

곱셈으로

$$(4xy + y^2) \div \frac{y}{2} = (4xy + y^2) \times \frac{2}{y}$$

역수로

방법 2

분자로

$$(16xy + 4y^2) \div 2y = \frac{16xy + 4y^2}{2y}$$

분모로

(1) 단항식과 다항식의 곱셈

① **단항식과 다항식의 곱셈:** 분배법칙을 이용하여 단항식을 다항식의 각 항에 곱한다.

② **전개:** 단항식과 다항식의 곱을 분배법칙을 이용하여 하나의 다항식으로 나타내는 것

참고 전개하여 얻은 다항식을 전개식이라 한다.

(2) 다항식과 단항식의 나눗셈

[**방법 1**] 다항식에 나누는 식의 역수를 곱하여 전개한다.

$$\Rightarrow (A+B) \div C = (A+B) \times \frac{1}{C} = A \times \frac{1}{C} + B \times \frac{1}{C} = \frac{A}{C} + \frac{B}{C}$$

참고 나누는 식이 분수 꼴일 때 주로 이용한다.

[**방법 2**] 분수 꼴로 나타내어 다항식의 모든 항을 분모의 단항식으로 나눈다.

$$\Rightarrow (A+B) \div C = \frac{A+B}{C} = \frac{A}{C} + \frac{B}{C}$$

(3) 사칙연산이 혼합된 식의 계산

사칙연산이 혼합된 식의 계산은 다음과 같은 순서로 한다.

| 거듭제곱 | ⇒ | 괄호 정리 | ⇒ | ×, ÷ 계산 | ⇒ | +, − 계산 |

✔ 개념확인

1. 다음 식을 전개하시오.

(1) $5a(2a+3b)$

(2) $(4x-1)(-2x)$

(3) $(10x^2-6x) \div 2x$

(4) $(12ab + 4b^2 - 6b) \div \left(-\frac{2}{5}b\right)$

2. 다음 식을 간단히 하시오.

(1) $2x(x-y+2) + (-15x^2y - 10xy^2) \div 5x$

(2) $\frac{3xy - y^2}{y} - \left(\frac{1}{2}y^2 - \frac{1}{4}xy\right) \div y$

1 $5x(2x-4)-3x(x-2)$를 간단히 한 식에서 x^2의 계수를 a, x의 계수를 b라 할 때, $a+b$의 값은?

① -7 ② -4 ③ -1

④ 2 ⑤ 5

분배법칙을 이용하여 전개한 후 동류항끼리 모아 간단히 정리한다.

주의 |
$-$ 부호를 포함한 식의 곱셈에서는 $-$ 부호를 포함해서 분배법칙을 이용한다.

1-1 $-2x(x-5)+(4x-1)x=Ax^2+Bx$일 때, 상수 A, B에 대하여 $A+B$의 값을 구하시오.

2 다음 중 옳지 <u>않은</u> 것은?

① $(4x^2y-x^3)\div 2x=2xy-\dfrac{1}{2}x^2$

② $(-15a^2b+10ab^2)\div 5a=3ab+2b^2$

③ $(6x^2-8xy)\div 2x-(8xy-12y^2)\div(-4y)=5x-7y$

④ $(12x^2-15xy)\div 3x+(x-2)\div \dfrac{1}{y}=4x+xy-7y$

⑤ $\dfrac{12x^2y-6xy^2}{3xy}-\dfrac{8y^2-12xy}{4y}=7x-4y$

다항식에 나누는 식의 역수를 곱하여 전개하거나 분수 꼴로 나타내어 다항식의 모든 항을 분모의 단항식으로 나눈다.

주의 |
$\dfrac{A+B}{C}$에서 단항식 C로 A와 B 모두 나누어 주어야 함에 주의한다.

2-1 $\square \div \dfrac{2}{3x}=-6x^2y^2+3xy$일 때, $\square$ 안에 알맞은 식은?

① $-4xy^2+2y$ ② $-3xy^2+y$ ③ $-2xy^2+y$

④ $3xy^2+2y$ ⑤ $4xy^2+4y$

사칙연산이 혼합된 식 계산하기 (1)

3 $(8x^3+4x^2y) \div (-2x)^2 - \dfrac{12y^2-21xy}{3y}$ 를 간단히 하면?

① $-9x-6y$
② $-9x+2y$
③ $-5x+3y$
④ $9x-3y$
⑤ $9x+2y$

① 거듭제곱 계산하기
② 괄호 풀기
③ 곱셈과 나눗셈 계산하기
④ 넛셈과 뺄셈 계산하기

3-1 $(2a+3b) \times (-5a) - (18a^4b^2-9a^3b^3) \div \left(\dfrac{3}{2}ab\right)^2$을 간단히 하시오.

사칙연산이 혼합된 식 계산하기 (2)

4 다음 식을 간단히 하였을 때, xy의 계수는?

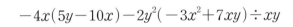

$$-4x(5y-10x)-2y^2(-3x^2+7xy) \div xy$$

① -14
② -10
③ -6
④ 8
⑤ 12

분배법칙을 이용하여 괄호
를 먼저 푼다.

4-1 $(2x^2+12xy) \div (-2x) - (x+3y) \times (-4)$를 간단히 한 식에서 x의 계수
를 A, y의 계수를 B라 할 때, $A+B$의 값은?

① 7
② 9
③ 11
④ 12
⑤ 14

단항식과 다항식의 곱셈, 나눗셈의 활용 (1)

5 다음 ☐ 안에 알맞은 식을 구하시오.

(1) $-3x(2x+1)+4x(\square+x)=-18x^2+5x$

(2) $(\square-2ab+4a)\div\dfrac{1}{2}a=2a-4b+8$

$A+\square=B \Rightarrow \square=B-A$
$\square\div A=B \Rightarrow \square=B\times A$

5-1 다음 ☐ 안에 알맞은 식을 구하시오.

(1) $5a(2a-3b)-2a(7a-\square)=-5ab$

(2) $(\square+10x^2y^3)\div(-5xy)=-2x^2y+4xy^2$

단항식과 다항식의 곱셈, 나눗셈의 활용 (2)

6 오른쪽 그림과 같이 밑면의 반지름의 길이가 $2a$인 원기둥의 부피가 $12\pi a^3-16\pi a^2b^2$일 때, 이 원기둥의 높이를 구하시오.

도형의 넓이나 부피를 구하는 공식에 단항식 또는 다항식을 대입하여 식을 간단히 한다.

6-1 오른쪽 그림과 같은 사다리꼴의 넓이가 $9xy^2+3x^2y^2$일 때, 이 사다리꼴의 윗변의 길이를 구하시오.

1 여러 가지 괄호가 있는 식 계산하기

$8x+[3y-5x+\{2y-(-4x+y)\}]=ax+by$일 때, 상수 a, b에 대하여 $a+b$의 값은?

① 3   ② 5   ③ 7

④ 9   ⑤ 11

2 여러 가지 괄호가 있는 식 계산하기

$6a-[2b+a-\{-a-(\square+b)\}]=9a-3b$일 때, $\square$ 안에 알맞은 식은?

① $-5a$ ② $-a-b$ ③ $2b$

④ $a+b$ ⑤ $2a+5b$

3 이차식의 덧셈과 뺄셈

다항식 A에 $4x^2-5x+2$를 더하였더니 $-2x^2+3x+1$이 되었다. 이때 다항식 A를 구하면?

① $-6x^2+8x-1$ ② $-6x^2+2x-4$

③ $2x^2-2x+3$ ④ $2x^2-8x+1$

⑤ $6x^2+8x+3$

4 이차식의 덧셈

다음 그림과 같이 나란히 이웃한 두 칸의 다항식을 더한 결과를 아랫줄의 칸에 나타낼 때, B에 알맞은 다항식은?

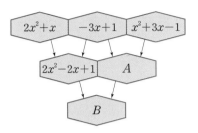

① $3x^2-2x$ ② $3x^2-2x+1$ ③ $3x^2+x$

④ $3x^2+2x$ ⑤ $3x^2+2x+1$

5 다항식의 덧셈과 뺄셈+대입

$A=\dfrac{x-y}{3}$, $B=\dfrac{3x-2y}{2}$일 때, $6A-4B$를 x, y에 대한 식으로 나타내면?

① $-4x+2y$ ② $-3x-2y$ ③ $2x-5y$

④ $8x+4y$ ⑤ $10x-8y$

6 다항식의 덧셈과 뺄셈+대입

$A=2x-3y$, $B=x+4y$에 대하여 $2(A-B)+3(A+B)$를 x, y에 대한 식으로 나타내었을 때, x의 계수와 y의 계수의 합은?

① -3 ② -1 ③ 0

④ 1 ⑤ 2

7 단항식과 다항식의 곱셈

$-2x(x+2y-5)$의 전개식에서 x^2의 계수와 x의 계수의 합을 구하시오.

8 단항식과 다항식의 곱셈

$ax(2x+4y)-3y(2x+4y)$의 전개식에서 xy의 계수가 -2일 때, 상수 a의 값을 구하시오.

9 단항식과 다항식의 곱셈

다음 중 식을 바르게 전개한 것은?

① $2x(x-3)=2x^2-6$
② $xy(x-5y)=2xy-5xy^2$
③ $x^2(x^3+4)=x^6+4x^2$
④ $-5(4x+y-1)=-20x-5y-5$
⑤ $-xy(5x-5y+1)=-5x^2y+5xy^2-xy$

10 사칙연산이 혼합된 식 계산하기

$5a \times (2ab+3b^2)+(8b-20a^2) \div \dfrac{2}{b}$ 를 간단히 하면?

① $-4ab^2+10a^2b$ ② $5a^2b-15ab^2+4b^2$
③ $10a^2b-15ab^2$ ④ $15ab^2+4b^2$
⑤ $15a^2b-10ab^2-4$

11 사칙연산이 혼합된 식 계산하기

$(4x^2y^2+5xy^3) \div xy^2 - \dfrac{2xy(3x-y)}{xy} = ax+by$일 때, 상수 a, b에 대하여 $a+b$의 값은?

① 3 ② 4 ③ 5
④ 6 ⑤ 7

12 단항식과 다항식의 곱셈의 활용

오른쪽 그림과 같이 밑면의 가로, 세로의 길이가 각각 $5x$, $4y$이고, 높이가 $\dfrac{3}{10}x-\dfrac{1}{5}y$인 직육면체의 부피를 구하시오.

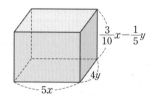

발전 문제

1 어떤 식에서 $4x^2-x+3$을 빼고 $x+2$를 더했더니 $-2x^2-2x+3$이 되었다. 이 때 어떤 식은?

① $-x^2-4x-4$ ② $-x^2-2x+2$ ③ $2x^2-4x+2$
④ $2x^2-4x+4$ ⑤ $5x^2-4x+8$

2 $\dfrac{8xy-3x^2}{2x^2y} \times (-4xy) - 8 \div \dfrac{xy}{2x^2y-xy^2}$를 간단히 하면 $ax+by$일 때, 상수 a, b에 대하여 $a-b$의 값을 구하시오.

사칙연산이 혼합된 식의 계산은 다음과 같은 순서로 한다.
① 거듭제곱의 계산
② 괄호 정리
③ 곱셈, 나눗셈 계산
④ 덧셈, 뺄셈 계산

3 어떤 다항식 A에 $-\dfrac{2}{3}ab^2$을 곱하였더니 $6a^3b^2+\dfrac{1}{6}a^2b^2-4ab^3$이 되었다. 이때 다항식 A를 구하시오.

4 어떤 다항식을 $-3a$로 나누었더니 몫이 $4a-b+2$이고, 나머지가 $5b$가 되었다. 어떤 다항식을 구하시오.

5 오른쪽 그림과 같은 직사각형 ABCD에서 △AEF의 넓이를 구하시오.

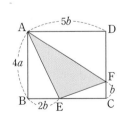

△AEF의 넓이는 직사각형 ABCD의 넓이에서 △AEF를 제외한 세 삼각형의 넓이를 뺀 것과 같다.

6 오른쪽 표에서 가로, 세로, 대각선의 다항식의 합이 모두 $12a^2+6a+12$ 로 같을 때, ㉠에 알맞은 다항식을 구하기 위한 풀이 과정을 쓰고 답을 구하시오.

a^2-a+5	㉠	
$3a^2+a+1$		$7a^2+5a+3$

► Check List
• 두 번째 줄의 가운데 식을 바르게 구하였는가?
• 세 번째 줄의 가운데 식을 바르게 구하였는가?
• ㉠에 알맞은 식을 바르게 구하였는가?

① 단계: 두 번째 줄의 가운데 식 구하기

두 번째 줄의 가운데 식을 A라 하면

$a^2-a+5+A+$ _____ $=12a^2+6a+12$이므로

_____ $+A=12a^2+6a+12$ $\therefore A=$ _____

② 단계: 세 번째 줄의 가운데 식 구하기

세 번째 줄의 가운데 식을 B라 하면

_____ $+B+7a^2+5a+3=12a^2+6a+12$이므로

_____ $+B=12a^2+6a+12$ $\therefore B=$ _____

③ 단계: ㉠에 알맞은 다항식 구하기

㉠$+$ _____ $+$ _____ $=12a^2+6a+12$이므로

㉠$+$ _____ $=12a^2+6a+12$ $\therefore$ ㉠$=$ _____

7 $ax(3x+1)-4(3x+1)$을 간단히 하면 x의 계수가 -5이고, $x(5x+b)-4(5x+b)$를 간단히 하면 x의 계수가 -13일 때, 두 상수 a, b에 대하여 $a+b$의 값을 구하기 위한 풀이 과정을 쓰고 답을 구하시오.

► Check List
• a의 값을 바르게 구하였는가?
• b의 값을 바르게 구하였는가?
• $a+b$의 값을 바르게 구하였는가?

① 단계: a의 값 구하기

② 단계: b의 값 구하기

③ 단계: $a+b$의 값 구하기

III

부등식과 연립방정식

1 부등식

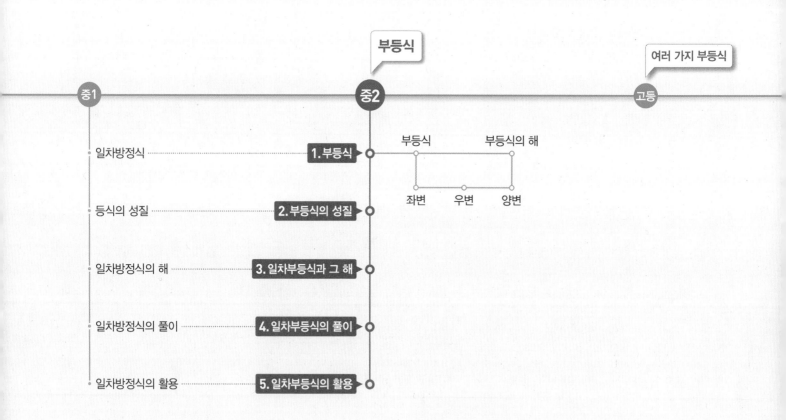

부등식

여러 가지 부등식

중1

중2

고등

일차방정식 ·········· **1. 부등식**

부등식   부등식의 해

좌변   우변   양변

등식의 성질 ·········· **2. 부등식의 성질**

일차방정식의 해 ·········· **3. 일차부등식과 그 해**

일차방정식의 풀이 ·········· **4. 일차부등식의 풀이**

일차방정식의 활용 ·········· **5. 일차부등식의 활용**

등호

등식

$x = 2$

x는 2이다.

x의 값은 특정한 수 이다.

부등식

$x < 2$

x는 2보다 작다.

$x > 2$

x는 2보다 크다.

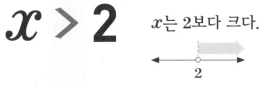

$x \leq 2$

x는 2보다 작거나 같다.

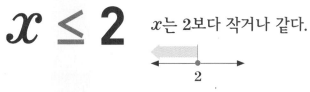

$x \geq 2$

x는 2보다 크거나 같다.

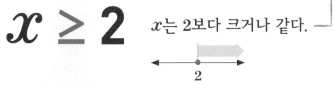

x의 값은 특정한 범위 이다.

부등호

1 부등식

부등호가 있는 식, 부등식!

부등식

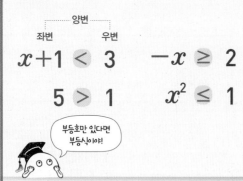

$x+1 < 3$ $-x \geq 2$

$5 > 1$ $x^2 \leq 1$

부등호만 있다면 부등식이야!

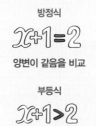

방정식

$x+1=2$

양변이 같음을 비교

부등식

$x+1>2$

양변의 대소를 비교

부등식의 해

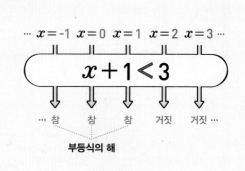

$\cdots$ $x=-1$ $x=0$ $x=1$ $x=2$ $x=3$ $\cdots$

$x+1 < 3$

$\cdots$ 참 참 참 거짓 거짓 $\cdots$

부등식의 해

---

(1) **부등식**: 부등호($>$, $<$, $\geq$, $\leq$)를 사용하여 수 또는 식의 대소 관계를 나타낸 식

참고 부등호 $\geq$는 '$>$' 또는 '$=$', 부등호 $\leq$는 '$<$' 또는 '$=$'를 뜻한다.

부등호

$x+3 > 7$

좌변 우변

양변

(2) **부등식의 표현**

$a>b$	$a<b$	$a \geq b$	$a \leq b$
a는 b보다 크다. a는 b 초과이다.	a는 b보다 작다. a는 b 미만이다.	a는 b보다 크거나 같다. a는 b보다 작지 않다. a는 b 이상이다.	a는 b보다 작거나 같다. a는 b보다 크지 않다. a는 b 이하이다.

(3) **부등식의 해**

① **부등식의 해**: 부등식을 참이 되게 하는 미지수의 값

② **부등식을 푼다**: 부등식을 만족하는 모든 해를 구하는 것

부등식의 참, 거짓

부등식에서 좌변과 우변의 값의 대소 관계가 옳으면 참, 옳지 않으면 거짓이다.

✔ **개념확인**

1. 다음 중 부등식인 것에는 ○표, 부등식이 아닌 것에는 ×표를 ( ) 안에 써넣으시오.

(1) $x=4$ ( )

(2) $-3<2$ ( )

(3) $4x-1 \geq 2x$ ( )

(4) $4+5+1$ ( )

2. 다음 보기 중 $x=1$이 해가 되는 것을 모두 고르시오.

┌ **보기** ┐
ㄱ. $2x+1<3$ ㄴ. $x-1 \geq 0$
ㄷ. $3x+4>7-x$ ㄹ. $x+1 \leq 5$
└────────┘

부등식으로 나타내기

1 다음 중 문장을 부등호를 사용하여 나타낸 것으로 옳지 <u>않은</u> 것은?

① 시속 $5\,\text{km}$로 x시간을 달리면 $14\,\text{km}$ 이상 갈 수 있다. ⇨ $5x \geq 14$

② 한 개에 x원인 물건을 5개 사고 1000원짜리 포장지로 포장하였더니 전체 금액이 8000원을 넘지 않았다. ⇨ $5x + 1000 \leq 8000$

③ x보다 7만큼 큰 수의 3배는 4보다 크다. ⇨ $3(x+7) > 4$

④ 농도가 $x\,\%$인 소금물 $400\,\text{g}$에 들어 있는 소금의 양은 $25\,\text{g}$ 이하이다.

$$\Rightarrow \frac{x}{100} \times 400 \leq 25$$

⑤ x를 4배한 후 5를 더한 것은 36보다 작지 않다. ⇨ $4x + 5 > 36$

> **부등식의 표현**
> $x > a$: x는 a보다 크다.
> (초과)
> $x < a$: x는 a보다 작다.
> (미만)
> $x \geq a$: x는 a보다 크거나 같다. (작지 않다. 이상)
> $x \leq a$: x는 a보다 작거나 같다. (크지 않다. 이하)

1-1 다음 문장을 부등식으로 나타내면?

> $3\,\text{L}$의 물이 들어 있는 물통에 매분 $1\,\text{L}$씩 x분 동안 물을 넣으면 물통 안의 물의 양은 $25\,\text{L}$를 넘지 않는다.

① $3 + x < 25$ 　② $3 + x \leq 25$ 　③ $3 + x \geq 25$

④ $3 - x < 25$ 　⑤ $3 - x \leq 25$

부등식의 해

2 다음 중 [ ] 안의 수가 주어진 부등식의 해가 <u>아닌</u> 것은?

① $3x - 5 < 7\,[\,3\,]$ 　② $2 - 3x > 6\,[\,-1\,]$ 　③ $x - 1 \geq 1\,[\,2\,]$

④ $x \geq -2x\;[\,1\,]$ 　⑤ $1 - x < 2\;[\,0\,]$

> $x = a$는 부등식의 해이다.
> ⇨ $x = a$를 부등식에 대입했을 때, 그 부등식이 성립한다.

2-1 x의 값이 -2, -1, 0, 1, 2일 때, 부등식 $2x + 3 \leq 1$의 해를 모두 고르면?

(정답 2개)

① -2 　② -1 　③ 0

④ 1 　⑤ 2

읽어봐!

$x < 2$

2는 x보다 크다?
x는 2보다 작다?

둘 다 맞아! 하지만 x를 기준으로 읽어야 이해하기 쉬워!

수의 대소 관계가 부등호의 방향을 결정해!

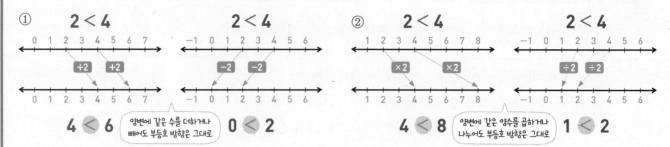

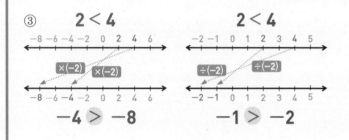 

(1) 부등식의 양변에 같은 수를 더하거나 양변에서 같은 수를 빼어도 부등호의 방향은 바뀌지 않는다.

➡ $a<b$일 때, $a+c<b+c$, $a-c<b-c$

(2) 부등식의 양변에 같은 양수를 곱하거나 양변을 같은 양수로 나누어도 부등호의 방향은 바뀌지 않는다.

➡ $a<b$일 때, $c>0$이면 $ac<bc$, $\dfrac{a}{c}<\dfrac{b}{c}$

(3) 부등식의 양변에 같은 음수를 곱하거나 양변을 같은 음수로 나누면 부등호의 방향이 바뀐다.

➡ $a<b$일 때, $c<0$이면 $ac>bc$, $\dfrac{a}{c}>\dfrac{b}{c}$

참고 $c=0$인 경우는 다루지 않고, 위의 (1), (2), (3)에서 $<$를 $\leq$로 바꾸어도 성립한다.

✅ 개념확인

1. $a<b$일 때, 다음 □ 안에 알맞은 부등호를 써넣으시오.

(1) $a-3$ □ $b-3$

(2) $-a$ □ $-b$

(3) $-\dfrac{a}{4}$ □ $-\dfrac{b}{4}$

(4) $2a-5$ □ $2b-5$

2. $-1\leq x<2$일 때, 다음 식의 값의 범위를 구하시오.

(1) $x+3$ (2) $3x$

(3) $2x-1$ (4) $-3x+1$

부등식의 성질

1 $a>b$일 때, 다음 중 옳지 <u>않은</u> 것은?

① $4-5a<4-5b$

② $-7+2a>-7+2b$

③ $\dfrac{a}{4}+1>\dfrac{b}{4}+1$

④ $-\dfrac{a}{3}-8<-\dfrac{b}{3}-8$

⑤ $3a-2<3b-2$

$a<b$일 때

(1) $a+c<b+c$

$a-c<b-c$

(2) $c>0$이면

$ac<bc$, $\dfrac{a}{c}<\dfrac{b}{c}$

(3) $c<0$이면

$ac>bc$, $\dfrac{a}{c}>\dfrac{b}{c}$

1-1 다음 중 □ 안에 들어갈 부등호의 방향이 나머지 넷과 <u>다른</u> 하나는?

① $a>b$이면 $a+4$ □ $b+4$

② $a>b$이면 $\dfrac{a}{4}+2$ □ $\dfrac{b}{4}+2$

③ $a<b$이면 $2a-1$ □ $2b-1$

④ $a<b$이면 $3-2a$ □ $3-2b$

⑤ $a<b$이면 $-a+\dfrac{1}{2}$ □ $-b+\dfrac{1}{2}$

음수를 곱하거나 나누었을 때 부등호의 방향이 바뀌는 건 수의 대소 관계로 인한 당연한 결과야!

부등식의 성질을 이용하여 식의 값의 범위 구하기

2 $-4<x\leq2$이고 $A=3-x$일 때, A의 값의 범위를 구하시오.

식의 값의 범위 구하기

① 문자의 계수를 같게 한다. 이때 음수를 곱하거나 나누면 부등호의 방향이 바뀜을 주의한다.

② 상수항을 같게 한다.

2-1 $3<5-2x<11$일 때, x의 값의 범위는 $a<x<b$이다. 이때 $a+b$의 값은?

① -2

② -1

③ 0

④ 1

⑤ 2

3 일차부등식과 그 해

부등식의 해는 범위야!

$x+1<3$ ➡ $x<2$ (양변에서 각각 1을 빼면)   (2는 해가 아니야)

$x+1>3$ ➡ $x>2$

$x+1\leq3$ ➡ $x\leq2$ (2는 해야)

$x+1\geq3$ ➡ $x\geq2$

---

(1) 일차부등식

부등식에서 우변에 있는 항을 좌변으로 이항하여 정리하였을 때

(일차식)>0, (일차식)<0, (일차식)≥0, (일차식)≤0

중 어느 하나의 꼴로 나타낼 수 있으면 일차부등식이다.

예 $2x-1<3 \Rightarrow \underset{\text{일차식}}{2x-4}<0$ (일차부등식이다.)

$x+2<x+3 \Rightarrow -1<0$ (일차부등식이 아니다.)

> a, b는 상수이고 $a\neq0$일 때,
> $ax+b>0$, $ax+b<0$,
> $ax+b\geq0$, $ax+b\leq0$
> 의 꼴이면 x에 대한 일차부등식이다.
>
> 이항할 때, 부등호의 방향은 바뀌지 않는다.

(2) 부등식의 해와 수직선

① **부등식의 해**: 부등식의 성질을 이용하여 주어진 부등식을

$x>(수)$, $x<(수)$, $x\geq(수)$, $x\leq(수)$

중 하나의 꼴로 고쳐서 부등식의 해를 구한다.

② **부등식의 해를 수직선 위에 나타내기**

i) $x>a$ ii) $x<a$ iii) $x\geq a$ iv) $x\leq a$

> 수직선에서 뚫린 점 'o'는 $x=a$인 점을 포함하지 않고, 막힌 점 '●'는 $x=a$인 점을 포함한다.

✅ **개념확인**

1. 다음 중 일차부등식인 것에는 ○표, 일차부등식이 아닌 것에는 ×표를 ( ) 안에 써넣으시오.

(1) $x-3\leq x+1$ ( )

(2) $5x>2$ ( )

(3) $x(x+1)<x^2+3$ ( )

(4) $\dfrac{1}{x}\leq-1$ ( )

2. 부등식의 성질을 이용하여 다음 부등식의 해를 구하고, 그 해를 수직선 위에 나타내시오.

(1) $x-2<1$ (2) $x+3>2$

(3) $3x\leq-6$ (4) $-\dfrac{x}{3}\leq1$

일차부등식

1 다음 중 일차부등식인 것을 모두 고르면? (정답 2개)

① $x+3<5+x$ ② $3-x\leq2x+1$ ③ $x^2+1\geq2-x+x^2$

④ $2(1-x)\geq3-2x$ ⑤ $4-x^2<3+2x$

일차부등식 찾기 순서
① 모든 항을 좌변으로 이항한다.
② 동류항끼리 계산하여 정리한다.
③ (일차식)>0,
 (일차식)<0,
 (일차식)≥0,
 (일차식)≤0
 의 꼴인지 확인한다.

1-1 부등식 $2x-5\geq ax$가 x에 대한 일차부등식일 때, 다음 중 상수 a의 값이 될 수 없는 것은?

① -2 ② -1 ③ $\dfrac{1}{2}$

④ 1 ⑤ 2

부등식의 해를 수직선 위에 나타내기

2 다음 중 부등식 $1-2x\geq5$의 해를 수직선 위에 바르게 나타낸 것은?

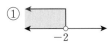
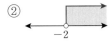
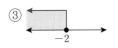
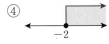

부등식의 해를 수직선 위에 나타내기
(1) $x>a$
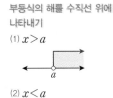
(2) $x<a$

(3) $x\geq a$

(4) $x\leq a$

2-1 다음 부등식 중 그 해가 오른쪽 그림과 같은 것을 모두 고르면? (정답 2개)

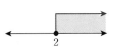

① $x-1\geq-3$ ② $2x\geq4$ ③ $3x>6$

④ $-3x\geq6$ ⑤ $-x\leq-2$

4 일차부등식의 풀이

x의 값의 범위 찾기!

$$x-1 < 2x+1$$

$$x-2x < 1+1$$ ← 이항!

$$-x < 2$$ ← 정리!

$$x > -2$$ ← x의 계수로 나누기!

> x의 계수가 음수이면 부등호의 방향이 바뀌어.

(1) 일차부등식의 풀이

① x항은 좌변으로, 상수항은 우변으로 이항한다.

② 양변을 정리하여 $ax>b$, $ax<b$, $ax≥b$, $ax≤b(a≠0)$의 꼴로 나타낸다.

③ x의 계수 a로 양변을 나누어 $x>($수$)$, $x<($수$)$, $x≥($수$)$, $x≤($수$)$ 중 하나의 꼴로 나타낸다.

　이때 x의 계수가 음수이면 부등호의 방향이 바뀐다.

(2) 여러 가지 일차부등식의 풀이

① 괄호가 있을 때: 분배법칙을 이용하여 괄호를 풀고 식을 간단히 정리하여 푼다.

② 계수가 분수일 때: 양변에 분모의 최소공배수를 곱하여 계수를 모두 정수로 고쳐서 푼다.

　(예) $\dfrac{1-x}{3}-\dfrac{x}{2}>1$ $\xrightarrow{\text{양변에 6을 곱하면}}$ $2(1-x)-3x>6$

③ 계수가 소수일 때: 양변에 10, 100, 1000, ⋯ 중 적당한 수를 곱하여 계수를 모두 정수로 고쳐서 푼다.

　(예) $0.5x-0.3≤0.7$ $\xrightarrow{\text{양변에 10을 곱하면}}$ $5x-3≤7$

　(주의) 양변에 수를 곱할 때에는 계수가 분수 또는 소수인 항 이외의 항에도 반드시 곱한다.

-x는 음수일까?

어떤 문자 앞에 부호 '$-$'가 있으면 무조건 음수로 생각하기 쉬워.
하지만 '$-$'가 있다고 해서 무조건 음수인 것은 아니야.
그러면 $-x$는 음수일까, 양수일까?
먼저 'x'가 양수인지 음수인지를 판단한 후,
앞에 '$-$' 부호를 붙여 생각해야 해.
x가 양수라면 $-x=-($양수$)=($음수$)$
x가 음수라면 $-x=-($음수$)=($양수$)$

즉, 다음과 같이 식으로 나타낼 수 있어.

$$-x=\begin{cases} x>0 \text{일 때}, -x<0 \\ x<0 \text{일 때}, -x>0 \end{cases}$$

난 음수 -2　$-(-2)$ 난 양수

$-x$ 난 x에 따라 달라져

✓ 개념확인

1. 다음 일차부등식을 푸시오.

(1) $x+6≤7$

(2) $3x-1>2x+7$

(3) $2(x-6)>-x$

(4) $2x-(x-3)≥5$

2. 다음 일차부등식을 푸시오.

(1) $\dfrac{x-1}{2}>\dfrac{x}{4}+1$

(2) $0.2x+0.1≥0.1x+0.6$

일차부등식의 풀이

1 다음 부등식 중 해가 나머지 넷과 <u>다른</u> 하나는?

① $3x < 9$ ② $2x + 3 > 3x$ ③ $-4x > 2x - 18$

④ $-2x + 2 > 8 - 4x$ ⑤ $4x - 3 < 3x$

1-1 부등식 $2x - 1 > 4x + 11$을 풀고, 그 해를 수직선 위에 나타내시오.

일차부등식의 풀이 순서
① x항은 좌변으로, 상수항은 우변으로 이항한다.
② 양변을 정리하여
$ax > b$, $ax < b$,
$ax \geq b$, $ax \leq b$ 중 어느 하나의 꼴로 나타낸다.
③ x의 계수 a로 양변을 나눈다. 이때 a가 음수이면 부등호의 방향이 바뀐다.

괄호가 있는 일차부등식의 풀이

2 부등식 $3 - (x + 2) < 2(5x - 4)$를 만족시키는 가장 작은 정수 x의 값을 구하시오.

2-1 다음 일차부등식 중 그 해가 오른쪽 그림과 같은 것은?

① $2x - 3 < -1$ ② $4x > 2(x + 1)$

③ $x + 1 \leq 2(x - 1)$ ④ $-x + 2 \leq 4x - 3$

⑤ $6x - (4x + 1) \leq 1$

괄호가 있으면 분배법칙을 이용하여 괄호를 먼저 푼다.
· $a(b + c) = ab + ac$
· $a(b - c) = ab - ac$

계수가 분수 또는 소수인 일차부등식의 풀이

3 일차부등식 $\dfrac{x}{3} - 1 \geq \dfrac{x - 4}{2}$를 만족하는 자연수 x의 개수를 구하시오.

계수가 분수 또는 소수인 일차부등식의 풀이
(1) 계수가 분수일 때 : 양변에 분모의 최소공배수를 곱한 후 일차부등식을 푼다.
(2) 계수가 소수일 때 : 양변에 10, 100, 1000, … 중 적당한 수를 곱한 후 일차부등식을 푼다.

3-1 일차부등식 $0.3(x-2) > 0.4x-2$를 만족하는 가장 큰 자연수 x의 값은?

① 10   ② 11   ③ 12

④ 13   ⑤ 14

계수가 문자인 일차부등식의 풀이

4 $a < 0$일 때, x에 대한 일차부등식 $3-ax < 4$의 해는?

① $x > -a$ ② $x > -\dfrac{1}{a}$ ③ $x < -\dfrac{1}{a}$

④ $x > \dfrac{1}{a}$ ⑤ $x < \dfrac{1}{a}$

일차부등식 $ax > b$에서
$$\begin{cases} a > 0 \text{이면 } x > \dfrac{b}{a} \\ a < 0 \text{이면 } x < \dfrac{b}{a} \end{cases}$$

4-1 $a > 1$일 때, x에 대한 일차부등식 $ax-a > x-1$을 풀면?

① $x > -1$ ② $x < -1$ ③ $x > 1$

④ $x < 1$ ⑤ $x < 3$

부등식의 해의 조건이 주어진 경우

5 x에 대한 일차부등식 $3(x-1)-2x \leq k$의 해를 수직선 위에 나타내면 오른쪽 그림과 같다. 이때 상수 k의 값은?

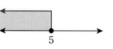

① -9 ② -7 ③ -5

④ 2   ⑤ 5

미지수를 포함하는 부등식을 $x > (수)$, $x < (수)$, $x \geq (수)$, $x \leq (수)$의 꼴로 고친 후 주어진 부등식의 해와 비교하여 미지수의 값을 구한다.

5-1 x에 대한 일차부등식 $2(3-x) \geq a-1$의 해 중 가장 큰 수가 5일 때, 상수 a의 값은?

① -4 ② -3 ③ -2

④ -1 ⑤ 0

5 일차부등식의 활용

모르는 것을 x로 놓고 부등식을 세워!

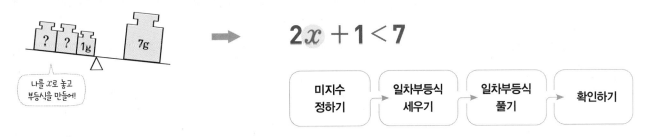

$$2x + 1 < 7$$

미지수 정하기 → 일차부등식 세우기 → 일차부등식 풀기 → 확인하기

일차부등식의 활용 문제를 푸는 순서

① **미지수 정하기**: 문제의 뜻을 이해하고, 구하려는 것을 미지수 x로 놓는다.

② **일차부등식 세우기**: x를 사용하여 문제의 뜻에 맞게 일차부등식을 세운다.

③ **일차부등식 풀기**: 일차부등식을 푼다.

④ **확인하기**: 구한 해가 문제의 뜻에 맞는지 확인한다.

주의 이상, 이하, 초과, 미만의 뜻에 유의하면서 알맞은 부등호를 이용하여 부등식을 세운다.

참고 ① 물건의 개수, 사람 수, 횟수 등은 구한 해 중에서 자연수만을 답으로 택한다.
② 가격, 넓이, 거리 등은 구한 해 중에서 음수를 답으로 할 수 없다.

✓ 개념확인

1. 한 개에 500원 하는 빵과 한 개에 700원 하는 음료수를 합하여 8개를 사려고 한다. 다음은 그 값이 4800원 이하가 되게 하려면 음료수는 최대 몇 개까지 살 수 있는지 구하는 과정이다. ☐ 안에 알맞은 식 또는 부등호 또는 수를 써넣으시오.

> ① **미지수 정하기**
> 음료수를 x개 산다고 하자.
> ② **일차부등식 세우기**
> 빵과 음료수를 합하여 8개를 사려고 하므로 살 수 있는 빵은 (☐)개
> 500원 하는 빵과 700원 하는 음료수를 합하여 4800원 이하가 되어야 하므로 일차부등식을 세우면
> (빵의 값) + (음료수의 값) ☐ 4800(원)
> ⇨ $500 \times ($ ☐ $) + 700 \times x$ ☐ 4800
> ③ **일차부등식 풀기**
> 일차부등식을 풀면 $x \leq$ ☐
> 따라서 음료수는 최대 ☐ 개까지 살 수 있다.
> ④ **확인하기**
> 구입한 빵이 ☐ 개, 음료수가 ☐ 개일 때,
> $500 \times$ ☐ $+ 700 \times$ ☐ ≤ 4800이므로
> 구한 해는 문제의 뜻에 맞는다.

2. 진희는 두 번의 수학 시험에서 86점, 89점을 받았다. 다음은 세 번에 걸친 수학 시험의 평균 점수가 90점 이상이 되려면 세 번째 수학 시험에서 적어도 몇 점 이상을 받아야 하는지 구하는 과정이다. ☐ 안에 알맞은 식 또는 부등호 또는 수를 써넣으시오.

> ① **미지수 정하기**
> 세 번째 수학 시험의 점수를 x점이라 하자.
> ② **일차부등식 세우기**
> 세 번에 걸친 수학 시험의 총점은
> (☐)점
> 세 번에 걸친 수학 시험의 평균 점수가 90점 이상이 되어야 하므로 일차부등식을 세우면
> (수학 시험의 평균 점수) ☐ 90(점)
> ⇨ $\dfrac{86 + 89 + x}{☐}$ ☐ 90
> ③ **일차부등식 풀기**
> 일차부등식을 풀면 $x \geq$ ☐
> 따라서 적어도 ☐ 점 이상을 받아야 한다.
> ④ **확인하기**
> 세 번째 수학 시험의 점수가 ☐ 점일 때,
> $\dfrac{86 + 89 + ☐}{3} \geq 90$이므로
> 구한 해는 문제의 뜻에 맞는다.

1 연속하는 세 자연수의 합이 27보다 작다고 한다. 이와 같은 수 중에서 가장 큰 세 자연수를 구하시오.

1-1 어떤 정수에 5를 더한 수는 그 정수의 2배보다 크다고 한다. 이러한 정수 중에서 가장 큰 수를 구하시오.

• 연속하는 두 자연수에 대한 문제
⇨ 두 수를 $x-1$, x 또는 x, $x+1$로 놓고 부등식을 세운다.

• 연속하는 세 자연수에 대한 문제
⇨ 세 수를 x, $x+1$, $x+2$ 또는 $x-1$, x, $x+1$로 놓고 부등식을 세운다.

개수에 대한 문제

2 한 개에 500원인 귤과 한 개에 800원인 사과를 합하여 10개를 사려고 한다. 총 가격이 7400원 이하가 되게 하려면 사과는 최대 몇 개까지 살 수 있는지 구하시오.

2-1 어느 공연장의 1인당 입장료가 어른은 3000원, 청소년은 1800원이라고 한다. 어른과 청소년을 합하여 20명이 50000원 이하로 공연을 관람하려면 어른은 최대 몇 명까지 입장할 수 있는지 구하시오.

두 물건 A, B를 합하여 n개 사는 경우
⇨ $\begin{cases} \text{물건 A의 개수: } x\text{개} \\ \text{물건 B의 개수: } (n-x)\text{개} \end{cases}$
이므로 구하려는 물건의 개수를 x개로 놓고 부등식을 세운다.

유리한 방법을 선택하는 문제

3 어느 놀이공원의 입장료는 1인당 5000원인데, 20명 이상의 단체에 대해서는 입장료의 20 %를 할인해 준다고 한다. 20명 미만의 단체는 최소 몇 명 이상일 때, 20명의 단체 입장료를 사는 것이 유리한지 구하시오.

a명 이상일 때 단체 입장료를 적용하는 경우, x명이 입장한다고 하면
(단, $x < a$)
⇨ a명의 단체 입장료가 x명의 입장료보다 적으면 a명의 단체 입장료를 내는 것이 더 유리하다.

3-1 집 근처 상점에서 한 개에 1200원인 물건이 인터넷 쇼핑몰에서는 한 개에 1000원이라 한다. 인터넷 쇼핑몰은 배송료가 2500원이 든다고 할 때, 이 물건을 적어도 몇 개 이상 살 경우 인터넷 쇼핑몰에서 사는 것이 유리한지 구하시오.

거리, 속력, 시간에 대한 문제

4 서울역에서 **KTX**가 출발하기 전까지 2시간의 여유가 있다. 이 시간을 이용하여 시속 **4 km**로 걸어서 상점에서 기념품을 사오려고 한다. 물건을 사는 데 **30분**이 걸린다면 서울역에서 최대 몇 **km** 이내에 있는 상점을 이용할 수 있는지 구하시오.

- (거리)=(속력)×(시간)
- (시간)=$\dfrac{(거리)}{(속력)}$
- (속력)=$\dfrac{(거리)}{(시간)}$

4-1 진희는 10 km 단축 마라톤 대회에 참가하였다. 처음에는 시속 6 km로 달리다가 도중에 시속 4 km로 걸어서 2시간 이내에 결승점에 도착하였다고 한다. 이때 시속 6 km로 달린 거리는 적어도 몇 km 이상인지 구하시오.

농도에 대한 문제

5 농도가 8 %인 소금물 200 g에 농도가 5 %인 소금물을 섞어서 농도가 7 % 이하인 소금물을 만들려고 한다. 농도가 5 %인 소금물을 적어도 몇 g 이상 섞어야 하는지 구하시오.

- (소금의 양)
  =$\dfrac{(농도)}{100}$×(소금물의 양)
- (농도)
  =$\dfrac{(소금의 양)}{(소금물의 양)}$
  ×100(%)

5-1 농도가 10 %인 소금물 300 g이 있다. 이 소금물을 증발시켜서 농도가 12 % 이상인 소금물이 되게 하려고 한다. 적어도 몇 g 이상의 물을 증발시켜야 하는지 구하시오.

부등식 이해하기

초등
두 수의 대소 관계 나타내기

다음과 같이 두 수가 있을 때, 두 수의 대소 관계를 부등호를 사용하여 나타내시오.

❶ $\dfrac{4}{3}$ ☐ 1.3

❷ $\dfrac{2}{7}$ ☐ 0.29

❸ $\dfrac{5}{3}$ ☐ $\dfrac{7}{5}$

❹ $\dfrac{1}{7}$ ☐ $\dfrac{2}{9}$

답 ❶ > ❷ < ❸ > ❹ <

중등
부등식의 성질을 이용하여 부등식의 해 구하기

다음 부등식을 풀고, 그 결과를 비교하시오.

❶ $3x > 3$

❷ $-2x + 1 < 3$

❸ $0 \times x > -1$

❹ $0 \times x \geq 0$

❺ $0 \times x > 1$

❻ $0 \times x > 0$

[결과]

해가 특정한 범위를 갖는 경우	해가 모든 수인 경우	해가 없는 경우
➡ ❶, ☐	➡ ☐, ☐	➡ ☐, ❻
x의 값에 따라 참이 되기도 하고 거짓이 되기도 한다.	x의 값에 상관없이 항상 참이다.	x의 값에 상관없이 항상 거짓이다.

답 ❶ $x > 1$ ❷ $x > -1$ ❸ 모든 수가 해가 된다. ❹ 모든 수가 해가 된다.
❺ 해가 없다. ❻ 해가 없다. [결과] ❷ / ❸, ❹ / ❺

일반화

특정한 범위를 해로 갖는 부등식		특수한 해를 갖는 부등식	
$3 \times x > 3$ 양수	$-3 \times x > -3$ 음수	$0 \times x > -1$	$0 \times x > 0$
➡ 부등식을 만족하는 x의 값의 범위는 $x > 1$이다.	➡ 부등식을 만족하는 x의 값의 범위는 $x < 1$이다.	➡ x에 어떤 값을 대입해도 $0 > -1$이므로 성립한다.	➡ 부등식을 만족하는 x의 값이 없다.

$$ax > b \begin{cases} a \neq 0 \begin{cases} a > 0 \text{인 경우} \quad \Rightarrow \quad x > \dfrac{b}{a} \\ a < 0 \text{인 경우} \quad \Rightarrow \quad x < \dfrac{b}{a} \end{cases} \\ a = 0 \begin{cases} b \geq 0 \text{인 경우} \quad \Rightarrow \quad \text{해가 없다.} \\ b < 0 \text{인 경우} \quad \Rightarrow \quad \text{모든 수가 해가 된다.} \end{cases} \end{cases}$$

문제해결

다음 중 x에 대한 일차부등식 $(a-b)x > a$의 해에 대한 설명으로 옳지 <u>않은</u> 것은? (단, a, b는 상수)

① $a > b$이면 $x > \dfrac{a}{a-b}$이다.

② $a < b$이면 $x < \dfrac{a}{a-b}$이다.

③ $a = b = 2$이면 해가 없다.

④ $a = b = -1$이면 해가 없다.

⑤ $a < 0$, $b = 0$이면 $x < 1$이다.

풀이

① $a > b$이면 $a - b > 0$이므로 $x > \dfrac{a}{a-b}$

② $a < b$이면 $a - b < 0$이므로 $x < \dfrac{a}{a-b}$

③ $a = b = 2$이면 $a - b = 0$에서 $0 \times x > 2$이므로 해가 없다.

④ $a = b = -1$이면 $a - b = 0$에서 $0 \times x > -1$이므로 모든 수가 해가 된다.

⑤ $b = 0$에서 $ax > a$이고, $a < 0$이므로 $x < 1$

답 ④

1 부등식으로 나타내기

다음 중 문장을 부등호를 사용하여 바르게 나타낸 것은?

① x는 4보다 작거나 같다. ⇨ $x < 4$

② x의 2배에 3을 더한 수는 x의 3배보다 크다.
   ⇨ $2(x+3) > 3x$

③ 한 변의 길이가 x cm인 정사각형의 둘레의 길이는 30 cm 이상이다. ⇨ $4x \geq 30$

④ 길이가 x m인 끈에서 5 m를 잘라 낸 나머지는 4 m보다 짧다. ⇨ $5 - x < 4$

⑤ 500원짜리 감 x개와 300원짜리 귤 5개를 샀더니 전체 가격이 5000원 이하였다.
   ⇨ $500x + 1500 < 5000$

2 부등식의 성질

$a < b$일 때, 다음 중 옳지 <u>않은</u> 것을 모두 고르면?

(정답 2개)

① $-3a + \dfrac{1}{4} < -3b + \dfrac{1}{4}$

② $a \div \left(-\dfrac{1}{2}\right) > b \div \left(-\dfrac{1}{2}\right)$

③ $5 - a > 5 - b$

④ $7a - (-1) > 7b - (-1)$

⑤ $-6a + 1 > -6b + 1$

3 부등식의 성질을 이용하여 식의 값의 범위 구하기

$-1 < 3x - 7 < 5$일 때, x의 값의 범위를 구하시오.

4 괄호가 있는 일차부등식의 풀이

다음은 부등식 $-3(x+2) \geq 2x - 1$을 풀고, 해를 수직선 위에 나타내는 과정이다. 처음으로 틀린 곳은?

$-3(x+2) \geq 2x - 1$에서

$-3x - 6 \geq 2x - 1$ ⋯⋯ ①

$-3x - 2x \geq -1 + 6$ ⋯⋯ ②

$-5x \geq 5$ ⋯⋯ ③

$\therefore x \geq -1$ ⋯⋯ ④

이를 수직선 위에 나타내면 다음 그림과 같다.

⋯⋯ ⑤

5 계수가 분수 또는 소수인 일차부등식의 풀이

일차부등식 $\dfrac{x}{4} - \dfrac{2}{3} < -\dfrac{x}{12} + 1$을 만족하는 자연수 x의 개수는?

① 4 ② 5 ③ 6

④ 7 ⑤ 8

6 계수가 문자인 일차부등식의 풀이

$a < 2$일 때, x에 대한 일차부등식 $a(x-1) > 2(x-1)$을 만족하는 가장 큰 정수 x의 값은?

① -3 ② -1 ③ 0

④ 1 ⑤ 3

7 부등식의 해의 조건이 주어진 경우

일차부등식 $ax-9<3$의 해가 $x>-2$일 때, 상수 a의 값은?

① -9　　　　② -6　　　　③ -3

④ 3　　　　⑤ 6

8 부등식의 해의 조건이 주어진 경우

두 일차부등식 $\dfrac{x-3}{2}\leq\dfrac{4x-2}{3}$, $7x-5\geq a+2x$의 해가 서로 같을 때, 상수 a의 값을 구하시오.

9 수에 대한 문제

연속하는 세 짝수의 합이 45 이상 51 미만일 때, 세 짝수를 구하시오.

10 개수에 대한 문제

인터넷 마트에서 사과와 배를 합하여 15개를 사려고 한다. 사과 1개의 가격은 1200원, 배 1개의 가격은 2400원이고 배송료가 3000원일 때, 총 가격이 30000원 이하가 되게 하려면 배는 최대 몇 개까지 살 수 있는지 구하시오.

11 유리한 방법을 선택하는 문제

한 사람당 입장료가 5000원인 미술관에서 30명 이상의 단체에 대해서는 입장료의 30 %를 할인해 준다고 한다. 30명 미만의 단체는 적어도 몇 명 이상일 때, 30명의 단체 입장권을 사는 것이 유리한가?

① 20명　　　　② 21명　　　　③ 22명

④ 23명　　　　⑤ 24명

12 거리, 속력, 시간에 대한 문제

A 지점에서 B 지점까지는 시속 2 km로, B 지점에서 C 지점까지는 시속 3 km로 걸어서 총 7 km의 거리를 2시간 30분 이내에 갔다고 한다. A 지점과 B 지점 사이의 거리는 몇 km 이하인지 구하시오.

1 부등식 $\frac{1}{2}x-7 \geq ax-6+\frac{3}{2}x$가 x에 대한 일차부등식일 때, 다음 중 상수 a의 값이 될 수 없는 것은?

① -5 ② -3 ③ -1
④ 1 ⑤ 3

a, b가 상수이고 $a \neq 0$일 때 $ax+b>0$, $ax+b<0$, $ax+b\geq0$, $ax+b\leq0$의 꼴이면 이 부등식은 x에 대한 일차부등식이다.

2 x에 대한 일차부등식 $6-ax \geq 9$의 해가 $x \leq -3$일 때, 상수 a의 값을 구하시오.

x의 계수가 미지수일 때, 주어진 해의 부등호의 방향을 이용하여 미지수의 부호를 결정한다.

3 일차부등식 $9-7x \geq 2x-3a$를 만족하는 자연수 x가 존재하지 않을 때, 상수 a의 값의 범위는?

① $a<-1$ ② $a\leq-1$ ③ $a<0$
④ $a<1$ ⑤ $a\leq1$

4 $\frac{4p-5}{2}$를 소수 첫째 자리에서 반올림하면 10이 된다. 이때 정수 p의 값을 구하시오.

5 x에 대한 일차방정식 $x-2=\frac{x+a}{3}$의 해가 4보다 작지 않을 때, 상수 a의 값의 범위를 구하시오.

6 10 %의 소금물과 16 %의 소금물 200 g을 섞어서 농도가 12 % 이상인 소금물을 만들었다. 이때 10 %의 소금물을 몇 g 이하로 섞어야 하는지 구하시오.

(소금의 양)
$=\frac{(농도)}{100} \times$(소금물의 양)
임을 이용하여 식을 세운다.

7

서술형

x가 자연수일 때, 일차부등식 $5x-7\leq2x+2$를 만족하는 x의 개수를 a, 일차부등식 $2(x-4)<10-(x+3)$을 만족하는 x의 개수를 b라 할 때, $b-a$의 값을 구하기 위한 풀이 과정을 쓰고 답을 구하시오.

► Check List
• a의 값을 바르게 구하였는가?
• b의 값을 바르게 구하였는가?
• $b-a$의 값을 바르게 구하였는가?

① 단계: a의 값 구하기

$5x-7\leq2x+2$에서 $5x-2x\leq2+7$, $3x\leq$_____   ∴ _____

따라서 일차부등식 $5x-7\leq2x+2$를 만족하는 x는 _____이므로

$a=$_____

② 단계: b의 값 구하기

$2(x-4)<10-(x+3)$에서 $2x-8<$_____

$2x+x<10-3+8$, $3x<$_____   ∴ _____

따라서 일차부등식 $2(x-4)<10-(x+3)$을 만족하는 x는 _____이므로

$b=$_____

③ 단계: $b-a$의 값 구하기

∴ $b-a=$_____

8

서술형

오른쪽 그림과 같은 직사각형 ABCD에서 $\overline{CD}$의 중점을 M이라 하자. △APM의 넓이가 $44\ cm^2$ 이상 $50\ cm^2$ 이하가 되도록 $\overline{BC}$ 위에 점 P를 잡으려고 한다. 이때 $\overline{BP}$의 길이의 범위를 구하기 위한 풀이 과정을 쓰고 답을 구하시오.

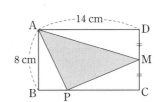

► Check List
• △APM의 넓이를 식으로 바르게 나타내었는가?
• △APM의 넓이로 부등식을 세우고 해를 바르게 구하였는가?
• $\overline{BP}$의 길이의 범위를 바르게 구하였는가?

① 단계: △APM의 넓이를 식으로 나타내기

_____

_____

_____

② 단계: △APM의 넓이로 부등식을 세우고 해 구하기

_____

_____

③ 단계: $\overline{BP}$의 길이의 범위 구하기

_____

2 연립방정식

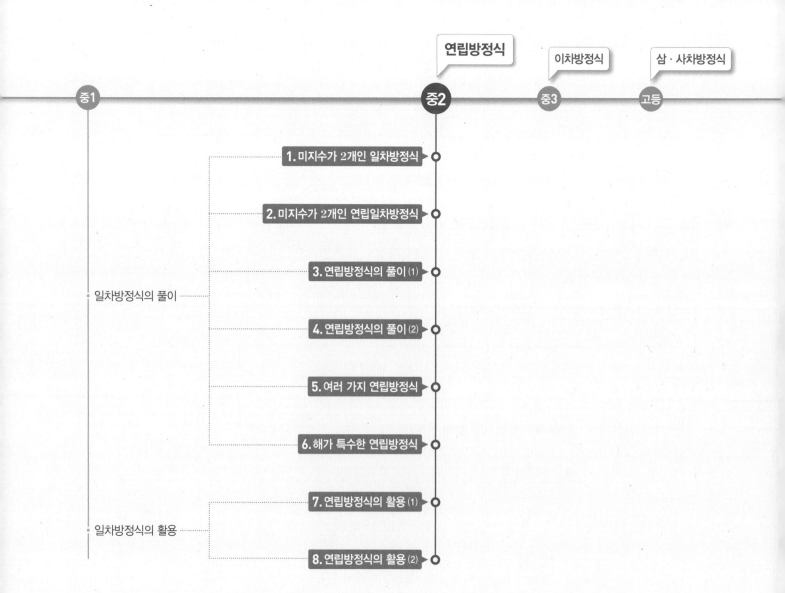

연립방정식

이차방정식

삼 · 사차방정식

중1

중2

중3

고등

일차방정식의 풀이

1. 미지수가 2개인 일차방정식

2. 미지수가 2개인 연립일차방정식

3. 연립방정식의 풀이 (1)

4. 연립방정식의 풀이 (2)

5. 여러 가지 연립방정식

6. 해가 특수한 연립방정식

일차방정식의 활용

7. 연립방정식의 활용 (1)

8. 연립방정식의 활용 (2)

2개의 방정식을 모두 만족하는 해

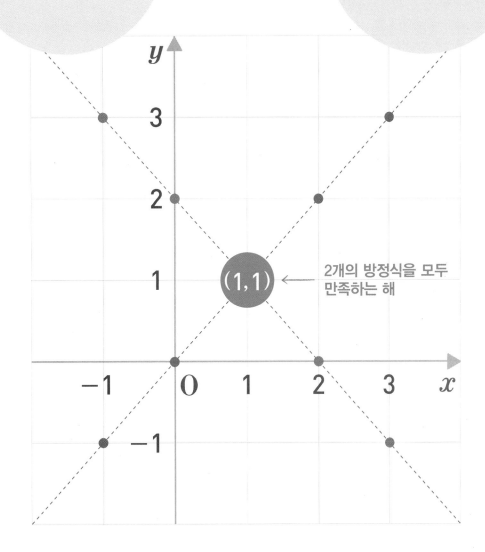

$x+y=2$

x	$\cdots$	-1	0	1	2	3	$\cdots$
y	$\cdots$	3	2	1	0	-1	$\cdots$

$x-y=0$

x	$\cdots$	-1	0	1	2	3	$\cdots$
y	$\cdots$	-1	0	1	2	3	$\cdots$

$(1, 1)$ ← 2개의 방정식을 모두 만족하는 해

1 미지수가 2개인 일차방정식

방정식을 참이 되게 하는 x, y!

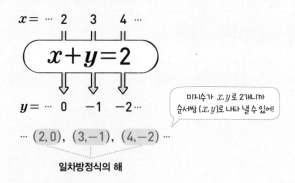

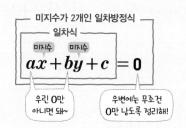

(1) **미지수가 2개인 일차방정식**: 미지수가 2개이고, 차수가 1인 방정식

$$ax+by+c=0 \ (a, b, c는 상수, a\neq0, b\neq0)$$

미지수는 2개, 차수는 1

　예 $5x-y-4=0, \ x+3y-2=0$ (미지수가 2개인 일차방정식이다.)

　　 $3x-2, \ x^2-y=1$ (미지수가 2개인 일차방정식이 아니다.)

(2) **미지수가 2개인 일차방정식의 해**: 미지수가 2개인 일차방정식을 만족하는 x, y의 값 또는 그 순서쌍 (x, y)

(3) **일차방정식을 푼다**: 일차방정식의 해를 모두 구하는 것

미지수가 2개인 일차방정식 찾기

미지수가 2개인 일차방정식을 찾을 때에는 주어진 식을 간단히 정리하여
① 등식인지
② 미지수가 2개인지
③ 미지수의 차수가 모두 1인지
확인한다.

일차방정식의 해는 1개이다?

미지수가 2개인 일차방정식 $ax+by+c=0(a\neq0, b\neq0)$에서 일차방정식을 만족하는 순서쌍 (x, y)의 개수는 문제의 조건에 따라 다양하게 나타날 수 있어.

• x, y가 정수일 때, 일차방정식 $x+y=2$의 해를 표로 나타내면 다음과 같고, 좌표평면 위에 나타내면 오른쪽 그림과 같다.

x	$\cdots$	-1	0	1	2	3	$\cdots$
y	$\cdots$	3	2	1	0	-1	$\cdots$

이때 다음과 같은 조건을 만족하는 순서쌍 (x, y)의 개수는 다음과 같아.
① x, y가 음의 정수일 때 ⇨ 해는 없다.
② x, y가 자연수일 때 ⇨ $(1, 1)$의 1개
③ x, y가 음수가 아닌 정수일 때 ⇨ $(0, 2), (1, 1), (2, 0)$의 3개
④ x, y가 정수일 때 ⇨ $\cdots, (-1, 3), (0, 2), (1, 1), (2, 0), (3, -1), \cdots$이므로 무수히 많다.

✓ **개념확인**

1. 다음 중 미지수가 2개인 일차방정식인 것은 ○표, 아닌 것은 ×표를 (　) 안에 써넣으시오.

(1) $x+y=0$　　　　　　(　　)　　　　(2) $\dfrac{x}{2}-y+1=0$　　　　(　　)

(3) $x-2y=3x-2y$　　(　　)　　　　(4) $\dfrac{x}{3}+\dfrac{1}{y}=4$　　　　(　　)

2. x, y가 자연수일 때, 일차방정식 $3x+y-9=0$에 대하여 오른쪽 표를 완성하고, 이를 이용하여 해를 모두 구하시오.

x	1	2	3	4
y				

미지수가 2개인 일차방정식

1 다음 중 미지수가 2개인 일차방정식인 것을 모두 고르면? (정답 2개)

① $-5x+9y$

② $x^2-y-4=0$

③ $3(x+y)=2(x-y)$

④ $3x+4=-y+5$

⑤ $\dfrac{1}{x}-2y=5$

> 미지수가 2개인 일차방정식
> 등식의 모든 항을 좌변으로
> 이항하여 정리하였을 때,
> $ax+by+c=0$(a, b, c
> 는 상수, $a\neq0$, $b\neq0$)의
> 꼴로 나타낼 수 있다.

1-1 등식 $x+(a-2)y+3=2x-4y$가 x, y에 대한 일차방정식일 때, 다음 중 상수 a의 값이 될 수 <u>없는</u> 것은?

① -2

② -1

③ 0

④ 1

⑤ 2

1-2 다음 문장을 미지수가 2개인 일차방정식으로 바르게 나타낸 것은?

> 고양이 x마리와 닭 y마리의 다리는 모두 합하여 10개이다.

① $x+y=10$

② $2x+2y=10$

③ $2x+y=10$

④ $2x+4y=10$

⑤ $4x+2y=10$

미지수가 2개인 일차방정식의 해

2 다음 중 일차방정식 $x-3y=12$의 해가 <u>아닌</u> 것은?

① $(0,-4)$

② $(3,-3)$

③ $(6,-2)$

④ $(8,-1)$

⑤ $(12,0)$

> 순서쌍 (a, b)가 주어진
> 일차방정식의 해인지 알아
> 보려면 방정식에 $x=a$,
> $y=b$를 대입하여 등식이
> 성립하는지 확인해 본다.

2-1 다음 보기의 순서쌍 중에서 일차방정식 $2x+y=7$의 해를 모두 고르시오.

> **보기**
>
> ㄱ. $(-1, 9)$
>
> ㄴ. $\left(\dfrac{1}{2}, 5\right)$
>
> ㄷ. $(1, 4)$
>
> ㄹ. $\left(-\dfrac{1}{2}, 8\right)$
>
> ㅁ. $(2, 2)$
>
> ㅂ. $(0, 7)$

2 미지수가 2개인 연립일차방정식

2개의 방정식을 모두 참이 되게 하는 x, y!

연립방정식 $\begin{cases} x+y=2 \\ x-y=4 \end{cases}$ 의 해

| $x=$ | $\cdots$ | 2 | 3 | 4 | $\cdots$ |

$$x+y=2$$

| $y=$ | $\cdots$ | 0 | -1 | -2 | $\cdots$ |

| $x=$ | $\cdots$ | 2 | 3 | 4 | $\cdots$ |

$$x-y=4$$

| $y=$ | $\cdots$ | -2 | -1 | 0 | $\cdots$ |

$\cdots (2,0)$, $(3, -1)$, $(4,-2) \cdots$　　　$\cdots (2,-2)$, $(3, -1)$, $(4, 0) \cdots$

연립일차방정식의 해

$$x=3, \ y=-1$$

---

(1) 미지수가 2개인 연립일차방정식: 미지수가 2개인 일차방정식 두 개를 한 쌍으로 묶어 놓은 것

$$\begin{cases} 2x-y=5 \\ x+y=1 \end{cases}$$

> **참고** 연립일차방정식을 간단히 연립방정식이라 한다.

(2) 연립방정식의 해: 연립방정식에서 두 일차방정식을 모두 만족하는 x, y의 값 또는 그 순서쌍 (x, y)

(3) 연립방정식을 푼다: 연립방정식의 해를 구하는 것

미지수가 2개인 연립일차방정식

$$\begin{cases} ax+by=c \ (a\neq 0, b\neq 0) \\ a'x+b'y=c' \ (a'\neq 0, b'\neq 0) \end{cases}$$

연립방정식의 해

연립방정식	해
$\begin{cases} x+y=4 \\ 2x+y=6 \end{cases}$	$x=2, y=2$ 또는 $(2, 2)$

✅ **개념확인**

1. 연립방정식 $\begin{cases} x+y=6 \quad \cdots\cdots \ \text{㉠} \\ x-y=-2 \quad \cdots\cdots \ \text{㉡} \end{cases}$ 에 대하여 다음 물음에 답하시오.

(1) 두 일차방정식 ㉠, ㉡에 대하여 다음 표를 각각 완성하시오.

㉠

x	1	2	3	4	5
y					

㉡

x	1	2	3	4	$\cdots$
y					$\cdots$

(2) (1)의 표를 이용하여 연립방정식의 해를 구하시오.

2. 연립방정식 $\begin{cases} ax+2y=7 \\ bx+y=4 \end{cases}$ 의 해가 $x=-1$, $y=5$일 때, 상수 a, b의 값을 각각 구하시오.

연립방정식의 해

1 x, y가 자연수일 때, 연립방정식 $\begin{cases} x+y=5 \\ x-y=1 \end{cases}$ 의 해는?

① $(1, 4)$ ② $(2, 1)$ ③ $(3, 2)$

④ $(4, 1)$ ⑤ $(5, 4)$

x, y가 자연수일 때, 연립방정식의 해 구하기
① 각각의 일차방정식의 지연수인 헤를 모두 구한다.
② ①에서 구한 해 중에서 공통인 해를 찾는다.

1-1 x, y가 자연수일 때, 연립방정식 $\begin{cases} 2x+y=9 \\ 3x-y=1 \end{cases}$ 의 해는 (p, q)이다. 이때 $p+q$의 값은?

① 3   ② 4   ③ 5

④ 6   ⑤ 7

연립방정식의 해 또는 계수가 문자로 주어진 경우

2 연립방정식 $\begin{cases} 2x+ay=6 \\ bx+2y=1 \end{cases}$ 의 해가 $(-3, -4)$일 때, 상수 a, b에 대하여 $a-b$의 값은?

① -3 ② -1 ③ 0

④ 1 ⑤ 3

x, y에 대한 연립방정식 $\begin{cases} ax+by=c \\ a'x+b'y=c' \end{cases}$ 의 해가 (m, n)이다.
➡ $x=m$, $y=n$을 두 일차방정식에 각각 대입하면 등식이 성립한다.

2-1 연립방정식 $\begin{cases} 2x-y=3 \\ x-2y=k \end{cases}$ 를 만족하는 y의 값이 1일 때, 상수 k의 값을 구하시오.

연립방정식의 풀이 (1)

식끼리 더하거나 빼서 미지수를 하나로 만들어!

$$\begin{cases} x-y=4 \\ x+y=2 \end{cases}$$

방법 1

$$\begin{array}{r} x-y=4 \\ +)\ x+y=2 \\ \hline 2x=6 \\ x=3 \end{array}$$

더해서 y를 없애!

대입 ➡ $y=-1$

따라서 $x=3$, $y=-1$

방법 2

$$\begin{array}{r} x-y=\ 4 \\ -)\ x+y=\ 2 \\ \hline -2y=\ 2 \\ y=-1 \end{array}$$

빼서 x를 없애!

대입 ➡ $x=3$

따라서 $x=3$, $y=-1$

(1) **가감법:** 연립방정식의 두 일차방정식을 변끼리 더하거나 빼서 한 미지수를 소거하여 연립방정식을 푸는 방법

> 소거: 미지수가 2개인 연립방정식에서 한 미지수를 없애는 것

(2) **가감법을 이용한 연립방정식의 풀이**

① 소거할 미지수의 계수의 절댓값이 같아지도록 각 방정식의 양변에 적당한 수를 곱한다.

② 소거할 미지수의 계수의 부호가 같으면 변끼리 빼고, 다르면 변끼리 더하여 한 미지수를 소거한 후 방정식을 푼다.

③ ②에서 구한 해를 간단한 일차방정식에 대입하여 다른 미지수의 값을 구한다.

> **가감법에서 미지수의 소거**
> x, y의 계수 중에서 같게 맞추기 편리한 쪽을 소거한다. 이때 어떤 미지수를 소거하여 풀어도 연립방정식의 해는 같다.

✔ **개념확인**

1. 다음은 연립방정식 $\begin{cases} x+3y=1 & \cdots\cdots\ \text{㉠} \\ x+2y=3 & \cdots\cdots\ \text{㉡} \end{cases}$ 을 가감법을 이용하여 푸는 과정이다. □ 안에 알맞은 것을 써넣으시오.

> x를 소거하기 위하여 ㉠−㉡을 하면
>
> $y=\boxed{}$
>
> $y=\boxed{}$ 를 ㉠에 대입하면 $\boxed{}=1$
>
> $\therefore\ x=\boxed{}$
>
> 따라서 연립방정식의 해는
>
> $x=\boxed{}$, $y=\boxed{}$ 이다.

2. 다음 연립방정식을 가감법을 이용하여 푸시오.

(1) $\begin{cases} 2x+y=2 \\ 3x-y=8 \end{cases}$

(2) $\begin{cases} x-y=1 \\ 3x-y=9 \end{cases}$

가감법에서 미지수를 소거하기

1 다음 중 연립방정식 $\begin{cases} 3x+2y=1 & \cdots\cdots ㉠ \\ 4x-3y=7 & \cdots\cdots ㉡ \end{cases}$ 에서 y를 소거하기 위해 필요한 식은?

① ㉠+㉡   ② ㉠×3−㉡×2   ③ ㉠×3+㉡×2

④ ㉠×4−㉡×3   ⑤ ㉠×4+㉡×3

① 소거하려는 미지수의 계
수의 절댓값이 같도록
각 방정식의 양변에 적
당한 수를 곱한다.
② 계수의 부호가 같으면
⇨ 두 방정식을 변끼리
뺀다.
계수의 부호가 다르면
⇨ 두 방정식을 변끼리
더한다.

1-1 다음 **보기**에서 연립방정식 $\begin{cases} x-2y=-1 & \cdots\cdots ㉠ \\ 3x+y=5 & \cdots\cdots ㉡ \end{cases}$ 를 가감법을 이용하여 풀

때, 필요한 식을 모두 고르시오.

> **보기**
> ㄱ. ㉠×2−㉡   ㄴ. ㉠×3−㉡   ㄷ. ㉠+㉡×2   ㄹ. ㉠−㉡×2

가감법을 이용한 연립방정식의 풀이

2 연립방정식 $\begin{cases} x+2y=8 \\ 2x+y=13 \end{cases}$ 의 해가 $x=a$, $y=b$일 때, $a+b$의 값은?

① −1   ② 1   ③ 3

④ 5   ⑤ 7

가감법을 이용한 연립방정
식의 풀이
소거하려는 미지수의 계수
의 절댓값을 같게 한 후 변
끼리 더하거나 뺀다.

2-1 연립방정식 $\begin{cases} x+2y=12 \\ 3x-4y=-4 \end{cases}$ 의 해가 일차방정식 $2x-3y=k$를 만족할 때, 상

수 k의 값은?

① −4   ② −2   ③ 0

④ 2   ⑤ 4

4 연립방정식의 풀이 (2)

식을 대입해서 미지수를 하나로!

$$\begin{cases} y = \boxed{x-1} \leftarrow \\ x + 2\overset{\downarrow}{y} = 4 \end{cases} \longrightarrow x + 2(x-1) = 4$$

괄호로 꼭 묶어!

대입 ➡ $y = 1$

$$3x = 6$$
$$x = 2$$

따라서 $x = 2,\ y = 1$

(1) **대입법:** 연립방정식의 한 방정식을 한 미지수에 대하여 푼 후 그 식을 다른 방정식에 대입하여 연립방정식을 푸는 방법

(2) **대입법을 이용한 연립방정식의 풀이**

① 연립방정식 중 한 일차방정식을 한 미지수에 대하여 푼다.

  ⇨ $x = (y$에 대한 식$)$ 또는 $y = (x$에 대한 식$)$의 꼴

② ①의 식을 다른 일차방정식에 대입하여 한 미지수를 소거한 후 방정식을 푼다.

③ ②에서 구한 해를 ①의 식에 대입하여 다른 미지수의 값을 구한다.

참고 가감법과 대입법 중 어느 것을 이용하여 풀어도 연립방정식의 해는 같으므로 편리한 방법을 택한다.

$x,\ y$ 중 대입하기 편리한 쪽을 택한다. 이때 어떤 미지수를 대입하여 풀어도 연립방정식의 해는 같다.
식을 대입할 때에는 괄호로 묶어서 대입한다.

✅ **개념확인**

1. 다음은 연립방정식 $\begin{cases} x = y+1 & \cdots\cdots \ ㉠ \\ x+3y=9 & \cdots\cdots \ ㉡ \end{cases}$ 를 대입법을 이용하여 푸는 과정이다. □ 안에 알맞은 것을 써넣으시오.

> ㉠을 ㉡에 대입하면 $(\boxed{}) + 3y = 9$, $4y = \boxed{}$ $\therefore y = \boxed{}$
>
> $y = \boxed{}$ 를 ㉠에 대입하면 $x = \boxed{} + 1$ $\therefore x = \boxed{}$
>
> 따라서 연립방정식의 해는 $x = \boxed{}$, $y = \boxed{}$ 이다.

2. 다음 연립방정식을 대입법을 이용하여 푸시오.

(1) $\begin{cases} y = x-1 \\ y = 2x-6 \end{cases}$

(2) $\begin{cases} 2x-y=1 \\ y=x-1 \end{cases}$

대입법을 이용한 연립방정식의 풀이

1 연립방정식 $\begin{cases} 3x-2y=1 \\ y=-2x-11 \end{cases}$ 의 해가 $x=a$, $y=b$일 때, $a-b$의 값은?

① -8 ② -4 ③ -2

④ 2 ⑤ 8

연립방정식의 두 일차방정식 중 어느 하나가 $x=(y$에 대한 식) 또는 $y=(x$에 대한 식)의 꼴이면 대입법을 이용하는 것이 편리하다.

1-1 일차방정식 $x-y=-1$의 해 중에서 x의 값이 y의 값의 $\dfrac{1}{2}$인 해는?

① $x=-2$, $y=-1$ ② $x=-1$, $y=-2$ ③ $x=1$, $y=-2$

④ $x=1$, $y=2$ ⑤ $x=2$, $y=1$

해가 주어진 경우 미지수의 값 구하기

2 연립방정식 $\begin{cases} 3x-y=a \\ x-ay=5 \end{cases}$ 의 해가 $x=b$, $y=-1$일 때, $a-b$의 값을 구하시오.

(단, a는 상수)

주어진 해를 각 방정식에 대입하여 a, b에 대한 연립방정식을 푼다.

2-1 연립방정식 $\begin{cases} ax+by=7 \\ bx-ay=6 \end{cases}$ 의 해가 $x=4$, $y=-1$일 때, 상수 a, b의 값은?

① $a=1$, $b=2$ ② $a=1$, $b=3$ ③ $a=2$, $b=1$

④ $a=2$, $b=3$ ⑤ $a=3$, $b=1$

2-2 연립방정식 $\begin{cases} ax+3y=-2 \\ 2x+by=8 \end{cases}$ 에서 a를 잘못 보고 구한 해는 $x=1$, $y=2$이고 b

를 잘못 보고 구한 해는 $x=-2$, $y=2$이다. 다음 물음에 답하시오.

(1) 상수 a, b의 값을 각각 구하시오.

(2) 처음 연립방정식의 해를 구하시오.

해의 조건이 주어진 경우 미지수의 값 구하기

3 연립방정식 $\begin{cases} x+3y=10 \\ 2x+ky=8 \end{cases}$ 의 해가 일차방정식 $5x-3y=-4$를 만족할 때, 상수 k의 값을 구하시오.

연립방정식의 해를 한 해로 갖는 일차방정식이 주어질 때
① 세 일차방정식 중에서 미지수가 없는 두 일차방정식으로 연립방정식을 세워 해를 구한다.
② ①에서 구한 해를 나머지 일차방정식에 대입하여 미지수의 값을 구한다.

3-1 연립방정식 $\begin{cases} x+y=k \\ 2x-y=5 \end{cases}$ 를 만족하는 x의 값이 y의 값의 3배일 때, 상수 k의 값을 구하시오.

두 연립방정식의 해가 서로 같을 때, 미지수의 값 구하기

4 두 연립방정식 $\begin{cases} x+y=1 \\ 2x-y=m \end{cases}, \begin{cases} 3x+2y=4 \\ x+ny=0 \end{cases}$ 의 해가 서로 같을 때, 상수 m, n에 대하여 $m+n$의 값을 구하시오.

두 연립방정식의 해가 서로 같을 때
① 미지수가 없는 두 일차방정식으로 연립방정식을 세워 해를 구한다.
② ①에서 구한 해를 나머지 두 일차방정식에 대입하여 미지수의 값을 구한다.
[참고]
두 연립방정식 $\begin{cases} A \\ B \end{cases}, \begin{cases} C \\ D \end{cases}$ 의 해가 서로 같으면 두 연립방정식 $\begin{cases} A \\ C \end{cases}, \begin{cases} B \\ D \end{cases}$ 의 해도 서로 같다.

4-1 두 연립방정식 $\begin{cases} ax+y=-5 \\ x-2y=4 \end{cases}, \begin{cases} x-y=1 \\ 4x-by=1 \end{cases}$ 의 해가 서로 같을 때, 상수 a, b의 값을 각각 구하시오.

5 여러 가지 연립방정식

계수를 정수로!

계수가 분수인 연립방정식

$$\begin{cases} \dfrac{1}{2}x + y = 1 \\ \dfrac{1}{2}x - \dfrac{3}{4}y = 1 \end{cases} \xrightarrow[\substack{\times 4}]{\substack{\times 2 \\ \text{양변에 분모의} \\ \text{최소공배수를 곱해!}}} \begin{cases} x + 2y = 2 \\ 2x - 3y = 4 \end{cases}$$

계수가 소수인 연립방정식

$$\begin{cases} 0.3x + 0.2y = 0.1 \\ 0.02x + 0.03y = 0.04 \end{cases} \xrightarrow[\substack{\times 100}]{\substack{\times 10 \\ \text{양변에 10의} \\ \text{거듭제곱을 곱해!}}} \begin{cases} 3x + 2y = 1 \\ 2x + 3y = 4 \end{cases}$$

(1) **괄호가 있는 연립방정식**: 분배법칙을 이용하여 괄호를 풀고 동류항끼리 간단히 정리한 후 연립방정식을 푼다.

(2) **계수가 분수인 연립방정식**: 양변에 분모의 최소공배수를 곱하여 계수를 모두 정수로 고친 후 푼다.

(3) **계수가 소수인 연립방정식**: 양변에 10의 거듭제곱을 곱하여 계수를 모두 정수로 고친 후 푼다.

(4) **비례식을 포함한 연립방정식**: 비례식의 성질을 이용하여 비례식을 방정식으로 바꾼 후 푼다.

$$\begin{cases} x + 2y = 24 \\ x : y = 2 : 1 \end{cases} \xrightarrow[\text{방정식으로 바꾸면}]{\text{비례식을}} \begin{cases} x + 2y = 24 \\ x = 2y \end{cases}$$

(5) **$A = B = C$ 꼴의 방정식**: $A = B = C$ 꼴의 방정식은 다음 세 연립방정식과 그 해가 모두 같으므로 하나를 택하여 푼다.

$$\begin{cases} A = B \\ A = C \end{cases}, \quad \begin{cases} A = B \\ B = C \end{cases}, \quad \begin{cases} A = C \\ B = C \end{cases}$$

> 계수가 분수 또는 소수인 연립방정식의 풀이에서 각 일차방정식의 양변에 적당한 수를 곱할 때는 양변의 모든 항에 곱한다.

> $A = B = C$ 꼴의 방정식은 $A = B$, $B = C$, $C = A$ 중 간단한 것 2개를 택하여 연립방정식을 세우고 푼다.

✓ **개념확인**

1. 다음 연립방정식을 푸시오.

(1) $\begin{cases} x - \dfrac{3}{2}y = \dfrac{1}{2} \\ \dfrac{3}{4}x - y = \dfrac{1}{2} \end{cases}$

(2) $\begin{cases} 0.2x + 0.3y = -0.5 \\ 0.2x - 0.3y = 1.3 \end{cases}$

2. 방정식 $-x + y = x + 2y = 3$을 푸시오.

1 연립방정식 $\begin{cases} x+4(y-2)=12 \\ 3(x+1)-2y=-7 \end{cases}$ 의 해가 $x=p,\ y=q$일 때, $p+q$의 값은?

① -3 ② -1 ③ 1

④ 3 ⑤ 5

> 괄호가 있는 연립방정식은 분배법칙을 이용하여 괄호를 풀고 동류항끼리 정리한 후 연립방정식을 푼다.

1-1 연립방정식 $\begin{cases} 2(2x+y)=x+5 \\ 4(x-y)=1-x \end{cases}$ 의 해가 일차방정식 $3x-y=a$를 만족할 때,
상수 a의 값을 구하시오.

2 연립방정식 $\begin{cases} 0.3x+0.4y=2 \\ \dfrac{x-1}{3}+y=3 \end{cases}$ 을 풀면?

① $x=-4,\ y=2$ ② $x=-4,\ y=4$ ③ $x=4,\ y=2$
④ $x=4,\ y=4$ ⑤ $x=4,\ y=8$

> 계수가 분수 또는 소수인 연립방정식은 양변에 분모의 최소공배수를 곱하거나 양변에 10의 거듭제곱을 곱하여 계수를 정수로 고친 후 연립방정식을 푼다.

2-1 연립방정식 $\begin{cases} x+0.9y=-0.8 \\ x+2y=k \end{cases}$ 를 만족하는 x의 값이 y의 값보다 3만큼 클 때,
상수 k의 값을 구하시오.

비례식을 포함한 연립방정식

3 연립방정식 $\begin{cases} 2(x+3)=12-3y \\ x:y=3:2 \end{cases}$의 해가 $x=m$, $y=n$일 때, $m+n$의 값을 구

하시오.

비례식을 일차방정식으로
바꾼 후 연립방정식을 푼다.

3-1 연립방정식 $\begin{cases} x:y=3:1 \\ x-2y=3 \end{cases}$을 풀면?

① $x=-9$, $y=-3$ ② $x=-9$, $y=6$ ③ $x=-6$, $y=6$

④ $x=6$, $y=-3$ ⑤ $x=9$, $y=3$

$A=B=C$ 꼴의 방정식

4 방정식 $3x-2y-5=4(x-1)-3y=-y$의 해가 $x=a$, $y=b$일 때, $a+b$
의 값은?

① -3 ② 3 ③ 5

④ 7 ⑤ 9

$A=B=C$ 꼴의 방정식의
풀이
다음 세 가지 중 하나로 고쳐
서 푼다.
$\begin{cases} A=B \\ A=C \end{cases}$, $\begin{cases} A=B \\ B=C \end{cases}$, $\begin{cases} A=C \\ B=C \end{cases}$

4-1 방정식 $ax+by-2=3bx+ay+5=-by$의 해가 $x=2$, $y=1$일 때, 상수
a, b에 대하여 $a+b$의 값을 구하시오.

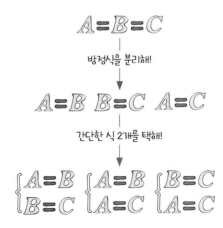

6 해가 특수한 연립방정식

해가 무수히 많거나, 해가 없는 방정식!

해가 무수히 많은 연립방정식

$$\begin{cases} x+y=2 \\ 2x+2y=4 \end{cases} \xrightarrow{\text{양변에 }\times 2} \begin{cases} 2x+2y=4 \\ 2x+2y=4 \end{cases}$$

일차방정식이 일치하므로
해가 무수히 많다.

해가 없는 연립방정식

$$\begin{cases} x+y=2 \\ 2x+2y=3 \end{cases} \xrightarrow{\text{양변에 }\times 2} \begin{cases} 2x+2y=4 \\ 2x+2y=3 \end{cases}$$

x, y의 계수가 같고, 상수항이
다르므로 해가 없다.

---

(1) 해가 무수히 많은 연립방정식

두 방정식을 변형하였을 때, 두 미지수의 계수와 상수항이 각각 같은 경우 ➡ 해가 무수히 많다.

(2) 해가 없는 연립방정식

두 방정식을 변형하였을 때, 두 미지수의 계수는 각각 같고 상수항은 다른 경우 ➡ 해가 없다.

해가 특수한 연립방정식

연립방정식 $\begin{cases} ax+by=c \\ a'x+b'y=c' \end{cases}$ 에서

(1) $\dfrac{a}{a'}=\dfrac{b}{b'}=\dfrac{c}{c'}$ 이면 해가 무수히 많다.

 ⑩ 연립방정식 $\begin{cases} x+2y=3 \\ 2x+4y=6 \end{cases}$ 에서 $\dfrac{1}{2}=\dfrac{2}{4}=\dfrac{3}{6}$ 이므로 해가 무수히 많다.

(2) $\dfrac{a}{a'}=\dfrac{b}{b'}\neq\dfrac{c}{c'}$ 이면 해가 없다.

 ⑩ 연립방정식 $\begin{cases} x+2y=1 \\ 2x+4y=3 \end{cases}$ 에서 $\dfrac{1}{2}=\dfrac{2}{4}\neq\dfrac{1}{3}$ 이므로 해가 없다.

✔️ **개념확인**

1. 다음 연립방정식을 푸시오.

(1) $\begin{cases} x-2y=1 \\ 2x-4y=2 \end{cases}$

(2) $\begin{cases} x+y=2 \\ 3x+3y=6 \end{cases}$

(3) $\begin{cases} 2x+y=7 \\ 4x+2y=15 \end{cases}$

(4) $\begin{cases} 3x-y+5=0 \\ 6x-2y+5=0 \end{cases}$

2. 연립방정식 $\begin{cases} 3x+y=6 \\ ax+2y=15 \end{cases}$ 의 해가 없을 때, 상수 a의 값을 구하시오.

해가 무수히 많은 연립방정식

1 연립방정식 $\begin{cases} -4x+ay=2 \\ bx-3y=-1 \end{cases}$ 의 해가 무수히 많을 때, 상수 a, b에 대하여 $a-b$의 값을 구하시오.

> 해가 무수히 많은 경우
> 연립방정식의 한 일차방정식을 변형하였을 때, 나머지 일차방정식과 일치한다.

1-1 연립방정식 $\begin{cases} -x+2y=3 \\ 2x+ky=-6 \end{cases}$ 의 해가 무수히 많을 때, 상수 k의 값을 구하시오.

해가 없는 연립방정식

2 연립방정식 $\begin{cases} 2x-ay=3 \\ 8x-4y=b \end{cases}$ 의 해가 없을 때, 상수 a, b의 조건은?

① $a=-1$, $b=-12$ ② $a=-1$, $b \neq -12$ ③ $a=1$, $b=12$

④ $a=1$, $b \neq 12$ ⑤ $a=1$, $b=8$

> 해가 없는 경우
> 연립방정식의 한 일차방정식을 변형하였을 때, 나머지 일차방정식과 미지수의 계수는 각각 같고, 상수항이 다르다.

2-1 다음 연립방정식 중 해가 <u>없는</u> 것은?

① $\begin{cases} x-2y=1 \\ 6x-12y=6 \end{cases}$ ② $\begin{cases} x-2y=2 \\ 2x-4y=2 \end{cases}$ ③ $\begin{cases} y=x-2 \\ 3x-3y=6 \end{cases}$

④ $\begin{cases} x+2y=5 \\ 2x-y=5 \end{cases}$ ⑤ $\begin{cases} 5x-2y=6 \\ 4x-3y=2 \end{cases}$

7 연립방정식의 활용 (1)

모르는 것을 x, y로!

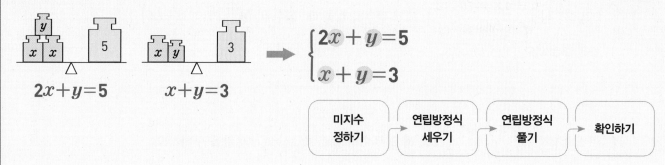

$2x+y=5$ $x+y=3$ → $\begin{cases} 2x+y=5 \\ x+y=3 \end{cases}$

미지수 정하기 → 연립방정식 세우기 → 연립방정식 풀기 → 확인하기

연립방정식의 활용 문제를 푸는 순서

① **미지수 정하기**: 문제의 뜻을 이해하고, 구하려는 것을 미지수 x, y로 놓는다.

② **연립방정식 세우기**: 문제의 뜻에 맞게 x, y에 대한 연립방정식을 세운다.

③ **연립방정식 풀기**: 연립방정식을 풀어 x, y의 값을 각각 구한다.

④ **확인하기**: 구한 x, y의 값이 문제의 뜻에 맞는지 확인한다.

✅ **개념확인**

1. 다음은 한 자루에 600원짜리 연필과 한 자루에 800원짜리 볼펜을 합하여 11자루를 사고 7400원을 지불하였을 때, 연필과 볼펜의 수를 구하는 과정이다. □ 안에 알맞은 수를 써넣으시오.

> ① **미지수 정하기**
> 600원짜리 연필을 x자루, 800원짜리 볼펜을 y자루 산다고 하자.
>
> ② **연립방정식 세우기**
> 연필과 볼펜을 합하여 11자루를 사고, 600원짜리 연필과 800원짜리 볼펜을 사고 7400원을 지불하였으므로 연립방정식을 세우면
> $\begin{cases} x+y=\boxed{} \\ \boxed{}x+\boxed{}y=\boxed{} \end{cases}$
>
> ③ **연립방정식 풀기**
> 연립방정식을 풀면 $x=\boxed{}$, $y=\boxed{}$
> 따라서 구입한 연필은 $\boxed{}$자루, 볼펜은 $\boxed{}$자루이다.
>
> ④ **확인하기**
> 구입한 연필은 $\boxed{}$자루, 볼펜은 $\boxed{}$자루일 때,
> $\begin{cases} 7+\boxed{}=11 \\ 600\times\boxed{}+800\times\boxed{}=\boxed{} \end{cases}$ 이므로
> 구한 해는 문제의 뜻에 맞는다.

2. 다음은 현재 아버지와 딸의 나이의 차는 40세이고, 13년 후에는 아버지의 나이가 딸의 나이의 3배가 된다고 할 때, 현재 아버지와 딸의 나이를 구하는 과정이다. □ 안에 알맞은 문자나 수를 써넣으시오.

> ① **미지수 정하기**
> 현재 아버지의 나이를 x세, 딸의 나이를 y세라 하자.
>
> ② **연립방정식 세우기**
> 현재 아버지와 딸의 나이의 차는 40세이고, 13년 후에는 아버지의 나이가 딸의 나이의 3배가 되므로 연립방정식을 세우면
> $\begin{cases} \boxed{}-\boxed{}=40 \\ x+\boxed{}=\boxed{}(y+13) \end{cases}$
>
> ③ **연립방정식 풀기**
> 연립방정식을 풀면 $x=\boxed{}$, $y=\boxed{}$
> 따라서 현재 아버지의 나이는 $\boxed{}$세, 딸의 나이는 $\boxed{}$세이다.
>
> ④ **확인하기**
> 현재 아버지의 나이는 $\boxed{}$세, 딸의 나이는 $\boxed{}$세일 때,
> $\begin{cases} \boxed{}-\boxed{}=40 \\ \boxed{}+13=\boxed{}(\boxed{}+13) \end{cases}$ 이므로
> 구한 해는 문제의 뜻에 맞는다.

개수, 나이에 대한 문제

1 어느 농장에 염소와 오리를 합하여 35마리가 있고, 염소와 오리의 다리 수의 합이 112개라고 한다. 이때 염소는 몇 마리인지 구하시오.

다음 조건으로 연립방정식을 세운다.
$$\begin{cases} (두 동물의 수의 합) \\ (두 동물의 다리 수의 합) \end{cases}$$

1-1 현재 아버지와 딸의 나이의 합은 44세이고, 15년 후에는 아버지의 나이가 딸의 나이의 3배보다 6세 적다고 한다. 현재 딸의 나이를 구하시오.

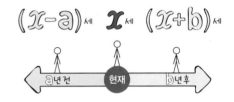

수에 대한 문제

2 어떤 두 자리의 자연수에서 각 자리의 숫자의 합의 4배는 그 수에 3을 더한 것과 같고, 십의 자리의 숫자와 일의 자리의 숫자를 바꾼 수는 처음 수보다 36만큼 크다고 한다. 이때 처음 자연수를 구하시오.

십의 자리의 숫자를 x, 일의 자리의 숫자를 y라 하면
(1) 처음 수 ⇨ $10x+y$
(2) 십의 자리의 숫자와 일의 자리의 숫자를 바꾼 수 ⇨ $10y+x$

2-1 진희의 수학 점수와 영어 점수의 평균은 88점이고, 수학 점수가 영어 점수보다 6점 더 높다고 한다. 이때 진희의 수학 점수는?

① 85점　　　　② 86점　　　　③ 88점
④ 90점　　　　⑤ 91점

일에 대한 문제

3 태희와 민정이가 함께 하면 3일 만에 끝낼 수 있는 일을 태희가 2일 동안 작업한 후 나머지를 민정이가 4일 동안 작업하여 모두 끝냈다. 이 일을 민정이가 혼자 하면 며칠이 걸리는지 구하시오.

전체 일의 양을 1로 놓고, 단위 시간(1분, 1시간, 1일 등) 동안 한 일의 양을 미지수 x, y로 놓는다.

3-1 어떤 물탱크에 물을 가득 채우려고 한다. A 호스로 9시간 동안 채우고 나머지를 B 호스로 2시간 동안 채우면 가득 채울 수 있고, A 호스로 3시간 동안 채우고 나머지를 B 호스로 6시간 동안 채우면 가득 채울 수 있다고 한다. A 호스로만 물탱크를 가득 채우려면 몇 시간이 걸리는지 구하시오.

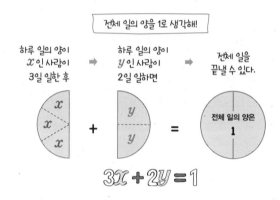

전체 일의 양을 1로 생각해!

하루 일의 양이 x인 사람이 3일 일한 후 ➡ 하루 일의 양이 y인 사람이 2일 일하면 ➡ 전체 일을 끝낼 수 있다.

$$3x + 2y = 1$$

증가, 감소에 대한 문제

4 올해 우리 학교 학생 수는 작년에 비해 남학생은 3 % 감소하고, 여학생은 5 % 증가하여 전체 학생 수는 6명이 많아진 766명이다. 올해 남학생 수는?

① 373명　　　　② 378명　　　　③ 383명
④ 388명　　　　⑤ 393명

· (A가 a % 증가한 후의 양)
$$= A\left(1 + \frac{a}{100}\right)$$
· (A가 a % 감소한 후의 양)
$$= A\left(1 - \frac{a}{100}\right)$$

4-1 작년에 어느 동호회의 회원 수는 450명이었다. 올해는 작년에 비해 남자 회원 수는 4 % 증가하고 여자 회원 수는 3 % 증가하여 전체적으로 16명이 증가하였다. 올해 남자 회원 수를 구하시오.

8 연립방정식의 활용 (2)

모르는 것을 x, y로 두고 두 개의 방정식을 만들어!

10 km인 거리를 x km는 시속 3 km로 걸어가고, 나머지 y km는 시속 4 km로 뛰어가는 데 2시간이 걸리면

$$\begin{cases} x + y = 10 \,(\text{km}) \\ \dfrac{x}{3} + \dfrac{y}{4} = 2 \,(\text{시간}) \end{cases}$$

(1) 거리, 속력, 시간에 대한 문제

거리, 속력, 시간에 대한 문제는 다음을 이용하여 식을 세운다.

① (거리) = (속력) × (시간)   ② (속력) = $\dfrac{(\text{거리})}{(\text{시간})}$ ③ (시간) = $\dfrac{(\text{거리})}{(\text{속력})}$

(2) 농도에 대한 문제

소금물의 농도에 대한 문제는 다음을 이용하여 식을 세운다.

① (소금물의 농도) = $\dfrac{(\text{소금의 양})}{(\text{소금물의 양})} \times 100\,(\%)$

                            — (소금의 양)+(물의 양)

② (소금의 양) = $\dfrac{(\text{소금물의 농도})}{100} \times (\text{소금물의 양})$

소금의 양이 변하지 않는 경우	소금의 양이 변하는 경우
① 소금물에 물을 더 넣는 경우 ⇨ 소금물의 양은 늘어나지만 소금의 양은 변하지 않는다.	① 소금물에 소금을 섞는 경우 ⇨ 소금물의 양과 소금의 양은 모두 변한다.
② 소금물에서 물을 증발시키는 경우 ⇨ 소금물의 양은 줄어들지만 소금의 양은 변하지 않는다.	② 농도가 다른 두 소금물을 섞는 경우 ⇨ 소금물의 양과 소금의 양은 모두 변한다.

✅ **개념확인**

1. 연지네 집에서 학교까지의 거리는 800 m이다. 연지가
⌐⊙ 집에서 출발하여 초속 2 m로 걷다가 도중에 지각을 할 ⌐ⓛ
것 같아 초속 5 m로 달려서 250초 만에 학교에 도착했
다. 다음 물음에 답하시오.
   (1) 연지가 초속 2 m로 걸어간 거리를 x m, 초속 5 m
   로 달려간 거리를 y m라 할 때, ㉠, ㉡을 각각 방정
   식으로 나타내시오.
   (2) 연지가 걸어간 거리와 달려간 거리를 각각 구하시오.

2. 6 %의 소금물 x g과 10 %의 소금물 y g을 섞어서 9 %
의 소금물 400 g을 만들었다. 다음 물음에 답하시오.
   (1) x, y에 대한 연립방정식을 세우시오.
   (2) 6 %의 소금물과 10 %의 소금물의 양을 각각 구하
   시오.

1 등산을 하는데 올라갈 때는 시속 3 km로, 내려올 때는 올라갈 때보다 2 km가 더 먼 길을 시속 4 km로 걸었더니 모두 4시간이 걸렸다. 올라간 거리를 구하시오.

도중에 속력이 바뀌는 문제

(시간)=$\dfrac{(거리)}{(속력)}$ 임을 이용하여

$\begin{cases} (거리에 \ 대한 \ 식) \\ (시간에 \ 대한 \ 식) \end{cases}$

과 같이 연립방정식을 세운다.

1-1 규연이는 8 km 떨어진 할머니 댁에 가는데 처음에는 시속 2 km로 걷다가 도중에 시속 3 km로 걸었더니 모두 3시간이 걸렸다. 시속 3 km로 걸은 시간을 구하시오.

2 용화와 민희는 둘레의 길이가 500 m인 트랙에서 일정한 속력으로 달리기를 하고 있다. 용화와 민희가 트랙을 동시에 같은 지점에서 출발하여 같은 방향으로 돌면 10분 후에 처음으로 만나고, 반대 방향으로 돌면 2분 후에 처음으로 만난다고 한다. 용화의 속력이 민희의 속력보다 빠르다고 할 때, 용화의 속력을 구하시오.

두 사람이 일정한 속력으로 트랙을 돌 때
(1) 같은 방향으로 돌아 만날 때
  (이동한 거리의 차)
  =(트랙의 길이)
(2) 반대 방향으로 돌아 만날 때
  (이동한 거리의 합)
  =(트랙의 길이)

2-1 A와 B는 24 km 떨어진 지점에서 서로를 향하여 동시에 출발하였다. A는 시속 3 km로 걷고, B는 시속 5 km로 인라인 스케이트를 신고 달려 한 지점에서 만났을 때, B는 A보다 몇 km 더 이동하였는지 구하시오.

속력에 대한 문제 (3)

3 배를 타고 길이가 **12 km**인 강을 거슬러 올라가는 데는 3시간, 내려오는 데는 2시간이 걸린다고 한다. 이때 정지한 물에서의 배의 속력을 구하시오.

(단, 배와 강물의 속력은 각각 일정하다.)

(1) (강을 거슬러 올라갈 때의 속력)
= (정지한 물에서의 배의 속력)
− (강물의 속력)
(2) (강을 따라 내려올 때의 속력)
= (정지한 물에서의 배의 속력)
+ (강물의 속력)

3-1 길이가 10 km인 강을 배로 내려가는 데 2시간, 거슬러 올라가는 데 4시간이 걸린다고 한다. 정지한 물에서의 배의 속력과 흐르는 강물의 속력을 각각 구하시오. (단, 배와 강물의 속력은 각각 일정하다.)

3-2 일정한 속력으로 달리는 기차가 길이가 1200 m인 터널을 완전히 통과하는 데 3분이 걸리고, 길이가 700 m인 다리를 완전히 통과하는 데 2분이 걸린다고 한다. 이 기차의 속력을 구하시오.

3-3 일정한 속력으로 달리는 열차가 4 km의 터널을 완전히 통과하는 데 54초가 걸리고, 2 km의 터널을 완전히 통과하는 데 29초가 걸린다고 한다. 이때 열차의 길이와 속력을 각각 구하시오.

4 8 %의 소금물 x g과 12 %의 소금물 y g을 섞어서 9 %의 소금물 200 g을 만들었다. 다음 중 x, y의 값을 구하기 위한 연립방정식을 세운 것으로 옳은 것은?

① $\begin{cases} x+y=200 \\ \dfrac{2}{25}x+\dfrac{3}{25}y=18 \end{cases}$ ② $\begin{cases} y=x+200 \\ \dfrac{2}{25}x+\dfrac{3}{25}y=18 \end{cases}$ ③ $\begin{cases} x+y=200 \\ \dfrac{2}{25}x-\dfrac{3}{25}y=18 \end{cases}$

④ $\begin{cases} y=x+200 \\ \dfrac{2}{25}x-\dfrac{3}{25}y=18 \end{cases}$ ⑤ $\begin{cases} x+y=200 \\ -\dfrac{2}{25}x+\dfrac{3}{25}y=18 \end{cases}$

농도가 다른 두 소금물 A, B를 섞을 때,
$\begin{cases} (\text{소금물의 양에 대한 식}) \\ (\text{소금의 양에 대한 식}) \end{cases}$
과 같이 연립방정식을 세운다.

4-1 3 %의 소금물과 8 %의 소금물을 섞어서 5 %의 소금물 300 g을 만들려고 한다. 이때 3 %의 소금물과 8 %의 소금물을 각각 몇 g씩 섞어야 하는지 구하시오.

5 농도가 다른 두 소금물 A, B가 있다. 소금물 A를 100 g, 소금물 B를 200 g 섞으면 6 %의 소금물이 되고, 소금물 A를 200 g, 소금물 B를 100 g 섞으면 8 %의 소금물이 된다. 이때 소금물 A, B의 농도를 각각 구하시오.

농도가 다른 두 소금물을 섞을 때, 소금의 양은 변하지 않음을 이용하여 연립방정식을 세운다.

5-1 농도가 다른 두 소금물 A, B 가 있다. 소금물 A를 200 g, 소금물 B를 100 g 섞으면 6 %의 소금물이 되고, 소금물 A를 100 g, 소금물 B를 200 g 섞으면 7 %의 소금물이 된다고 한다. 이때 소금물 A의 농도는?

① 5 % ② 6 % ③ 7 %
④ 8 % ⑤ 9 %

비율에 대한 문제

6 금과 구리를 각각 2 : 3의 비율로 포함한 합금 A와 1 : 1의 비율로 포함한 합금 B가 있다. 두 합금 A, B를 섞어서 금은 200 g, 구리는 250 g을 포함하는 합금을 만들려고 한다. 이때 필요한 합금 A, B의 양을 각각 구하시오.

두 합금 A, B의 양을 각각 미지수로 놓고
$\begin{cases} (금의\ 양에\ 대한\ 식) \\ (구리의\ 양에\ 대한\ 식) \end{cases}$
과 같이 연립방정식을 세운다.

6-1 합금 A는 구리 15 %, 아연 20 %를 포함하였고 합금 B는 구리 45 %, 아연 10 %를 포함하고 있다. 합금 A와 합금 B를 녹여서 구리는 30 kg, 아연은 20 kg을 얻으려면 합금 A와 합금 B는 각각 몇 kg이 필요한지 구하시오.

6-2 전체 학생 수가 36명인 어느 학급에서 체험 학습 장소에 대하여 회의를 하였는데, 남학생의 80 %, 여학생의 50 %가 찬성한다고 했다. 찬성한 학생이 전체 학생의 $\frac{2}{3}$일 때, 이 학급의 남학생 수를 구하시오.

해가 특수한 연립방정식

Case 1 해가 무수히 많은 연립방정식

연립방정식 $\begin{cases} 3x+2y=1 \\ 6x+4y=2 \end{cases}$ 를 푸시오.

1 미지수의 계수 통일	양변에 2를 곱한다. $\begin{cases} 3x+2y=1 \\ 6x+4y=2 \end{cases} \Rightarrow \begin{cases} 6x+4y=2 \\ 6x+4y=2 \end{cases}$
2 상수항 비교	$\begin{cases} 6x+4y=\boxed{2} \\ 6x+4y=\boxed{2} \end{cases} \Rightarrow 2=2$ 상수항이 서로 일치
3 해 구하기	두 일차방정식이 완전히 일치하므로 **해가 무수히 많다.**

$3x+2y=1$의 양변을 2배하면 $6x+4y=2$와 정확히 일치하므로
미지수의 계수의 비와 상수항의 비가 모두 일치한다.

$$\textcircled{3}x+\textcircled{2}y=\textcircled{1}$$
$$\downarrow_{\times 2} \quad \downarrow_{\times 2} \quad \downarrow_{\times 2} \quad \Rightarrow \quad \frac{3}{6}=\frac{2}{4}=\frac{1}{2}$$
$$\textcircled{6}x+\textcircled{4}y=\textcircled{2}$$

이와 같이 연립방정식 $\begin{cases} ax+by=c \\ a'x+b'y=c' \end{cases}$ 에 대하여 $\dfrac{a}{a'}=\dfrac{b}{b'}=\dfrac{c}{c'}$ 이면 **해가 무수히 많다.**

해가 없는 연립방정식

연립방정식 $\begin{cases} 3.x+2y=1 \\ 6x+4y=3 \end{cases}$ 을 푸시오.

1 미지수의 계수 통일	양변에 2를 곱한다. $\begin{cases} 3.x+2y=1 \\ 6x+4y=3 \end{cases}$ ➡ $\begin{cases} 6x+4y=2 \\ 6x+4y=3 \end{cases}$
2 상수항 비교	$\begin{cases} 6x+4y=\boxed{2} \\ 6x+4y=\boxed{3} \end{cases}$ ➡ $2 \neq 3$ 상수항이 서로 불일치
3 해 구하기	$6x+4y$의 값이 2이면서 동시에 3일 수는 없으므로 **해가 없다.**

$3x+2y=1$의 양변을 2배하면 $6x+4y=2$이므로, $6x+4y=3$과

미지수의 계수의 비는 일치하지만 **상수항의 비는 일치하지 않는다.**

$$\underset{\times 2}{③}x+\underset{\times 2}{②}y=\underset{\times 3}{①}$$
$$⑥x+④y=③$$
$$\Rightarrow \quad \frac{3}{6}=\frac{2}{4}\neq\frac{1}{3}$$

이와 같이 연립방정식 $\begin{cases} ax+by=c \\ a'x+b'y=c' \end{cases}$ 에 대하여 $\dfrac{a}{a'}=\dfrac{b}{b'}\neq\dfrac{c}{c'}$ 이면 **해가 없다.**

문제해결

다음 연립방정식을 계수를 비교하여 풀어 보자.

(1) $\begin{cases} x+y=1 \\ 2x+2y=2 \end{cases}$
(2) $\begin{cases} x-y=1 \\ 3x-3y=2 \end{cases}$
(3) $\begin{cases} x-2y=1 \\ 2x-2y=3 \end{cases}$
(4) $\begin{cases} 2x-y=2 \\ 4x-3y=6 \end{cases}$

접근법

(1) $\dfrac{1}{2}=\dfrac{1}{2}=\dfrac{1}{2}$ 이므로 미지수의 계수의 비와 상수항의 비가 모두 일치한다.

(2) $\dfrac{1}{3}=\dfrac{-1}{-3}\neq\dfrac{1}{2}$ 이므로 미지수의 계수의 비는 일치하지만 상수항의 비는 일치하지 않는다.

(3) $\dfrac{1}{2}\neq\dfrac{-2}{-2}\neq\dfrac{1}{3}$ 이므로 한 쌍의 해를 갖는다.

(4) $\dfrac{2}{4}\neq\dfrac{-1}{-3}=\dfrac{2}{6}$ 이므로 한 쌍의 해를 갖는다.

참고 ③, ④에서와 같이 미지수의 계수의 비가 다른 경우에는 상수항의 비와 관계없이 반드시 한 쌍의 해를 갖는다.

답 (1) 해가 무수히 많다. (2) 해가 없다. (3) $x=2$, $y=\dfrac{1}{2}$ (4) $x=0$, $y=-2$

개념 완성 🔆 기본 문제

1 미지수가 2개인 일차방정식

다음 **보기**에서 미지수가 2개인 일차방정식의 개수는?

┌ **보기** ┐
ㄱ. $y=x^2-3$ ㄴ. $x=-y+6$
ㄷ. $x+3y=0$ ㄹ. $xy-2x+y=0$
ㅁ. $x-y+3(x+y)=3x-1$
└─────────────┘

① 1   ② 2   ③ 3
④ 4   ⑤ 5

2 미지수가 2개인 일차방정식의 해

일차방정식 $3x-2y=4$의 한 해가 $(p, 2p)$일 때, p의 값은?

① -6 ② -4 ③ 0
④ 4   ⑤ 6

3 연립방정식의 해

다음 중 순서쌍 $(4, 3)$을 해로 갖는 미지수가 2개인 연립방정식은?

① $\begin{cases} 3x-y=12 \\ x+y=3 \end{cases}$ ② $\begin{cases} 3x+y=15 \\ x+y=7 \end{cases}$

③ $\begin{cases} x+2y=10 \\ x-y=2 \end{cases}$ ④ $\begin{cases} x+y=7 \\ 5x-2y=4 \end{cases}$

⑤ $\begin{cases} 2x-y=3 \\ x+2y=10 \end{cases}$

4 연립방정식의 해 또는 계수가 문자로 주어진 경우

연립방정식 $\begin{cases} 3x-y=1 \\ x+ay=5 \end{cases}$의 해가 $(1, b)$일 때, $a-b$의 값은? (단, a는 상수)

① -4 ② -2 ③ 0
④ 2   ⑤ 4

5 가감법에서 미지수를 소거하기

다음 중 연립방정식 $\begin{cases} 3x-2y=-12 & \cdots\cdots\,㉠ \\ 5x+3y=-1 & \cdots\cdots\,㉡ \end{cases}$에서 y를 소거하기 위해 필요한 식은?

① ㉠×2＋㉡×3   ② ㉠×2－㉡×3
③ ㉠×3＋㉡×2   ④ ㉠×3－㉡×2
⑤ ㉠×5－㉡×3

6 해가 주어진 경우 미지수의 값 구하기

연립방정식 $\begin{cases} 2x+3y=4 & \cdots\cdots\,㉠ \\ x+2y=7 & \cdots\cdots\,㉡ \end{cases}$을 푸는데 방정식 ㉡의 상수항 7을 잘못 보고 풀어서 $x=-1$을 얻었다. 이때 상수항 7을 어떤 수로 잘못 보고 풀었는지 구하시오.

7 해의 조건이 주어진 경우 미지수의 값 구하기

연립방정식 $\begin{cases} 4x-y=2 \\ 5x-y=a \end{cases}$ 의 해가 $x:y=1:3$을 만족

할 때, 상수 a의 값을 구하시오.

8 두 연립방정식의 해가 서로 같을 때, 미지수의 값 구하기

다음 두 연립방정식의 해가 서로 같을 때, 상수 a, b에
대하여 $a-b$의 값을 구하시오.

$$\begin{cases} ax-y=-5 \\ 2x+3y=11 \end{cases}, \begin{cases} 2x+y=5 \\ bx+ay=1 \end{cases}$$

9 괄호가 있는 연립방정식

연립방정식 $\begin{cases} 2(x+2y)-3y=-1 \\ 5x-2(3x-y)=4-y \end{cases}$ 의 해가 $(p,\ q)$

일 때, $p+q$의 값은?

① -1 ② 0 ③ 1

④ 2 ⑤ 3

10 계수가 분수 또는 소수인 연립방정식

연립방정식 $\begin{cases} 1.6x-2=0.9y+2.1 \\ x-\dfrac{3}{2}y=\dfrac{7}{2} \end{cases}$ 의 해가 $x=a$,

$y=b$일 때, $a+b$의 값은?

① -4 ② -3 ③ -1

④ 1 ⑤ 3

11 $A=B=C$ 꼴의 방정식

다음 방정식을 푸시오.

$$\frac{x-2y}{3}=\frac{2x-y}{2}=3$$

12 해가 없는 연립방정식

연립방정식 $\begin{cases} 2x-5y=-3 \\ -x+(1-2k)y=1 \end{cases}$ 의 해가 없을 때,

상수 k의 값을 구하시오.

13 개수, 나이에 대한 문제

⊙현재 어머니의 나이와 아들의 나이의 합은 32세이고,
⊙13년 후에 어머니의 나이는 아들의 나이의 2배보다 4세가 많다고 한다. 다음 물음에 답하시오.

(1) 현재 어머니의 나이를 x세, 아들의 나이를 y세라 할 때, 13년 후의 어머니의 나이와 아들의 나이를 각각 구하시오.

(2) ⊙, ⊙을 각각 방정식으로 나타내시오.

(3) 현재 어머니의 나이와 아들의 나이를 각각 구하시오.

14 수에 대한 문제

합이 35인 두 자연수가 있다. 큰 수를 작은 수로 나누었더니 몫은 4, 나머지는 5이다. 이때 큰 수와 작은 수의 차를 구하시오.

15 수에 대한 문제

지성이와 보영이가 가위바위보를 하여 이긴 사람은 3계단씩 올라가고 진 사람은 2계단씩 내려가기로 하였다. 얼마 후 지성이는 처음 위치보다 19계단을, 보영이는 처음 위치보다 9계단을 올라가 있었다. 이때 지성이가 이긴 횟수를 구하시오. (단, 비기는 경우는 없다.)

16 수에 대한 문제

A 학교의 올해 신입생의 수는 작년에 비하여 남학생은 6 % 줄고, 여학생은 4 % 늘어서 전체 신입생의 수는 5명이 줄어든 995명이 되었다고 한다. 올해 남자 신입생의 수를 구하시오.

17 속력에 대한 문제

형진이네 집에서 서점까지의 거리는 1 km이다. 형진이는 오전 9시에 서점을 향해 분속 40 m로 걷다가 도중에 분속 80 m로 달려서 오전 9시 20분에 서점에 도착하였다. 형진이가 달려간 거리를 구하시오.

18 농도에 대한 문제

5 %의 설탕물과 10 %의 설탕물을 섞어 농도가 6 %인 설탕물 300 g을 만들려고 한다. 이때 섞어야 하는 5 %의 설탕물과 10 %의 설탕물의 양의 차를 구하시오.

발전 문제

1 연립방정식 $\begin{cases} \dfrac{x-y}{4} = \dfrac{y+4}{6} \\ ax = 2-7y \end{cases}$ 를 만족하는 x의 값이 y의 값의 3배일 때, 상수 a의 값을 구하시오.

2 다음 **보기**의 일차방정식 중에서 두 방정식을 한 쌍으로 하는 연립방정식을 만들었을 때, 해가 무수히 많은 두 방정식은?

> **보기**
> ㄱ. $3x+2y+1=0$ ㄴ. $3x+2y-1=0$
> ㄷ. $y = \dfrac{3}{2}x - \dfrac{1}{2}$ ㄹ. $y = -\dfrac{3}{2}x + \dfrac{1}{2}$

① ㄱ, ㄷ ② ㄱ, ㄹ ③ ㄴ, ㄷ
④ ㄴ, ㄹ ⑤ ㄷ, ㄹ

3 연립방정식 $\begin{cases} ax+by=-5 \\ bx+ay=1 \end{cases}$ 에서 잘못하여 a와 b를 바꾸어 놓고 풀었더니 $x=1$, $y=3$이었다. 이때 처음 연립방정식의 해를 구하시오. (단, a, b는 상수)

$\begin{cases} ax+by=c \\ bx+ay=d \end{cases}$
에서 계수 a와 b를 서로 바꾸어 놓고 푼 경우
➡ a는 b로, b는 a로 바꾸어 새로운 연립방정식을 세운다.

4 물탱크에 두 개의 수도꼭지 A, B로 물을 가득 채우려고 한다. A 수도꼭지를 30분 동안 튼 후 A, B 수도꼭지를 모두 10분 동안 틀거나 A 수도꼭지를 60분 동안 튼 후 B 수도꼭지를 5분 동안 틀면 물탱크에 물이 가득 찬다고 한다. B 수도꼭지만 틀어 물탱크에 물을 가득 채우는 데 걸리는 시간을 구하시오.

5 4 %의 소금물에서 물이 증발하여 7 %의 소금물 400 g이 되었다. 이때 증발한 물의 양은?

① 100 g ② 150 g ③ 200 g
④ 250 g ⑤ 300 g

6
서술형

세 일차방정식 $ax+4y=10$, $4x-3y=-6$, $-3x+2y=2$를 모두 만족하는 해가 $x=p$, $y=q$일 때, $a+p+q$의 값을 구하기 위한 풀이 과정을 쓰고 답을 구하시오. (단, a는 상수)

① 단계: 연립방정식 $\begin{cases} 4x-3y=-6 \\ -3x+2y=2 \end{cases}$ 를 풀어 p, q의 값을 각각 구하기

$\begin{cases} 4x-3y=-6 & \cdots\cdots \text{㉠} \\ -3x+2y=2 & \cdots\cdots \text{㉡} \end{cases}$ 에서 ㉠$\times 2 +$ ㉡$\times$ _____ 을 하면

$-x=$ _____ $\therefore x=$ _____

$x=$ _____ 을 ㉡에 대입하면

_____ $+2y=2$ $\therefore y=$ _____

$\therefore p=$ _____ , $q=$ _____

② 단계: a의 값 구하기

$x=$ _____ , $y=$ _____ 을 $ax+4y=10$에 대입하면

_____ $=10$ $\therefore a=$ _____

③ 단계: $a+p+q$의 값 구하기

$a+p+q=$ _____ $=$ _____

7
서술형

두 연립방정식 $\begin{cases} 2x-3y=1 \\ ax=by-1 \end{cases}$, $\begin{cases} 3x+4y=10 \\ 2ax-3by=5 \end{cases}$ 의 해가 서로 같을 때, $a-b$의 값을 구하기 위한 풀이 과정을 쓰고 답을 구하시오. (단, a, b는 상수)

① 단계: 연립방정식의 해 구하기

_____

_____

② 단계: a, b의 값을 각각 구하기

_____

_____

_____

③ 단계: $a-b$의 값 구하기

_____

_____

IV 함수

1 일차함수와 그 그래프

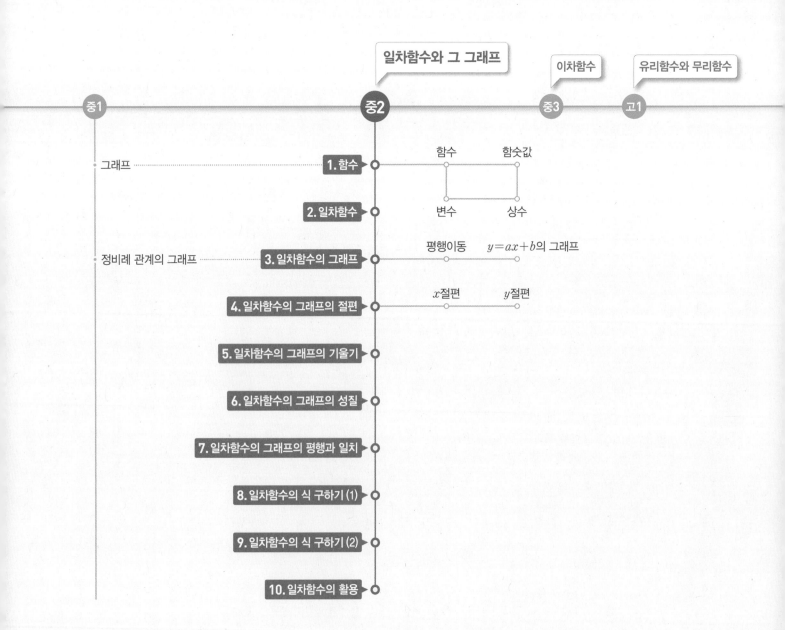

일차함수와 그 그래프

이차함수

유리함수와 무리함수

중1   중2   중3   고1

그래프   1. 함수

함수   함숫값

변수   상수

2. 일차함수

정비례 관계의 그래프   3. 일차함수의 그래프

평행이동 $y=ax+b$의 그래프

4. 일차함수의 그래프의 절편

x절편 y절편

5. 일차함수의 그래프의 기울기

6. 일차함수의 그래프의 성질

7. 일차함수의 그래프의 평행과 일치

8. 일차함수의 식 구하기 (1)

9. 일차함수의 식 구하기 (2)

10. 일차함수의 활용

하나의 버튼에는, 오직 하나의 음료가!

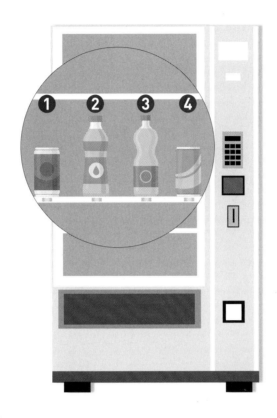

모든 버튼을 하나씩 눌렀을 때,
단 하나의 음료가 각각 나온다.

정상

함수다.

버튼 ❹를 눌렀을 때,
나오는 음료가 없다.

고장

함수가 아니다.

버튼 ❸을 눌렀을 때,
음료가 2개 나온다.

고장

함수가 아니다.

함수는 잘 작동하는 자판기와 같다.

1 함수

하나의 값에 하나의 결과!

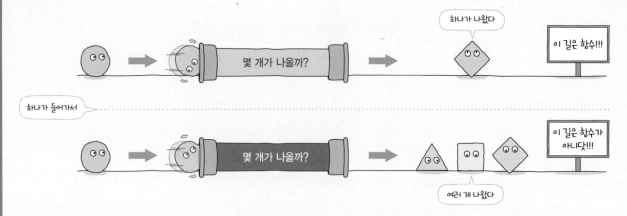

(1) **변수**: x, y와 같이 여러 가지로 변하는 값을 나타내는 문자

　예 $y=5x$에서 x의 값이 1, 2, 3, …으로 변할 때, y의 값은 각각 5, 10, 15, …로 변한다. 이때 x, y는 여러 가지로 변하는 값을 나타내는 변수이다.

$$\underset{\text{상수}}{y} = \underset{}{5}\ \underset{\text{변수}}{x}$$

(2) **함수**: 두 변수 x, y에 대하여 x의 값이 정해짐에 따라 y의 값이 오직 하나로 정해지는 관계가 있을 때, y를 x의 함수라 하고, 이것을 기호로 $y=f(x)$와 같이 나타낸다.

　예 $y=2x$에서 x의 값이 1, 2, 3, …으로 변할 때, y의 값은 각각 5, 10, 15, … 처럼 단 하나로 정해진다.

　참고 다음과 같은 관계는 모두 함수이다.

　　① 정비례 관계식: $y=ax\ (a\neq0)$　　② 반비례 관계식: $y=\dfrac{a}{x}\ (a\neq0)$

　　③ $y=(x$에 대한 일차식$): y=ax+b\ (a\neq0)$

함수 $y=f(x)$에서 f는 함수를 뜻하는 function의 첫 글자이다.

함수 $y=\dfrac{a}{x}$에서 $x=0$인 경우는 생각하지 않는다.

(3) **함숫값**: 함수 $y=f(x)$에서 x의 값에 따라 정해지는 y의 값, 즉 $f(x)$

　예 함수 $y=2x$에서 $f(x)=2x$이므로 $x=1$일 때의 함숫값은 $f(1)=2\times1=2$이다.

함수인 경우와 함수가 아닌 경우 구별하기

	함수인 경우	함수가 아닌 경우
구별하는 방법	하나의 x의 값에 대하여 y의 값이 하나로 정해진다.	하나의 x의 값에 대하여 ① y의 값이 정해지지 않거나 ② y의 값이 2개 이상 정해진다.
예를 들어	자연수 x의 약수의 개수 y → 4의 약수의 개수는 3 자연수 x의 소인수의 개수 y → 6의 소인수의 개수는 2 두 자연수 2와 x의 최소공배수 y → 2와 3의 최소공배수는 6	자연수 x의 약수 y → 4의 약수는 1, 2, 4이므로 하나로 정해지지 않는다. 자연수 x의 소인수 y → 6의 소인수는 2, 3이므로 하나로 정해지지 않는다. 자연수 x의 배수 y → 3의 배수는 3, 6, 9, …이므로 하나로 정해지지 않는다.

✔ **개념확인**

1. 다음 중 y가 x의 함수인 것에는 ○표, 함수가 아닌 것에는 ×표를 (　) 안에 써넣으시오.

(1) 자연수 x보다 큰 홀수는 y이다.　　　　　　　　　　　　　　　　　　　　　　(　)

(2) 길이가 10 m인 테이프를 x m 사용하고 남은 테이프의 길이는 y m이다.　　　(　)

(3) 자동차가 시속 x km로 y시간 동안 달린 거리는 30 km이다.　　　　　　　　(　)

(4) 한 개에 1000원인 아이스크림 x개의 가격은 y원이다.　　　　　　　　　　　　(　)

(5) 밑변의 길이가 x cm, 높이가 y cm인 삼각형의 넓이는 20 cm²이다.　　　　　(　)

(6) 자연수 x와 서로소인 자연수는 y이다.　　　　　　　　　　　　　　　　　　(　)

함수

1 다음 보기 중 y가 x의 함수가 <u>아닌</u> 것을 모두 고르시오.

> **보기**
> ㄱ. 하루 중 낮의 길이가 x시간일 때, 밤의 길이 y시간
> ㄴ. 자동차가 시속 6 km로 x시간 동안 간 거리 y km
> ㄷ. 음료수 1500 mL를 x개의 컵에 똑같이 나누어 따르는 양 y mL
> ㄹ. 절댓값이 x인 수 y
> ㅁ. 자연수 x의 약수의 개수 y
> ㅂ. 자연수 x보다 작은 자연수 y

하나의 x의 값에 대하여 y의 값이
① 오직 하나로 정해지면 함수이다.
② 정해지지 않거나 2개 이상 정해지면 함수가 아니다.

1-1 다음 중 y가 x의 함수가 <u>아닌</u> 것은?

① $y = \dfrac{1}{x}$ ② $y = 5x + 1$ ③ $y = -\dfrac{24}{x}$

④ x보다 큰 자연수 y ⑤ 정수 x에 -3을 곱한 수 y

함숫값

2 함수 $f(x) = -2x + 3$에 대하여 다음 함숫값을 구하시오.

(1) $f(4)$ (2) $f(-1)$

$f(x) = -2x + 3$
같은 x
$\Rightarrow f(1) = -2 \times 1 + 3$
$f(2) = -2 \times 2 + 3$
$\vdots \qquad \vdots$
$f(k) = -2 \times k + 3$
이다.

2-1 함수 $f(x) = -\dfrac{6}{x}$에 대하여 $f(-2) + f(1)$의 값을 구하시오.

2-2 함수 $f(x) = $ (자연수 x를 4로 나눈 나머지)에 대하여 $f(7) + f(14)$의 값을 구하시오.

함숫값을 이용하여 미지수 구하기

3 함수 $f(x)=ax-5$에 대하여 $f(2)=9$일 때, 상수 a의 값은?

① 6   ② 7   ③ 8

④ 9   ⑤ 10

> 함수 $y=f(x)$에 대하여 $f(\square)=\triangle$이다.
> ⇨ 함수 $y=f(x)$에서 x의 값이 $\square$일 때, y의 값은 $\triangle$이다.

3-1 함수 $f(x)=\dfrac{a}{x}$에 대하여 $f(-5)=2$일 때, 상수 a의 값은?

① -10 ② -9 ③ -8

④ -7 ⑤ -6

함수의 식 구하기

4 함수 $f(x)=ax$에 대하여 $f(-4)=12$일 때, $f(-5)$의 값은? (단, a는 상수)

① 3   ② 6   ③ 9

④ 12   ⑤ 15

> 함수 $f(x)=ax$에 대하여 $f(\square)=\triangle$일 때, $f(\bigcirc)$의 값 구하기
> ① $x=\square$일 때, $y=\triangle$이므로 $\triangle=a\times\square$에서 a의 값을 구한다.
> ② 함수 $f(x)=ax$에 x 대신 $\bigcirc$를 대입하여 $f(\bigcirc)$의 값을 구한다.

4-1 함수 $f(x)=-\dfrac{a}{x}$에 대하여 $f(2)=-4$일 때, $f(-8)$의 값은?

(단, a는 상수)

① -4 ② -2 ③ -1

④ 1   ⑤ 2

2 일차함수

$y=$ (일차식)!

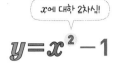

$$-\frac{3}{2}x+2$$

일차식

x에 따라 나는 오직 하나의 값으로 정해져!

일차식

$$y=-\frac{3}{2}x+2$$

일차함수

x에 대한 2차식!

$$y=x^2-1$$

(x에 대한 일차식이 아니므로)

일차함수가 아니다.

함수 $y=f(x)$에서 y가 x에 대한 일차식으로 나타내어질 때, 즉

$$y=ax+b \ (a, b\text{는 상수}, a\neq 0)$$

일 때, 이 함수 f를 일차함수라고 한다.

참고 $f(x)=ax+b$ (a, b는 상수, $a\neq 0$)로 나타내기도 한다.

일차식, 일차방정식, 일차부등식, 일차함수의 비교

a, b는 상수이고, $a\neq 0$일 때

일차식	일차방정식	일차부등식	일차함수
$ax+b$	$ax+b=0$	$ax+b>0$ $ax+b\geq 0$ $ax+b<0$ $ax+b\leq 0$	$y=ax+b$

a, b가 상수일 때, $y=ax+b$는 항상 일차함수일까?

$y=ax+b$는 겉으로 보기에는 일차함수처럼 보이지만 a, b의 값에 따라 일차함수가 아닐 수도 있다. 예를 들어 $a=1$, $b=2$이면 $y=x+2$이므로 일차함수이지만 $a=0$, $b=3$이면 $y=3$과 같이 x에 대한 일차항이 사라지므로 일차함수가 아니다.

즉, $y=ax+b$에 대하여 '$a\neq 0$'라는 조건이 있어야만 일차함수가 된다. 사소한 조건처럼 보여도 그 의미가 매우 크므로 정확히 알고 있어야 한다.

난 일차함수?

$$y=ax+b$$
$$(a\neq 0)$$

내가 붙어야 일차함수!

✓ **개념확인**

1. 다음 중 일차함수인 것은 ○표, 일차함수가 아닌 것은 ×표를 ( ) 안에 써넣으시오.

(1) $y=2x$ ( )

(2) $y=-x+3$ ( )

(3) $y=\dfrac{1}{x}-1$ ( )

(4) $y=4-\dfrac{1}{2}x$ ( )

(5) $x+y=2x-2$ ( )

(6) $y=10$ ( )

2. 다음 문장에서 y를 x에 대한 식으로 나타내고, y가 x에 대한 일차함수인지 아닌지 말하시오.

(1) 가로의 길이가 x cm, 세로의 길이가 10 cm인 직사각형의 넓이는 y cm²이다.

(2) 시속 x km로 y시간 동안 달린 거리는 2 km이다.

(3) 사탕 x개를 5명이 나누어 먹을 때, 한 사람이 먹을 수 있는 사탕의 개수는 y개이다.

1 다음 중 일차함수가 <u>아닌</u> 것을 모두 고르면? (정답 2개)

① $xy=1$ ② $3x+y=2x-1$ ③ $y=-\dfrac{x}{3}$

④ $y=\dfrac{2x-7}{5}$ ⑤ $x=2(y-x)+3x$

> $y=f(x)$에서 $y=ax+b$ (a, b는 상수, $a\neq0$)일 때, 함수 f를 일차함수라 한다.

1-1 다음 **보기** 중 일차함수인 것을 모두 고르시오.

> **보기**
>
> ㄱ. $y=-6$ ㄴ. $x=\dfrac{1}{y}$ ㄷ. $3y-x+2=0$
>
> ㄹ. $y=x(x+2)$ ㅁ. $y-x=2x+y-1$ ㅂ. $y-y^2+5=3x-y^2$

1-2 다음 중 y가 x에 대한 일차함수인 것을 모두 고르면? (정답 2개)

① 밑변의 길이가 x cm이고, 높이가 y cm인 삼각형의 넓이는 12 cm²이다.

② 시속 x km로 달리는 자동차가 10시간 동안 달린 거리는 y km이다.

③ 한 변의 길이가 x cm인 정삼각형의 둘레의 길이는 y cm이다.

④ 한 모서리의 길이가 x cm인 정육면체의 부피는 y cm³이다.

⑤ 12 L들이 물통에 매분 x L씩 물을 가득 채우는 데 걸리는 시간은 y분이다.

1-3 다음 중 y가 x에 대한 일차함수가 <u>아닌</u> 것을 모두 고르면? (정답 2개)

① x각형의 대각선의 개수는 y이다.

② x각형의 내각의 크기의 합은 $y°$이다.

③ 농도가 y %인 소금물 300 g에 들어 있는 소금의 양은 x g이다.

④ 2000원짜리 초콜릿 x개와 1000원짜리 사탕 y개의 값은 10000원이다.

⑤ 무게가 300 g인 케이크를 x조각으로 똑같이 자를 때, 한 조각의 무게는 y g이다.

일차함수의 함숫값

2 일차함수 $f(x)=ax-4$에 대하여 $f(-2)=6$일 때, $f(-1)$의 값은?

(단, a는 상수)

① 1   ② 2   ③ 3

④ 4   ⑤ 5

일차함수 $f(x)=ax+b$
에서 $x=p$일 때의 함숫값
은
$$f(p)=ap+b$$
         ↑
    x의 값에 p 대입

2-1 일차함수 $f(x)=5x+3$에 대하여 $f(a)=-7$일 때, a의 값은?

① $-\dfrac{5}{2}$ ② -2 ③ $-\dfrac{1}{2}$

④ $\dfrac{3}{2}$ ⑤ 3

2-2 일차함수 $f(x)=2x+a$에서 $f(-1)=4$일 때, $f(3)+f(-2)$의 값을 구하시오. (단, a는 상수)

2-3 일차함수 $f(x)=ax+b$에 대하여 $f(2)=3$, $f(6)=-1$일 때, $f(5)+2f(0)$의 값을 구하시오. (단, a, b는 상수)

3 일차함수의 그래프

그래프의 이동을 통한 식의 변화!

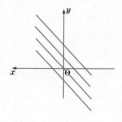

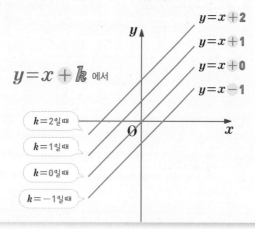

$y = x + k$ 에서

k=2일때
k=1일때
k=0일때
k=-1일때

계수가 음수 ($y = -x+k$)인 경우
그래프의 모양이 아래로 향하는 것만
다르고 평행이동의 방식은 같다.

(1) **평행이동:** 한 도형을 일정한 방향으로 일정한 거리만큼 이동하는 것

(2) **일차함수 $y=ax+b\,(a \neq 0)$의 그래프**

일차함수 $y=ax$의 그래프를 y축의 방향으로 b만큼 평행이동한 것이다.

일차함수 $y=ax\,(a \neq 0)$의 그래프

① 원점 $(0, 0)$을 지나는 직선이다.

②

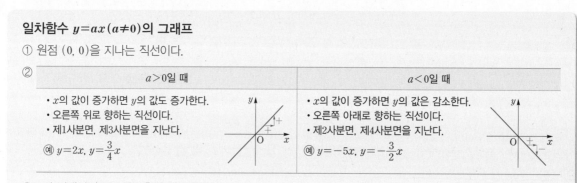

$a>0$일 때	$a<0$일 때
• x의 값이 증가하면 y의 값도 증가한다. • 오른쪽 위로 향하는 직선이다. • 제1사분면, 제3사분면을 지난다. (예) $y=2x,\ y=\dfrac{3}{4}x$	• x의 값이 증가하면 y의 값은 감소한다. • 오른쪽 아래로 향하는 직선이다. • 제2사분면, 제4사분면을 지난다. (예) $y=-5x,\ y=-\dfrac{3}{2}x$

③ a의 절댓값이 클수록 y축에 가까워진다.

그래프를 그리는 유용한 도구, 평행이동

평행이동의 핵심은 그래프의 위치는 변하지만 모양은 그대로라는 점이다. 따라서 이 점을 이용하여 그래프를 쉽게 그릴 수 있다. 예를 들어 $y=2x+1$의 그래프를 그릴 때, 그리기 쉬운 $y=2x$의 그래프를 먼저 그린 후에 그래프 위의 모든 점을 y축으로 1만큼 일정하게 평행이동하면 $y=2x+1$의 그래프가 된다. 이와 같이 평행이동으로 기존에 알고 있는 쉬운 그래프를 이용하면 새로운 그래프를 그릴 수 있다. 더 나아가 평행이동은 앞으로 배우게 될 다양한 그래프를 그릴 때에도 쓰이게 되는 핵심적인 개념이다.

모양은 그대로인데
위치만 바꾸는 것이
평행이동이야!

✓ **개념확인**

1. 두 일차함수 $y=2x$, $y=2x+3$에 대하여 x의 값에 대한 y의 값을 구하여 다음 표를 완성하고, 오른쪽 그림의 좌표평면 위에 일차함수 $y=2x+3$의 그래프를 그리시오.

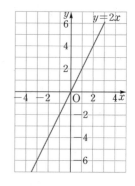

x	$\cdots$	-2	-1	0	1	2	$\cdots$
$2x$	$\cdots$	-4					$\cdots$
$2x+3$	$\cdots$			3			$\cdots$

2. 일차함수 $y=-3x$의 그래프를 y축의 방향으로 2만큼 평행이동한 그래프를 나타내는 일차함수의 식을 구하시오.

함수 $y=ax(a\neq0)$의 그래프

1 다음 중 일차함수 $y=-\dfrac{1}{2}x$의 그래프에 대한 설명으로 옳은 것은?

① 오른쪽 위로 향하는 직선이나.

② 제1사분면, 제3사분면을 지난다.

③ 점 $(2, 1)$을 지난다.

④ x의 값이 증가하면 y의 값도 증가한다.

⑤ 일차함수 $y=-\dfrac{1}{3}x$의 그래프보다 y축에 더 가깝다.

1-1 네 일차함수 $y=ax$, $y=bx$, $y=cx$, $y=dx$의 그래프가 오른쪽 그림과 같을 때, 상수 a, b, c, d의 대소 관계를 구하시오.

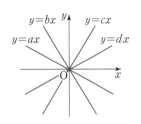

일차함수 $y=ax(a\neq0)$의 그래프
① 원점 $(0, 0)$을 지나는 직선
② $a>0$일 때, 오른쪽 위로 향하는 직선
$a<0$일 때, 오른쪽 아래로 향하는 직선
③ a의 절댓값이 클수록 그래프는 y축에 가깝다.

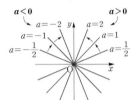

일차함수의 그래프 위의 점

2 일차함수 $y=-2x+a$의 그래프가 두 점 $(-1, 3)$, $(2, k)$를 지날 때, k의 값을 구하시오. (단, a는 상수)

일차함수 $y=ax+b$의 그래프가 점 (p, q)를 지난다.
⇨ $y=ax+b$에 $x=p$, $y=q$를 대입하면 성립한다.
⇨ $q=ap+b$

2-1 일차함수 $y=5x-1$의 그래프가 두 점 $(-2, p)$, $(q, 9)$를 지날 때, $p+q$의 값을 구하시오.

일차함수의 그래프의 평행이동

3 일차함수 $y=4x-1$의 그래프를 y축의 방향으로 a만큼 평행이동하였더니 일차함수 $y=4x$의 그래프가 되었다. 이때 a의 값을 구하시오.

> 일차함수 $y=ax+b$의 그래프를 y축의 방향으로 p만큼 평행이동한 그래프의 식은
> $\Rightarrow y=ax+b+p$

3-1 일차함수 $y=-x+5$의 그래프를 y축의 방향으로 -2만큼 평행이동하였더니 일차함수 $y=ax+b$의 그래프가 되었다. 이때 상수 a, b에 대하여 $a+b$의 값을 구하시오.

3-2 일차함수 $y=8x+3$의 그래프는 일차함수 $y=ax-4$의 그래프를 y축의 방향으로 k만큼 평행이동한 것이다. 이때 $a-k$의 값을 구하시오. (단, a는 상수)

평행이동한 그래프 위의 점

4 일차함수 $y=-\dfrac{3}{2}x$의 그래프를 y축의 방향으로 3만큼 평행이동한 그래프가 점 $(k, 0)$을 지날 때, k의 값을 구하시오.

> 일차함수 $y=ax+b$의 그래프를 y축의 방향으로 k만큼 평행이동한 그래프가 점 (p, q)를 지난다.
> $\Rightarrow y=ax+b+k$에 $x=p$, $y=q$를 대입하면 성립한다.

4-1 일차함수 $y=-7x+2$의 그래프를 y축의 방향으로 k만큼 평행이동한 그래프가 점 $(1, -1)$을 지날 때, k의 값을 구하시오.

4 일차함수의 그래프의 절편

절편을 알면 그래프가 보인다!

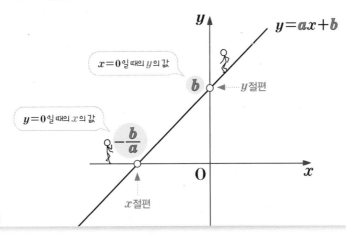

(1) x**절편:** 함수의 그래프가 x축과 만나는 점의 x좌표 ➡ $y=0$일 때의 x의 값

(2) y**절편:** 함수의 그래프가 y축과 만나는 점의 y좌표 ➡ $x=0$일 때의 y의 값

(3) **절편을 이용하여 그래프 그리기**

① x절편과 y절편을 각각 x축, y축 위에 나타낸다.

② 위의 두 점을 직선으로 잇는다.
(x절편, 0), (0, y절편)

⑩ 일차함수 $y=2x-2$의 그래프를 그려 보자.
① $y=0$일 때, $0=2x-2$에서 $x=1$ ⇨ x절편: 1
② $x=0$일 때, $y=-2$ ⇨ y절편: -2
③ 일차함수 $y=2x-2$의 그래프는 두 점 $(1, 0)$, $(0, -2)$를 지난다.

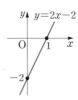

• 절편(截片)
끊다 절 ┘ └ 조각, 쪽 편
⇨ 그래프가 축에 의하여 잘리는 부분, 즉 그래프가 축과 만나는 부분

일차함수의 그래프에서 절편의 이용

① 두 일차함수의 그래프가
x축 위에서 만난다. ⇨ 두 일차함수의 그래프의 x절편이 같다.
y축 위에서 만난다. ⇨ 두 일차함수의 그래프의 y절편이 같다.

② 일차함수 $y=ax+b$의 그래프와 x축 및 y축으로 둘러싸인 도형의 넓이는

$$\frac{1}{2} \times |x절편| \times |y절편| = \frac{1}{2} \times \left|-\frac{b}{a}\right| \times |b|$$

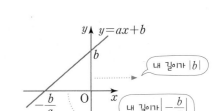

✔️ 개념확인

1. 오른쪽 그림의 일차함수의 그래프에 대하여 다음을 구하시오.

(1) 그래프가 x축과 만나는 점의 좌표

(2) x절편

(3) 그래프가 y축과 만나는 점의 좌표

(4) y절편

2. 오른쪽 그림과 같은 일차함수의 그래프에서 x절편과 y절편을 각각 구하시오.

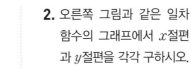

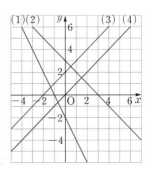

3. 일차함수 $y=-\dfrac{2}{5}x+4$의 그래프의 x절편과 y절편을 각각 구하시오.

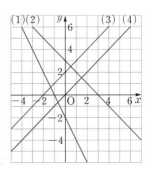

1 일차함수 $y=-6x-4$의 그래프에서 x절편을 a, y절편을 b라 할 때, $a+b$의 값을 구하시오.

일차함수 $y=ax+b$의 그래프에서
⇨ x절편: $y=0$일 때의
   x의 값이므로 $-\dfrac{b}{a}$
⇨ y절편: $x=0$일 때의
   y의 값이므로 b

1-1 다음 일차함수의 그래프 중 x절편과 y절편이 서로 같은 것은?

① $y=x+1$ ② $y=x-1$ ③ $y=-x+3$
④ $y=-3x+1$ ⑤ $y=-3x+3$

1-2 일차함수 $y=\dfrac{1}{3}x+\dfrac{1}{2}$의 그래프를 y축의 방향으로 $\dfrac{1}{2}$만큼 평행이동한 그래프의 x절편을 a, y절편을 b라 할 때, ab의 값은?

① -8 ② -5 ③ -3
④ 2 ⑤ 6

1-3 일차함수 $y=-\dfrac{3}{4}x+\dfrac{3}{2}$의 그래프가 오른쪽 그림과 같을 때, $p+2q$의 값을 구하시오.

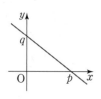

x절편과 y절편을 이용하여 미지수의 값 구하기

2 일차함수 $y=6x+a$의 그래프의 x절편이 4일 때, y절편을 구하시오.

(단, a는 상수)

일차함수 $y=ax+b$의 그래프의 x절편이 p, y절편이 q이다.

⇨ 그래프가 두 점 $(p, 0)$, $(0, q)$를 지난다.

2-1 일차함수 $y=-4x+2$의 그래프의 x절편과 일차함수 $y=\dfrac{2}{5}x+1-2k$의 그래프의 y절편이 서로 같을 때, 상수 k의 값은?

① $\dfrac{1}{4}$　　　　　② 1　　　　　③ $\dfrac{3}{2}$

④ 2　　　　　⑤ 4

일차함수의 그래프와 좌표축으로 둘러싸인 도형의 넓이

3 일차함수 $y=2x-4$의 그래프가 오른쪽 그림과 같을 때, 색칠한 부분의 넓이를 구하시오.

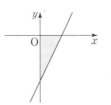

일차함수 $y=ax+b$의 그래프와 x축 및 y축으로 둘러싸인 도형은 삼각형이므로 그 넓이는

$\dfrac{1}{2} \times |x$절편$| \times |y$절편$|$

3-1 일차함수 $y=-\dfrac{1}{2}x+3$의 그래프와 x축 및 y축으로 둘러싸인 도형의 넓이를 구하시오.

5 일차함수의 그래프의 기울기

기울기? 변화의 방향과 크기!

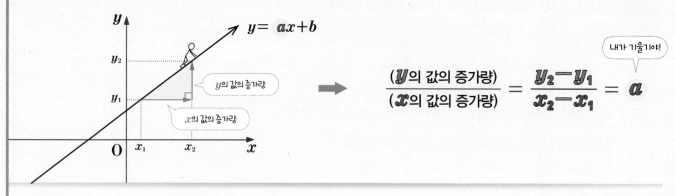

일차함수 $y=ax+b$의 그래프의 기울기

일차함수 $y=ax+b$의 그래프에서 x의 값의 증가량에 대한 y의 값의 증가량의 비율은 항상 일정하고, 그 값은 x의 계수 a와 같다. 이때 a를 일차함수 $y=ax+b$의 그래프의 기울기라고 한다.

$$(\text{기울기}) = \frac{(y\text{의 값의 증가량})}{(x\text{의 값의 증가량})} = a$$

> **두 점을 지나는 일차함수의 그래프의 기울기**
>
> 두 점 (x_1, y_1), (x_2, y_2)를 지나는 일차함수의 그래프의 기울기 ⇨ $\dfrac{y_2-y_1}{x_2-x_1} = \dfrac{y_1-y_2}{x_1-x_2}$ (단, $x_1 \neq x_2$)
>
> 이때 빼는 순서에 주의하도록 한다.
>
> **예** 두 점 $(3, 2)$, $(4, -5)$를 지나는 일차함수의 그래프의 기울기 ⇨ $\dfrac{-5-2}{4-3} = \dfrac{2-(-5)}{3-4} = -7$

기울기는 비율이다!

$(\text{비율}) = \dfrac{(\text{비교하는 양})}{(\text{기준량})}$ 은 기준량의 크기를 1이라 할 때, 비교하는 양의 크기를 의미한다.

$(\text{기울기}) = \dfrac{(y\text{의 값의 증가량})}{(x\text{의 값의 증가량})}$ 은 $(x\text{의 값의 증가량})$에 대한 $(y\text{의 값의 증가량})$의 비율이다.

즉, 기울기는 $(x\text{의 값의 증가량})$을 1이라 할 때, $(y\text{의 값의 증가량})$의 크기를 의미한다.

초6 $(\text{비율}) = \dfrac{(\text{비교하는 양})}{(\text{기준량})}$ ➡ $(\square\text{에 대한} \triangle\text{의 비율}) = 3$
$\square = 1$일 때, $\triangle = 3$

중2 $(\text{기울기}) = \dfrac{(y\text{의 값의 증가량})}{(x\text{의 값의 증가량})}$ ➡ $(\text{기울기}) = 3$
$(x\text{의 값의 증가량}) = 1$일 때, $(y\text{의 값의 증가량}) = 3$

✔ **개념확인**

1. 다음 일차함수의 그래프의 기울기를 구하고, x의 값이 [ ] 안의 수만큼 증가할 때, y의 값의 증가량을 구하시오.

   (1) $y = 2x + 3$ $[-2]$

   (2) $y = -\dfrac{3}{4}x + 5$ $[1]$

2. 다음 두 점을 지나는 일차함수의 그래프의 기울기를 구하시오.

   (1) $(2, 0)$, $(4, 6)$

   (2) $(0, 1)$, $(-2, 3)$

일차함수의 그래프의 기울기

1 일차함수 $y=ax+7$의 그래프에서 x의 값이 1에서 3까지 증가할 때, y의 값이 6만큼 감소한다. 다음 물음에 답하시오.

(1) 상수 a의 값을 구하시오.

(2) x의 값이 6만큼 감소할 때, y의 값의 증가량을 구하시오.

> 일차함수 $y=ax+b$의 그래프에서
> (기울기)
> $=\dfrac{(y의\ 값의\ 증가량)}{(x의\ 값의\ 증가량)}$
> $=a$

1-1 다음 일차함수의 그래프 중 x의 값이 6만큼 증가할 때, y의 값은 3만큼 증가하는 것은?

① $y=-\dfrac{1}{2}x+1$ ② $y=\dfrac{1}{2}x-1$ ③ $y=-2x+1$

④ $y=2x-1$ ⑤ $y=2x-2$

1-2 일차함수 $y=-\dfrac{1}{2}x-9$의 그래프에서 x의 값이 2만큼 증가할 때, y의 값은 k에서 3까지 감소한다. 이때 k의 값은?

① $\dfrac{10}{3}$ ② $\dfrac{7}{2}$ ③ 4

④ $\dfrac{9}{2}$ ⑤ 6

1-3 일차함수 $y=f(x)$에서 $f(x)=10x+5$일 때, $\dfrac{f(3)-f(6)}{3-6}$의 값을 구하시오.

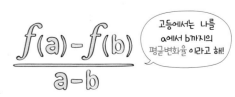

두 점을 지나는 일차함수의 그래프의 기울기

2 두 점 $(-2, k)$, $(3, -7)$을 지나는 일차함수의 그래프의 기울기가 -2일 때, k 의 값을 구하시오.

두 점 (a, b), (c, d)를 지나는 일차함수의 그래프의 기울기는

$$\dfrac{d-b}{c-a} \left(\text{또는 } \dfrac{b-d}{a-c}\right)$$

2-1 오른쪽 그림은 일차함수 $y=ax+b$의 그래프이다. 이 그래프에서 x의 값이 2만큼 감소할 때, y의 값의 증가량을 구하시오. (단, a, b는 상수)

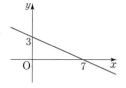

세 점이 한 직선 위에 있을 조건

3 오른쪽 그림과 같이 세 점이 한 직선 위에 있을 때, a의 값은?

① 3   ② $\dfrac{15}{4}$ ③ 4

④ $\dfrac{14}{3}$ ⑤ 5

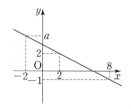

서로 다른 세 점 A, B, C 가 한 직선 위에 있다.
⇨ (직선 AB의 기울기)
　 =(직선 BC의 기울기)
　 =(직선 AC의 기울기)

3-1 두 점 $(-5, 1)$, $(1, 4)$를 지나는 직선 위에 점 $(k, 2k+1)$이 있을 때, k의 값을 구하시오.

6 일차함수의 그래프의 성질

상수의 부호가 그래프를 결정!

$$y = x + 1$$

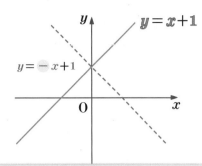 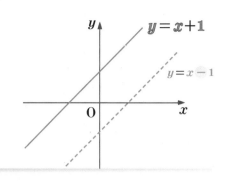

일차함수 $y = ax + b$ $(a \neq 0)$의 그래프에서

(1) **a의 부호:** 그래프의 모양을 결정한다.

　① **$a > 0$일 때:** x의 값이 증가하면 y의 값도 증가한다.　② **$a < 0$일 때:** x의 값이 증가하면 y의 값은 감소한다.

　　➡ 오른쪽 위로 향하는 직선　　➡ 오른쪽 아래로 향하는 직선

(2) **b의 부호:** 그래프가 y축과 만나는 부분을 결정한다.

　① **$b > 0$일 때:** y축과 양의 부분에서 만난다.　② **$b < 0$일 때:** y축과 음의 부분에서 만난다.

　　➡ y절편이 양수　　➡ y절편이 음수

(3) $|a|$가 클수록 그래프는 y축에 가까워진다.

　➡ 기울어진 정도가 커진다.

$y = ax + b$의 그래프

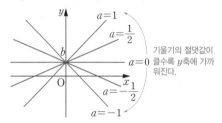

기울기의 절댓값이 클수록 y축에 가까워진다.

기울기, y절편의 부호에 따라 일차함수의 그래프가 지나는 사분면

일차함수 $y = ax + b$에서

① $a > 0, b > 0$　　② $a > 0, b < 0$　　③ $a < 0, b > 0$　　④ $a < 0, b < 0$

　➡ 제1, 2, 3사분면을 지난다.　➡ 제1, 3, 4사분면을 지난다.　➡ 제1, 2, 4사분면을 지난다.　➡ 제2, 3, 4사분면을 지난다.

✅ **개념확인**

1. 다음 보기의 일차함수의 그래프 중 x의 값이 증가할 때 y의 값도 증가하는 것을 모두 고르시오.

　보기

　ㄱ. $y = x - \dfrac{1}{2}$　　ㄴ. $y = -\dfrac{3}{4}x + 1$

　ㄷ. $y = -6x - 4$　　ㄹ. $y = 1 - 2x$

　ㅁ. $y = -5(1-x)$

2. 일차함수 $y = ax + b$의 그래프가 오른쪽 그림과 같을 때, 상수 a, b의 부호를 각각 구하시오.

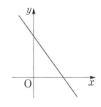

$y=ax+b$의 그래프의 성질

1 다음 중 일차함수 $y=-\dfrac{3}{2}x+6$의 그래프에 대한 설명으로 옳지 <u>않은</u> 것은?

   ① 점 $(-2, 9)$를 지난다.

   ② x절편은 4, y절편은 6이다.

   ③ 제1, 2, 4사분면을 지난다.

   ④ 오른쪽 아래로 향하는 직선이다.

   ⑤ x의 값이 4만큼 증가하면 y의 값은 6만큼 증가한다.

> 일차함수 $y=ax+b$의 그래프
> ① $a>0$일 때, 오른쪽 위로 향하는 직선
> $a<0$일 때, 오른쪽 아래로 향하는 직선
> ② $b>0$일 때, y축과 양의 부분에서 만난다.
> $b<0$일 때, y축과 음의 부분에서 만난다.
> ③ a의 절댓값이 클수록 그래프는 y축에 가까워진다.

1-1 다음 일차함수 중 그 그래프가 x축에 가장 가까운 것은?

   ① $y=2x-3$ ② $y=-\dfrac{4}{3}x+1$ ③ $y=-\dfrac{5}{6}x-4$

   ④ $y=\dfrac{1}{2}x-2$ ⑤ $y=-3x+1$

a, b의 부호와 $y=ax+b$의 그래프

2 $a>0$, $b<0$일 때, 일차함수 $y=-ax+b$의 그래프가 지나는 사분면을 모두 구하시오.

> 일차함수 $y=ax+b$의 그래프는
> ① $a>0$, $b>0$이면 제1, 2, 3사분면을 지난다.
> ② $a>0$, $b<0$이면 제1, 3, 4사분면을 지난다.
> ③ $a<0$, $b>0$이면 제1, 2, 4사분면을 지난다.
> ④ $a<0$, $b<0$이면 제2, 3, 4사분면을 지난다.

2-1 $a<0$, $b>0$, $c>0$일 때, 일차함수 $y=acx+bc$의 그래프가 지나지 않는 사분면을 구하시오.

7 일차함수의 그래프의 평행과 일치

일차함수의 기울기가 같을 때

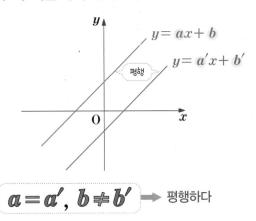

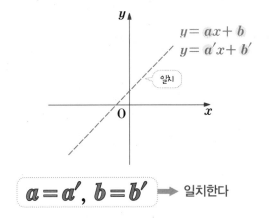

$a=a',\ b\neq b'$ ➡ 평행하다

$a=a',\ b=b'$ ➡ 일치한다

기울기가 같은 두 일차함수의 그래프는 서로 평행하거나 일치한다.

두 일차함수 $y=ax+b$와 $y=a'x+b'$에 대하여

① 기울기가 같고 y절편이 다른 두 직선 ➡ 평행　　　② 기울기가 같고 y절편이 같은 두 직선 ➡ 일치

참고 두 일차함수의 그래프가 한 점에서만 만날 조건 ⇨ 기울기가 다르다.

평행한 두 직선은 기울기가 정말 같을까?

오른쪽 그림과 같이 평행한 두 직선 l, l'에 대하여 x축과 만나는 점을 각각 A, A'라 하자.
직선 l 위의 한 점 B에 대하여 x축에 내린 수선의 발을 H라 하고, $\overline{AB}=\overline{A'B'}$를 만족하는
직선 l' 위의 점 B에 대하여 x축에 내린 수선의 발을 H'라 하자.
$\angle BAH=\angle B'A'H'$ (동위각), $\angle AHB=\angle A'H'B'=90°$이고
두 삼각형 ABH, A'B'H'의 내각의 크기의 합은 $180°$이므로 $\angle ABH=\angle A'B'H'$이다.

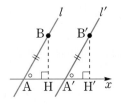

따라서 $\triangle ABH\equiv\triangle A'B'H'$ (ASA 합동)이고 $\overline{AH}=\overline{A'H'}$, $\overline{BH}=\overline{B'H'}$이므로 $\dfrac{\overline{BH}}{\overline{AH}}=\dfrac{\overline{B'H'}}{\overline{A'H'}}$이다.

즉, 평행한 두 직선 l, l'의 기울기는 서로 같다.

✔ 개념확인

1. 다음 일차함수의 그래프 중 일차함수 $y=-3x+2$의 그래프와 평행한 것은?

① $y=3x$

② $y=-3\left(x-\dfrac{2}{3}\right)$

③ $y=-\dfrac{1}{3}x+2$

④ $y=\dfrac{1}{3}x+\dfrac{1}{2}$

⑤ $y=-3x-6$

2. 다음 일차함수의 그래프 중 오른쪽 그래프와 평행한 것은?

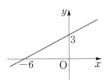

① $y=-2x$

② $y=-\dfrac{1}{2}x$

③ $y=\dfrac{1}{2}x+3$

④ $y=\dfrac{1}{2}x-3$

⑤ $y=2x+3$

3. 두 일차함수 $y=ax+1$과 $y=-\dfrac{1}{2}x+b$의 그래프에 대하여 다음을 구하시오.

(1) 만나지 않기 위한 상수 a, b의 조건

(2) 일치하기 위한 상수 a, b의 조건

일차함수의 그래프의 일치

1 두 일차함수 $y=2ax-2$와 $y=-\dfrac{2}{3}x+3b$의 그래프가 일치할 때, 상수 a, b에 대하여 $a+b$의 값을 구하시오.

> 두 일차함수 $y=ax+b$와 $y=a'x+b'$의 그래프가 일치한다.
> $\Rightarrow a=a',\ b=b'$
> 기울기가 $\underbrace{\ \ }$ y절편도 같다.
> 같고

1-1 일차함수 $y=3ax+2$의 그래프를 y축의 방향으로 -4만큼 평행이동하였더니 일차함수 $y=9x+b$의 그래프와 일치하였다. 이때 $a+b$의 값을 구하시오.

(단, a, b는 상수)

일차함수의 그래프의 평행

2 일차함수 $y=ax+1$의 그래프는 일차함수 $y=-\dfrac{1}{3}x+3$의 그래프와 평행하고, 점 $(-3, b)$를 지난다. 이때 $a+b$의 값을 구하시오. (단, a는 상수)

> 두 일차함수 $y=ax+b$와 $y=a'x+b'$의 그래프가 평행하다.
> $\Rightarrow a=a',\ b\neq b'$

2-1 다음 중 오른쪽 그림의 직선과 평행하지 <u>않은</u> 것은?

① 일차함수 $y=\dfrac{1}{3}x+5$의 그래프

② 기울기가 $\dfrac{1}{3}$이고 점 $(0, 4)$를 지나는 직선

③ x절편이 -3, y절편이 2인 직선

④ 두 점 $(0, 2)$, $(6, 4)$를 지나는 직선

⑤ 일차함수 $y=\dfrac{1}{3}x$의 그래프를 y축의 방향으로 -1만큼 평행이동한 그래프

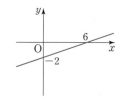

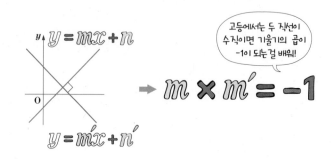

고등에서는 두 직선이 수직이면 기울기의 곱이 -1이 되는 걸 배워!

$$m \times m' = -1$$

8 일차함수의 식 구하기 (1)

$y=($기울기$)x+(y$절편$)$

$$y = \textbf{\textit{ax}} + \textbf{\textit{b}}$$

↑ 기울기

↑ 직선이 지나는 한 점의 좌표를 대입하여 구한다.

> y절편을 알면 바로 대입!

(1) 기울기와 y절편이 주어질 때

기울기가 a, y절편이 b인 직선을 그래프로 하는 일차함수의 식은 $y=ax+b$이다.

예) 기울기가 -1이고, y절편이 2인 직선을 그래프로 하는 일차함수의 식 ⇨ $y=-x+2$

(2) 기울기와 한 점이 주어질 때

기울기가 a이고, 한 점 (p, q)를 지나는 직선을 그래프로 하는 일차함수의 식은 다음 순서로 구한다.

① 기울기가 a이므로 구하는 일차함수의 식을 $y=ax+b$로 놓는다.

② $x=p$, $y=q$를 $y=ax+b$에 대입하여 b의 값을 구한다.

예) 기울기가 2이고, 점 $(1, 3)$을 지나는 직선을 그래프로 하는 일차함수의 식은

① 기울기가 2이므로 $y=2x+b$로 놓는다.

② $y=2x+b$에 $x=1$, $y=3$을 대입하면 $3=2\times1+b$ ∴ $b=1$

따라서 구하는 일차함수의 식은 $y=2x+1$이다.

기울기와 한 점이 주어질 때, 일차함수의 식을 구하는 공식

기울기가 a이고 점 (p, q)를 지나는 직선을 그래프로 하는 일차함수의 식은

① 기울기가 a이므로 $y=ax+b$로 놓는다.

② $y=ax+b$에 $x=p$, $y=q$를 대입하면 $q=ap+b$

∴ $b=-ap+q$

따라서 구하는 일차함수의 식은 $y=ax-ap+q$,

즉 $y=a(x-p)+q$이다.

위의 예와 같이 기울기가 2이고 점 $(1, 3)$을 지나는 직선을 그래프로 하는 일차함수의 식을 공식을 이용하여 구하면

⇨ $y=2(x-1)+3$ ∴ $y=2x+1$

✅ 개념확인

1. 다음 직선을 그래프로 하는 일차함수의 식을 구하시오.

(1) 기울기가 -3이고, y절편이 10인 직선

(2) 기울기가 $\dfrac{1}{2}$이고, y축과 점 $(0, -8)$에서 만나는 직선

2. 기울기가 -2이고, 점 $(3, 1)$을 지나는 직선을 그래프로 하는 일차함수의 식을 구하시오.

3. 다음 직선을 그래프로 하는 일차함수의 식을 구하시오.

(1) 기울기가 4이고, 점 $(-1, 2)$를 지나는 직선

(2) x의 값이 3만큼 증가할 때 y의 값은 3만큼 감소하고, 점 $(-2, 5)$를 지나는 직선

❗ 일차함수의 그래프의 기울기는 다음과 같이 주어질 수 있다.
① 평행한 직선이 주어지는 경우
② x, y의 값의 증가량이 각각 주어지는 경우

기울기와 y절편을 알 때 일차함수의 식 구하기

1 기울기가 $-\dfrac{1}{4}$이고 y절편이 -5인 직선이 점 $(3a,\ -1-a)$를 지날 때, a의 값을 구하시오.

기울기가 a, y절편이 b인 직선을 그래프로 하는 일차함수의 식
⇨ $y=ax+b$

1-1 오른쪽 그림과 같은 일차함수의 그래프와 평행하고 y절편이 3인 직선을 그래프로 하는 일차함수의 식을 구하시오.

기울기와 한 점을 알 때 일차함수의 식 구하기

2 일차함수 $y=ax+b$의 그래프는 x의 값이 1에서 4까지 증가할 때 y의 값은 6만큼 증가하고, 점 $(-2,\ 1)$을 지난다. 이때 상수 a, b에 대하여 $a+b$의 값을 구하시오.

기울기가 a이고, 점 $(p,\ q)$를 지나는 직선을 그래프로 하는 일차함수의 식
⇨ $y=ax+b$로 놓고, $x=p$, $y=q$를 대입하여 b의 값을 구한다.

2-1 다음 중 일차함수 $y=-\dfrac{1}{3}x+4$의 그래프와 평행하고, 점 $(-6,\ 1)$을 지나는 직선 위의 점은?

① $\left(-5,\ \dfrac{2}{3}\right)$ ② $(-3,\ -1)$ ③ $(-1,\ 1)$

④ $\left(2,\ \dfrac{1}{3}\right)$ ⑤ $\left(4,\ -\dfrac{1}{3}\right)$

9 일차함수의 식 구하기 (2)

$y=(기울기)x+(y절편)$

두 점의 좌표가 주어진 경우

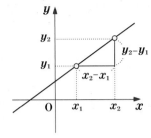

직선이 지나는 두 점 중
한 점의 좌표를 대입하여 구한다.

$\Rightarrow (기울기) = \dfrac{y_2-y_1}{x_2-x_1}$

절편이 주어진 경우 ◁ 이것도 두 점이 주어진 경우야!

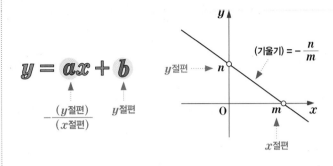

(1) 서로 다른 두 점이 주어질 때

두 점 (x_1, y_1), (x_2, y_2)를 지나는 직선을 그래프로 하는 일차함수의 식은 다음 순서로 구한다. (단, $x_1 \neq x_2$)

① 기울기 a를 구한다. ➡ $a = \dfrac{y_2-y_1}{x_2-x_1}$

② 구하는 일차함수의 식을 $y=ax+b$로 놓는다.

③ $y=ax+b$에 $x=x_1$, $y=y_1$ 또는 $x=x_2$, $y=y_2$를 대입하여 b의 값을 구한다.

㉖ 두 점 $(1, 2)$, $(2, 3)$을 지나는 직선을 그래프로 하는 일차함수의 식은

   ① $(기울기) = \dfrac{3-2}{2-1} = 1$이므로

   ② $y=x+b$로 놓는다.

   ③ $y=x+b$에 $x=1$, $y=2$를 대입하면 $2=1+b$ ∴ $b=1$

   따라서 구하는 일차함수의 식은 $y=x+1$이다.

(2) x절편과 y절편이 주어질 때

x절편이 m, y절편이 n인 직선을 그래프로 하는 일차함수의 식은 다음 순서로 구한다.

① 두 점 $(m, 0)$, $(0, n)$을 지나는 직선의 기울기를 구한다. ➡ $(기울기) = \dfrac{n-0}{0-m} = -\dfrac{n}{m}$

② y절편은 n이므로 구하는 일차함수의 식은 $y = -\dfrac{n}{m}x+n$

㉖ x절편이 2, y절편이 -4인 직선을 그래프로 하는 일차함수의 식은

   ① 두 점 $(2, 0)$, $(0, -4)$를 지나므로 $(기울기) = \dfrac{-4-0}{0-2} = 2$이고

   ② y절편은 -4이다.

   따라서 구하는 일차함수의 식은 $y=2x-4$이다.

✓개념확인

1. 다음 두 점을 지나는 직선을 그래프로 하는 일차함수의 식을 구하시오.

(1) $(-1, 2)$, $(1, 6)$

(2) $(-4, 3)$, $(-1, 0)$

2. 다음 직선을 그래프로 하는 일차함수의 식을 구하시오.

(1) x절편이 3이고, y절편이 -1인 직선

(2) x축과 점 $(-2, 0)$에서 만나고, y축과 점 $(0, 10)$에서 만나는 직선

서로 다른 두 점을 알 때 일차함수의 식 구하기

1 두 점 $(-1, 9)$, $(2, 3)$을 지나는 직선을 y축의 방향으로 -5만큼 평행이동하면 점 $(-2, k)$를 지난다. 이때 k의 값을 구하시오.

두 점 (x_1, y_1), (x_2, y_2)를 지나는 직선을 그래프로 하는 일차함수의 식
⟹ (기울기)$=\dfrac{y_2-y_1}{x_2-x_1}$과 두 점 중 한 점을 이용하여 구한다.

1-1 오른쪽 그림과 같은 일차함수의 그래프에서 x절편을 p, y절편을 q라 할 때, $p+q$의 값을 구하시오.

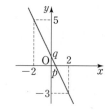

x절편, y절편을 알 때 일차함수의 식 구하기

2 일차함수 $y=ax+b$의 그래프의 x절편이 -6, y절편이 12일 때, 상수 a, b에 대하여 $a+b$의 값을 구하시오.

x절편이 a, y절편이 b인 직선을 그래프로 하는 일차함수의 식
⟹ 두 점 $(a, 0)$, $(0, b)$를 지나고 y절편이 b라는 것을 이용하여 구한다.

2-1 오른쪽 그림은 일차함수 $y=ax-1$의 그래프를 y축의 방향으로 b만큼 평행이동한 것이다. 이때 $5ab$의 값을 구하시오. (단, a는 상수)

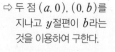

활용 문제는 이렇게!

(1) 일차함수의 활용 문제를 해결하는 순서

 ① x, y 정하기: 문제의 뜻을 파악하여 구하고자 하는 것을 변수 x, y로 놓는다.

 ② x와 y 사이의 관계식 세우기: x와 y 사이의 관계를 일차함수 $y=ax+b$로 나타낸다.

 ③ 조건에 맞는 값 구하기: 함숫값이나 그래프를 이용하여 주어진 조건에 맞는 값을 구한다.

 ④ 확인하기: 구한 값이 문제의 뜻에 맞는지 확인한다.

(2) 일차함수의 활용 문제에서 식 세우기

 ① 온도에 대한 문제

  처음 온도가 a ℃이고, 1분마다 온도가 k ℃씩 변화할 때, x분 후의 온도를 y ℃라 하면

  ➡ $y=a+kx$

 ② 길이에 대한 문제

  처음 길이가 a cm이고, 1분마다 길이가 k cm씩 변화할 때, x분 후의 길이를 y cm라 하면

  ➡ $y=a+kx$

 ③ 속력에 대한 문제

  (거리)＝(속력)×(시간)임을 이용하여 x와 y 사이의 관계식을 세운다.

⊘ 개념확인

1. 아래 표는 비커의 물을 끓일 때, 물의 온도가 시간에 따라 일정하게 증가하는 관계를 나타낸 것이다. 물을 끓이기 시작한 지 x분 후의 물의 온도를 y ℃라 할 때, 다음 물음에 답하시오

x (분)	0	2	4	6	8	⋯
y (℃)	40	48	56	64	72	⋯

 ⑴ x와 y 사이의 관계식을 구하시오.

 ⑵ 15분 후의 물의 온도를 구하시오.

2. 120 L의 물이 들어 있는 물통에서 매분 3 L씩 물이 흘러나온다고 한다. x분 후에 물통에 남아 있는 물의 양을 y L라고 할 때, x와 y 사이의 관계식을 구하시오.

1 지면으로부터 100 km까지는 100 m 높아질 때마다 기온이 0.6 ℃씩 내려간다고 한다. 현재 지면의 기온이 10 ℃이고, 높이가 x m인 곳의 기온을 y ℃라 할 때, 다음 물음에 답하시오.

    (1) x와 y 사이의 관계식을 구하시오.
    (2) 높이가 5 km인 곳의 기온을 구하시오.
    (3) 기온이 7 ℃인 곳의 높이를 구하시오.

> 지면에서의 기온이 a ℃이고, 1 m 높아질 때마다 온도가 k ℃씩 내려갈 때, 높이가 x m인 곳의 기온을 y ℃라 하면
> ⇨ $y = a - kx$

1-1 90 ℃의 물이 들어 있는 주전자를 식탁 위에 두었더니 6분 후의 물의 온도가 77 ℃가 되었다. 물의 온도가 일정하게 내려간다고 할 때, 주전자를 식탁 위에 둔 지 15분 후의 물의 온도를 구하시오.

2 길이가 25 cm인 양초에 불을 붙이면 3분마다 2 cm씩 길이가 짧아진다고 한다. 이 양초의 길이가 17 cm가 되는 것은 불을 붙인 지 몇 분 후인지 구하시오.

> 처음 길이가 a cm이고, 1분마다 길이가 k cm씩 짧아질 때, x분 후의 길이를 y cm라 하면
> ⇨ $y = a - kx$

2-1 길이가 16 cm인 용수철에 40 g의 물체를 달면 용수철의 길이가 5 cm 늘어난다고 한다. 무게가 60 g인 물체를 달았을 때, 용수철의 길이를 구하시오.

익힘북 79쪽 | 정답과 풀이 38쪽

속력에 대한 일차함수의 활용

3 연우가 집에서 **3 km** 떨어진 학교를 향해 분속 **200 m**로 뛰어 가고 있다. x분 후의 연우와 학교 사이의 거리를 y **km**라 할 때, 다음 물음에 답하시오.

(1) x와 y 사이의 관계식을 구하시오.

(2) 연우가 학교에서 **1 km** 떨어진 지점을 지나는 것은 출발한 지 몇 분 후인지 구하시오.

속력에 관한 일차함수의 활용 문제는 (거리)=(속력)×(시간) 임을 이용하여 x와 y 사이의 관계식을 세운다.

3-1 집에서 **4 km** 떨어진 도서관에 가는데 누나는 분속 **80 m**로 걷고, 동생은 누나가 출발한 지 11분 후에 분속 **300 m**로 자전거를 타고 갔다. 두 사람이 만나는 때는 누나가 출발한 지 몇 분 후인지 구하시오.

도형에 대한 일차함수의 활용

4 오른쪽 그림과 같이 가로, 세로의 길이가 각각 **12 cm**, **10 cm**인 직사각형 ABCD에서 점 P가 점 B를 출발하여 점 C까지 1초에 **2 cm**씩 움직인다. 사각형 APCD의 넓이가 **80 cm²**가 되는 것은 점 P가 점 B를 출발한 지 몇 초 후인지 구하시오.

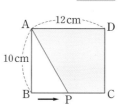

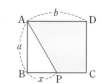

위의 그림에서 점 P가 $\overline{BC}$ 위를 움직일 때

(1) △ABP의 넓이를 y라 하면
$$y=\frac{1}{2}\times a\times x$$

(2) 사각형 APCD의 넓이를 y라 하면
$$y=\frac{1}{2}\times\{b+(b-x)\}\times a$$

4-1 오른쪽 그림과 같은 직각삼각형 ABC에서 점 P가 점 B를 출발하여 점 C까지 $\overline{BC}$ 위를 움직일 때, 움직인 거리를 x **cm**, △APC의 넓이를 y **cm²**라 하자. △APC의 넓이가 **70 cm²**일 때, $\overline{BP}$의 길이를 구하시오.

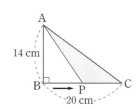

일차함수의 활용
함수의 식 쉽게 만들기

활용1   시작값이 다르고, 변화율이 같은 경우

※ '시작값'과 '변화율'은 이 책에서 함수의 식을 쉽게 설명하기 위해 사용한 용어이다.

다음 각각의 상황에서, 양초의 길이가 어떻게 변하는지 함수의 식을 만들고 그래프를 그려 보자.

❶ 길이가 10 cm 인 양초에 불을 붙였더니 1분마다 2 cm씩 짧아졌다.

➡ $y = -2x + 10$ 양초의 처음 길이, 즉 시작값

시간에 따른 길이의 변화율 : -2

❷ 길이가 12 cm 인 양초에 불을 붙였더니 1분마다 2 cm씩 짧아졌다.

➡ $y = -2x + 12$

❸ 길이가 15 cm 인 양초에 불을 붙였더니 1분마다 2 cm씩 짧아졌다.

➡ $y = \boxed{}\, x + \boxed{}$

답 $-2, 15$

활용2   시작값이 같고, 변화율이 다른 경우

다음 각각의 상황에서, 양초의 길이가 어떻게 변하는지 함수의 식을 만들고 그래프를 그려 보자.

❶ 길이가 20 cm 인 양초에 불을 붙였더니 1분마다 1 cm씩 짧아졌다.

➡ $y = -1x + 20$ 양초의 처음 길이, 즉 시작값

시간에 따른 길이의 변화율 : -1

❷ 길이가 20 cm 인 양초에 불을 붙였더니 1분마다 2 cm씩 짧아졌다.

➡ $y = -2x + 20$

❸ 길이가 20 cm 인 양초에 불을 붙였더니 1분마다 3 cm씩 짧아졌다.

➡ $y = \boxed{}\, x + \boxed{}$

답 $-3, 20$

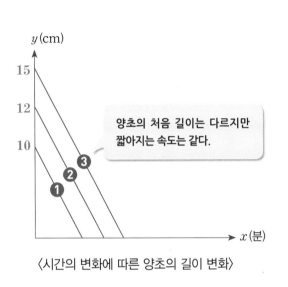

〈시간의 변화에 따른 양초의 길이 변화〉

$$y = ax + b$$

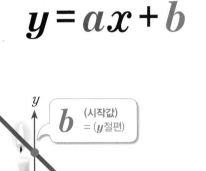

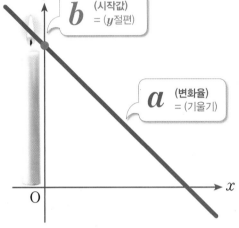

y의 값은 b에서 시작하여
a의 비율로 변한다.

일차함수의 활용 문제에서
(시작값)과 (변화율)을 찾으면
함수의 식을 쉽게 만들 수 있다.

$$y = \underline{a}x + \underline{b}$$
(변화율)　　(시작값)

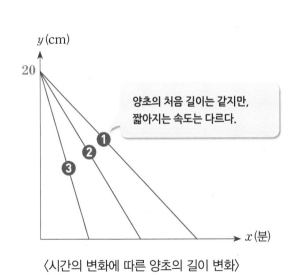

〈시간의 변화에 따른 양초의 길이 변화〉

1 함수

다음 중 y가 x의 함수가 <u>아닌</u> 것을 모두 고르면?

(정답 2개)

① 한 개에 500원인 과자 x개의 가격 y원

② 농도가 x %인 소금물 200 g에 들어 있는 소금의 양 y g

③ 자연수 x보다 1만큼 작은 자연수 y

④ 밑변의 길이가 x cm, 높이가 6 cm인 삼각형의 넓이 y cm^2

⑤ 자연수 x보다 작은 소수 y

2 일차함수

다음 **보기** 중 일차함수인 것을 모두 고르시오.

보기

ㄱ. $y=2-x$ ㄴ. $y=x(x+1)$

ㄷ. $x+y=x-5$ ㄹ. $y=\dfrac{x+3}{2}$

ㅁ. $y=\dfrac{x+1}{x}$ ㅂ. $2y-x=-2(1-y)$

3 일차함수의 함숫값

일차함수 $f(x)=ax-\dfrac{3}{2}$에서 $f(3)=3$, $f(-2)=b$일 때, $a+b$의 값을 구하시오.

(단, a는 상수)

4 일차함수의 그래프의 평행이동

일차함수 $y=ax+7$의 그래프를 y축의 방향으로 4만큼 평행이동한 그래프가 점 $(-2, 1)$을 지날 때, 상수 a의 값을 구하시오.

5 일차함수의 그래프의 x절편과 y절편 구하기

일차함수 $y=-2x+4$의 그래프와 x축, y축으로 둘러싸인 직각삼각형을 y축을 회전축으로 하여 1회전 시킬 때 생기는 회전체의 부피는?

① $\dfrac{10}{3}\pi$ ② $\dfrac{11}{3}\pi$ ③ $\dfrac{13}{3}\pi$

④ $\dfrac{14}{3}\pi$ ⑤ $\dfrac{16}{3}\pi$

6 $y=ax+b$의 그래프의 성질

다음 중 아래의 **조건**을 모두 만족하는 직선을 그래프로 하는 일차함수의 식은?

조건

(가) 오른쪽 아래로 향하는 직선이다.

(나) 일차함수 $y=-\dfrac{1}{2}x-12$의 그래프보다 x축에 가깝다.

① $y=x+2$ ② $y=-2x+5$

③ $y=-5x+3$ ④ $y=\dfrac{2}{3}x+2$

⑤ $y=-\dfrac{2}{5}x+\dfrac{5}{2}$

7 $y=ax+b$의 그래프의 성질

일차함수 $y=(k-2)x-(1-5k)$의 그래프가 제3
사분면을 지나지 않도록 하는 상수 k의 값의 범위를 구
하시오.

8 $y=ax+b$의 그래프의 성질

다음은 일차함수 $y=f(x)$에 대하여 x의 값에 대한 y
의 값을 표로 나타낸 것이다. $y=f(x)$의 그래프에 대
한 설명으로 옳지 <u>않은</u> 것은?

x	$\cdots$	-4	-3	-2	-1	$\cdots$	1	2	3	4	$\cdots$
y	$\cdots$	-13	-10	-7	-4	$\cdots$	2	5	8	11	$\cdots$

① 기울기는 2이다.
② 오른쪽 위로 향하는 직선이다.
③ x절편은 $\dfrac{1}{3}$이다.
④ y축과 점 $(0, -1)$에서 만난다.
⑤ 제1, 3, 4사분면을 지난다.

9 a, b의 부호와 $y=ax+b$의 그래프

일차함수 $y=ax+b$의 그래프가
오른쪽 그림과 같을 때, 일차함수
$y=\dfrac{1}{b}x-a$의 그래프가 지나지
않는 사분면을 구하시오.

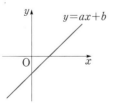

10 일차함수의 그래프의 평행

x절편이 k인 일차함수 $y=ax-4$의
그래프가 오른쪽 그림의 그래프와 평
행할 때, $a+k$의 값을 구하시오.

(단, a는 상수)

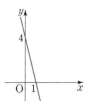

11 온도에 대한 일차함수의 활용

주전자에 $100\,^{\circ}\mathrm{C}$의 물이 들어 있다. 이 주전자를 실온
에 두었더니 물의 온도가 일정하게 내려가 5분 후에
$94\,^{\circ}\mathrm{C}$가 되었다. 주전자를 실온에 둔 지 15분 후의 물
의 온도를 구하시오.

12 도형에 대한 일차함수의 활용

오른쪽 그림과 같이 $\overline{\mathrm{BC}}=8\,\mathrm{cm}$이고
넓이가 $40\,\mathrm{cm}^2$인 $\triangle\mathrm{ABC}$에서 점 P
가 점 C를 출발하여 점 B까지 $\overline{\mathrm{BC}}$ 위
를 움직인다. 점 P가 움직인 거리를
$x\,\mathrm{cm}$, 그때의 $\triangle\mathrm{ABP}$의 넓이를
$y\,\mathrm{cm}^2$라 할 때, x와 y 사이의 관계식은?

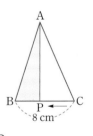

① $y=5x$ ② $y=20-5x$
③ $y=20+5x$ ④ $y=40-5x$
⑤ $y=40-8x$

1 함수 $f(n)=$(자연수 n을 5로 나눈 나머지)라 할 때, 다음 중 옳지 <u>않은</u> 것은?

① $f(5)=0$ ② $f(8)=f(23)$

③ $f(11)=f(1)$ ④ $f(27)=f(33)$

⑤ $f(37)+f(38)+f(39)=9$

2 $(a-1)x^2+x+by=3y-2$가 x에 대한 일차함수가 되도록 하는 상수 a, b의 조건은?

① $a=1$, $b\neq1$ ② $a\neq1$, $b=1$ ③ $a=1$, $b\neq3$

④ $a\neq1$, $b=3$ ⑤ $a\neq1$, $b\neq3$

3 두 일차함수 $y=(-2a+2)x+3b-1$, $y=(-2b+1)x+a-2$의 그래프가 일치할 때, 일차함수 $y=8ax+4b$의 그래프와 x축 및 y축으로 둘러싸인 도형의 넓이를 구하시오. (단, a, b는 상수)

4 일차함수 $y=ax+b$의 그래프가 다음 **조건**을 모두 만족할 때, 상수 a, b에 대하여 $a+b$의 값을 구하시오.

> **조건**
> (가) 점 $(-2, 6)$을 지난다.   (나) x절편과 y절편의 비가 $3:4$이다.

조건 (나)에서 x절편과 y절편을 각각 $3k$, $4k(k\neq0)$로 놓고 일차함수의 식을 구한 후 조건 (가)를 적용한다.

5 진석, 혜주 두 사람이 달리기를 하는데 진석이가 혜주보다 120 m 앞에서 출발하였다. 두 사람이 동시에 출발하여 진석이는 초속 4 m, 혜주는 초속 6 m로 달릴 때, 혜주가 진석이를 따라잡는 데 걸리는 시간을 구하시오.

혜주가 진석이를 따라잡으면 두 사람 사이의 거리는 0이 됨을 이용한다.

6 두 일차함수 $y=ax+b$, $y=-3x+1$의 그래프가 x축 위에서 만나고, 두 일차함수 $y=bx+a$, $y=7x-6$의 그래프가 y축 위에서 만날 때, 상수 a, b의 값을 각각 구하기 위한 풀이 과정을 쓰고 답을 구하시오.

서술형

> ① 단계: 일차함수 $y=ax+b$의 그래프의 x절편 구하기
> 두 일차함수 $y=ax+b$, $y=-3x+1$의 그래프가 x축 위에서 만나므로 두 그래프의 _____ 이 같다.
> $y=-3x+1$의 그래프의 x절편이 _____ 이므로 $y=ax+b$의 x절편도 _____ 이다.
>
> ② 단계: b를 a에 대한 식으로 나타내기
> $y=ax+b$의 그래프가 점 _____ 을 지나므로
> $0=\dfrac{1}{3}a+b$에서 $b=$ _____ ...... ㉠
>
> ③ 단계: a, b의 값 각각 구하기
> 두 일차함수 $y=bx+a$, $y=7x-6$의 그래프가 y축 위에서 만나므로 두 그래프의 _____ 이 같다.
> $y=7x-6$의 그래프의 y절편은 _____ 이므로 $a=$ _____
> 이를 ㉠에 대입하면 $b=$ _____ $=$ _____

► Check List
• 일차함수 $y=ax+b$의 그래프의 x절편을 바르게 구하였는가?
• b를 a에 대한 식으로 바르게 나타내었는가?
• a, b의 값을 각각 바르게 구하였는가?

7 일차함수 $y=-ax+2$의 그래프와 x축 및 y축으로 둘러싸인 도형의 넓이가 8일 때, 상수 a의 값을 구하기 위한 풀이 과정을 쓰고 답을 구하시오. (단, $a>0$)

서술형

① 단계: $y=-ax+2$의 그래프의 x절편과 y절편을 각각 구하기

② 단계: 도형의 넓이를 구하는 식 세우기

③ 단계: a의 값 구하기

► Check List
• $y=-ax+2$의 그래프의 x절편, y절편을 각각 바르게 구하였는가?
• 도형의 넓이를 구하는 식을 바르게 세웠는가?
• a의 값을 바르게 구하였는가?

2 일차함수와 일차방정식의 관계

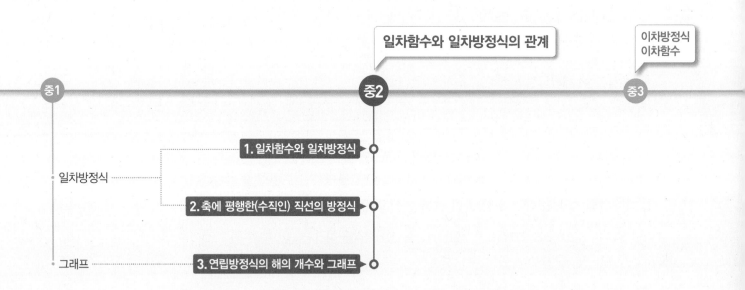

미지수가 **2**개인　　**$y=(x$에 대한 식)**으로

일차방정식을 변형하면 일차함수를 얻는다.

$$x+y=4 \quad \Rightarrow \quad y=-x+4$$

뜻

x, y의 값에 따라
참 또는 거짓이 되는 등식
$\vdots$

$(0,4) \Rightarrow$ **참**
$(1,3) \Rightarrow$ **참**
$(2,2) \Rightarrow$ **참**
$\vdots$

x의 값에 따라 y의 값이 오직 하나로
정해지는, 두 수의 대응관계
$\vdots$

$x=0$일 때, $y=4$
$x=1$일 때, $y=3$
$x=2$일 때, $y=2$
$\vdots$

표

x	$\cdots$	0	1	2	$\cdots$
y	$\cdots$	4	3	2	$\cdots$

x	$\cdots$	0	1	2	$\cdots$
y	$\cdots$	④	3	2	$\cdots$

y절편　(기울기)$=\dfrac{2-3}{2-1}=-1$

그래프

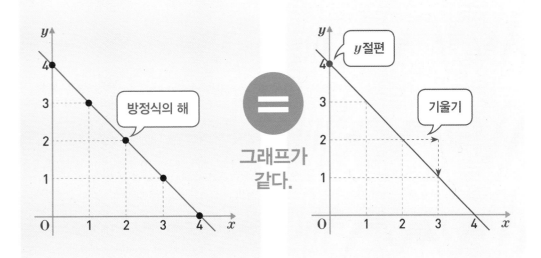

그래프가
같다.

방정식의 해

y절편

기울기

1 일차함수와 일차방정식

일차방정식을 일차함수로!

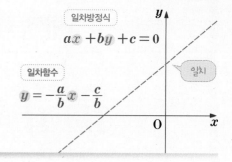

일차방정식		일차함수

$$ax + by + c = 0$$
$(a \neq 0, b \neq 0)$
$\Rightarrow$
$$y = -\frac{a}{b}x - \frac{c}{b}$$

(1) **일차방정식의 그래프:** 일차방정식의 해 (x, y)를 좌표평면 위에 나타낸 것

> **참고** 일차방정식 $ax+by+c=0$ (a, b, c는 상수, $a \neq 0$, $b \neq 0$)에서 x, y의 값의 범위가 수 전체일 때, 해는 무수히 많으므로 그 그래프는 직선으로 나타난다.

(2) **일차함수와 일차방정식의 관계**

미지수 x, y에 대한 일차방정식 $ax+by+c=0$ ($a \neq 0$, $b \neq 0$)의 그래프는 이 식을 변형하여 얻어지는 일차함수 $y = -\frac{a}{b}x - \frac{c}{b}$의 그래프와 같은 직선이다.

> **예** 일차방정식 $2x+3y-1=0$을 y에 대하여 풀면 $y = -\frac{2}{3}x + \frac{1}{3}$이다.
>
> 즉, 일차방정식 $2x+3y-1=0$의 그래프와 일차함수 $y = -\frac{2}{3}x + \frac{1}{3}$의 그래프는 같은 직선이다.

> **일차방정식에서 미지수를 구하는 방법**
>
> ① 그래프 위의 한 점이 주어진 경우
>
> 일차방정식 $ax+by+c=0$의 그래프 위에 점 (p, q)가 있다.
>
> $\Rightarrow ax+by+c=0$에 $x=p$, $y=q$를 대입하면 등식이 성립한다. $\Rightarrow ap+bq+c=0$
>
> ② 기울기, y절편이 주어진 경우
>
> 일차방정식 $ax+by+c=0$의 그래프의 기울기가 m, y절편이 n이면 $\Rightarrow m = -\frac{a}{b}$, $n = -\frac{c}{b}$

일차방정식이 항상 일차함수인 것은 아니다!

일차방정식 $2x-y+1=0$은 일차함수 $y=2x+1$의 형태로 변형할 수 있으므로 일차함수와 일차방정식은 차이가 없어 보인다. 그러나 일차방정식 $x-3=0$은 y항이 없으므로 일차함수의 꼴로 고칠 수 없다. 또한 일차방정식 $y-2=0$은 x항이 없으므로 일차함수의 꼴로 고칠 수 없다. 따라서 일차방정식 $ax+by+c=0$에 대하여 $a \neq 0$, $b \neq 0$인 경우에만 일차함수의 꼴로 고칠 수 있다.

✔ **개념확인**

1. 다음 일차방정식의 그래프를 좌표평면 위에 그리시오.

(1) $3x+2y-12=0$

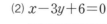

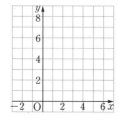

(2) $x-3y+6=0$

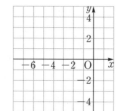

2. 오른쪽 그림과 같은 직선의 방정식은?

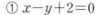

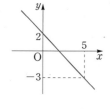

① $x-y+2=0$

② $x-y-2=0$

③ $x+y-2=0$

④ $2x+y-2=0$

⑤ $2x+y+2=0$

일차함수와 일차방정식

1 일차방정식 $2x+y-10=0$의 그래프와 일차함수 $y=ax+b$의 그래프가 일치할 때, 상수 a, b에 대하여 $a+b$의 값을 구하시오.

1-1 일차방정식 $x+ay+b=0$의 그래프가 오른쪽 그림과 같을 때, 다음 중 옳은 것은? (단, a, b는 상수)

① $a>0$, $b>0$　　② $a>0$, $b<0$　　③ $a<0$, $b>0$

④ $a<0$, $b<0$　　⑤ $a<0$, $b=0$

> 일차방정식
> $ax+by+c=0(a\neq0, b\neq0)$
>
> 직선의 ↕ 그래프
> 방정식
>
> 직선
>
> 그래프 ↕ 함수의 식
>
> 일차함수
> $y=-\dfrac{a}{b}x-\dfrac{c}{b}(a\neq0, b\neq0)$

일차방정식의 미지수의 값 구하기

2 일차방정식 $4x-y+5=0$의 그래프가 점 $(a, 2a-1)$을 지날 때, a의 값을 구하시오.

> 점 (p, q)가 일차방정식 $ax+by+c=0$의 그래프 위의 점이다.
> ⇨ $x=p$, $y=q$를 $ax+by+c=0$에 대입하면 등식이 성립한다.

2-1 일차방정식 $ax+4y-b=0$의 그래프가 오른쪽 그림과 같을 때, 상수 a, b에 대하여 $a-b$의 값은?

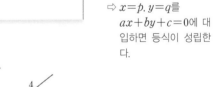

① -9　　② $-\dfrac{7}{2}$　　③ 9

④ $\dfrac{21}{2}$　　⑤ 12

2 축에 평행한(수직인) 직선의 방정식

특수한 직선의 방정식!

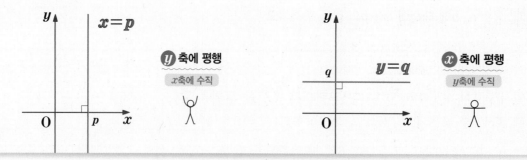

(1) 일차방정식 $x=p$의 그래프: 점 $(p, 0)$을 지나고 y축에 평행한 직선, 특히 $x=0$의 그래프는 y축을 나타낸다.

예 일차방정식 $x=2$, 즉 $x+0\times y=2$의 그래프는 점 $(2, 0)$을 지나고 y축에 평행한(x축에 수직인) 직선이다.

(2) 일차방정식 $y=q$의 그래프: 점 $(0, q)$를 지나고 x축에 평행한 직선, 특히 $y=0$의 그래프는 x축을 나타낸다.

예 일차방정식 $y=1$, 즉 $0\times x+y=1$의 그래프는 점 $(0, 1)$을 지나고 x축에 평행한(y축에 수직인) 직선이다.

일차방정식 $x=p$와 $y=q$가 함수인지 판별하기

① 일차방정식 $x=p$의 그래프
   ⇨ x의 값이 하나로 정해질 때 y의 값이 무수히 많으므로 함수가 아니다.

② 일차방정식 $y=q$의 그래프
   ⇨ x의 값이 하나로 정해질 때 y의 값도 하나로 정해지므로 함수이지만
   어떤 x의 값에 대해서도 y의 값이 항상 q(상수)이므로 일차함수는 아니다.

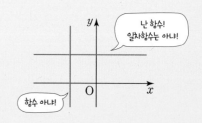

✔ **개념확인**

1. 다음 일차방정식의 그래프를 오른쪽 좌표평면 위에 그리시오.
   (1) $x=3$
   (2) $y=-2$

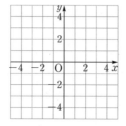

2. 다음 일차방정식의 그래프를 오른쪽 좌표평면 위에 그리시오.
   (1) $2x-8=0$
   (2) $3y+9=0$

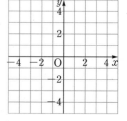

3. 다음 직선의 방정식을 구하시오.
   (1) 점 $(2, 4)$를 지나고 y축에 평행한 직선
   (2) 점 $(-3, -6)$을 지나고 x축에 평행한 직선

축에 평행한(수직인) 직선의 방정식

1 다음 직선의 방정식을 구하시오.

(1) 점 $(2, 7)$을 지나고 x축에 평행한 직선

(2) 점 $(-1, 4)$를 지나고 y축에 평행한 직선

(3) 점 $(3, 2)$를 지나고 x축에 수직인 직선

(4) 점 $(-6, -5)$를 지나고 y축에 수직인 직선

점 (a, b)를 지나고
(1) x축에 평행한 직선의
   방정식 ⇨ $y=b$
(2) y축에 평행한 직선의
   방정식 ⇨ $x=a$

1-1 직선 $x=2$에 수직이고 점 $(4, -2)$를 지나는 직선의 방정식은?

① $y=-4$ ② $y=-2$ ③ $y=4$

④ $x=-2$ ⑤ $x=4$

축에 평행한(수직인) 조건을 이용하여 미지수의 값 구하기

2 서로 다른 두 점 $(2a, 5b+1)$, $(9-a, 2b-5)$를 지나는 직선이 x축에 평행하기 위한 a, b의 조건은?

① $a=3, b=-2$ ② $a=3, b\neq-2$ ③ $a\neq3, b=-2$

④ $a\neq-2, b=3$ ⑤ $a\neq-2, b\neq3$

(1) 서로 다른 두 점을 지나
   는 직선이 x축에 평행
   하다.
   ⇨ 직선은 $y=q$ 꼴이
   므로 두 점의 x좌표
   는 다르고 y좌표는
   같다.
(2) 서로 다른 두 점을 지나
   는 직선이 y축에 평행
   하다.
   ⇨ 직선은 $x=p$ 꼴이
   므로 두 점의 y좌표
   는 다르고 x좌표는
   같다.

2-1 일차방정식 $ax+by=1$의 그래프가 오른쪽 그림과 같이 x축에 평행할 때, 상수 a, b에 대하여 $a+3b$의 값을 구하시오.

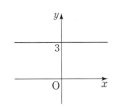

3 연립방정식의 해의 개수와 그래프

그래프의 교점이 방정식의 해!

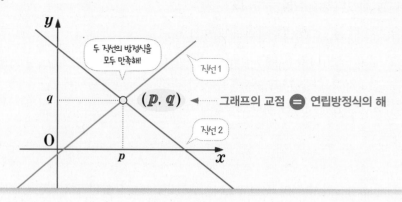

(1) 연립방정식의 해와 그래프

연립방정식 $\begin{cases} ax+by+c=0 \\ a'x+b'y+c'=0 \end{cases}$ 의 해는 두 일차방정식의 그래프, 즉 일차함수의 그래프의 교점의 좌표와 같다.

(2) 연립방정식의 해의 개수와 두 그래프의 위치 관계

연립방정식 $\begin{cases} ax+by+c=0 \\ a'x+b'y+c'=0 \end{cases}$ 의 해의 개수는 두 일차방정식의 그래프의 교점의 개수와 같다.

방정식의 형태 $\begin{cases} ax+by+c=0 \\ a'x+b'y+c'=0 \end{cases}$	연립방정식의 해의 개수	두 직선의 교점의 개수	두 직선의 위치 관계	함수의 형태 $\begin{cases} y=mx+n \\ y=m'x+n' \end{cases}$
$\dfrac{a}{a'} \neq \dfrac{b}{b'}$	한 쌍의 해를 갖는다.	1개	✕ 한 점에서 만난다.	$m \neq m'$
$\dfrac{a}{a'} = \dfrac{b}{b'} \neq \dfrac{c}{c'}$	해가 없다.	없다.	평행하다. (만나지 않는다.)	$m=m',\ n \neq n'$
$\dfrac{a}{a'} = \dfrac{b}{b'} = \dfrac{c}{c'}$	해가 무수히 많다.	무수히 많다.	일치한다.	$m=m',\ n=n'$

✔ **개념확인**

1. 오른쪽 그림과 같이 두 직선이 점 $(2, 3)$에서 만날 때, 연립방정식 $\begin{cases} x+y=5 \\ 2x-y=1 \end{cases}$ 의 해를 구하시오.

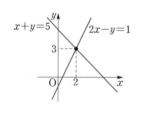

2. 연립방정식 $\begin{cases} ax+y+2=0 \\ 3x-y+b=0 \end{cases}$ 의 해가 다음을 만족할 때, 상수 a, b의 조건을 구하시오.

(1) 해가 한 쌍이다.

(2) 해가 없다.

(3) 해가 무수히 많다.

두 직선의 교점의 좌표를 이용하여 미지수의 값 구하기

1 두 일차방정식 $ax-3y=12$, $ax+by=4$의 그래프가 오른쪽 그림과 같을 때, 다음 물음에 답하시오.

(1) 연립방정식 $\begin{cases} ax-3y=12 \\ ax+by=4 \end{cases}$ 의 해를 구하시오.

(2) 상수 a, b의 값을 각각 구하시오.

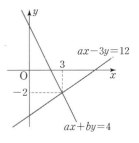

두 그래프의 교점의 좌표가 연립방정식의 해이므로 교점의 좌표를 두 일차방정식에 각각 대입하면 미지수의 값을 구할 수 있다.

1-1 두 일차방정식 $x+2y=1$, $ax+y=-3$의 그래프의 교점의 x좌표가 2일 때, 상수 a의 값을 구하시오.

두 직선의 교점을 지나는 직선의 방정식

2 두 일차방정식 $3x-y=1$, $2x+3y=8$의 그래프의 교점을 지나고 x축에 평행한 직선의 방정식을 구하시오.

두 직선 $ax+by+c=0$, $a'x+b'y+c'=0$의 교점을 지나는 직선의 방정식은 연립방정식 $\begin{cases} ax+by+c=0 \\ a'x+b'y+c'=0 \end{cases}$ 의 해를 구하여 두 직선의 교점의 좌표를 구한 후, 주어진 조건을 이용한다.

2-1 두 일차방정식 $2x+y+9=0$, $3x-2y+10=0$의 그래프의 교점을 지나고 y절편이 1인 직선의 방정식은?

① $x-2y+2=0$ ② $x+2y-2=0$ ③ $2x+y+2=0$

④ $2x-y+2=0$ ⑤ $2x-y-2=0$

연립방정식의 해의 개수와 그래프

3 연립방정식 $\begin{cases} ax+y=2 \\ 2x-3y=b \end{cases}$ 의 해가 무수히 많을 때, 상수 a, b에 대하여 $a-b$의 값은?

① $-\dfrac{20}{3}$ ② $-\dfrac{8}{3}$ ③ 1

④ $\dfrac{10}{3}$ ⑤ $\dfrac{16}{3}$

연립방정식의 해의 개수	두 그래프의 위치 관계
한 쌍	한 점에서 만난다.
없다.	평행하다.
무수히 많다.	일치한다.

3-1 연립방정식 $\begin{cases} x+2y=3 \\ ax-4y=6 \end{cases}$ 의 해가 없을 때, 상수 a의 값을 구하시오.

직선으로 둘러싸인 도형의 넓이

4 오른쪽 그림과 같이 세 직선 $y=-2x+2$, $y=x+2$, $y=-2$로 둘러싸인 △ABC의 넓이를 구하시오.

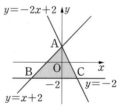

세 직선으로 둘러싸인 도형의 넓이는 세 직선의 교점의 좌표를 이용하여 구한다.

4-1 오른쪽 그림과 같이 두 일차함수 $y=2x-1$, $y=-\dfrac{1}{2}x+4$의 그래프와 y축으로 둘러싸인 도형의 넓이를 구하시오.

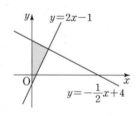

1 일차함수와 일차방정식

다음 중 일차방정식 $2x+y-3=0$의 그래프에 대한 설명으로 옳지 <u>않은</u> 것은?

① y절편은 3이다.

② x절편은 $\dfrac{3}{2}$이다.

③ 점 $(2, -1)$을 지난다.

④ 제3사분면을 지나지 않는다.

⑤ 일차함수 $y=2x$의 그래프와 평행하다.

2 일차함수와 일차방정식

일차방정식 $3x-2y+1=0$의 그래프의 기울기를 a, x절편을 b라 할 때, ab의 값을 구하시오.

3 일차함수와 일차방정식

다음 중 일차방정식 $2x+3y=-1$의 그래프 위의 점이 <u>아닌</u> 것은?

① $(-5, 3)$ ② $(-2, 1)$ ③ $\left(0, -\dfrac{1}{3}\right)$

④ $(1, -2)$ ⑤ $\left(3, -\dfrac{7}{3}\right)$

4 일차방정식의 미지수의 값 구하기

일차방정식 $ax+by+2=0$의 그래프가 두 점 $(-1, 0)$, $(2, -6)$을 지날 때, $a+b$의 값을 구하시오. (단, a, b는 상수)

5 일차방정식의 미지수의 값 구하기

일차방정식 $(a+1)x-3y=6$의 그래프가 오른쪽 그림과 같을 때, ab의 값을 구하시오.

(단, a는 상수)

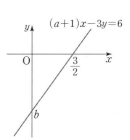

6 축에 평행한 직선의 방정식

일차방정식 $x+2y=2$의 그래프 위의 점 $(a, 0)$을 지나고 y축에 평행한 직선의 방정식을 구하시오.

7 두 직선의 교점의 좌표를 이용하여 미지수의 값 구하기

다음 세 직선으로 만들어지는 삼각형의 세 꼭짓점의 좌표를 구하시오.

$$2x-y+2=0 \qquad 2x=4 \qquad y+2=0$$

8 두 직선의 교점의 좌표를 이용하여 미지수의 값 구하기

오른쪽 그림은 연립방정식 $\begin{cases} ax-2y=-3 \\ x+2y=b \end{cases}$의 두 일차방정식의 그래프를 나타낸 것이다. 상수 a, b의 값을 각각 구하시오.

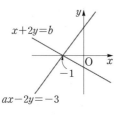

9 두 직선의 교점의 좌표를 이용하여 미지수의 값 구하기

다음 네 직선이 한 점에서 만날 때, 상수 a, b에 대하여 $a+b$의 값을 구하시오.

$$ax-4y=5 \qquad 2x-5y=6$$
$$2x+by=-5 \qquad 4x-y=3$$

10 두 직선의 교점의 좌표를 이용하여 미지수의 값 구하기

오른쪽 그림은 연립일차방정식 $\begin{cases} x+y=5 \\ ax-2y=-3 \end{cases}$의 해를 구하기 위하여 두 일차방정식의 그래프를 그린 것이다. 상수 a의 값은?

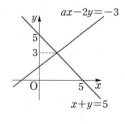

① $\dfrac{3}{2}$ ② $\dfrac{7}{4}$ ③ 2

④ $\dfrac{9}{4}$ ⑤ $\dfrac{5}{2}$

11 두 직선의 교점을 지나는 직선의 방정식

두 일차방정식 $x-2y=2$, $2x+3y=11$의 그래프의 교점과 점 $(2, -5)$를 지나는 직선의 방정식을 구하시오.

12 연립방정식의 해의 개수와 그래프

두 직선 $-2x+ay=3$, $6x+3y=b$의 교점이 무수히 많을 때, 상수 a, b에 대하여 $a-b$의 값은?

(단, $a \neq 0$)

① $-\dfrac{10}{3}$ ② $-\dfrac{2}{3}$ ③ $\dfrac{5}{3}$

④ 6   ⑤ 8

발전 문제

개념 완성

1 일차방정식 $kx-y-2k-1=0$의 그래프는 상수 k의 값에 관계없이 항상 점 (m, n)을 지난다. 점 (m, n)을 지나고 x축에 평행한 직선의 방정식을 구하시오.

상수 k의 값에 관계없이 성립할 때에는 k에 가장 간단한 수 0 또는 1을 대입하면 일차방정식이 성립함을 이용한다.

2 네 방정식 $2y-3=0$, $x-2=0$, $y=-1$, $x+a=0$의 그래프로 둘러싸인 도형의 넓이가 10일 때, 상수 a의 값을 구하시오. (단, $a>0$)

3 두 직선 $x-3y+3=0$, $2x+y-a=0$의 교점이 제2사분면 위에 있도록 하는 상수 a의 값의 범위를 구하시오.

제2사분면 위의 점은 x좌표가 음수, y좌표가 양수이다.

4 세 직선 $x-y+2=0$, $2x+y=0$, $ax-y+3=0$에 의하여 삼각형이 만들어지지 않을 때, 다음 중 상수 a의 값이 될 수 <u>없는</u> 것을 모두 고르면? (정답 2개)

① -3 ② -2 ③ -1
④ 1 ⑤ $\dfrac{5}{2}$

세 직선에 의하여 삼각형이 만들어지지 않을 조건
(i) 어느 두 직선이 서로 평행한 경우
(ii) 세 직선이 한 점에서 만나는 경우

5 오른쪽 그림에서 직선 l과 x축, y축으로 둘러싸인 도형의 넓이를 직선 $y=mx$가 이등분할 때, 상수 m의 값을 구하시오.

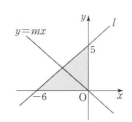

6
서술형
두 직선 $2x+3y=0$과 $x+y+1=0$의 교점을 지나고 직선 $y=3x+4$와 평행한 직선의 방정식을 구하기 위한 풀이 과정을 쓰고 답을 구하시오.

> ① 단계: 두 직선의 교점 구하기
>
> 두 일차방정식 $2x+3y=0$, $x+y+1=0$을 연립하여 풀면
>
> $x=$ _____ , $y=$ _____ 이므로 두 직선의 교점의 좌표는 _____ 이다.
>
> ② 단계: 두 직선이 평행하기 위한 조건을 이용하여 직선의 방정식 세우기
>
> 직선 $y=3x+4$와 평행하므로 구하는 직선의 방정식은 y절편이 b인
>
> $y=$ _____ 로 놓을 수 있다.
>
> ③ 단계: 교점을 이용하여 직선의 방정식 구하기
>
> $y=$ _____ 에 $x=$ _____ , $y=$ _____ 를 대입하면
>
> $b=$ _____
>
> 따라서 구하는 직선의 방정식은 _____ 이다.

▶ Check List
- 두 직선의 교점의 좌표를 바르게 구하였는가?
- 직선의 방정식을 평행 조건을 이용하여 y절편이 b인 식으로 바르게 놓았는가?
- b의 값을 구하여 직선의 방정식을 바르게 구하였는가?

7
서술형
일차방정식 $ax+5y-2a=0$의 그래프의 x절편이 k일 때, 일차방정식 $kx+(2k-1)y+1-4k=0$의 그래프의 기울기를 구하기 위한 풀이 과정을 쓰고 답을 구하시오. (단, $a\neq0$)

① 단계: k의 값 구하기

_____

_____

_____

② 단계: y를 x에 대한 식으로 나타내기

_____

_____

③ 단계: 기울기 구하기

_____

▶ Check List
- k의 값을 바르게 구하였는가?
- y를 x에 대한 식으로 바르게 나타내었는가?
- 기울기를 바르게 구하였는가?

수학은 개념이다!

디딤돌 수학

개념기본

중 2 / 1 익힘북

2022 개정 교육과정

중학 수학은 개념의 연결과 확장이다.

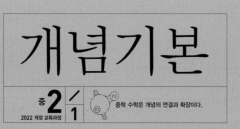

디딤돌수학 개념기본 중학 2-1

펴낸날 [초판 1쇄] 2024년 10월 1일
펴낸이 이기열
펴낸곳 (주)디딤돌 교육
주소 (03972) 서울특별시 마포구 월드컵북로 122 청원선와이즈타워
대표전화 02-3142-9000
구입문의 02-322-8451
내용문의 02-336-7918
팩시밀리 02-335-6038
홈페이지 www.didimdol.co.kr
등록번호 제10-718호

수학은 개념이다!

개념기본

중 **2** / **1** 익힘북

중학 수학은 개념의 연결과 확장이다.

디딤돌 수학

차례

1 유리수와 순환소수

개념적용익힘

✏️ 유리수와 소수

개념북 11쪽

1 ●○○

다음 중 정수가 아닌 유리수를 모두 고르면? (정답 2개)

① $-\dfrac{6}{2}$ 　② $-\dfrac{2}{4}$ 　③ 0

④ 2.5 　⑤ $\dfrac{21}{7}$

2 ●●○

다음 분수를 소수로 나타내었을 때, 유한소수가 <u>아닌</u> 것은?

① $\dfrac{3}{20}$ 　② $\dfrac{6}{25}$ 　③ $\dfrac{7}{8}$

④ $\dfrac{2}{125}$ 　⑤ $\dfrac{5}{33}$

3 ●●○

다음 중 옳지 <u>않은</u> 것을 모두 고르면? (정답 2개)

① $\dfrac{1}{3}=0.3$

② 0.5는 유한소수이다.

③ 0.12341234…는 무한소수이다.

④ $\dfrac{2}{45}$를 소수로 나타내면 유한소수이다.

⑤ $\dfrac{5}{12}$를 소수로 나타내면 무한소수이다.

✏️ 순환마디 구하기

개념북 11쪽

4 ●○○

다음 중 순환마디가 바르게 연결된 것은?

① 0.5454… ⇨ 545 　② 1.231231… ⇨ 123

③ 0.13232… ⇨ 32 　④ 11.2121… ⇨ 12

⑤ 0.346346… ⇨ 46

5 ●○○

두 분수 $\dfrac{1}{9}$, $\dfrac{47}{90}$을 소수로 나타내었을 때, 순환마디를 각각 a, b라 하자. 이때 $a+b$의 값을 구하시오.

6 ●●○

다음 분수를 소수로 나타내었을 때, 순환마디의 숫자의 개수가 가장 많은 것은?

① $\dfrac{2}{3}$ 　② $\dfrac{4}{7}$ 　③ $\dfrac{5}{9}$

④ $\dfrac{4}{11}$ 　⑤ $\dfrac{11}{15}$

7 ●●○

두 분수 $\dfrac{3}{11}$과 $\dfrac{25}{37}$를 소수로 나타내었을 때, 순환마디의 숫자의 개수를 각각 x, y라 하자. 이때 xy의 값을 구하시오.

✏️ 순환소수의 표현 ───────── 개념북 **12**쪽

✏️ 소수점 아래 n번째 자리의 숫자 구하기 ── 개념북 **12**쪽

8 ●○○

분수 $\dfrac{4}{99}$ 를 소수로 나타낼 때, 다음 물음에 답하시오.

(1) 순환마디를 구하시오.

(2) 순환마디를 이용하여 간단히 나타내시오.

12 ●●○

다음 순환소수의 소수점 아래 20번째 자리의 숫자를 구하시오.

(1) $3.5\dot{2}$

(2) $4.\dot{1}2\dot{3}$

(3) $5.2\dot{9}1\dot{4}$

(4) $2.07\dot{1}$

9 ●●○

다음 중 순환소수의 표현이 옳지 <u>않은</u> 것은?

① $0.121212\cdots = 0.\dot{1}\dot{2}$

② $2.020202\cdots = \dot{2}.\dot{0}$

③ $0.10232323\cdots = 0.10\dot{2}\dot{3}$

④ $0.1555\cdots = 0.1\dot{5}$

⑤ $0.034034034\cdots = 0.\dot{0}3\dot{4}$

13 ●●○

다음은 순환소수와 순환소수의 소수점 아래 50번째 자리의 숫자를 나타낸 것이다. 옳지 <u>않은</u> 것은?

① $0.\dot{5} \Rightarrow 5$

② $0.\dot{2}3\dot{5} \Rightarrow 3$

③ $1.\dot{5}0\dot{2} \Rightarrow 0$

④ $3.45\dot{1} \Rightarrow 1$

⑤ $0.\dot{2}5\dot{3} \Rightarrow 3$

10 ●●○

다음은 연우와 현지가 순환소수를 순환마디에 점을 찍어 간단히 나타낸 것이다. 틀리게 나타낸 사람을 말하고, 틀린 부분을 바르게 고치시오.

> 연우: $0.204204204\cdots = 0.\dot{2}0\dot{4}$
>
> 현지: $1.321321321\cdots = \dot{1}.3\dot{2}$

14 ●●○

분수 $\dfrac{5}{13}$ 를 소수로 나타낼 때, 소수점 아래 100번째 자리의 숫자를 구하시오.

11 ●○○

분수 $\dfrac{10}{37}$ 을 순환소수로 나타내면?

① $0.\dot{2}\dot{7}$

② $0.2\dot{7}$

③ $0.27\dot{0}$

④ $0.\dot{2}7\dot{0}$

⑤ $0.\dot{2}70\dot{7}$

15 ●○○

다음은 분수 $\dfrac{3}{40}$ 을 유한소수로 나타내는 과정이다.
□ 안에 알맞은 수를 써넣으시오.

$$\frac{3}{40}=\frac{3}{2^{\square}\times 5}=\frac{3\times 5^2}{2^{\square}\times 5\times \square^2}=\frac{75}{\square}=0.075$$

16 ●●○

다음은 분수 $\dfrac{7}{250}$ 을 유한소수로 나타내는 과정이다.
이때 $a+b-1000c$의 값을 구하시오.

$$\frac{7}{250}=\frac{7}{2\times 5^3}=\frac{7\times a}{2\times 5^3\times a}=\frac{b}{1000}=c$$

17 ●●○

다음 분수 중 분모를 10의 거듭제곱의 꼴로 나타낼 수 없는 것을 모두 고르면? (정답 2개)

① $\dfrac{3}{20}$ ② $\dfrac{5}{21}$ ③ $\dfrac{7}{25}$

④ $\dfrac{11}{30}$ ⑤ $\dfrac{17}{40}$

18 ●●○

$\dfrac{11}{20}=\dfrac{a}{10^n}$를 만족하는 두 자연수 a, n에 대하여
$a+n$의 최솟값은?

① 54 ② 55 ③ 56
④ 57 ⑤ 58

19 ●●○

다음 분수 중 유한소수로 나타낼 수 있는 것은?

① $\dfrac{5}{12}$ ② $\dfrac{3}{17}$ ③ $\dfrac{17}{20}$

④ $\dfrac{8}{30}$ ⑤ $\dfrac{7}{60}$

20 ●●○

다음 분수 중 유한소수로 나타낼 수 없는 것은?

① $\dfrac{7}{2^4\times 5^7}$ ② $\dfrac{98}{5^3\times 7\times 11}$

③ $\dfrac{91}{2\times 5^2\times 7}$ ④ $\dfrac{18}{60}$

⑤ $\dfrac{13}{260}$

21 ●●○

다음 보기의 분수 중 유한소수로 나타낼 수 있는 것을
모두 고르시오.

┌ 보기 ─────────────────────────┐
ㄱ. $\dfrac{17}{75}$ ㄴ. $\dfrac{11}{440}$

ㄷ. $\dfrac{42}{2^3\times 5\times 7}$ ㄹ. $\dfrac{22}{2^2\times 3\times 5\times 11}$
└──────────────────────────────┘

✏️ 유한소수가 되게 하는 수 구하기(1) ── 개념북 **15**쪽

22 •○○

분수 $\dfrac{a}{70}$ 를 소수로 나타내면 유한소수가 될 때, 다음 중 a의 값으로 알맞은 것은?

① 9   ② 15   ③ 24

④ 30   ⑤ 35

23 •○○

분수 $\dfrac{1}{105} \times x$ 를 소수로 나타내면 유한소수가 될 때, 두 자리의 자연수 x의 개수는?

① 2   ② 3   ③ 4

④ 5   ⑤ 6

24 ••○

두 분수 $\dfrac{a}{2^2 \times 11}$ 와 $\dfrac{a}{5 \times 7}$ 를 소수로 나타내면 모두 유한소수가 될 때, a의 값 중 가장 작은 자연수는?

① 7   ② 11   ③ 21

④ 33   ⑤ 77

25 •••

분수 $\dfrac{a}{75}$ 를 기약분수로 나타내면 $\dfrac{4}{b}$ 가 되고, 이것을 소수로 나타내면 유한소수가 된다. 이때 정수 a, b의 값을 각각 구하시오. (단, $10 < a < 20$)

✏️ 유한소수가 되게 하는 수 구하기(2) ── 개념북 **15**쪽

26 ••○

분수 $\dfrac{3}{n}$ 을 소수로 나타내면 정수가 아닌 유한소수일 때, 한 자리의 자연수 n의 값을 모두 구하시오.

27 ••○

분수 $\dfrac{28}{2^2 \times 5 \times x}$ 을 소수로 나타내면 유한소수가 될 때, 다음 중 x의 값이 될 수 <u>없는</u> 것은?

① 5   ② 7   ③ 12

④ 14   ⑤ 16

28 ••○

분수 $\dfrac{6}{5 \times x}$ 을 소수로 나타내면 유한소수가 될 때, x의 값이 될 수 있는 한 자리의 자연수의 개수를 구하시오.

29 •••

분수 $\dfrac{9}{A}$ 가 다음 **조건**을 모두 만족할 때, 분모 A를 구하시오.

> **조건**
> (가) A와 2는 서로소이다.
> (나) A는 30 이상 50 미만의 자연수이다.
> (다) $\dfrac{9}{A}$ 를 소수로 나타내면 유한소수가 된다.

30 ●○○

다음 중 순환소수 $x=12.6\dot{7}$을 분수로 나타낼 때, 가장 간단한 식은?

① $10x-x$　　　　　② $100x-x$

③ $100x-10x$　　　④ $1000x-x$

⑤ $1000x-100x$

31 ●●○

$x=0.3\dot{2}\dot{7}$일 때, 다음 중 그 계산 결과가 정수인 것은?

① $100x-x$　　　　② $100x-10x$

③ $1000x-x$　　　④ $1000x-10x$

⑤ $1000x-100x$

32 ●●○

다음 중 순환소수 $x=0.30020202\cdots$에 대한 설명으로 옳은 것을 모두 고르면? (정답 2개)

① 유리수이다.
② 순환마디는 20이다.
③ 분수로 나타낼 수 없다.
④ $0.300\dot{2}$로 나타낸다.
⑤ 분수로 나타낼 때, 가장 간단한 식은
　 $10000x-1000x$이다.

33 ●○○

다음 중 순환소수를 분수로 나타낸 것으로 옳지 <u>않은</u> 것은?

① $0.\dot{7}=\dfrac{7}{9}$　　　　② $0.0\dot{8}=\dfrac{8}{90}$

③ $0.\dot{4}\dot{1}=\dfrac{41}{99}$　　　④ $1.\dot{1}2\dot{3}=\dfrac{1123}{999}$

⑤ $1.4\dot{2}\dot{5}=\dfrac{1411}{990}$

34 ●○○

순환소수 $0.4\dot{5}$를 기약분수로 나타내면 $\dfrac{5}{A}$일 때, A의 값은?

① 11　　　② 22　　　③ 55

④ 77　　　⑤ 99

35 ●●○

순환소수 $0.\dot{a}\dot{b}$를 기약분수로 나타내면 $\dfrac{7}{33}$일 때, 순환소수 $0.\dot{b}\dot{a}$를 기약분수로 나타내면?

(단, a, b는 한 자리의 자연수이다.)

① $\dfrac{2}{33}$　　　② $\dfrac{4}{33}$　　　③ $\dfrac{5}{33}$

④ $\dfrac{7}{33}$　　　⑤ $\dfrac{8}{33}$

✏️ 순환소수를 포함한 식 계산하기 —— 개념북 18쪽

36 ●●○

부등식 $\dfrac{3}{5} < 0.\dot{x} \le \dfrac{7}{9}$ 을 만족하는 한 자리의 자연수 x의 개수는?

① 1   ② 2   ③ 3

④ 4   ⑤ 5

37 ●●○

$a = 0.\dot{5}\dot{4}$, $b = 2.\dot{3}$일 때, $\dfrac{b}{a}$의 값을 순환소수로 나타내시오.

38 ●●○

순환소수 $0.1\dot{2}$에 자연수 a를 곱하면 유한소수가 된다. 이때 a의 값이 될 수 있는 가장 큰 두 자리의 자연수를 구하시오.

39 ●●○

$0.\dot{3}\dot{6} = 36 \times a$일 때, a를 순환소수로 나타내면?

① $0.\dot{1}$ ② $0.\dot{0}\dot{1}$ ③ $0.00\dot{1}$

④ $0.\dot{4}$ ⑤ $0.\dot{4}\dot{5}$

✏️ 유리수와 순환소수 —— 개념북 19쪽

40 ●●○

다음 중 옳은 것을 모두 고르면? (정답 2개)

① 순환소수는 부한소수가 아니다.
② 모든 순환소수는 유리수이다.
③ 0은 분수로 나타낼 수 없다.
④ 유리수는 유한소수로 나타낼 수 있다.
⑤ 유한소수를 기약분수로 나타내면 분모의 소인수는 2나 5뿐이다.

41 ●●○

다음 중 옳지 <u>않은</u> 것은?

① 모든 무한소수는 유리수이다.
② 유한소수로 나타낼 수 없는 정수가 아닌 유리수는 순환소수로 나타낼 수 있다.
③ 모든 정수는 유리수이다.
④ 모든 순환소수는 유리수이다.
⑤ 기약분수의 분모의 소인수에 7이 있으면 유한소수로 나타낼 수 없다.

42 ●●○

두 정수 a, $b\,(b \ne 0)$에 대하여 a를 b로 나누었을 때, 계산 결과가 될 수 <u>없는</u> 것은?

① 자연수   ② 정수
③ 유한소수   ④ 순환소수
⑤ 순환하지 않는 무한소수

1

다음 분수를 소수로 나타내었을 때, 순환마디의 숫자가 2개인 것은?

① $\dfrac{5}{7}$ ② $\dfrac{14}{15}$ ③ $\dfrac{13}{24}$

④ $\dfrac{16}{33}$ ⑤ $\dfrac{20}{37}$

2

다음 중 순환소수의 표현으로 옳지 <u>않은</u> 것은?

① $0.777\cdots = 0.\dot{7}$

② $1.010101\cdots = 1.0\dot{1}\dot{0}$

③ $3.192192192\cdots = 3.\dot{1}9\dot{2}$

④ $5.3848484\cdots = 5.3\dot{8}\dot{4}$

⑤ $4.191919\cdots = 4.\dot{1}\dot{9}$

3 실력UP🡅

분수 $\dfrac{1}{7}$ 을 소수로 나타내었을 때, 소수점 아래 n번째 자리의 숫자를 A_n이라 하자. 이때 다음 식의 값을 구하시오.

$$A_1 + A_2 + A_3 + \cdots + A_{29} + A_{30}$$

4

다음은 분수 $\dfrac{13}{20}$ 을 유한소수로 나타내는 과정이다. ①~⑤에 알맞은 수로 옳지 <u>않은</u> 것은?

$$\dfrac{13}{20} = \dfrac{13}{2^{①} \times 5} = \dfrac{13 \times ②}{2^{①} \times 5 \times ③} = \dfrac{④}{100} = ⑤$$

① 2 ② 5 ③ 5
④ 26 ⑤ 0.65

5

다음 분수 중 유한소수로 나타낼 수 있는 것을 모두 고르면? (정답 2개)

① $\dfrac{12}{2 \times 3 \times 5^2}$ ② $\dfrac{3}{14}$ ③ $\dfrac{6}{2^2 \times 3^2}$

④ $\dfrac{27}{60}$ ⑤ $\dfrac{35}{91}$

6

다음 중 순환소수 $x = 0.1\dot{7}\dot{3}$을 분수로 나타낼 때, 가장 간단한 식은?

① $100x - x$ ② $100x - 10x$ ③ $1000x - x$
④ $1000x - 10x$ ⑤ $1000x - 100x$

7

기약분수 $\dfrac{a}{9}$ 를 소수로 나타내면 $1.777\cdots$일 때, 자연수 a의 값을 구하시오.

8 실력UP↗

$2+\dfrac{5}{10}+\dfrac{5}{10^3}+\dfrac{5}{10^5}+\cdots$ 를 계산하여 기약분수로 나타내시오.

9

두 분수 $\dfrac{1}{4}$ 과 $\dfrac{8}{9}$ 사이에 있는 분모가 36인 분수 중에서 유한소수로 나타낼 수 있는 분수의 개수는?

① 1   ② 2   ③ 3
④ 4   ⑤ 5

10 실력UP↗

어떤 자연수에 순환소수 $0.\dot{5}$ 를 곱해야 할 것을 잘못하여 0.5 를 곱하였더니 원래의 답보다 1만큼 작게 나왔다. 이때 어떤 자연수는?

① 4   ② 8   ③ 12
④ 15   ⑤ 18

11

다음 중 옳은 것은?

① 순환소수는 유리수가 아니다.
② 무한소수는 유리수이다.
③ 무한소수는 항상 순환소수이다.
④ 정수가 아닌 유리수는 유한소수로 나타낼 수 있다.
⑤ 분모를 10의 거듭제곱으로 나타낼 수 있는 분수는 유한소수로 나타낼 수 있다.

✏ 서술형

12

분수 $\dfrac{27}{148}$ 을 소수로 나타낼 때, 소수점 아래 50번째 자리의 숫자를 구하기 위한 풀이 과정을 쓰고 답을 구하시오.

13

분수 $\dfrac{x}{135}$ 를 소수로 나타내면 유한소수가 되고, 기약분수로 나타내면 $\dfrac{2}{y}$ 가 된다. x 는 두 자리의 자연수일 때, $x+y$ 의 값을 구하기 위한 풀이 과정을 쓰고 답을 구하시오.

14

어떤 기약분수를 순환소수로 나타내는데 지연이는 분자를 잘못 보아서 답이 $0.58\dot{3}$ 이 되었고, 연준이는 분모를 잘못 보아서 답이 $0.7\dot{3}$ 이 되었다. 이 기약분수를 순환소수로 바르게 나타내기 위한 풀이 과정을 쓰고 답을 구하시오.

1 다음 중 유리수가 <u>아닌</u> 것은?

① -5 ② 0 ③ $\dfrac{1}{3}$

④ π ⑤ 2.3

2 다음 중 순환소수의 표현이 옳은 것은?

① $0.020202\cdots=0.0\dot{2}\dot{0}$

② $0.636363\cdots=0.\dot{6}3$

③ $0.3383838\cdots=0.3\dot{3}\dot{8}$

④ $1.231231231\cdots=1.\dot{2}3$

⑤ $2.350350350\cdots=2.\dot{3}\dot{5}$

3 다음 분수를 소수로 나타내었을 때, 순환마디의 숫자의 개수가 나머지 넷과 <u>다른</u> 하나는?

① $\dfrac{5}{3}$ ② $\dfrac{2}{9}$ ③ $\dfrac{3}{11}$

④ $\dfrac{23}{9}$ ⑤ $\dfrac{2}{3}$

[서술형]

4 분수 $\dfrac{3}{7}$ 을 소수로 나타내었을 때, 소수점 아래 첫째 자리의 숫자부터 소수점 아래 50번째 자리의 숫자까지의 합을 구하기 위한 풀이 과정을 쓰고 답을 구하시오.

5 분수 $\dfrac{2}{125}$ 를 $\dfrac{a}{10^n}$ 의 꼴로 나타내었을 때, 두 자연수 a, n에 대하여 $a+n$의 최솟값을 구하시오.

6 다음 분수 중 유한소수로 나타낼 수 있는 것을 모두 고르면? (정답 2개)

① $\dfrac{11}{30}$ ② $\dfrac{21}{105}$ ③ $\dfrac{26}{91}$

④ $\dfrac{4}{2^2\times 3}$ ⑤ $\dfrac{36}{2\times 3^2\times 5^3}$

7 분수 $\dfrac{1}{30}$, $\dfrac{2}{30}$, $\dfrac{3}{30}$, $\cdots$, $\dfrac{29}{30}$ 중에서 유한소수가 되는 분수는 모두 몇 개인가?

① 6개   ② 8개   ③ 9개

④ 10개   ⑤ 12개

8 분수 $\dfrac{21}{5^3\times a}$ 을 소수로 나타내면 유한소수가 될 때, 다음 중 a의 값이 될 수 있는 것을 모두 고르면? (정답 2개)

① 9   ② 14   ③ 24

④ 36   ⑤ 49

정답과 풀이 **52**쪽

서술형

9 분수 $\dfrac{a}{280}$ 를 소수로 나타내면 유한소수가 되고 기약분수로 나타내면 $\dfrac{3}{b}$ 이 된다. a가 50 이하의 짝수일 때, $a-b$의 값을 구하기 위한 풀이 과정을 쓰고 답을 구하시오.

10 다음은 순환소수 $2.0\dot{7}$을 분수로 나타내는 과정이다. ①~⑤에 알맞은 수로 옳지 <u>않은</u> 것은?

$x=2.0\dot{7}$로 놓으면 $x=2.0777\cdots$ ······ ㉠
㉠의 양변에 　①　을 곱하면
　①　$x=207.777\cdots$ ······ ㉡
㉠의 양변에 　②　을 곱하면
　②　$x=20.777\cdots$ ······ ㉢
㉡－㉢을 하면 　③　$x=$　④
$\therefore x=$　⑤

① 100   ② 10   ③ 99

④ 187   ⑤ $\dfrac{187}{90}$

11 다음 중 순환소수를 분수로 나타낸 것으로 옳은 것은?

① $0.4\dot{7}=\dfrac{47}{90}$ ② $0.3\dot{4}\dot{5}=\dfrac{115}{303}$

③ $0.\dot{2}\dot{6}=\dfrac{8}{33}$ ④ $1.8\dot{9}=\dfrac{188}{99}$

⑤ $0.5\dot{3}\dot{6}=\dfrac{268}{495}$

12 다음 중 순환소수 $x=0.1171717\cdots$에 대한 설명으로 옳지 <u>않은</u> 것은?

① 순환마디는 17이다.
② 소수점 아래 100번째 자리의 숫자는 7이다.
③ $1000x-10x$의 값은 정수이다.
④ 분수로 나타내면 $\dfrac{58}{495}$이다.
⑤ 유리수이다.

13 순환소수 $0.4\dot{5}$에 자연수 a를 곱하면 유한소수가 될 때, 가장 작은 자연수 a의 값은?

① 3   ② 6   ③ 9
④ 10   ⑤ 12

14 $x=0.\dot{2}\dot{7}$일 때, $1-\dfrac{1}{1-\dfrac{1}{x}}$의 값을 구하시오.

15 다음 중 옳지 <u>않은</u> 것을 모두 고르면? (정답 2개)

① 순환소수는 유리수이다.
② 유한소수는 유리수이다.
③ 정수가 아닌 유리수는 모두 유한소수이다.
④ 정수 중에서 유리수가 아닌 것도 있다.
⑤ 유한소수를 기약분수로 나타내면 분모의 소인수가 2나 5뿐이다.

1 단항식의 계산

개념적용익힘

✏️ 지수법칙 – 지수의 합 ────── 개념북 29쪽

1.●○○
$2^5 \times 2^4 \times 64 = 2^\square$일 때, $\square$ 안에 알맞은 수는?

① 13 　　② 14 　　③ 15
④ 16 　　⑤ 17

2.●○○
$3^{x+4} = 3^x \times \square$일 때, $\square$ 안에 알맞은 수는?

① 3 　　② 9 　　③ 27
④ 81 　　⑤ 243

3.●●○
한 모서리의 길이가 a^3인 정육면체의 부피는?

① $3a$ 　　② $3a^3$ 　　③ a^6
④ a^9 　　⑤ a^{27}

4.●●●
컴퓨터에서 정보를 저장하는 단위로 Byte(바이트), bit(비트), KB(킬로바이트), MB(메가바이트) 등이 있다.

1 Byte$=2^3$ bit
1 KB$=2^{10}$ Byte
1 MB$=2^{10}$ KB

단위 사이의 관계는 오른쪽과 같을 때, 1 MB는 몇 bit인지 2의 거듭제곱으로 나타내시오.

✏️ 지수법칙 – 지수의 곱 ────── 개념북 29쪽

5.●○○
다음 중 옳은 것을 모두 고르면? (정답 2개)

① $2^5 \times 2^5 = 2^{10}$ 　　② $2^5 - 2^4 = 2$
③ $(2^4)^2 = 2^8$ 　　④ $(2^2)^3 = 2^5$
⑤ $(2^3)^3 \times 2^2 = 2^{18}$

6.●●○
다음 중 $3^{x+2} = 27^4$을 만족하는 자연수 x의 값은?

① 8 　　② 9 　　③ 10
④ 11 　　⑤ 12

7.●●○
$\{(a^2)^4\}^5$을 간단히 하면?

① a^8 　　② a^{13} 　　③ a^{30}
④ a^{40} 　　⑤ a^{80}

8.●●○
$(x^5)^a \times (y^b)^3 \times (z^c)^7 = x^{15}y^{12}z^{21}$일 때, 자연수 a, b, c에 대하여 $a+b+c$의 값은?

① 8 　　② 9 　　③ 10
④ 11 　　⑤ 12

거듭제곱의 합을 간단히 나타내기 ── 개념북 30쪽

9 ●○○

$5^3+5^3+5^3+5^3+5^3=5^\square$일 때, $\square$ 안에 알맞은 수는?

① 4　　　　② 5　　　　③ 6
④ 7　　　　⑤ 8

10 ●●○

$2^3+2^3=2^a$, $3^2+3^2+3^2=3^b$일 때, 자연수 a, b에 대하여 $a+b$의 값을 구하시오.

11 ●●○

$2^4(4^2+4^2+4^2+4^2)=2^a$일 때, 자연수 a의 값은?

① 8　　　　② 10　　　　③ 12
④ 14　　　　⑤ 16

12 ●●●

$\dfrac{9^3+9^3+9^3}{8^2+8^2+8^2+8^2}$을 간단히 하면?

① $\dfrac{3^4}{2^5}$　　② $\dfrac{3^6}{2^7}$　　③ $\dfrac{3^7}{2^8}$

④ $\dfrac{3^5}{2^9}$　　⑤ $\dfrac{3^7}{2^9}$

거듭제곱을 문자를 사용하여 나타내기 ⑴ 개념북 30쪽

13 ●○○

$2^4=A$라 할 때, 8^4을 A를 사용하여 나타내면?

① $4A$　　　　② A^2　　　　③ $3A^2$
④ A^3　　　　⑤ $4A^3$

14 ●○○

$3^{10}=A$라 할 때, $\dfrac{1}{9^{10}}$을 A를 사용하여 나타내면?

① $\dfrac{1}{A}$　　② $\dfrac{1}{3A}$　　③ $\dfrac{1}{A^2}$

④ $\dfrac{1}{3A^2}$　　⑤ $\dfrac{1}{A^3}$

15 ●●○

$A=\dfrac{1}{2^4}$일 때, $\dfrac{1}{4^6}$을 A를 사용하여 나타내면?

① $\dfrac{1}{A}$　　② $\dfrac{1}{A^3}$　　③ $\dfrac{1}{A^6}$

④ A^3　　　　⑤ A^6

16 ●●○

$A=\dfrac{1}{3^3}$일 때, 3^{15}을 A를 사용하여 나타내면?

① $\dfrac{1}{A^3}$　　② $\dfrac{1}{5A^3}$　　③ $\dfrac{1}{A^4}$

④ $\dfrac{1}{5A^4}$　　⑤ $\dfrac{1}{A^5}$

✏ 거듭제곱을 문자를 사용하여 나타내기(2)

개념북 31쪽

17 ●○○

$a=7^x$일 때, 49^{x+1}을 a를 사용하여 나타내면?

① $7a^2$　　　② $49a^2$　　　③ $7a^5$

④ $49a^5$　　　⑤ a^7

18 ●●○

$a=3^x \div 2$일 때, 81^x을 a를 사용하여 나타내시오.

19 ●●○

$A=3^{x+2}$일 때, 27^x을 A를 사용하여 나타내면?

① A^3　　　② $\dfrac{A^3}{27}$　　　③ $\dfrac{A^3}{81}$

④ $\dfrac{A^3}{243}$　　　⑤ $\dfrac{A^3}{729}$

✏ a^n의 일의 자리의 숫자 구하기

개념북 31쪽

20 ●●○

$2^1=2$, $2^2=4$, $2^3=8$, $2^4=16$, $2^5=32$, $2^6=64$, $\cdots$
임을 이용하여 2^{50}의 일의 자리의 숫자를 구하면?

① 0　　　② 2　　　③ 4

④ 6　　　⑤ 8

21 ●●●

3^{23}의 일의 자리의 숫자는?

① 1　　　② 3　　　③ 5

④ 7　　　⑤ 9

22 ●●●

7^{65}의 일의 자리의 숫자는?

① 1　　　② 3　　　③ 7

④ 8　　　⑤ 9

개념북 **33**쪽

✏️ 지수법칙 – 지수의 차

23 ●○○

$81^3 \div 9^5$을 간단히 하면?

① 1   ② 3   ③ 3^2

④ $\dfrac{1}{3}$ ⑤ $\dfrac{1}{3^2}$

24 ●●○

$(x^5)^4 \div (x^3)^3 \div (x^2)^4$을 간단히 하면?

① x^3 ② x^4 ③ x^9

④ $\dfrac{1}{x^3}$ ⑤ $\dfrac{1}{x^6}$

25 ●●○

다음 중 $x^9 \div x^6 \div x^3$과 계산 결과가 같은 것을 모두 고르면? (정답 2개)

① $x^9 \div x^6 \times x^3$ ② $x^9 \div (x^6 \times x^3)$

③ $x^9 \div (x^6 \div x^3)$ ④ $(x^9 \div x^6) \div x^3$

⑤ $x^9 \times (x^6 \div x^6)$

26 ●●○

다음 그림은 ▨의 왼쪽에 있는 식을 오른쪽에 있는 식으로 나눈 결과를 ▨의 아래쪽에 쓴 것이다. 예를 들어 $a^{10} \div a^6 = a^4$이다. 이때 A, B에 알맞은 식을 각각 구하시오.

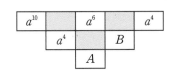

✏️ 지수의 차의 응용

개념북 **33**쪽

27 ●○○

$2^x \div 2^2 = 32$일 때, 자연수 x의 값을 구하시오.

28 ●●○

$x^{10} \div x^{\square} \div x^3 = x^3$일 때, □ 안에 알맞은 수를 구하시오.

29 ●●○

$\dfrac{3^{2x-1}}{3^{-x+4}} = 81$일 때, x의 값을 구하시오.

(단, $2x-1$, $-x+4$는 자연수이다.)

30 ●●●

$8^{a+2} = \dfrac{16^4}{2^b} = 2^{15}$일 때, 자연수 a, b에 대하여 $a+b$의 값은?

① 3   ② 4   ③ 5

④ 6   ⑤ 7

개념북 35쪽

✏️ 지수법칙 – 곱으로 나타낸 수의 거듭제곱

31 ●○○

$2^5 \times 3^5 = 6^\square$에서 □ 안에 알맞은 수는?

① 2   ② 3   ③ 4
④ 5   ⑤ 6

32 ●●○

$(x^{3a}y^b)^3 = x^{27}y^{12}$일 때, 자연수 a, b에 대하여 $a+b$의 값을 구하시오.

33 ●●○

$(4a^m)^n = 64a^{12}$일 때, 자연수 m, n에 대하여 $m+n$의 값은?

① 5   ② 6   ③ 7
④ 8   ⑤ 9

34 ●●○

$48^4 = (2^x \times 3)^4 = 2^y \times 3^4$일 때, 자연수 x, y에 대하여 $x+y$의 값은?

① 16   ② 18   ③ 20
④ 22   ⑤ 24

✏️ 지수법칙 – 분수로 나타낸 수의 거듭제곱

개념북 35쪽

35 ●●○

다음 두 식을 모두 만족하는 자연수 x, y의 값을 각각 구하시오.

$$\left(\frac{a}{b^2}\right)^4 = \frac{a^4}{b^x}, \quad \left(\frac{b}{a^x}\right)^2 = \frac{b^2}{a^y}$$

36 ●●○

다음 중 옳지 <u>않은</u> 것은?

① $(x^2y)^2 = x^4y^2$ ② $(-2a^3)^5 = -32a^{15}$

③ $(2xy^3)^4 = 16x^4y^{12}$ ④ $\left(\frac{xy^2}{3}\right)^3 = \frac{x^3y^5}{27}$

⑤ $\left(-\frac{2y^4}{x^2}\right)^2 = \frac{4y^8}{x^4}$

37 ●●○

$\left(\frac{3x^a}{y}\right)^b = \frac{27x^9}{y^c}$일 때, 자연수 a, b, c에 대하여 $a+b+c$의 값은?

① 7   ② 9   ③ 12
④ 15   ⑤ 19

38 ●●●

$\frac{(a^2b)^3}{(ab^2)^m} = \frac{a^n}{b^5}$일 때, 자연수 m, n에 대하여 $m+n$의 값은?

① -2 ② 0   ③ 2
④ 4   ⑤ 6

✏️ 지수법칙에 관한 종합 문제

개념북 36쪽

39 ●○○

다음 중 옳지 <u>않은</u> 것은?

① $a^4 \times a^3 = a^7$ ② $(a^2)^6 = a^{12}$

③ $a^{10} \div a^5 = a^2$ ④ $(ab^2)^3 = a^3 b^6$

⑤ $\left(\dfrac{a^4}{b^2}\right)^3 = \dfrac{a^{12}}{b^6}$

40 ●●○

다음 중 옳지 <u>않은</u> 것을 모두 고르면? (정답 2개)

① $(x^5 y^2)^3 = x^{15} y^6$ ② $a^3 \div a^6 \times a^2 = \dfrac{1}{a^5}$

③ $\left(\dfrac{a^5}{2b^3}\right)^2 = \dfrac{a^8}{4b^6}$ ④ $(x^2)^6 \div (x^3)^4 = x$

⑤ $(-y)^3 \times z^5 \times y^2 = -y^5 z^5$

41 ●●○

다음 중 계산 결과가 나머지 넷과 <u>다른</u> 하나는?

① $(x^5)^3$ ② $x^{30} \div x^2$

③ $x^8 \times x^9 \div x^2$ ④ $x^{30} \div x^{14} \div x$

⑤ $x^{18} \div (x^5 \div x^2)$

42 ●●○

$(a^2 \times a^6)^2 \div a^\square = a^3$일 때, $\square$ 안에 알맞은 수를 구하시오.

✏️ 자릿수 구하기

개념북 36쪽

43 ●●○

$2^{16} \times 5^{20}$이 n자리의 자연수일 때, n의 값은?

① 16   ② 17   ③ 18

④ 19   ⑤ 20

44 ●●○

$2^{10} \times 3 \times 5^8$이 n자리의 자연수일 때, n의 값은?

① 10   ② 11   ③ 12

④ 13   ⑤ 14

45 ●●○

$4^3 \times 5^4$이 n자리의 자연수일 때, n의 값을 구하시오.

46 ●●●

$\dfrac{2^{31} \times 15^{20}}{18^{10}}$은 몇 자리의 자연수인가?

① 20자리   ② 21자리   ③ 22자리

④ 23자리   ⑤ 24자리

47 ••○

다음 중 옳지 <u>않은</u> 것은?

① $(-4a^2) \times 3a^4 = -12a^6$

② $2a^2b^6 \times 5ab^3 = 10a^3b^9$

③ $8x^3 \times (-4x^3) = -32x^6$

④ $(3xy^2)^2 \div (-x^2y) = -9y^3$

⑤ $(-xy) \div 5x^2 \div (-4y^3) = -\dfrac{y^2}{20x}$

48 ••○

$3xy^2 \times (-4x^3y)^2 \times (-x^2y^2)^3 = ax^by^c$일 때, 상수 a, b, c에 대하여 $a+b+c$의 값을 구하시오.

49 ••○

$(-ab^x)^2 \times 2a^yb = 2a^4b^7$일 때, 자연수 x, y에 대하여 $x+y$의 값을 구하시오.

50 •••

$(a^4b^A \div a^Bb^5)^4 = \dfrac{a^{12}}{b^8}$일 때, 자연수 A, B에 대하여 $A+B$의 값은?

① 2   ② 3   ③ 4

④ 5   ⑤ 6

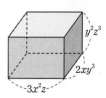

51 ••○

오른쪽 그림과 같이 밑면의 가로, 세로의 길이가 각각 $3x^2z$, $2xy^3$이고, 높이가 y^2z^3인 직육면체의 부피를 구하시오.

52 ••○

오른쪽 그림과 같이 밑면이 직각삼각형인 삼각기둥의 부피를 구하시오.

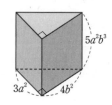

53 ••○

세로의 길이가 $8ab^2$인 직사각형의 넓이가 $32a^3b^5$일 때, 이 직사각형의 가로의 길이를 구하시오.

54 •••

오른쪽 그림과 같이 밑변의 길이가 $2xy$이고, 높이가 $3x^3y^2$인 직각삼각형을 직선 l을 회전축으로 하여 1회전 시킬 때 생기는 회전체의 부피는?

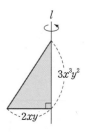

① $2\pi x^3y^2$ ② $4\pi x^4y^4$

③ $4\pi x^5y^4$ ④ $6\pi x^3y^2$

⑤ $6\pi x^5y^3$

✏️ **단항식의 곱셈과 나눗셈의 혼합 계산**(1) 개념북 *40*쪽

55 ••○

$\left(\dfrac{4}{5}xy\right)^2 \times \dfrac{3}{4}x^3y \div \dfrac{9}{5}xy^3$을 간단히 하면?

① $\dfrac{4x^3}{15y}$ ② $\dfrac{x^3}{3y}$ ③ $\dfrac{4}{15}x^4$

④ $\dfrac{1}{3}x^4$ ⑤ $\dfrac{1}{3}x^5y^6$

56 ••○

$\{(xy)^4\}^2 \div \{(x^2y)^3\}^3 \times \{(xy^2)^2\}^4$을 간단히 하시오.

57 •••

다음 중 옳지 <u>않은</u> 것은?

① $6x^2y \div xy^4 \times (-2x^3) = -\dfrac{12x^4}{y^3}$

② $(x^2y^3)^2 \div (xy^2)^3 \times (x^2y)^4 = x^9y^4$

③ $\dfrac{4}{15}x^2y \div \left(-\dfrac{6}{5}xy^3\right) \times (-2xy)^2 = -\dfrac{8}{9}x^3$

④ $(-2a^2)^3 \times 4b^5 \div (-ab)^3 = 24a^3b^2$

⑤ $(x^2y^3)^2 \times (-2xy)^3 \div \dfrac{1}{2}(xy)^4 = -16x^3y^5$

✏️ **단항식의 곱셈과 나눗셈의 혼합 계산**(2) 개념북 *40*쪽

58 ••○

$(-x^2y^3)^3 \div \left(\dfrac{x}{y^2}\right)^3 \times xy^2 = -x^ay^b$일 때, 자연수 a, b에 대하여 $b-a$의 값은?

① -1 ② 3 ③ 7

④ 13 ⑤ 15

59 ••○

$\left(-\dfrac{4}{3}xy^2\right)^2 \times (-18xy^2) \div (-2y)^3 = ax^by^c$일 때, 상수 a, b, c에 대하여 $a-b+c$의 값은?

① -7 ② -4 ③ -1

④ 2 ⑤ 4

60 •••

$(-x^3y)^a \div 2x^by \times 10x^5y^2 = cx^2y^3$일 때, 상수 a, b, c에 대하여 $a+b+c$의 값은?

① 7 ② 9 ③ 11

④ 13 ⑤ 16

61 •••

$(-3x^2y^3)^a \div 12x^5y^b \times 4x^2y^5 = cx^3y^7$일 때, 상수 a, b, c에 대하여 $a+b-c$의 값을 구하시오.

✏️ □ 안에 알맞은 식 구하기
개념북 **41**쪽

62 ●●○

$(3x^2y)^3 \div \square \times (-x^2y) = 3x^5y$에서 □ 안에 알맞은 식은?

① $-27x^2y^4$ ② $-9x^3y^3$ ③ $-3x^6y^2$
④ $9x^2y^4$ ⑤ $27x^4y^2$

63 ●●●

다음 중 □ 안에 들어갈 식을 바르게 구한 것은?

① $(-6xy^2) \div 2xy^2 \times \square = -3x^3y \Rightarrow -x^3y$

② $\left(\dfrac{3b^3}{2a}\right)^2 \times (a^5b^2)^3 \div \square = \dfrac{9}{4}a^3b \Rightarrow a^{10}b^{11}$

③ $\square \times (-2y)^2 \div \dfrac{1}{2}xy = 24xy \Rightarrow 12x^2$

④ $x^3y^2 \times \square \div (-2x^4y^3) = x^2y \Rightarrow 2x^3y^2$

⑤ $(2x^3y)^3 \times (xy^2)^3 \div \square = 4x^6y^3 \Rightarrow 2x^2y^3$

64 ●●●

다음 □ 안에 알맞은 두 식 ㉠, ㉡에 대하여 ㉠×㉡을 계산하면?

$$36xy^2 \div 4x^2y \times \boxed{㉠} = -9x^2y^2$$
$$(-2x^2)^3 \div \boxed{㉡} \times (-xy^2)^2 = 2x^2y$$

① $-x^3y$ ② $-4x^6y^3$ ③ $-4x^{18}y$
④ $4x^9y^4$ ⑤ $4x^{18}y^3$

✏️ 단항식의 곱셈과 나눗셈의 혼합 계산의 활용
개념북 **41**쪽

65 ●●○

부피가 $45a^2b$인 직육면체의 밑면의 가로, 세로의 길이가 각각 $3a$, $5b$이다. 이 직육면체의 높이를 구하시오.

66 ●●●

다음 그림에서 A는 직사각형, B는 평행사변형이다. 두 사각형 A, B의 넓이가 서로 같을 때, 평행사변형 B의 높이를 구하시오.

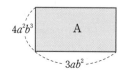
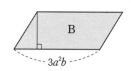

67 ●●●

직각을 낀 두 변의 길이가 각각 $5x$, $6xy$인 직각삼각형을 밑면으로 하는 삼각기둥의 부피가 $60x^3y^4$일 때, 이 삼각기둥의 높이는?

① $2xy^3$ ② $4xy^3$ ③ $12xy^3$
④ $2x^3y$ ⑤ $4x^3y$

1

$3^x \times \square = 3^{x+3}$일 때, $\square$ 안에 알맞은 수는?

① 3   ② 9   ③ 27

④ 81   ⑤ 243

2

$2^{x+3} + 2^{x+2} + 2^{x+1} = 448$일 때, 자연수 x의 값은?

① 4   ② 5   ③ 6

④ 7   ⑤ 8

3

$3^4 = A$, $5^2 = B$라 할 때, 45^{10}을 A, B를 사용하여 나타내면?

① $A^4 B^4$ ② $A^5 B^3$ ③ $A^5 B^5$

④ $A^5 B^6$ ⑤ $A^5 B^{10}$

4 실력UP⤴

$a = 5^{x-1}$, $b = 2^{x+1}$일 때, 80^x을 a, b를 사용하여 나타내면? (단, x는 자연수)

① $80a$ ② $\dfrac{16}{ab}$ ③ $\dfrac{16a^2}{5b^2}$

④ $\dfrac{5ab^4}{16}$ ⑤ $\dfrac{80}{a^2 b^2}$

5

다음 $\square$ 안에 들어갈 수가 가장 큰 것은?

① $a^{\square} \times a^3 = a^8$ ② $a^2 \div a^9 = \dfrac{1}{a^{\square}}$

③ $a^{\square} \div a^2 \div a^3 = a^6$ ④ $(ab^{\square})^4 = a^4 b^{24}$

⑤ $(a^{\square})^3 \div a^{15} = 1$

6

$\left(\dfrac{3y^l}{x^3}\right)^m = \dfrac{81y^4}{x^n}$일 때, 자연수 l, m, n에 대하여 $l + m + n$의 값은?

① 13   ② 14   ③ 15

④ 16   ⑤ 17

7

다음 중 옳지 <u>않은</u> 것은?

① $3x^2 \times (-6xy^2) = -18x^3 y^2$

② $(2x)^3 \times (-3y^2)^2 = 72x^3 y^4$

③ $30x^4 y^3 \div \dfrac{6}{5} x^3 y = 36xy^2$

④ $(-5x^3 y^4)^2 \div \left(\dfrac{5y}{2x^2}\right)^3 = \dfrac{8}{5} x^{12} y^5$

⑤ $64x^4 y^6 \times (-x^2 y)^2 \times \dfrac{1}{4xy^2} = 16x^7 y^6$

8

다음 식을 간단히 하시오.

$$(-10a^5 b^3) \times \left(\dfrac{2a}{5b}\right)^2 \div \left(\dfrac{a^3}{b}\right)^3$$

9 실력UP↗

세 단항식 A, B, C에 대하여 A와 B를 곱하면 $8x^3y^4$, B를 C로 나누면 $4y$이다. 이때 AC를 계산하면?

① $2xy^2$ ② $2x^2y$ ③ $2x^3y^3$

④ $\dfrac{1}{2xy}$ ⑤ $\dfrac{1}{4x^2y}$

10

다음 □ 안에 알맞은 두 식 ㉠, ㉡에 대하여 ㉠÷㉡을 계산하면?

$$ab^3 \times \boxed{㉠} \div \frac{1}{3}a^2b^2 = 15b^5$$

$$(3a)^2 \times (-2ab^2)^3 \div \boxed{㉡} = -12a^5b^2$$

① $-\dfrac{5}{6}a$ ② $-\dfrac{5}{6}$ ③ a

④ $\dfrac{5}{6}$ ⑤ $\dfrac{5}{6}a$

11 실력UP↗

오른쪽 그림과 같은 직사각형 ABCD에서 $\overline{AB}$와 $\overline{BC}$를 회전축으로 하여 1회전 시킬 때 생기는 회전체의 부피를 각각 V_1, V_2라 하자. 이때 $V_1 : V_2$를 가장 간단하게 나타내시오.

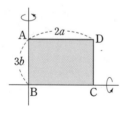

12

$2^7 \times 3^3 \times 5^5$이 n자리의 자연수일 때, n의 값을 구하기 위한 풀이 과정을 쓰고 답을 구하시오.

13

$\dfrac{3^6 + 3^6 + 3^6}{5^6 + 5^6 + 5^6 + 5^6 + 5^6} = \dfrac{3^a}{5^b}$, $80^4 = (2^c \times 5)^4 = 2^d \times 5^4$

일 때, 자연수 a, b, c, d에 대하여 $a+b+c+d$의 값을 구하기 위한 풀이 과정을 쓰고 답을 구하시오.

14

어떤 식 A에 $\dfrac{1}{4x^4y^3}$을 곱해야 할 것을 잘못하여 나누었더니 $16x^9y^5$이 되었다. 이때 바르게 계산한 답을 구하기 위한 풀이 과정을 쓰고 답을 구하시오.

2 다항식의 계산

개념적용익힘

✏️ 다항식의 덧셈과 뺄셈

개념북 51쪽

1. ●○○

$2(4x+3y)-3(x-2y)$를 간단히 하시오.

2. ●●○

$\dfrac{3x-2y}{2}+\dfrac{-5x+3y}{4}=Ax+By$일 때, $A+B$의 값은? (단, A, B는 상수)

① -2 ② -1 ③ 0
④ 1 ⑤ 2

3. ●●○

$(-2x+4y-3)-(4x-y+6)$을 간단히 하였을 때, x의 계수와 상수항의 합은?

① -15 ② -9 ③ -4
④ -1 ⑤ 4

4. ●●○

$3a-5b-2-\square=7a-b+1$일 때, $\square$ 안에 알맞은 식을 구하시오.

✏️ 이차식의 덧셈과 뺄셈

개념북 51쪽

5. ●○○

다음 중 이차식인 것은?

① $2x-3$ ② $-3y+2x+5$
③ $-4x+7$ ④ x^2-3x-x^2+2
⑤ $-2y^2+1$

6. ●●○

$$\left(\frac{1}{2}x^2-\frac{5}{3}x+\frac{1}{4}\right)+\left(\frac{1}{4}x^2-\frac{1}{5}x+\frac{3}{2}\right)$$
$$=Ax^2+Bx+C$$

일 때, $A+15B-C$의 값은? (단, A, B, C는 상수)

① -30 ② -29 ③ -28
④ -27 ⑤ -26

7. ●●○

$(ax^2-5x+3)-(2x^2-bx+1)$을 간단히 하였더니 이차항의 계수와 일차항의 계수가 같았다. 이때 $a-b$의 값을 구하시오. (단, a, b는 상수)

8. ●●○

다음 $\square$ 안에 알맞은 식을 구하시오.

$$-4x^2+7x-2-\square=-x^2-2x+8$$

9 ●●○

다음 식을 간단히 하면?

$$4x^2-[2x-1-\{3-(x^2+x)\}]$$

① x^2-2x+1 　　② x^2+3x+2

③ $3x^2-5x+6$ 　　④ $3x^2-3x+4$

⑤ $5x^2-3x+2$

10 ●●○

$2y-[4x-\{3x-(-2x+y)\}-2y]$를 간단히 한 식에서 x의 계수를 a, y의 계수를 b라 할 때, $a-b$의 값을 구하시오.

11 ●●○

$a-5b-[-2a-\{a-b-(-3a-4b)\}]$를 간단히 했을 때, a의 계수와 b의 계수의 합을 구하시오.

12 ●●●

다음 두 식 (가), (나)에 대하여 (가)+(나)를 계산하면?

(가) $7y-[3x-y-\{x-(2x-5y)\}]$

(나) $4x-[x+3y-\{2x-5y-(x+5y)\}]$

① $-2x-y$ 　　② $-x+y$ 　　③ 0

④ $x+2y$ 　　⑤ $4y$

13 ●●○

$2a-3b+2$에서 어떤 식을 빼어야 할 것을 잘못하여 더하였더니 $7a+b+8$이 되었다. 다음 물음에 답하시오.

(1) 어떤 식을 구하시오.

(2) 바르게 계산한 답을 구하시오.

14 ●●○

$x-3y+5$에 어떤 식을 더해야 할 것을 잘못하여 빼었더니 $4x-3y+6$이 되었다. 바르게 계산한 답을 구하시오.

15 ●●○

$-3x^2-2x+5$에서 어떤 식을 빼어야 할 것을 잘못하여 더하였더니 $2x^2-5x+11$이 되었다. 바르게 계산한 답을 구하시오.

16 ●●○

$5x^2-6x+1$에 어떤 식을 더해야 할 것을 잘못하여 빼었더니 $8x^2-2x-4$가 되었다. 바르게 계산한 답이 Ax^2+Bx+C일 때, 상수 A, B, C에 대하여 $A+B+C$의 값을 구하시오.

✏️ 단항식과 다항식의 곱셈 ────── 개념북 54쪽

17 ●○○

다음 식을 간단히 하시오.

(1) $3x(2x+3)$

(2) $-x(3x^2-x+7)$

(3) $(2a+b)\times(-4a)$

(4) $2xy(-6x+5y+1)$

18 ●●○

$(8a^2b-4ab^2)\times\dfrac{3}{2b}-(a+2b)\times3a$를 간단히 한 식에서 ab의 계수는?

① -16 ② -12 ③ -3

④ 0 ⑤ 2

19 ●●●

$x(x+y-2)+(x-2y+3)\times(-ay)$를 전개한 식에서 xy의 계수가 7일 때, 상수 a의 값을 구하시오.

20 ●●●

어떤 식에 $3a$를 곱해야 할 것을 잘못하여 나누었더니 $\dfrac{2}{3a}+4b$가 되었다. 이때 바르게 계산한 답을 구하시오.

✏️ 다항식과 단항식의 나눗셈 ────── 개념북 54쪽

21 ●○○

다음 식을 간단히 하시오.

(1) $(6x^2+9x)\div3x$

(2) $(4ab^3+12ab)\div4b$

(3) $(6x^2-4x)\div\dfrac{1}{2}x$

22 ●●○

$(6x^2-10xy)\div2x-(9xy-12y^2)\div(-3y)$를 간단히 하면?

① $x-y$ ② $x+y$ ③ $6x-9y$

④ $6x-y$ ⑤ $6x+y$

23 ●●●

다음 중 옳지 않은 것은?

① $(8a^2b-6ab^2)\div(-2ab)=-4a+3b$

② $(x^3y^2-3x^2y)\div\left(-\dfrac{xy}{3}\right)=-3x^2y+9x$

③ $\dfrac{12a^2b-16ab^2+24ab}{4a}=3ab-4b^2+6b$

④ $\dfrac{25x^2y-10xy^2}{5xy}-\dfrac{18y^2-27xy}{9y}=2x-4y$

⑤ $\dfrac{6x^3y^2-3x^2y^2+9x^2y}{3x^2y}=2xy-y+3$

24 ●○○

$\dfrac{4a^4-a^3}{a^3}-\dfrac{5a^2-8a}{a}$ 를 간단히 하면?

① $-a-7$ ② $-a+7$ ③ $-a+14$

④ $a-7$ ⑤ $a+7$

25 ●●○

$\left(4y-\dfrac{1}{2}x\right)\times\dfrac{2}{3}x-\left(\dfrac{8}{3}x^3y-x^4\right)\div(2x)^2$을 간단히 하면?

① $\dfrac{2}{3}xy-\dfrac{1}{12}x^2$ ② $\dfrac{2}{3}xy+\dfrac{5}{12}x^2$

③ $xy+\dfrac{1}{12}x^2$ ④ $xy-\dfrac{1}{12}x^2$

⑤ $2xy-\dfrac{1}{12}x^2$

26 ●●○

다음 식을 간단히 하시오.

$$(-15a^2b+9ab^2)\div 3b-a(a+b)$$

27 ●●○

다음 중 옳은 것은?

① $(3x^2-2xy)\div 3x=x-2xy$
② $2x(x+3y)+x(x-y)=3x^2+5xy$
③ $3a(-2a+3b-5)=a^2+9ab-15a$
④ $(2a^2-4ab^2+2a)\div(-2a)=-a+2b^2+1$
⑤ $(a^2-3ab)\div(-a)+(2b^2+ab)\div b=2a+5b$

28 ●●○

다음을 간단히 한 식에서 x^2의 계수를 a, x의 계수를 b, 상수항을 c라 할 때, $a+b-c$의 값은?

$$5\left\{3(x^2+x+2)-\dfrac{2}{5}x\right\}-7x(2+x)$$

① -21 ② -23 ③ -25

④ -27 ⑤ -29

29 ●●○

다음 식을 간단히 하였을 때, y의 계수는?

$$(12x^2-16xy)\div 4x+(x-3)\times(-y)$$

① -9 ② -3 ③ -1

④ 3 ⑤ 9

30 ●●○

$(15a^2-20ab)\div(-5a)+(-24ab+12b^2)\div 3b$ 를 간단히 한 식에서 a의 계수를 A, b의 계수를 B라 할 때, $A+B$의 값을 구하시오.

31 ●●●

$(2x^2-4xy)\times\left(-\dfrac{3}{2x}\right)-\left(12xy+\dfrac{9}{2}y^2\right)\div\dfrac{3}{2}y$ 를 간단히 한 식에서 x의 계수를 a, y의 계수를 b라 할 때, ab의 값을 구하시오.

✏️ **단항식과 다항식의 곱셈, 나눗셈의 활용**(1) 개념북 56쪽

32 ●●○

다음 ☐ 안에 알맞은 식을 구하시오.

$$(12a^2 - 4a) \div 2a + \boxed{} = \frac{8a^2 + 4a^3}{4a}$$

33 ●●○

$\dfrac{A + 2ab}{2a} = 2a - 3b + 1$일 때, A에 알맞은 다항식은?

① $4a^2 - 8ab + 2a$ ② $4a^2 - 4ab + 2a$

③ $4a^2 + 4ab + 4b$ ④ $6a^2 - 10ab + 4a$

⑤ $6a^2 - 8ab - 4b$

34 ●●○

다음 ☐ 안에 알맞은 식을 구하시오.

(1) $(6a^2 + \boxed{}) \div 2a = 3a + 2b$

(2) $5a(\boxed{} - 4b + 3) = 10a^2 - 20ab + 15a$

(3) $(15a^2 - \boxed{}) \div (-5a) = -3a + 4b$

(4) $2xy(x + \boxed{} + 2) = 2x^2y + 6xy^2 + 4xy$

35 ●●●

$A + [2x^2 - \{5x^2 + x - x(7x - 2)\}] = 4x^2 - 3$일 때, A에 알맞은 다항식은?

① $-3x - 3$ ② $-3x + 3$ ③ $3x$

④ $3x - 3$ ⑤ $3x + 3$

✏️ **단항식과 다항식의 곱셈, 나눗셈의 활용**(2) 개념북 56쪽

36 ●●○

오른쪽 그림과 같이 윗변의 길이가 $a + 2b$, 아랫변의 길이가 $3a - 5b$이고, 높이가 $4a^2$인 사다리꼴의 넓이를 구하시오.

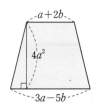

37 ●●○

오른쪽 그림과 같은 직육면체의 부피가 $4a^2b + 2ab^2$이라 할 때, 이 직육면체의 높이를 구하시오.

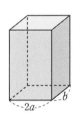

38 ●●○

오른쪽 그림은 부피가 $20\pi x^3 + 8\pi x^2 y$인 원기둥이다. 밑면인 원의 반지름의 길이가 $2x$일 때, 이 원기둥의 높이를 구하시오.

39 ●●○

오른쪽 그림과 같이 밑면인 원의 반지름의 길이가 $3a$인 원뿔의 부피가 $21\pi a^2 b^2 - 9\pi ab$일 때, 이 원뿔의 높이를 구하시오.

1

다음 중 x에 대한 이차식이 <u>아닌</u> 것을 모두 고르면?

(정답 2개)

① $1-2x^2$ ② $3x+5y-4$

③ $2x^2+3x$ ④ x^2+2x-x^2

⑤ $x^3-2x^2-(x^3-1)$

2

$(ax^2+4x-3)-(-x^2+3x+5)$를 간단히 하면 x^2의 계수와 상수항의 합이 -3이다. 이때 상수 a의 값을 구하시오.

3 실력UP🔼

오른쪽 그림과 같은 전개도로 직육면체를 만들었을 때, 평행한 두 면에 있는 두 다항식의 합이 모두 같다고 한다. 이때 A에 들어갈 알맞은 식을 구하시오.

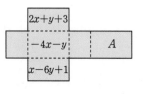

4

$A(1-y)-By+2=2y-5$일 때, 상수 A, B에 대하여 $A-B$의 값은?

① -12 ② -11 ③ -10

④ 11 ⑤ 12

5

$2x(4x-8y)+(2x^3y^2-x^4y)\div x^2y$를 간단히 하시오.

6

$\dfrac{3x^2y-4xy^2}{xy}-\dfrac{4x^3-2x^2y}{x^2}=ax+by$일 때, 상수 a, b에 대하여 $a+b$의 값은?

① -1 ② -2 ③ -3

④ -4 ⑤ -5

7 실력UP🔼

$135^3=(3^x\times5)^3=3^y\times5^3$일 때, $\dfrac{y^2-2xy}{y}\div\dfrac{y}{x}$의 값을 구하시오.

8

$x(-x+ay)+y(-x+ay)$의 전개식에서 xy의 계수가 3일 때, 상수 a의 값은?

① 1   ② 2   ③ 3

④ 4   ⑤ 5

9

오른쪽 그림과 같은 도형에서 색칠한 부분의 넓이를 구하시오.

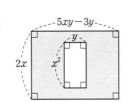

10 실력UP

오른쪽 그림과 같이 부피가 $24x^2+18xy$인 큰 직육면체 위에 부피가 $9x^2-3xy$인 작은 직육면체를 올려놓았을 때, h의 길이를 구하시오.

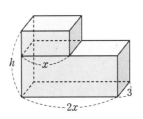

서술형

11

어떤 식에 x^2-3x+2를 더해야 할 것을 잘못하여 빼었더니 $-3x^2+6x-3$이 되었다. 이때 바르게 계산한 답을 구하기 위한 풀이 과정을 쓰고 답을 구하시오.

12

다음 표에서 가로, 세로, 대각선의 다항식의 합이 모두 $9x-3y+15$로 같을 때, A에 알맞은 다항식을 구하기 위한 풀이 과정을 쓰고 답을 구하시오.

2x+4		
		5x-3y+7
A		4x-2y+6

13

$ax(5x-3)+4(5x-3)$을 전개하면 x의 계수가 -1이고, $x(4x-b)+4(4x-b)$를 전개하면 x의 계수가 10이다. 이때 두 상수 a, b에 대하여 $a+b$의 값을 구하기 위한 풀이 과정을 쓰고 답을 구하시오.

1 다음 중 옳은 것은?

① $a^2 \times a^5 = a^{10}$ ② $(a^3)^4 = a^7$

③ $a^2 \div a^5 = \dfrac{1}{a^3}$ ④ $(ab^2)^3 = ab^6$

⑤ $\left(\dfrac{3a}{b}\right)^2 = \dfrac{6a^2}{b^2}$

2 $a = 2^x$일 때, 8^{x+2}을 a에 대한 식으로 나타낸 것은?

① $8a$ ② $6a^2$ ③ a^3

④ $8a^3$ ⑤ $64a^3$

3 $\left(\dfrac{-2x^a}{y^3}\right)^b = -\dfrac{8x^6}{y^c}$일 때, 자연수 a, b, c의 합 $a+b+c$의 값은?

① 6   ② 8   ③ 10

④ 12   ⑤ 14

4 $2^2 = A$, $3^3 = B$, $5^5 = C$라 할 때, 30^{30}을 A, B, C를 사용하여 나타내면?

① $A^{14}B^9C^5$ ② $A^{14}B^{10}C^6$ ③ $A^{15}B^{10}C^6$

④ $A^{15}B^9C^6$ ⑤ $A^{15}B^{10}C^5$

5 $2^5 \times 5^8$이 n자리의 자연수일 때, n의 값은?

① 8   ② 9   ③ 10

④ 11   ⑤ 12

6 다음 **보기**에서 옳은 것을 모두 고른 것은?

> **보기**
>
> ㄱ. $(a^3)^5 \times a^2 = a^{10}$
> ㄴ. $(xy)^3 = x^3y^3$
> ㄷ. $(-2xy^2)^4 = -16x^4y^8$
> ㄹ. $(a^4)^3 \div a^2 \div (-a)^3 = -a^7$
> ㅁ. $(6a^2b^3)^2 \div (-3ab^2)^3 = -4a$

① ㄱ, ㄴ   ② ㄱ, ㄷ   ③ ㄴ, ㄹ

④ ㄷ, ㄹ   ⑤ ㄹ, ㅁ

7 $(a^3b^x)^3 \div (a^yb^4)^2 = a^3b^7$일 때, 자연수 x, y에 대하여 $x+y$의 값은?

① 8   ② 11   ③ 16

④ 18   ⑤ 21

8 $(-2xy^3)^3 \div (-4x^3y^2) \times \left(\dfrac{3x^2}{y^3}\right)^2 = ax^by^c$일 때, 상수 a, b, c에 대하여 $a-b-c$의 값을 구하시오.

9 다음 그림의 두 원기둥 A, B의 부피의 비를 가장 간단한 자연수의 비로 나타내기 위한 풀이 과정을 쓰고 답을 구하시오.

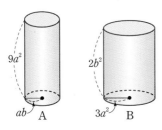

12 $12x^2-[3x-1-\{6-2x-(8x^2-5x+1)-2x\}]$ 를 간단히 하면?

① $3x^2-2x+6$ ② $3x^2-x+5$

③ $3x^2-x+6$ ④ $4x^2-2x+6$

⑤ $4x^2-x+6$

13 $(3x^3-6x^2+3x)\div(-3x)-(x-2)\times(-3x)$ 를 간단히 한 식에서 x^2의 계수를 a, x의 계수를 b라 할 때, $a+b$의 값은?

① -5 ② -2 ③ 1

④ 3 ⑤ 5

10 $ax-3y+4-(-2x+by-19)=-5x+10y+c$ 일 때, 상수 a, b, c에 대하여 $a+b+c$의 값은?

① -2 ② 0 ③ 1

④ 3 ⑤ 5

14 $x=-1$, $y=2$일 때,
$$\left(6x^2-3xy\right)\div\left(-\frac{3}{2}x\right)-\left(6xy+\frac{4}{3}y^2\right)\div\left(-\frac{2}{3}y\right)$$
의 값을 구하기 위한 풀이 과정을 쓰고 답을 구하시오.

11 어떤 식에 $2x^2+3x-2$를 더해야 할 것을 잘못하여 빼었더니 $-6x^2+4x-3$이 되었다. 이때 바르게 계산한 답은?

① $-2x^2-10x-7$ ② $-2x^2+10x-7$

③ $-2x^2+10x+7$ ④ $2x^2+10x-7$

⑤ $2x^2+10x+7$

15 부피가 $36x^2y^2-90x^2y$인 직육면체의 가로의 길이가 $3x$, 세로의 길이가 $2y$일 때, 직육면체의 높이는?

① $3xy-5x$ ② $3xy-15x$

③ $6xy-5x$ ④ $6xy-15x$

⑤ $6xy+15x$

1 부등식

개념적용익힘

✏️ 부등식으로 나타내기

개념북 65쪽

1. ●○○

다음 중 문장을 부등호를 사용하여 나타낸 것으로 옳지 <u>않은</u> 것은?

① x는 4보다 작다. ⇨ $x < 4$

② x는 2보다 크고 6보다 작다. ⇨ $2 < x < 6$

③ x는 -1보다 크지 않다. ⇨ $x \leq -1$

④ x는 0 이상 4 미만이다. ⇨ $0 \leq x < 4$

⑤ x는 양수가 아니다. ⇨ $x < 0$

2. ●●○

다음 문장을 부등식으로 바르게 나타낸 것은?

> 한 개에 500원인 배 x개와 한 개에 400원인 사과 5개를 샀을 때, 그 금액은 5000원보다 작지 않다.

① $500x + 400 \leq 5000$ ② $500x + 2000 > 5000$

③ $500x + 2000 \geq 5000$ ④ $400x + 500 \geq 5000$

⑤ $400x + 500 > 5000$

3. ●●○

다음 중 문장을 부등호를 사용하여 나타낸 것으로 옳지 <u>않은</u> 것은?

① x의 4배는 8 이하이다. ⇨ $4x \leq 8$

② x에서 3을 빼면 x의 3배보다 크다. ⇨ $x - 3 > 3x$

③ 한 자루에 x원인 볼펜 10자루는 3000원 이상이다.

⇨ $\dfrac{x}{10} \geq 3000$

④ 시속 3 km로 x시간 걸어서 간 거리가 2 km 미만이다. ⇨ $3x < 2$

⑤ 무게가 600 g인 상자에 한 개에 300 g인 사과 x개를 넣었더니 5 kg보다 가볍지 않았다.

⇨ $600 + 300x \geq 5000$

✏️ 부등식의 해

개념북 65쪽

4. ●○○

다음 부등식 중 $x = 2$가 해가 되는 것은?

① $2x + 3 \geq 8$ ② $-x + 1 > 1$

③ $2x - 1 > 3x$ ④ $4 - 2x \geq 3x$

⑤ $x + 1 \geq 3$

5. ●○○

다음 중 부등식 $3x + 1 \leq 4$의 해가 <u>아닌</u> 것은?

① -2 ② -1 ③ 0

④ 1 ⑤ 2

6. ●●○

x의 값이 -1, 0, 1, 2일 때, 부등식 $-4x + 5 > 1$의 해를 모두 구하시오.

7. ●●○

다음 중 [ ] 안의 수가 부등식의 해가 되는 것은?

① $3x - 7 > 3$ [-2] ② $x < 2x - 4$ [-1]

③ $5x - 4 < 0$ [1] ④ $2 - 3x < 5$ [2]

⑤ $-2x + 3 < 1$ [-3]

✎ 부등식의 성질 ———————— 개념북 67쪽

8 ●○○

$a < b$일 때, 다음 중 옳지 <u>않은</u> 것은?

① $3a+2 < 3b+2$ ② $-a+2 > -b+2$

③ $-3a-2 < -3b-2$ ④ $\dfrac{a}{5}-6 < \dfrac{b}{5}-6$

⑤ $-\dfrac{a}{4}+3 > -\dfrac{b}{4}+3$

9 ●●○

$1-3a < 1-3b$일 때, 다음 중 옳지 <u>않은</u> 것을 모두 고르면? (정답 2개)

① $4a > 4b$ ② $a < b$

③ $-2a < -2b$ ④ $9a-3 > 9b-3$

⑤ $a+10 < b+10$

10 ●●○

다음 중 □ 안에 들어갈 부등호의 방향이 나머지 넷과 <u>다른</u> 하나는?

① $2a-5 > 2b-5$이면 $a\ \square\ b$

② $1-3a < 1-3b$이면 $a\ \square\ b$

③ $-4+2a > -4+2b$이면 $a\ \square\ b$

④ $-3a+\dfrac{1}{5} < -3b+\dfrac{1}{5}$이면 $a\ \square\ b$

⑤ $-2a+3 > -2b+3$이면 $a\ \square\ b$

✎ 부등식의 성질을 이용하여 식의 값의 범위 구하기 개념북 67쪽

11 ●○○

$a \leq 3$일 때, 다음 식의 값의 범위를 구하시오.

(1) $4a-2$ (2) $5a+1$

(3) $-2a+1$ (4) $-\dfrac{a}{5}+1$

12 ●●○

$-1 \leq x < 1$일 때, 다음 식의 값의 범위를 구하시오.

(1) $2x-1$ (2) $4x+3$

(3) $-x+5$ (4) $3-2x$

13 ●●○

$3 \leq x \leq 5$일 때, $a \leq -2x+9 \leq b$이다. 이때 $b-a$의 값을 구하시오.

14 ••∘
$-1 \le a < 2$일 때, $-2-4a$의 값의 범위에 속하는 정수의 개수는?

① 3   ② 5   ③ 8
④ 12   ⑤ 15

15 •••
$2x-y=1$이고 $0 < x < 5$일 때, y의 값의 범위는 $a < y < b$이다. 이때 $a+b$의 값은?

① 2   ② 3   ③ 5
④ 8   ⑤ 10

16 •••
부등식 $-3 \le 2x-1 \le 3$을 만족하는 x의 값에 대하여 $5x+3$의 최댓값을 M, 최솟값을 m이라 할 때, $M-m$의 값을 구하시오.

17 ••∘
다음 중 일차부등식인 것을 모두 고르면? (정답 2개)

① $2x \le 2(x+1)$ ② $0.3x+1 < 2$
③ $x^2-4 > 0$ ④ $6 > -8$
⑤ $5x-7 > 4x+2$

18 ••∘
다음 **보기** 중 일차부등식인 것은 모두 몇 개인가?

> **보기**
> ㄱ. $5x-2=7$ ㄴ. $x^2-1 < 4x$
> ㄷ. $5x-2 > 5$ ㄹ. $3x+5 \ge 2$
> ㅁ. $x(x+2)+7 \le -x^2+2x$

① 1개   ② 2개   ③ 3개
④ 4개   ⑤ 5개

19 ••∘
부등식 $4x-3 \le (a-1)x-2$가 x에 대한 일차부등식일 때, 다음 중 상수 a의 값이 될 수 없는 것은?

① 1   ② 2   ③ 3
④ 4   ⑤ 5

✏️ 부등식의 해를 수직선 위에 나타내기
개념북 **69**쪽

20 ●○○
다음 중 부등식 $-x \leq 2$의 해를 수직선 위에 바르게 나타낸 것은?

①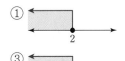

②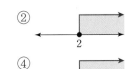

③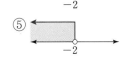

④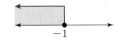

⑤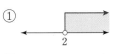

21 ●●○
다음 부등식 중 그 해가 오른쪽 그림과 같은 것은?

① $x - 2 \geq -3$ ② $2x \geq -2$

③ $3x < -3$ ④ $-4x \geq 4$

⑤ $-x \leq 1$

22 ●●○
다음 중 부등식 $5x < 10$의 해를 수직선 위에 바르게 나타낸 것은?

①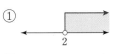

②

③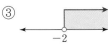

④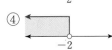

⑤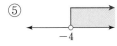

✏️ 일차부등식의 풀이
개념북 **71**쪽

23 ●○○
일차부등식 $3x - 2 < 5x + 6$의 해를 수직선 위에 바르세 나타낸 것은?

①

②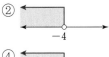

③

④

⑤

24 ●○○
다음 일차부등식 중에서 해가 $x < 2$인 것은?

① $x + 1 < 1$ ② $3 - x < 1$

③ $5x - 10 < 5$ ④ $1 - 3x > -5$

⑤ $2x - 1 < -3$

25 ●●○
일차부등식 $3x - 5 \leq x + 3$을 만족하는 자연수 x의 개수는?

① 1   ② 2   ③ 3

④ 4   ⑤ 5

26 ●○○
다음 일차부등식을 푸시오.

(1) $5x-4 \geq 2(x+4)$

(2) $3(2+x) \geq 4x-(2-x)$

27 ●●○
다음 중 일차부등식 $6x+2>4(x-3)$의 해를 수직선 위에 바르게 나타낸 것은?

①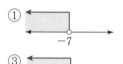
②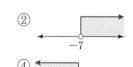
③
④
⑤

28 ●●○
일차부등식 $8-(x+2) \geq 2(3x-1)$을 만족하는 가장 큰 정수 x의 값을 구하시오.

---

29 ●○○
다음 일차부등식을 푸시오.

(1) $\dfrac{x-1}{2} - \dfrac{2x+1}{3} < 1$

(2) $\dfrac{3x-7}{2} \geq \dfrac{3}{4}x - 2$

(3) $0.3(x+3) \geq 0.2(x-1)$

(4) $0.13x - 0.3 < 0.02(x-4)$

30 ●●○
일차부등식 $1.3(2x-3) \geq 3.5x+1.5$를 풀면?

① $x \leq -9$ ② $x \leq -6$

③ $x \geq -6$ ④ $x \geq 6$

⑤ $x \geq 9$

31 ●●○
일차부등식 $\dfrac{x-2}{4} - \dfrac{2x-1}{5} < 0$을 만족하는 x의 값 중 가장 작은 정수는?

① -2 ② -1 ③ 0

④ 1 ⑤ 2

32 ●●○
일차부등식 $0.5x - 1 \leq \dfrac{1}{6}(x+3)$을 풀면?

① $x \geq -9$ ② $x \geq -8$ ③ $x \geq \dfrac{9}{2}$

④ $x \leq \dfrac{9}{2}$ ⑤ $x \leq 9$

✏️ 계수가 문자인 일차부등식의 풀이

개념북 **72**쪽

33 ••○

다음 x에 대한 일차부등식을 푸시오.

(1) $a>0$일 때, $ax\leq 1$

(2) $a<0$일 때, $ax>3$

(3) $a<0$일 때, $-ax<4$

34 ••○

$a>0$일 때, x에 대한 일차부등식 $9-ax\geq 1$의 해를 구하시오.

35 ••○

$a>0$일 때, x에 대한 일차부등식 $3a-2ax\leq 7a$의 해를 구하시오.

36 •••

$a<3$일 때, x에 대한 일차부등식 $(a-3)x-2a+6\leq 0$을 푸시오.

✏️ 부등식의 해의 조건이 주어진 경우

개념북 **72**쪽

37 ••○

일차부등식 $4x\geq 7x-a$의 해가 $x\leq 3$일 때, 상수 a의 값은?

① -7 ② -6 ③ 7

④ 8 ⑤ 9

38 ••○

일차부등식 $2x-3<3x+a$의 해가 $x>-4$일 때, 상수 a의 값을 구하시오.

39 ••○

부등식 $x-1-\dfrac{3}{2}(x-3)\geq a$의 해를 수직선 위에 나타내면 오른쪽 그림과 같을 때, 상수 a의 값은?

① 1 ② 2 ③ 3

④ 4 ⑤ 5

40 ••○

두 부등식 $-2x+8\geq 5x-6$, $3x-a\leq x+2$의 해가 서로 같을 때, 상수 a의 값은?

① -2 ② -1 ③ 1

④ 2 ⑤ 4

41 ●●○

두 일차부등식 $\dfrac{x-3}{2} \geq \dfrac{4x-2}{3}$, $6x-5 \leq a+x$의 해가 서로 같을 때, 상수 a의 값을 구하시오.

42 ●●○

x에 대한 일차부등식 $5x-2 \geq 3x+a$의 해 중 가장 작은 수가 3일 때, 상수 a의 값을 구하시오.

43 ●●○

x에 대한 일차부등식 $\dfrac{x-3}{6} \geq \dfrac{x}{3}+a$의 해 중 가장 큰 수가 3일 때, 상수 a의 값은?

① -3 ② -1 ③ 1
④ 3 ⑤ 5

44 ●●●

일차부등식 $2x-5 > 4a$의 해가 $x > -1$일 때, 일차부등식 $4x+a < \dfrac{1}{4}$의 해를 구하시오. (단, a는 상수)

✏ 수에 대한 문제 ──────── 개념북 74쪽

45 ●●○

어떤 두 자연수의 차가 4이고, 이 두 자연수의 합은 14 이하라고 한다. 이 두 자연수 중에서 작은 수의 최댓값을 구하시오.

46 ●●○

연속하는 두 짝수가 있다. 두 짝수 중 작은 수의 4배에서 8을 뺀 것은 큰 수의 2배 이상이라 할 때, 두 수의 합의 최솟값은?

① 14   ② 16   ③ 18
④ 20   ⑤ 22

47 ●●○

연속하는 세 홀수의 합이 79보다 작다고 한다. 이와 같은 수 중에서 가장 큰 세 홀수를 구하시오.

48 ●●○

주사위를 던져 나온 눈의 수를 4배하면 그 눈의 수에 4를 더한 것의 2배보다 크다고 한다. 이를 만족하는 주사위의 눈의 수를 모두 구하면? (정답 2개)

① 2   ② 3   ③ 4
④ 5   ⑤ 6

✏️ 개수에 대한 문제 ──────── 개념북 **74**쪽

49 ●●○

한 권에 800원 하는 공책 몇 권을 한 개에 50원 하는 종이봉투 4개에 나누어 담아서 전제 금액이 5000원 이하가 되게 하려고 한다. 공책은 최대 몇 권까지 살 수 있는가?

① 4권　　　　② 5권　　　　③ 6권
④ 7권　　　　⑤ 8권

50 ●●○

한 개에 700원인 감과 한 개에 400원인 귤을 합하여 14개를 사려고 한다. 전체 금액이 8000원 이하가 되게 하려면 감은 최대 몇 개까지 살 수 있는지 구하시오.

51 ●●○

몸무게가 60 kg인 사람이 최대 400 kg까지 실을 수 있는 엘리베이터에 20 kg짜리 상자를 몇 개 싣고 타려고 한다. 상자는 최대 몇 개까지 실을 수 있는가?

① 15개　　　　② 16개　　　　③ 17개
④ 18개　　　　⑤ 19개

52 ●●○

어느 주차장의 주차요금은 30분까지는 3000원이고, 30분이 지나면 1분마다 300원씩 요금이 추가된다고 한다. 주차요금이 6000원 이하가 되게 하려면 최대 몇 분까지 주차할 수 있는가?

① 35분　　　　② 40분　　　　③ 45분
④ 50분　　　　⑤ 55분

✏️ 유리한 방법을 선택하는 문제 ──────── 개념북 **74**쪽

53 ●●○

집 근처 문구점에서 한 권에 1500원인 공책이 대형 할인점에서는 한 권에 1200원이라고 한다. 대형 할인점에 가려면 왕복 교통 요금 1800원이 든다고 할 때, 공책을 적어도 몇 권 이상 살 경우 대형 할인점에서 사는 것이 유리한가?

① 4권　　　　② 5권　　　　③ 6권
④ 7권　　　　⑤ 8권

54 ●●○

학교 앞 문구점에서는 샤프펜슬 한 자루의 가격이 2000원인데 인터넷 쇼핑몰에서는 1600원이다. 인터넷 쇼핑몰은 3000원의 배송비가 든다고 할 때, 샤프펜슬을 적어도 몇 자루 이상 살 경우 인터넷 쇼핑몰에서 사는 것이 유리한지 구하시오.

55 ●●●

주희는 친구들과 음악회에 가려고 한다. 이 음악회의 입장료는 1인당 6000원이고 20명 이상의 단체에 대해서는 20 %를 할인해 준다고 한다. 20명 미만의 단체는 적어도 몇 명 이상일 때, 20명의 단체 입장권을 구입하는 것이 유리한지 구하시오.

✏️ **거리, 속력, 시간에 대한 문제** ──── 개념북 **75**쪽

56 ••○

A 지점에서 1.3 km 떨어진 B 지점을 가는데 처음에는 분속 80 m로 걷다가 도중에 분속 100 m로 걸어서 15분 이내에 B 지점에 도착하였다. 이때 분속 80 m로 걸은 거리는 최대 몇 m인지 구하시오.

57 ••○

기차의 출발 시각까지는 1시간의 여유가 있어서 이 시간을 이용하여 시속 4 km로 걸어서 상점에서 물건을 사오려고 한다. 물건을 사는 데 20분이 걸린다면 역에서 최대 몇 km 이내에 있는 상점을 이용할 수 있는지 구하시오.

58 ••○

광현이와 가영이가 같은 지점에서 동시에 출발하여 서로 반대 방향으로 걷고 있다. 광현이는 매분 170 m의 속력으로, 가영이는 매분 150 m의 속력으로 걸을 때, 광현이와 가영이의 거리가 1.6 km 이상 떨어지려면 최소 몇 분이 경과해야 하는가?

① 3분 　　　② 4분 　　　③ 5분
④ 6분 　　　⑤ 7분

59 •••

수희가 집과 서점 사이를 왕복하는데 갈 때는 분속 20 m, 올 때는 분속 15 m로 걸었다. 갈 때 걸린 시간과 올 때 걸린 시간의 차이가 14분보다 작을 때, 집과 서점 사이의 거리는 몇 m 미만이어야 하는지 구하시오.

✏️ **농도에 대한 문제** ──── 개념북 **75**쪽

60 ••○

20 %의 소금물과 32 %의 소금물을 섞어서 24 % 이상의 소금물 600 g을 만들려고 할 때, 20 %의 소금물은 최대 몇 g까지 섞을 수 있는가?

① 300 g 　　　② 350 g 　　　③ 400 g
④ 450 g 　　　⑤ 500 g

61 ••○

농도가 15 %인 소금물 300 g이 있다. 이 소금물에 물을 넣어 농도가 9 % 이하인 소금물을 만들려고 한다. 물을 적어도 몇 g 이상 넣어야 하는지 구하시오.

62 ••○

농도가 8 %인 소금물 600 g이 있다. 이 소금물을 증발시켜 농도가 12 % 이상인 소금물이 되게 하려고 한다. 적어도 몇 g 이상의 물을 증발시켜야 하는지 구하시오.

1

다음 문장을 부등식으로 나타내시오.

(1) x의 2배에 2를 더한 수는 50 이상이다.

(2) 100원짜리 사탕 x개와 200원짜리 초콜릿 y개를 샀더니 전체 가격이 2000원 이하였다.

(3) 한 변의 길이가 x cm인 정사각형의 둘레의 길이는 10 cm보다 크다.

2

다음 부등식 중 방정식 $-3x+4=-2$를 만족시키는 x의 값을 해로 갖는 것은?

① $2x+1 \geq 7$

② $4x+6 \leq -10$

③ $\dfrac{5-3x}{2} > x$

④ $2(x-2) \leq 2x+1$

⑤ $0.5(x+7) < 4$

3

다음 보기 중 일차부등식인 것은 모두 몇 개인가?

> **보기**
> ㄱ. $x-1 < 3$　　　　ㄴ. $4-2x \geq -2x$
> ㄷ. $6x-2 = 10$　　　　ㄹ. $x-x^2 > 5-x^2$
> ㅁ. $x(x+3)-1 \leq -x(1-x)$

① 1개　　　② 2개　　　③ 3개

④ 4개　　　⑤ 5개

4

일차부등식 $-3x-2 < 7$의 해를 수직선 위에 바르게 나타낸 것은?

① 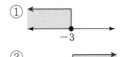　　②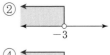

③ 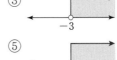　　④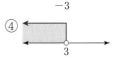

⑤

5

일차부등식 $0.5x-1 \leq \dfrac{1}{6}(x+3)$을 풀면?

① $x \geq -9$　　② $x \geq -8$　　③ $x \geq \dfrac{9}{2}$

④ $x \leq \dfrac{9}{2}$　　⑤ $x \leq 9$

6

일차부등식 $x-3 < 2x+2$를 만족하는 정수 x의 최솟값은?

① -5　　② -4　　③ -3

④ -2　　⑤ -1

7 실력UP↗

$a > 0$일 때, x에 대한 일차부등식

$(1-a)x + a > x + 5a$를 풀면?

① $x < -4$ ② $x > -4$ ③ $x < -\dfrac{1}{4}$

④ $x > -\dfrac{1}{4}$ ⑤ $x < 4$

8

두 일차부등식

$$\frac{x+1}{2} - \frac{x}{3} < \frac{4}{3}, \quad 6(x-1) < 2x + a + 5$$

의 해가 서로 같을 때, 상수 a의 값을 구하시오.

9

연속하는 세 홀수의 합이 44보다 크고 48보다 작을 때, 세 홀수 중 가장 큰 수를 구하시오.

10

한 사람당 입장료가 1500원인 어느 박물관에서 40명 이상의 단체에 대해서는 입장료의 20 %를 할인해 준다고 한다. 40명 미만의 단체는 적어도 몇 명 이상일 때, 40명의 단체 입장권을 사는 것이 유리한가?

① 31명   ② 32명   ③ 33명
④ 34명   ⑤ 35명

11

일차부등식 $3x - 2 \leq 4x + 2$를 만족하는 x에 대하여 $A = 4 - x$일 때, A의 값 중 가장 큰 정수를 구하기 위한 풀이 과정을 쓰고 답을 구하시오.

12

x에 대한 일차부등식 $2 - x \leq \dfrac{x}{2} + a$의 해 중 가장 작은 수가 2일 때, 상수 a의 값을 구하기 위한 풀이 과정을 쓰고 답을 구하시오.

13

진수가 등산을 하는데 올라갈 때는 시속 3 km로 걷고, 내려올 때는 올라갈 때보다 1 km 더 먼 길을 시속 4 km로 걸었다. 총 걸린 시간이 2시간 이내일 때, 진수가 걸은 거리는 최대 몇 km인지 구하기 위한 풀이 과정을 쓰고 답을 구하시오.

2 연립방정식

개념적용익힘

✏️ 미지수가 2개인 일차방정식
개념북 85쪽

1 •○○
다음 중 미지수가 2개인 일차방정식은?

① $(2x+y)+3y$ ② $4x+7=0$

③ $4y^2+2y+3x=5$ ④ $5+2x=3x-2y$

⑤ $xy=2x+1$

2 ••○
$6x^2-5x+3+4x=ax^2+bx+y-3$이 미지수가 2개인 일차방정식이 되기 위한 상수 a, b의 조건은?

① $a=-6, b\neq-1$ ② $a=-1, b\neq3$

③ $a=3, b=-1$ ④ $a=6, b=-1$

⑤ $a=6, b\neq-1$

3 ••○
다음 문장을 미지수가 2개인 일차방정식으로 나타내시오.

(1) 수학 시험에서 4점짜리 문제 x개와 5점짜리 문제 y개를 맞혀 모두 90점을 받았다.

(2) 한 장에 50원 하는 우표 x장과 100원 하는 우표 y장의 총 가격은 500원이다.

4 •○○
x %의 설탕물 200 g과 y %의 설탕물 100 g을 섞었더니 20 %의 설탕물 300 g이 되었다. 이를 미지수가 2개인 일차방정식으로 나타내면?

① $x+2y=20$ ② $x-2y=60$

③ $2x-y=30$ ④ $2x+y=20$

⑤ $2x+y=60$

5 ••○
혜선이네 반 남학생 15명의 수학 성적의 평균은 x점, 여학생 20명의 수학 성적의 평균은 y점이고, 혜선이네 반 전체 학생의 수학 성적의 평균은 80점이라 한다. 이를 미지수 x, y에 대한 일차방정식으로 나타내면?

① $20x+15y=80$ ② $15x+20y=80$

③ $3x+4y=80$ ④ $\frac{3}{7}x+\frac{4}{7}y=80$

⑤ $\frac{4}{7}x+\frac{3}{7}y=80$

6 ••○
다음 중 문장을 미지수가 2개인 일차방정식으로 바르게 나타내지 <u>않은</u> 것은?

① 500원짜리 지우개 x개와 900원짜리 연필 y자루의 값은 8000원이다. ⇨ $500x+900y=8000$

② x의 5배는 y의 2배보다 3만큼 작다. ⇨ $5x=2y-3$

③ 영어 시험에서 5점짜리 문제 x개와 6점짜리 문제 y개를 맞혀 82점을 받았다. ⇨ $5x+6y=82$

④ 가로와 세로의 길이가 각각 x cm, y cm인 직사각형의 둘레의 길이는 20 cm이다. ⇨ $x+y=20$

⑤ 시속 5 km로 x시간 달린 후 시속 3 km로 y시간 달린 거리는 총 40 km이다. ⇨ $5x+3y=40$

✏️ 미지수가 2개인 일차방정식의 해

7 ●○○

다음 일차방정식 중 순서쌍 $(-1, 2)$를 해로 갖는 것은?

① $x+y=3$ ② $x-3y=3$

③ $4x+3y-12=0$ ④ $x-2y=1$

⑤ $7x-y+9=0$

8 ●●○

다음 **보기** 중에서 일차방정식 $x+2y=10$의 해인 것을 모두 고르시오.

┌ 보기 ┐
ㄱ. $(8, 1)$ ㄴ. $(2, 4)$ ㄷ. $(6, 1)$
ㄹ. $(4, 3)$ ㅁ. $(3, 4)$ ㅂ. $(2, 5)$

9 ●●○

x, y가 자연수일 때, 일차방정식 $x+2y=9$를 만족하는 순서쌍 (x, y)의 개수는?

① 1   ② 2   ③ 3

④ 4   ⑤ 무수히 많다.

10 ●●○

x, y가 자연수일 때, 다음 일차방정식 중 해의 개수가 가장 많은 것은?

① $x+y=1$ ② $x+y=6$

③ $2x+y=7$ ④ $2x+3y=11$

⑤ $3x+y=19$

11 ●●○

일차방정식 $x-ay+4=0$의 해가 $(2, -3)$일 때, 상수 a의 값은?

① -2 ② -1 ③ 1

④ 2 ⑤ 3

12 ●●○

두 순서쌍 $(1, 2)$, $(b, -1)$이 일차방정식 $ax+2y=1$의 해일 때, $b-a$의 값은? (단, a는 상수)

① -2 ② -1 ③ 1

④ 2 ⑤ 3

13 ●●●

일차방정식 $3x+2y=78$을 만족하는 x, y의 값의 비가 $3 : 2$일 때, $x-y$의 값을 구하시오.

연립방정식의 해 ─── 개념북 87쪽

14 ••○

x, y가 자연수일 때, 연립방정식 $\begin{cases} x+2y=12 \\ x-3y=-13 \end{cases}$ 의

해는?

① $(1, 3)$ ② $(2, 5)$ ③ $(3, 7)$

④ $(4, 9)$ ⑤ $(5, 6)$

15 ••○

x, y가 자연수일 때, 연립방정식 $\begin{cases} 4x+y=12 \\ 3x-y=-5 \end{cases}$ 의 해

는 (p, q)이다. 이때 $p+q$의 값은?

① 9 ② 10 ③ 11

④ 12 ⑤ 13

16 ••○

다음 **보기**의 일차방정식 중 두 식을 짝 지어 만든 연립
방정식의 해가 $(-1, 2)$인 것은?

> **보기**
> ㄱ. $2x+y=5$ ㄴ. $3x-y=-5$
> ㄷ. $-x+y=1$ ㄹ. $-2x+3y=8$

① ㄱ, ㄴ   ② ㄱ, ㄷ   ③ ㄴ, ㄷ

④ ㄴ, ㄹ   ⑤ ㄷ, ㄹ

연립방정식의 해 또는 계수가 문자로 주어진 경우 개념북 87쪽

17 ••○

순서쌍 $(2, -1)$이 연립방정식 $\begin{cases} x+my=5 \\ nx-y=7 \end{cases}$ 의 해일

때, 상수 m, n의 값을 각각 구하시오.

18 ••○

연립방정식 $\begin{cases} x+ay=5 \\ bx-y=3 \end{cases}$ 의 해가 $(1, 4)$일 때, 상수

a, b에 대하여 $a+b$의 값은?

① 5 ② 6 ③ 7

④ 8 ⑤ 9

19 •••

순서쌍 $(m+1, m-2)$가 연립방정식 $\begin{cases} 2x-y=5 \\ 3x-ny=4 \end{cases}$

의 해일 때, $m-n$의 값을 구하시오. (단, n은 상수)

📝 가감법에서 미지수를 소거하기

20 ●○○

다음 중 연립방정식 $\begin{cases} 5x+2y=5 & \cdots\cdots \ ㉠ \\ 2x-5y=2 & \cdots\cdots \ ㉡ \end{cases}$ 의 해를

구하기 위해 y를 소거하려고 할 때, 필요한 식은?

① ㉠+㉡   ② ㉠×2－㉡×5

③ ㉠×2＋㉡×5   ④ ㉠×5－㉡×2

⑤ ㉠×5＋㉡×2

21 ●●○

연립방정식 $\begin{cases} 2x-y=7 \\ 3x-4y=3 \end{cases}$ 에서 y를 소거하였더니

$ax=25$가 되었다. 이때 상수 a의 값을 구하시오.

22 ●●○

연립방정식 $\begin{cases} ax-5y=3 & \cdots\cdots \ ㉠ \\ x+3y=7 & \cdots\cdots \ ㉡ \end{cases}$ 에서 ㉠－㉡×2

를 하였더니 x가 소거되었다. 이때 상수 a의 값을 구하시오.

📝 가감법을 이용한 연립방정식의 풀이

23 ●●○

연립방정식 $\begin{cases} x+y=2 \\ 3x+4y=6 \end{cases}$ 의 해가 $x=a$, $y=b$일 때,

$a+2b$의 값은?

① 1   ② 2   ③ 3

④ 4   ⑤ 5

24 ●●○

다음 중 연립방정식의 해가 나머지 넷과 <u>다른</u> 하나는?

① $\begin{cases} 2x+y=4 \\ 4x-y=2 \end{cases}$ ② $\begin{cases} 4x-y=2 \\ 2x-y=0 \end{cases}$

③ $\begin{cases} x+2y=5 \\ 2x+3y=8 \end{cases}$ ④ $\begin{cases} 5x+y=7 \\ 3x-2y=-1 \end{cases}$

⑤ $\begin{cases} x+3y=-1 \\ -x+3y=1 \end{cases}$

25 ●●○

연립방정식 $\begin{cases} 3x-2y=5 \\ x-4y=5 \end{cases}$ 를 만족하는 x, y에 대하여

$2x+y$의 값을 구하시오.

26 ●●○

연립방정식 $\begin{cases} 2x+y=1 \\ 3x-2y=5 \end{cases}$ 의 해가 일차방정식

$ax-4y=3$을 만족할 때, 상수 a의 값을 구하시오.

27 ●●○

두 순서쌍 $(2, -3)$, $(4, -1)$이 일차방정식

$ax+by=5$의 해일 때, 상수 a, b에 대하여 $a+b$의

값은?

① -2 ② -1 ③ 0

④ 1 ⑤ 2

28 ●●●

다음 그림과 같이 차례대로 주어진 연산을 통하여 값을 얻었다고 할 때, x, y의 값을 각각 구하시오.

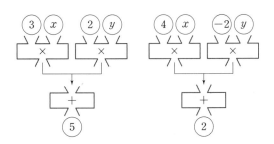

✏️ 대입법을 이용한 연립방정식의 풀이

29 ●○○

연립방정식 $\begin{cases} y=2x+1 & \cdots\cdots \text{㉠} \\ 3x+2y=10 & \cdots\cdots \text{㉡} \end{cases}$ 을 풀기 위하여

㉠을 ㉡에 대입하여 y를 소거하였더니 $ax-8=0$이

되었다. 이때 상수 a의 값은?

① 5 ② 6 ③ 7

④ 8 ⑤ 9

30 ●●○

연립방정식 $\begin{cases} y=2x+5 \\ y=-3x-10 \end{cases}$ 의 해가 $x=a$, $y=b$일

때, $a-b$의 값은?

① -2 ② -1 ③ 0

④ 1 ⑤ 2

31 ●●○

연립방정식 $\begin{cases} 4x=3y+1 \\ y=5x+7 \end{cases}$ 의 해가 $x=p$, $y=q$일 때,

$p-2q$의 값을 구하시오.

해가 주어진 경우 미지수의 값 구하기 ─── 개념북 91쪽

32 ●●○

연립방정식 $\begin{cases} ax+y=3 \\ 2x+by=9 \end{cases}$ 의 해가 $(2,\ 1)$일 때, 상수 $a,\ b$의 값을 각각 구하시오.

33 ●●○

연립방정식 $\begin{cases} 2x-y=-3 \\ 4x+ay=5 \end{cases}$ 의 해가 $x=b,\ y=11$일 때, $a,\ b$의 값을 각각 구하시오. (단, a는 상수)

34 ●●●

연립방정식 $\begin{cases} ax+by=3 \\ bx-ay=4 \end{cases}$ 에서 잘못하여 $a,\ b$를 바꾸어 놓고 풀었더니 $x=1,\ y=2$가 되었다. 이때 처음 연립방정식의 해를 구하시오. (단, $a,\ b$는 상수)

35 ●●●

연립방정식 $\begin{cases} ax+3y=-2 \\ 2x+by=8 \end{cases}$ 에서 a를 잘못 보고 구한 해는 $x=1,\ y=2$이고 b를 잘못 보고 구한 해는 $x=-2,\ y=2$이다. 다음 물음에 답하시오.

(1) 상수 $a,\ b$의 값을 각각 구하시오.
(2) 처음 연립방정식의 해를 구하시오.

36 ●●●

연립방정식 $\begin{cases} ax-2y=b \\ bx+y=a-6 \end{cases}$ 의 해 $(x,\ y)$에서 x는 4와 6의 최대공약수, y는 4와 6의 최소공배수일 때, 상수 $a,\ b$에 대하여 $a-b$의 값은?

① 11　　　　② 12　　　　③ 13
④ 14　　　　⑤ 15

37 ●●●

연립방정식 $\begin{cases} ax+by=5 \\ cx+y=7 \end{cases}$ 을 푸는데 c를 d로 잘못 보고 풀었더니 해가 $x=3,\ y=4$가 되었다. 바르게 풀었을 때의 해가 $x=1,\ y=3$일 때, $a+b+c+d$의 값을 구하시오. (단, $a,\ b,\ c,\ d$는 상수)

해의 조건이 주어진 경우 미지수의 값 구하기 ^{개념북 92쪽}

38 ••○

일차방정식 $2x-3y=-2y-1$의 해 중에서 y의 값이 x의 값의 4배인 해를 구하시오.

39 ••○

연립방정식 $\begin{cases} 4x+y=-14 \\ x-2y=a-4 \end{cases}$ 를 만족하는 x의 값이 y의 값보다 6만큼 작을 때, 상수 a의 값을 구하시오.

40 ••○

연립방정식 $\begin{cases} x-2y=13 \\ 3x+4y=a \end{cases}$ 의 해가 일차방정식 $2x-3y=22$를 만족할 때, 상수 a의 값은?

① -1　　　　② 1　　　　③ 3

④ 21　　　　⑤ 31

41 ••○

연립방정식 $\begin{cases} ax+3y=14 \\ 2x+y=5 \end{cases}$ 를 만족하는 x의 값과 y의 값의 합이 4일 때, 상수 a의 값을 구하시오.

42 ••○

연립방정식 $\begin{cases} x-y=a \\ 2x+3y=15-3a \end{cases}$ 를 만족하는 x와 y의 값의 비가 $3:1$일 때, 상수 a의 값은?

① -2　　　　② -1　　　　③ 0

④ 2　　　　⑤ 4

43 •••

세 일차방정식 $x+2y=3k$, $x-y=5-k$, $x+y=10$ 이 모두 같은 해를 가질 때, 상수 k의 값을 구하시오.

두 연립방정식의 해가 서로 같을 때, 미지수의 값 구하기 개념북 92쪽

44 ••○

두 연립방정식 $\begin{cases} x-y=-8 \\ 2x+y=a \end{cases}$, $\begin{cases} 2x-y=-10 \\ x+by=4 \end{cases}$ 의 해가 서로 같을 때, 상수 a, b의 값을 각각 구하시오.

45 ••○

두 연립방정식 $\begin{cases} x-3y=-1 \\ ax-5y=1 \end{cases}$, $\begin{cases} 4x-by=5 \\ 3x+y=7 \end{cases}$ 의 해가 서로 같을 때, 상수 a, b에 대하여 $a+b$의 값을 구하시오.

46 ••○

두 연립방정식 $\begin{cases} ax+2y=-1 \\ x+3y=9 \end{cases}$, $\begin{cases} -x+by=11 \\ 2x-y=-10 \end{cases}$ 의 해가 서로 같을 때, 상수 a, b의 값을 각각 구하시오.

47 ••○

두 연립방정식 $\begin{cases} ax+by=18 \\ x-2y=10 \end{cases}$, $\begin{cases} 2x+5y=-7 \\ -2bx-ay=25 \end{cases}$ 의 해가 서로 같을 때, 상수 a, b에 대하여 $a+2b$의 값은?

① -3　　② -1　　③ 2
④ 5　　⑤ 7

괄호가 있는 연립방정식 개념북 94쪽

48 ••○

연립방정식 $\begin{cases} 2(x-3)+5y=9 \\ 3(x-2y)-2x=-1 \end{cases}$ 을 풀면?

① $x=-1$, $y=0$　　② $x=5$, $y=-1$
③ $x=-5$, $y=-1$　　④ $x=5$, $y=1$
⑤ $x=-5$, $y=-2$

49 ••○

연립방정식 $\begin{cases} 5(2x-1)+y=4 \\ 3x-y=4 \end{cases}$ 의 해가 $x=p$, $y=q$ 일 때, $p+q$의 값은?

① -4　　② -2　　③ 0
④ 2　　⑤ 4

50 ••○

연립방정식 $\begin{cases} x+ay=20 \\ 5(x-2y)-2x+y=30 \end{cases}$ 을 만족하는 x의 값이 y의 값의 2배일 때, 상수 a의 값을 구하시오.

📝 계수가 분수 또는 소수인 연립방정식 ── 개념북 94쪽

51 ●●○

연립방정식 $\begin{cases} \dfrac{x}{4}+\dfrac{y}{6}=\dfrac{1}{2} \\ \dfrac{x}{6}-\dfrac{y}{8}=\dfrac{1}{3} \end{cases}$ 을 풀면?

① $x=2,\ y=2$ ② $x=2,\ y=0$

③ $x=0,\ y=2$ ④ $x=0,\ y=-2$

⑤ $x=-2,\ y=0$

52 ●●○

연립방정식 $\begin{cases} 0.1x+0.03y=-0.16 \\ 0.5x+0.1y=0.3 \end{cases}$ 의 해가 $x=a$,

$y=b$일 때, $a+b$의 값은?

① -17 ② -10 ③ 15

④ 17 ⑤ 27

53 ●●○

연립방정식 $\begin{cases} 0.2(x-3y)-y=-2 \\ -\dfrac{x}{3}+\dfrac{3-y}{4}=\dfrac{7}{6} \end{cases}$ 의 해가 $x=a$,

$y=b$일 때, $a+b$의 값은?

① -2 ② -1 ③ 0

④ 1 ⑤ 2

54 ●●○

연립방정식 $\begin{cases} 0.2x+0.7y=1.3 \\ \dfrac{1}{3}x-\dfrac{5}{2}y=k \end{cases}$ 를 만족하는 x의 값이

y의 값보다 2만큼 클 때, 상수 k의 값을 구하시오.

55 ●●○

연립방정식 $\begin{cases} 0.4x+0.5y=1.3 \\ \dfrac{x+1}{3}+\dfrac{1}{2}y=\dfrac{3}{2} \end{cases}$ 의 해가 일차방정식

$kx+y=5$를 만족할 때, 상수 k의 값은?

① -4 ② -3 ③ -2

④ 2 ⑤ 3

56 ●●●

연립방정식 $\begin{cases} 2x+\dfrac{3}{2}y=\dfrac{9}{2} \\ 3x+y-a(x+y)=4 \end{cases}$ 를 만족하는 y의

값은 x의 값의 $-\dfrac{1}{3}$배일 때, 상수 a의 값은?

① $-\dfrac{1}{2}$ ② $-\dfrac{1}{3}$ ③ $\dfrac{2}{3}$

④ 2 ⑤ $\dfrac{5}{2}$

57 ●●●

연립방정식 $\begin{cases} 0.\dot{1}x-0.\dot{2}y=0.\dot{4} \\ 0.\dot{5}x-0.\dot{2}y=1.\dot{3} \end{cases}$ 을 푸시오.

58 ••○

연립방정식 $\begin{cases} 2(x+3y)=3x+7 \\ 4x:5y=2:1 \end{cases}$ 을 만족하는 x, y

에 대하여 $x-2y$의 값은?

① 1　　　　② 2　　　　③ 3

④ 4　　　　⑤ 5

59 ••○

연립방정식 $\begin{cases} (x+1):(y+1)=3:4 \\ 4x-y=5 \end{cases}$ 의 해가

$x=m$, $y=n$일 때, $m+n$의 값을 구하시오.

60 •••

$(2x+9):(3y-1)=1:2$이고

$(x+y):(x-y)=3:5$일 때, x^2+y^2의 값을 구

하시오.

61 ••○

다음 방정식을 푸시오.

(1) $4x-y+16=2x+2y-5=x+2$

(2) $3x-4y=2x+y+7=4x+4y+6$

62 ••○

방정식 $3x+y=2x-y-5=-2x+2$의 해가

$x=a$, $y=b$일 때, $6a+b$의 값은?

① -9　　　② -3　　　③ 3

④ 6　　　　⑤ 9

63 •••

방정식 $\dfrac{ax+y}{5}=\dfrac{x+1}{2}=\dfrac{3x-by}{4}$의 해가 $x=3$,

$y=1$일 때, 상수 a, b에 대하여 $a+b$의 값을 구하시

오.

✏️ **해가 무수히 많은 연립방정식** ── 개념북 **97**쪽

64 ●●○

다음 연립방정식 중 해가 무수히 많은 것은?

① $\begin{cases} x+y=3 \\ x+y=-1 \end{cases}$ ② $\begin{cases} 2x+y=7 \\ 3x+y=5 \end{cases}$

③ $\begin{cases} y=2x-1 \\ x+y=5 \end{cases}$ ④ $\begin{cases} x-2y=4 \\ -2x+8=-4y \end{cases}$

⑤ $\begin{cases} 2x+3y=2 \\ 0.4x+0.5y=1 \end{cases}$

65 ●●○

연립방정식 $\begin{cases} x+3y=a \\ 5x-by=10 \end{cases}$ 의 해가 무수히 많을 때,

상수 a, b에 대하여 $a+b$의 값을 구하시오.

66 ●●●

다음 대화에서 상현이가 무엇을 잘못 생각하였는지 말하시오.

선유: 연립방정식 $\begin{cases} 2x+y=3 \\ -x+y=3(1-x) \end{cases}$ 를 풀어 봐.

상현: $x=1$, $y=1$일 때, 두 식이 모두 성립하네.
풀어 볼 필요 없이 연립방정식의 해는
$x=1$, $y=1$이야!

✏️ **해가 없는 연립방정식** ── 개념북 **97**쪽

67 ●●○

다음 연립방정식 중 해가 없는 것은?

① $\begin{cases} x+2y-5 \\ 2x-y=4 \end{cases}$ ② $\begin{cases} 2x-y-2 \\ x-4y=1 \end{cases}$

③ $\begin{cases} x-y=1 \\ -2x+3y=2 \end{cases}$ ④ $\begin{cases} 2x-3y=1 \\ -4x+6y=-2 \end{cases}$

⑤ $\begin{cases} -2x+y=2 \\ 4x-2y=3 \end{cases}$

68 ●●○

연립방정식 $\begin{cases} x+3y=a \\ 4x+12y=8 \end{cases}$ 의 해가 없을 때, 상수 a의

값이 될 수 <u>없는</u> 것은?

① -6 ② -4 ③ -2

④ 2 ⑤ 4

69 ●●○

연립방정식 $\begin{cases} 3x-2y=4 \\ 6x+ay=b \end{cases}$ 의 해가 없을 때, 상수 a, b

의 조건은?

① $a=-4$, $b=8$ ② $a=-4$, $b\neq8$

③ $a\neq4$, $b=8$ ④ $a=4$, $b\neq8$

⑤ $a=4$, $b=8$

📝 개수, 나이에 대한 문제 ─────────

개념북 99쪽

70 ●●○

짜장면 4그릇과 짬뽕 3그릇을 주문하였더니 음식값이 모두 합하여 52000원이었다. 짬뽕 한 그릇의 가격이 짜장면 한 그릇의 가격보다 1000원 비싸다고 할 때, 짜장면과 짬뽕 한 그릇의 가격을 각각 구하시오.

71 ●●○

송이와 혁이는 20 % 할인 행사를 하고 있는 음식점에서 돈가스와 잔치국수를 하나씩 먹고 9600원을 지불하였다. 원래 가격은 잔치국수가 돈가스보다 2000원 싸다고 할 때, 돈가스의 원래 가격을 구하시오.

72 ●●○

자동차와 두발자전거를 합하여 30대가 있다. 바퀴가 모두 80개일 때, 자동차와 자전거는 각각 몇 대인가?

① 자동차 10대, 자전거 20대
② 자동차 12대, 자전거 18대
③ 자동차 15대, 자전거 15대
④ 자동차 18대, 자전거 12대
⑤ 자동차 20대, 자전거 10대

73 ●●○

다음은 중국의 수학책 '손자산경'에 실려 있는 문제이다. 꿩과 토끼는 각각 몇 마리가 있는지 구하시오.

> 꿩과 토끼가 바구니에 있다. 위를 보니 머리의 수가 35개, 아래를 보니 다리의 수가 94개이다. 꿩과 토끼는 각각 몇 마리인가?

74 ●●○

현재 삼촌의 나이와 조카의 나이의 합은 28세이고, 3년 후에 삼촌의 나이는 조카의 나이의 2배보다 4세 많다고 한다. 현재 조카의 나이는?

① 5세   ② 6세   ③ 7세
④ 8세   ⑤ 9세

75 ●●●

5년 전에는 할머니의 나이가 손녀의 나이의 4배였고, 25년 후에는 할머니의 나이가 손녀의 나이의 2배가 된다. 현재 손녀의 나이를 구하시오.

🖊 수에 대한 문제 ─────── 개념북 99쪽

76 ●●○

두 자리의 자연수가 있다. 각 자리의 숫자의 합은 14 이고, 십의 자리의 숫자와 일의 자리의 숫자를 바꾼 수는 처음 수보다 18만큼 크다고 한다. 이때 처음 수를 구하시오.

77 ●●○

정희, 기철, 민규의 몸무게의 평균은 66 kg이고, 민규는 정희보다 6 kg이 더 나간다. 기철이의 몸무게가 68 kg일 때, 정희의 몸무게를 구하시오.

78 ●●○

서로 다른 두 자연수가 있다. 큰 수를 작은 수로 나누면 몫은 7이고 나머지는 4이다. 또, 큰 수의 2배를 작은 수로 나누면 몫은 15이고 나머지는 2이다. 이때 두 수를 구하시오.

79 ●●●

A, B 두 팀이 하키 경기를 하였다. 전반전에는 A팀이 B팀보다 10점을 더 얻었지만, 후반전에는 B팀이 A팀의 2배의 점수를 얻어 48점 대 56점으로 B팀이 이겼다. A팀이 전반전에서 얻은 점수는?

① 20점　　　　② 24점　　　　③ 30점
④ 36점　　　　⑤ 40점

🖊 일에 대한 문제 ─────── 개념북 100쪽

80 ●●●

윤하와 지은이가 함께 하면 4시간 걸리는 작업을 윤하가 먼저 2시간 작업한 후 나머지를 지은이가 8시간 작업하여 끝냈다. 윤하가 혼자서 작업을 하면 끝내는 데 몇 시간이 걸리는지 구하시오.

81 ●●●

어떤 일을 수진이가 혼자서 하면 5일이 걸리고 승재가 혼자서 하면 10일이 걸린다고 한다. 이 일을 수진이가 하다가 도중에 승재가 교대하여 8일 만에 끝냈다. 승재가 일한 날은 며칠인지 구하시오.

82 ●●●

어떤 욕조에 물을 가득 채우려고 한다. A 수도꼭지로 2분 동안 채우고 나머지를 B 수도꼭지로 18분 동안 채우거나 A 수도꼭지로 4분 동안 채우고 B 수도꼭지로 12분 동안 채우면 물을 가득 채울 수 있다. A 수도꼭지로만 욕조에 물을 가득 채우려면 몇 분이 걸리는지 구하시오.

83 ●●●

수영장에 물이 가득 차 있다. 이 수영장의 물을 A 호스로 2시간 동안 뺀 후, B 호스로 10시간 동안 빼거나 A 호스로 3시간 동안 뺀 후, B 호스로 5시간 동안 빼면 물을 모두 뺄 수 있다. B 호스만으로 물을 모두 빼는 데는 몇 시간이 걸리는지 구하시오.

84 ●●●

어느 학교의 올해 학생 수는 작년에 비하여 남학생은 8 % 증가하고, 여학생은 5 % 감소하여 전체 학생 수는 9명이 많아진 869명이 되었다. 올해 남학생과 여학생 수를 각각 구하시오.

85 ●●●

어느 수학 학원의 지난달 수강생은 450명이었다. 이번 달에는 지난달에 비해 남학생은 20 % 줄고, 여학생은 16 % 늘었지만 수강생은 지난달과 동일하다고 한다. 이번 달 남학생 수를 구하시오.

86 ●●●

어느 극장의 어제 총 관객 수가 1100명이었다. 오늘은 어제보다 남자 관객은 6 % 감소하고 여자 관객은 8 % 증가하여 45명이 감소하였다. 이 극장에서 오늘 관람한 남자 관객 수와 여자 관객 수를 각각 구하시오.

87 ●●○

등산로를 올라갈 때는 시속 2 km로 걷고, 내려올 때는 올라갈 때와 다른 길을 택하여 시속 4 km로 걸었더니 모두 3시간 30분이 걸렸다. 이동한 거리가 총 10 km일 때, 올라간 거리와 내려온 거리를 각각 구하시오.

88 ●●○

등산을 하는데 올라갈 때는 시속 3 km로 걷고, 내려올 때는 올라갈 때보다 3 km 더 짧은 길을 시속 4.5 km로 걸었더니 모두 6시간이 걸렸다. 이때 내려온 거리를 구하시오.

89 ●●●

명지는 오전 11시에 집에서 4 km 떨어진 약속 장소로 출발하였다. 처음에는 시속 3 km로 걷다가 상점에서 10분 동안 선물을 사고, 시속 6 km로 달려 약속 장소에 오후 12시 20분에 도착하였다. 이때 명지가 달린 거리를 구하시오.

속력에 대한 문제 (2) ─────

개념북 **102**쪽

90 ••◦

갑, 을 두 사람이 둘레의 길이가 1.8 km인 호수 둘레를 달리기로 하였다. 같은 지점에서 동시에 출발하여 서로 같은 방향으로 달리면 6분 후에 처음으로 만나고, 서로 반대 방향으로 달리면 2분 후에 처음으로 만난다고 한다. 이때 갑이 1분 동안 달릴 수 있는 거리를 구하시오. (단, 을이 갑보다 빠르다.)

91 ••◦

5 km 떨어진 두 지점에서 지섭이와 효진이가 동시에 마주 보고 출발하여 도중에 만났다. 지섭이는 시속 6 km, 효진이는 시속 4 km로 걸었다고 할 때, 지섭이가 걸은 거리를 구하시오.

92 •••

수진이와 언니가 공원 입구에서 집까지 가려고 한다. 수진이가 분속 300 m로 출발한 지 10분 후에 같은 장소에서 언니가 분속 500 m로 같은 방향으로 출발하였다. 두 사람이 만난 시간은 언니가 출발한 지 몇 분 후인지 구하시오.

93 •••

영락이와 영현이는 도서관에 가기 위해 학교 정문에서 만나기로 하였다. 영현이가 약속 시간까지 오지 않아 영락이가 먼저 출발하였고, 영락이가 출발한 지 17분 후에 학교 정문에 도착한 영현이는 비로 같온 방향으로 도서관으로 뒤따라가 영락이를 만났다. 영락이는 분속 80 m로 걸었고 영현이는 분속 250 m로 달렸을 때, 영현이는 학교에서 출발한 지 몇 분 후에 영락이를 만났는지 구하시오.

94 •••

진희가 3 km를 뛰는 동안 민아는 2 km를 뛴다. 이 속력으로 진희와 민아가 20 km 떨어진 두 지점에서 서로 마주 보고 동시에 뛰었더니 2시간 후에 만났다. 민아가 1시간 동안 뛴 거리를 구하시오.

95 •••

둘레의 길이가 400 m인 트랙을 은재와 재희가 같은 시각에 같은 곳에서 출발하여 같은 방향으로 달리면 2분 후에 은새가 재희를 한 바퀴 앞지르고, 반대 방향으로 달리면 30초 후에 처음으로 만날 때, 두 사람의 속력을 각각 구하시오.

96 ●●○

배를 타고 길이가 36 km인 강을 거슬러 올라가는 데 3시간, 내려오는 데 1시간이 걸렸다. 이때 강물의 속력을 구하시오. (단, 배와 강물의 속력은 일정하다.)

97 ●●○

일정한 속력으로 달리는 기차가 길이가 1500 m인 터널을 완전히 통과하는 데 2분, 길이가 700 m인 터널을 완전히 통과하는 데 1분이 걸린다고 한다. 이때 기차의 길이와 기차의 속력을 각각 구하시오.

98 ●●●

일정한 속력으로 달리는 기차가 길이가 5800 m인 다리를 완전히 통과하는 데 2분, 길이가 4300 m인 터널을 완전히 통과하는 데 1분 30초가 걸렸을 때, 이 기차가 길이가 2800 m인 터널을 완전히 통과하는 데 걸리는 시간을 구하시오.

99 ●●●

길이가 20 km인 강을 거슬러 올라가는 데 2시간, 내려오는 데 1시간이 걸리는 여객선이 있다. 이 여객선이 강의 A 지점에서 B 지점까지 거슬러 올라갔다가 20분 동안 정박한 후, B 지점에서 A 지점까지 내려오는 데 모두 2시간 30분이 걸렸다. 이때 A 지점에서 B 지점까지의 거리를 구하시오.

(단, 여객선과 강물의 속력은 일정하다.)

100 ●●○

6 %의 소금물과 2 %의 소금물을 섞어서 5 %의 소금물 600 g을 만들었다. 이때 6 %의 소금물의 양은?

① 150 g   ② 250 g   ③ 350 g
④ 450 g   ⑤ 550 g

101 ●●○

5 %의 소금물과 15 %의 소금물을 섞어서 9 %의 소금물 300 g을 만들었다. 이때 5 %의 소금물의 양을 구하시오.

102 ●●○

10 %의 설탕물과 5 %의 설탕물을 섞어서 8 %의 설탕물 500 g을 만들었다. 이때 5 %의 설탕물의 양은?

① 150 g   ② 200 g   ③ 250 g
④ 300 g   ⑤ 350 g

농도에 대한 문제 (2)

개념북 **104**쪽

103 ●●●

농도가 다른 두 소금물 A, B가 있다. 소금물 A를 300 g, 소금물 B를 200 g 섞으면 농도가 10 %인 소금물이 되고, 소금물 A를 200 g, 소금물 B를 300 g 섞으면 농도가 8 %인 소금물이 된다. 두 소금물 A, B의 농도를 각각 구하시오.

104 ●●●

농도가 다른 두 소금물 A, B를 각각 200 g, 400 g 섞으면 4 %의 소금물이 되고, 소금물 A, B를 각각 200 g, 100 g 섞으면 3 %의 소금물이 된다. 두 소금물 A, B의 농도를 각각 구하시오.

105 ●●●

6 %의 소금물 200 g이 있다. 이 소금물의 일부를 덜어내고 2 %의 소금물을 더 넣었더니 4 %의 소금물 350 g이 되었다. 이때 덜어낸 6 %의 소금물의 양을 구하시오.

비율에 대한 문제

개념북 **105**쪽

106 ●●●

금이 60 % 포함된 합금과 금이 85 % 포함된 합금을 섞어서 금이 70 % 포함된 합금 300 g을 만들려고 한다. 이때 금이 85 % 포함된 합금은 몇 g을 섞어야 하는지 구하시오.

107 ●●●

구리 40 %, 아연 10 %를 포함한 합금 A와 구리 10 %, 아연 40 %를 포함한 합금 B가 있다. 두 합금 A, B를 섞어서 구리는 3 kg, 아연은 9 kg을 포함하는 합금을 만들려고 한다. 합금 B는 몇 kg이 필요한지 구하시오.

108 ●●●

오른쪽 표는 우유와 달걀의 100 g당 열량과 단백질의 양을 나타낸 것이다. 우유와 달걀을 합하여 열량 400 kcal,

	열량 (kcal)	단백질 (g)
우유	60	3
달걀	160	12

단백질 24 g을 섭취하려고 할 때, 먹어야 하는 우유와 달걀의 양을 각각 구하시오.

1

다음 중 미지수가 2개인 일차방정식인 것은 ○표, 아닌 것은 ×표를 (　　) 안에 써넣으시오.

(1) $3x-5y=0$ (　　)

(2) $\dfrac{2}{x}+4y=0$ (　　)

(3) $x-xy+y=x+3$ (　　)

(4) $6x+x^2=x^2-y$ (　　)

2

일차방정식 $ax+3y-11=0$의 한 해가 $(1,\ 3)$일 때, 상수 a의 값을 구하시오.

3

다음 중 연립방정식 $\begin{cases} 3x-2y=1 & \cdots\cdots \ \text{㉠} \\ 4x+3y=7 & \cdots\cdots \ \text{㉡} \end{cases}$에서 x를 소거하기 위해 필요한 식은?

① ㉠＋㉡

② ㉠×3＋㉡×2

③ ㉠×3－㉡×2

④ ㉠×4＋㉡×3

⑤ ㉠×4－㉡×3

4

연립방정식 $\begin{cases} 2x+y=a \\ x+5y=3 \end{cases}$의 해가 일차방정식 $3x+7y=1$을 만족할 때, 상수 a의 값을 구하시오.

5

다음은 우혁이가 연립방정식 $\begin{cases} 3x=-0.2y-5.9 \\ \dfrac{1}{2}x+y=-\dfrac{1}{2} \end{cases}$ 을 푸는 과정이다. 우혁이의 풀이 과정에서 잘못된 부분을 찾아 바르게 고치시오.

> 주어진 연립방정식의 계수를 정수로 고치면
> $$\begin{cases} 3x=-2y-59 \\ x+2y=-1 \end{cases} \text{에서} \begin{cases} 3x+2y=-59 & \cdots\cdots \ \text{㉠} \\ x+2y=-1 & \cdots\cdots \ \text{㉡} \end{cases}$$
> ㉠－㉡을 하면 $2x=-58$　　$\therefore x=-29$
> $x=-29$를 ㉡에 대입하면 $-29+2y=-1$
> 　　$\therefore y=14$

6

세 일차방정식 $x-2y-3=0$, $x+y=0$, $2x-ky-9=0$을 모두 만족하는 해가 $x=p$, $y=q$일 때, $p+q+k$의 값을 구하시오. (단, k는 상수)

7 실력UP

다음 두 연립방정식의 해가 서로 같을 때, 상수 a, b에 대하여 $a+b$의 값을 구하시오.

> $$\begin{cases} x+y=4 \\ ax-y=2 \end{cases} \qquad \begin{cases} 2x+3y=9 \\ x-by=-2 \end{cases}$$

8 실력UP↗

다음 **보기**의 일차방정식 중에서 두 방정식을 한 쌍으로 하는 연립방정식을 만들었을 때, 해가 없는 두 방정식은?

> **보기**
> ㄱ. $y=x-5$ ㄴ. $3x-3y=5$
> ㄷ. $10x-4y=-2$ ㄹ. $y=-\dfrac{1}{3}x+\dfrac{2}{3}$

① ㄱ, ㄴ ② ㄱ, ㄷ ③ ㄴ, ㄷ
④ ㄴ, ㄹ ⑤ ㄷ, ㄹ

9

A, B 두 사람이 가위바위보를 하여 이긴 사람은 2계단씩 올라가고 진 사람은 1계단씩 내려가기로 한 결과 A는 처음 위치보다 6계단을, B는 처음 위치보다 9계단을 올라가 있었다. 이때 B가 이긴 횟수를 구하시오.
(단, 비기는 경우는 없다.)

10

준호네 집은 지하철역에서부터 1.2 km 떨어져 있다. 준호가 집에서 출발하여 지하철역을 향해 분속 60 m로 걷다가 도중에 늦을 것 같아 분속 180 m로 달려서 10분 만에 지하철역에 도착하였다. 이때 준호가 걸어간 거리는 몇 m인지 구하시오.

11

연립방정식 $\begin{cases} 2ax-y=4 \\ ax+2by=1 \end{cases}$의 해가 $x=1$, $y=2$일 때, 상수 a, b에 대하여 $a-2b$의 값을 구하기 위한 풀이 과정을 쓰고 답을 구하시오.

12

연립방정식 $\begin{cases} ax+by=-1 \\ bx+ay=8 \end{cases}$에서 잘못하여 a와 b를 바꾸어 놓고 풀었더니 $x=-1$, $y=2$가 되었다. 이때 상수 a, b에 대하여 $a+b$의 값을 구하기 위한 풀이 과정을 쓰고 답을 구하시오.

13

x %의 소금물 100 g과 y %의 소금물 100 g을 섞으면 5 %의 소금물이 되고, x %의 소금물 200 g과 y %의 소금물 100 g을 섞으면 4 %의 소금물이 된다. 이때 x, y의 값을 각각 구하기 위한 풀이 과정을 쓰고 답을 구하시오.

1 다음 중 옳지 <u>않은</u> 것은?

① $a<b$이면 $b-a>0$이다.
② $a<b$이면 $a+c<b+c$이다.
③ $a<b$이면 $a-c<b-c$이다.
④ $a<b$, $c>0$이면 $ac<bc$이다.
⑤ $a<b$, $c<0$이면 $\dfrac{a}{c}<\dfrac{b}{c}$이다.

2 $-2<x<4$일 때, $a<1-2x<b$이다. 이때 $a+b$의 값은?

① -2 ② -1 ③ 0
④ 1 ⑤ 2

3 다음 중 부등식 $3x-2\leq5x+4$의 해를 수직선 위에 바르게 나타낸 것은?

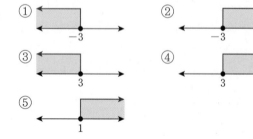

4 부등식 $8-x\geq8(x-2)$를 만족하는 자연수 x의 개수는?

① 1 ② 2 ③ 3
④ 4 ⑤ 5

5 x에 대한 일차부등식 $8-9x\leq a-3x$의 해 중 가장 작은 수가 1일 때, 상수 a의 값은?

① -2 ② -1 ③ 0
④ 1 ⑤ 2

6 집 앞 문구점에서는 공책 한 권의 가격이 1000원인데 할인매장에서는 800원이다. 할인매장에 가려면 왕복 교통비가 2000원이 든다고 할 때, 공책을 적어도 몇 권 이상 살 경우 할인매장에서 사는 것이 유리한가?

① 8권   ② 9권   ③ 10권
④ 11권   ⑤ 12권

7 어느 음악 사이트에서는 한 달에 6000원을 내면 10곡을 내려받을 수 있고, 11번째 곡부터 1곡당 700원씩 추가 요금을 내야 한다. 전체 요금이 10000원 이하가 되게 하려면 최대 몇 곡까지 내려받을 수 있는가?

① 14곡   ② 15곡   ③ 16곡
④ 17곡   ⑤ 18곡

8 x, y가 자연수일 때, 일차방정식 $3x+2y=20$ 의 해의 개수는?

① 0   ② 1   ③ 2

④ 3   ⑤ 4

9 연립방정식 $\begin{cases} \dfrac{x}{2}=\dfrac{y-2}{3} \\ x-y=a-2 \end{cases}$ 의 해가 일차방정식 $5(x+y)=3(x-3)$을 만족할 때, 상수 a의 값은?

① 1   ② 2   ③ 3

④ 4   ⑤ 5

10 방정식 $7x-y-1=5x+2=4x+y+2$의 해가 일차방정식 $2x+ay=12$를 만족할 때, 상수 a의 값은?

① -1 ② 0   ③ 1

④ 2   ⑤ 3

〔서술형〕
11 연립방정식 $\begin{cases} ax+by=0 \\ bx+ay=-3 \end{cases}$ 에서 잘못하여 a와 b를 바꾸어 놓고 풀었더니 해가 $x=2$, $y=1$이 었다. 처음 연립방정식의 해를 구하기 위한 풀이 과정을 쓰고 답을 구하시오. (단, a, b는 상수)

12 연립방정식 $\begin{cases} ax+4y+1=0 \\ 3x-(b+2)y=1 \end{cases}$ 의 해가 무수히 많을 때, 상수 a, b에 대하여 $a-b$의 값은?

① -1 ② -2 ③ -3

④ -4 ⑤ -5

13 다음은 진희와 민정이의 대화 내용이다. 이 대화를 읽고, 민정이의 중간고사 수학 점수를 구하시오.

> 진희: 민정아! 기말고사 수학 점수 올랐어?
> 민정: 응! 중간고사 때보다 4점 올랐어.
> 진희: 그럼 중간고사와 기말고사의 수학 점수 평균이 몇 점이야?
> 민정: 89점이야.

14 희수네 집에서 학교까지의 거리는 2.5 km이다. 희수가 오전 8시에 집을 떠나 시속 4 km로 걷다가 도중에 시속 7 km로 달려서 오전 8시 30분에 학교에 도착하였다. 이때 희수가 달린 거리를 구하시오.

15 농도가 6 %인 소금물에서 몇 g의 물을 증발시키면 농도가 9 %인 소금물 400 g을 만들 수 있는지 구하시오.

1 일차함수와 그 그래프

개념적용익힘

✏️ 함수 —————————

개념북 117쪽

1 ●●○

다음 중 y가 x의 함수가 <u>아닌</u> 것은?

① 자동차가 시속 x km로 6시간 동안 간 거리 y km

② 한 개에 300원 하는 초콜릿 x개의 값 y원

③ 한 변의 길이가 x cm인 정오각형의 둘레의 길이 y cm

④ 20 L들이 물통에 매분 x L씩 물을 부어 물통을 가득 채우는 데 걸리는 시간 y분

⑤ 자연수 x의 배수 y

2 ●●○

다음 중 y가 x의 함수가 <u>아닌</u> 것을 모두 고르면?

(정답 2개)

① 자연수 x보다 작은 짝수 y

② 소금 x g이 녹아 있는 소금물 200 g의 농도 y %

③ 정수가 아닌 유리수 x에 가장 가까운 정수 y

④ 20명의 회원 중에서 모임에 참석한 회원 x명과 참석하지 않은 회원 y명

⑤ 반지름의 길이가 x cm인 원의 둘레의 길이 y cm

✏️ 함숫값 —————————

개념북 117쪽

3 ●○○

함수 $f(x)=4x$에 대하여 다음을 구하시오.

(1) $f(2)$의 값

(2) $x=-1$일 때의 함숫값

4 ●○○

다음 주어진 함수에 대하여 $x=2$일 때의 함숫값을 구하시오.

(1) $y=-2x$

(2) $y=5x-1$

(3) $y=\dfrac{4}{x}$

(4) $y=-\dfrac{2}{x}$

5 ●●○

함수 $f(x)=-6x$에 대하여 $f(2)-f(4)$의 값은?

① -12　　　② -6　　　③ 0

④ 6　　　⑤ 12

6 ●●○

함수 $f(x)=\dfrac{12}{x}$에 대하여 $f(-4)+f(3)$의 값을 구하시오.

✎ 함숫값을 이용하여 미지수 구하기 ─── 개념북 **118**쪽

7 ●○○
함수 $y = \dfrac{a}{x}$ 에 대하여 $x = 3$일 때 $y = -4$이다. 상수 a
의 값을 구하시오.

8 ●●○
함수 $f(x) = -5x$에 대하여 $f(k) = -20$일 때, k
의 값은?

① -4 ② -3 ③ 1
④ 3 ⑤ 4

9 ●●○
함수 $f(x) = 2x + 3$에 대하여 $f\left(\dfrac{a}{2}\right) = -1$일 때, a
의 값을 구하시오.

10 ●●○
y가 x에 정비례하고, x, y 사이의 관계가 다음 표와
같을 때, $f(k) = 150$을 만족하는 k의 값을 구하시오.

x	2	4	6	8	$\cdots$
y	6	12	18	24	$\cdots$

✎ 함수의 식 구하기 ─── 개념북 **118**쪽

11 ●○○
함수 $f(x) = ax + 1$에 대하여 $f(3) = -5$일 때,
$f(-1)$의 값을 구하시오. (단, a는 상수)

12 ●○○
함수 $f(x) = \dfrac{a}{x}$ 에 대하여 $f(-3) = 4$일 때, $f(6)$
의 값은? (단, a는 상수)

① -3 ② -2 ③ -1
④ 2 ⑤ 3

13 ●●○
함수 $f(x) = \dfrac{a}{x} + 1$에 대하여 $f(-1) = 2$,
$f(b) = 3$일 때, $a + b$의 값은? (단, a는 상수)

① $-\dfrac{3}{2}$ ② -1 ③ $-\dfrac{1}{2}$
④ $\dfrac{1}{2}$ ⑤ 1

14 ●●●
두 함수 $f(x) = 3x + 1$, $g(x) = -\dfrac{a}{x}$ 에 대하여
$g(5) = -2$, $f(b) = a$일 때, $a - b$의 값을 구하시오.
(단, a는 상수)

15 ●●○
다음 중 일차함수인 것은?

① $y=\dfrac{5x-2}{3}$ 　　② $y=-\dfrac{2}{x}$

③ $y=-x(x-2)$ 　　④ $xy=-1$

⑤ $y-2x+4=-2(x+1)$

16 ●●○
다음 **보기** 중 일차함수가 <u>아닌</u> 것은 모두 몇 개인가?

보기

ㄱ. $y=-\dfrac{1}{2}$ 　　ㄴ. $y=-\dfrac{2}{3}x+1$

ㄷ. $y+3x=3(x-1)$ 　　ㄹ. $\dfrac{x}{3}=\dfrac{-5}{y}$

ㅁ. $y-x-1=-(x+2)$

① 1개 　　② 2개 　　③ 3개
④ 4개 　　⑤ 5개

17 ●●○
다음 **보기** 중 일차함수인 것을 모두 고르시오.

보기

ㄱ. $y=2x-1$ 　　ㄴ. $y=-100$

ㄷ. $3x-\dfrac{y}{2}=1$ 　　ㄹ. $y=x(x+1)$

ㅁ. $y=-3x+3(x-2)$ 　　ㅂ. $y=125-0.01x$

18 ●●○
다음 중 y가 x에 대한 일차함수인 것을 모두 고르면?
(정답 2개)

① 반지름의 길이가 x cm인 원의 넓이는 y cm²이다.
② 1개에 600원인 사과 x개의 값은 y원이다.
③ 한 변의 길이가 x cm인 정사각형의 넓이는 y cm² 이다.
④ 초콜릿 100개를 x명에게 4개씩 나누어 주었더니 초콜릿 y개가 남았다.
⑤ 300 km를 시속 x km로 달릴 때 걸리는 시간은 y 시간이다.

19 ●●○
다음 중 y가 x에 대한 일차함수가 <u>아닌</u> 것은?

① 시속 80 km로 x시간 동안 달린 거리는 y km이다.
② 물 200 g에 소금 x g을 넣어 만든 소금물의 농도는 y %이다.
③ 500원짜리 물건을 x개 사고 10000원을 냈을 때의 거스름돈은 y원이다.
④ 하루 중 낮의 길이가 x시간이면 밤의 길이는 y시간 이다.
⑤ 둘레의 길이가 40 cm이고 가로의 길이가 x cm인 직사각형의 세로의 길이는 y cm이다.

✏️ 일차함수의 함숫값 ─── 개념북 121쪽

20 ●○○

일차함수 $f(x)=3x+2$일 때, $f(3)-f(-2)$의 값을 구하시오.

21 ●○○

일차함수 $f(x)=ax+3$이고 $f(1)=5$일 때, $f(3)$의 값을 구하시오. (단, a는 상수)

22 ●●○

일차함수 $f(x)=-3x+b$에 대하여 $f(2)=-4$일 때, $f(p)=-7$을 만족하는 p의 값은? (단, b는 상수)

① 1   ② 3   ③ 5
④ 7   ⑤ 9

23 ●●●

일차함수 $f(x)=ax+b$에서 $f(-2)=3$, $f(1)=6$일 때, $f(0)$의 값을 구하시오.

(단, a, b는 상수)

✏️ 함수 $y=ax(a\neq0)$의 그래프 ─── 개념북 123쪽

24 ●●○

다음 중 일차함수 $y=ax(a\neq0)$의 그래프에 대한 설명으로 옳지 <u>않은</u> 것은?

① 원점을 지나는 직선이다.
② 점 $(1, a)$를 지난다.
③ $a>0$이면 오른쪽 위로 향하는 직선이다.
④ 일차함수 $y=x$의 그래프가 $y=-2x$의 그래프보다 y축에 가깝다.
⑤ $a<0$이면 제2사분면과 제4사분면을 지난다.

25 ●●○

일차함수 $y=ax$의 그래프가 오른쪽 그림과 같을 때, 다음 중 상수 a의 값이 될 수 있는 것은?

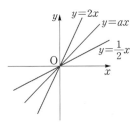

① -1 ② $-\dfrac{1}{2}$

③ $\dfrac{3}{2}$ ④ 2 ⑤ $\dfrac{5}{2}$

26 ●●○

일차함수 $y=ax(a\neq0)$의 그래프가 오른쪽 그림과 같을 때, 다음 설명 중 옳지 <u>않은</u> 것은?

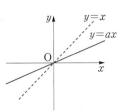

① 점 $(1, a)$를 지난다.
② a는 1보다 큰 수이다.
③ 원점을 지난다.
④ a의 절댓값이 작을수록 x축에 가까워진다.
⑤ x의 값이 증가할 때 y의 값도 증가한다.

27 ●○○
다음 중 일차함수 $y=-3x+7$의 그래프 위의 점이 아닌 것은?

① $(-2, 13)$ ② $\left(-\frac{1}{2}, \frac{15}{2}\right)$ ③ $\left(\frac{1}{3}, 6\right)$

④ $\left(\frac{5}{6}, \frac{9}{2}\right)$ ⑤ $(2, 1)$

28 ●●○
일차함수 $y=\frac{1}{2}x+b$의 그래프가 두 점 $(3, -1)$, $(p, -8)$을 지날 때, p의 값을 구하시오.
(단, b는 상수)

29 ●●○
일차함수 $y=3x+1$의 그래프가 두 점 $(a, a-1)$, $(b, b+3)$을 지날 때, $a-b$의 값은?

① -4 ② -2 ③ 0
④ 2 ⑤ 4

30 ●●●
두 일차함수 $y=-ax-2$, $y=3x+2$의 그래프가 모두 점 $(-2, k)$를 지날 때, $a+k$의 값을 구하시오.
(단, a는 상수)

31 ●○○
다음 일차함수 중 그 그래프가 일차함수 $y=\frac{5}{2}x$의 그래프를 평행이동하면 겹쳐지는 것은?

① $y=-\frac{5}{2}x$ ② $y=-\frac{5}{2}x+3$

③ $y=-\frac{2}{5}x-1$ ④ $y=\frac{2}{5}x-3$

⑤ $y=\frac{5}{2}x+1$

32 ●●○
일차함수 $y=4x+b$의 그래프를 y축의 방향으로 -3만큼 평행이동하였더니 일차함수 $y=4x-1$의 그래프와 겹쳐졌다. 일차함수 $y=4x+b$의 그래프를 y축의 방향으로 5만큼 평행이동한 그래프의 식을 구하시오. (단, b는 상수)

33 ●●○
일차함수 $y=\frac{1}{2}x+3$의 그래프는 일차함수 $y=ax-2$의 그래프를 y축의 방향으로 p만큼 평행이동한 것이다. 이때 $2a+p$의 값은? (단, a는 상수)

① -16 ② -2 ③ 0
④ 2 ⑤ 6

✏️ 평행이동한 그래프 위의 점 —————

개념북 **124**쪽

34 ●●○

일차함수 $y=-2x$의 그래프를 y축의 방향으로 -2만큼 평행이동한 그래프가 점 $(-4, a)$를 지난다고 할 때, a의 값을 구하시오.

35 ●●○

일차함수 $y=-3x+1$의 그래프를 y축의 방향으로 k만큼 평행이동한 그래프가 점 $(3, 7)$을 지날 때, k의 값은?

① -5 ② 0 ③ 5
④ 10 ⑤ 15

36 ●●○

일차함수 $y=ax$의 그래프를 y축의 방향으로 b만큼 평행이동하면 두 점 $(2, 1)$, $(-3, 11)$을 지난다. 이때 ab의 값을 구하시오. (단, a는 상수)

37 ●●○

일차함수 $y=3ax-2$의 그래프를 y축의 방향으로 b만큼 평행이동한 그래프가 두 점 $(2, 7)$, $(-1, -11)$을 지날 때, ab의 값을 구하시오.

(단, a는 상수)

38 ●●○

일차함수 $y=ax+\dfrac{1}{4}$의 그래프는 점 $(5, -1)$을 지나고, 이 그래프를 y축의 방향으로 b만큼 평행이동하면 점 $(4, 1)$을 지난다. 이때 $a-b$의 값을 구하시오.

(단, a는 상수)

39 ●●●

일차함수 $y=2x-8$의 그래프를 y축의 방향으로 b만큼 평행이동한 그래프가 두 점 $(-3, -1)$, $(a+1, 1-2a)$를 지날 때, $2a+b$의 값을 구하시오.

40.◦◦

일차함수 $y=-\dfrac{2}{5}x+2$의 그래프가 x축과 만나는 점을 A, y축과 만나는 점을 B라 할 때, 두 점 A, B의 좌표를 각각 구하시오.

41.●●◦

일차함수 $y=ax+3$의 그래프가 점 $\left(-\dfrac{1}{4},\ 1\right)$을 지날 때, 이 그래프의 x절편을 구하시오. (단, a는 상수)

42.●●◦

오른쪽 그림은 일차함수 $y=ax+4$의 그래프이다. 이 그래프의 x절편과 y절편을 각각 구하시오.

(단, a는 상수)

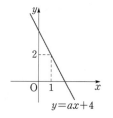

43.●●◦

일차함수 $y=\dfrac{4}{7}x$의 그래프를 y축의 방향으로 -8만큼 평행이동한 그래프의 x절편을 a, y절편을 b라고 할 때, $a-b$의 값을 구하시오.

44.●●◦

일차함수 $y=ax+b$의 그래프의 x절편이 -2이고, 그 그래프가 점 $(1,\ -2)$를 지날 때, 상수 a, b에 대하여 $a-b$의 값을 구하시오.

45.●●◦

일차함수 $y=ax+1$의 그래프의 x절편이 -2이고, 그 그래프가 점 $(-8,\ m)$을 지날 때, $2a-m$의 값을 구하시오. (단, a는 상수)

46.●●◦

일차함수 $y=\dfrac{1}{4}x-1$의 그래프의 x절편과 일차함수 $y=\dfrac{1}{3}x+2k+1$의 그래프의 y절편이 서로 같을 때, 상수 k의 값을 구하시오.

47.●●◦

일차함수 $y=ax-1$의 그래프가 점 $(-3,\ 5)$를 지나고 일차함수 $y=\dfrac{1}{2}x+b$의 그래프와 y축 위에서 만날 때, 상수 a, b에 대하여 $a+b$의 값은?

① -3 ② -1 ③ 0
④ 1 ⑤ 3

✏️ **일차함수의 그래프와 좌표축으로 둘러싸인 도형의 넓이** 개념북 127쪽

48 ●●○

오른쪽 그림과 같이 일차함수 $y=ax+5$의 그래프와 x축과의 교점을 P, y축과의 교점을 Q라 하자. △OPQ의 넓이가 25일 때, 상수 a의 값을 구하시오. (단, $a<0$)

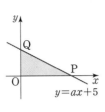

49 ●●○

오른쪽 그림과 같이 두 일차함수 $y=-\dfrac{4}{3}x+2$, $y=\dfrac{2}{5}x+2$의 그래프와 x축으로 둘러싸인 도형의 넓이를 구하시오.

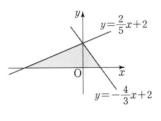

50 ●●●

오른쪽 그림과 같이 두 일차함수 $y=-x-2$, $y=-\dfrac{1}{3}x-3$의 그래프와 x축 및 y축으로 둘러싸인 도형의 넓이를 구하시오.

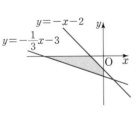

✏️ **일차함수의 그래프의 기울기** 개념북 129쪽

51 ●○○

다음 **보기**의 일차함수의 그래프 중 x의 값이 3만큼 증가할 때, y의 값이 6만큼 감소하는 것을 모두 고르시오.

┌─ 보기 ─────────────────────
│ ㄱ. $y=-4x+2$ ㄴ. $y=-2x+2$
│ ㄷ. $y=-2+2x$ ㄹ. $y=-4-2x$
│ ㅁ. $y=2x-4$ ㅂ. $y=-(2x-1)$
└────────────────────────

52 ●●○

일차함수 $y=-3x-2$의 그래프에서 x의 값이 -3에서 1까지 증가할 때, y의 값의 증가량은?

① 10만큼 증가　　　　② 10만큼 감소
③ 12만큼 증가　　　　④ 12만큼 감소
⑤ 14만큼 증가

53 ●●●

일차함수 $y=ax+2$의 그래프의 x절편이 $-\dfrac{1}{2}$이고, x의 값이 2에서 -3까지 감소할 때 y의 값의 증가량은 k이다. 이때 $a-k$의 값은? (단, a는 상수)

① -12　　　② -4　　　③ 2
④ 16　　　⑤ 24

54 ●●●

일차함수 $y=ax+3$의 그래프가 점 $(2, -1)$을 지나고, x의 값이 -2에서 2까지 증가할 때 y의 값의 증가량은 k이다. 이때 a, k의 값을 각각 구하시오.

(단, a는 상수)

✎ **두 점을 지나는 일차함수의 그래프의 기울기** 개념북 130쪽

55 ●○○
두 점 $(k, 1)$, $(-2, 2k-3)$을 지나는 일차함수의 그래프의 기울기가 $-\dfrac{6}{5}$일 때, k의 값은?

① 5 ② 6 ③ 7
④ 8 ⑤ 9

56 ●●○
두 점 $(1, 4)$, $(-1, 3)$을 지나는 일차함수의 그래프에서 x의 값이 -7에서 -4까지 증가할 때, y의 값의 증가량을 구하시오.

57 ●●○
x절편이 -3이고 y절편이 a인 일차함수의 그래프의 기울기가 -2일 때, a의 값을 구하시오.

58 ●●●
오른쪽 그림과 같은 두 일차함수 $y=f(x)$, $y=g(x)$의 그래프의 기울기를 각각 m, n이라 할 때, $m+n$의 값을 구하시오.

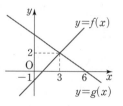

✎ **세 점이 한 직선 위에 있을 조건** ──── 개념북 130쪽

59 ●●○
세 점 $(1, 1)$, $(-3, -7)$, $(4, a)$가 한 직선 위에 있을 때, a의 값은?

① 1 ② 3 ③ 5
④ 7 ⑤ 9

60 ●●○
세 점 $(-1, -3)$, $(2, a)$, $(3, 3a-1)$이 한 직선 위에 있도록 하는 a의 값을 구하시오.

61 ●●○
세 점 $(k, 1)$, $(2k, k+1)$, $(3k, k+2)$가 한 직선 위에 있을 때, k의 값은?

① -2 ② -1 ③ 0
④ 1 ⑤ 2

62 ●●○
세 점 $(-5, 0)$, $(1, a)$, $(b, 3)$이 한 직선 위에 있을 때, $ab+5a$의 값을 구하시오.

✏️ $y=ax+b$의 그래프의 성질 ——— 개념북 132쪽

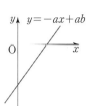

63 ●○○

다음 일차함수 중 그 그래프가 x축에 가장 가까운 것은?

① $y=-3x+1$ ② $y=-\dfrac{1}{2}x+1$

③ $y=\dfrac{1}{3}x+5$ ④ $y=\dfrac{3}{2}x+1$

⑤ $y=2x-5$

64 ●●○

다음 일차함수 중 그 그래프가 오른쪽 위를 향하면서 제4사분면을 지나는 것은?

① $y=3x+2$ ② $y=3x$

③ $y=-\dfrac{1}{2}x-3$ ④ $y=5x-2$

⑤ $y=-5x+2$

65 ●●○

다음 중 일차함수 $y=\dfrac{3}{5}x-\dfrac{1}{2}$의 그래프를 y축의 방향으로 1만큼 평행이동한 그래프에 대한 설명으로 옳은 것을 모두 고르면? (정답 2개)

① 오른쪽 아래로 향하는 직선이다.
② 제4사분면을 지나지 않는다.
③ x의 값이 3만큼 증가하면 y의 값은 5만큼 증가한다.
④ 점 $\left(-5, \dfrac{5}{2}\right)$를 지난다.
⑤ y축과 양의 부분에서 만난다.

✏️ a, b의 부호와 $y=ax+b$의 그래프 ——— 개념북 132쪽

66 ●●○

일차함수 $y=-ax+ab$의 그래프가 오른쪽 그림과 같을 때, 상수 a, b의 부호는?

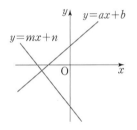

① $a>0, b>0$ ② $a>0, b<0$
③ $a<0, b>0$ ④ $a<0, b=0$
⑤ $a<0, b<0$

67 ●●○

오른쪽 그림과 같은 두 일차함수 $y=ax+b$, $y=mx+n$의 그래프에 대하여 다음 중 옳은 것은? (단, a, b, m, n은 상수)

① $ab<0$ ② $am>0$
③ $m+n<0$ ④ $b-n<0$
⑤ $\dfrac{m}{n}<0$

68 ●●●

일차함수 $y=-ax-\dfrac{a}{b}$의 그래프가 오른쪽 그림과 같을 때, 일차함수 $y=ax+b$의 그래프가 지나지 않는 사분면을 구하시오.

(단, a, b는 상수)

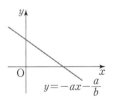

69 ●○○

두 일차함수 $y=-3ax+8$과 $y=12x+2b$의 그래프가 일치할 때, 상수 a, b에 대하여 $a-b$의 값은?

① -12 ② -10 ③ -8
④ -6 ⑤ -4

70 ●●○

두 일차함수 $y=(2p-1)x+p-4q+3$,
$y=(p-q+1)x+q+1$의 그래프가 일치할 때, $p-q$의 값을 구하시오. (단, p, q는 상수)

71 ●●○

일차함수 $y=2ax-1$의 그래프를 y축의 방향으로 5만큼 평행이동하였더니 일차함수 $y=6x-b$의 그래프와 일치하였다. 이때 상수 a, b의 합 $a+b$의 값은?

① -3 ② -1 ③ 0
④ 2 ⑤ 5

72 ●●●

일차함수 $y=-2x+b$의 그래프를 y축의 방향으로 -3만큼 평행이동하면 일차함수 $y=-2x+1$의 그래프와 일치하고, y축의 방향으로 -5만큼 평행이동하면 일차함수 $y=mx+n$의 그래프와 일치한다. 이때 $m+n$의 값을 구하시오. (단, b, m, n은 상수)

73 ●○○

다음 보기의 일차함수 중 그 그래프가 일차함수 $y=3x+1$의 그래프와 평행한 것을 모두 고르시오.

> **보기**
> ㄱ. $y=\dfrac{1}{2}x-3$ ㄴ. $y=-2x+3$
> ㄷ. $y=3x+7$ ㄹ. $y=\dfrac{1}{3}x+1$
> ㅁ. $y=3x-3$ ㅂ. $y=-\dfrac{2}{3}x+3$

74 ●○○

두 일차함수 $y=-2x+3$, $y=3ax+4$의 그래프가 서로 평행하도록 하는 상수 a의 값을 구하시오.

75 ●●○

일차함수 $y=2ax+3$의 그래프는 일차함수 $y=-3x+2$의 그래프와 평행하고 점 $(k, -2)$를 지난다. 이때 ak의 값을 구하시오. (단, a는 상수)

76 ●●●

일차함수 $y=-ax+2$의 그래프는 $y=5x-1$의 그래프와 평행하고, 일차함수 $y=bx-6$의 그래프와 x축 위에서 만난다. 이때 상수 a, b에 대하여 $a-b$의 값은?

① -8 ② -3 ③ 2
④ 4 ⑤ 10

기울기와 y절편을 알 때 일차함수의 식 구하기 개념북 136쪽

77 ●○○

일차함수 $y=5x+2$의 그래프와 평행하고, y절편이 -4인 일차함수의 그래프가 지나지 <u>않는</u> 사분면은?

① 제1사분면   ② 제2사분면   ③ 제3사분면

④ 제4사분면   ⑤ 제2, 4사분면

78 ●○○

오른쪽 그림과 같은 일차함수의 그래프와 평행하고 y절편이 5인 직선을 그래프로 하는 일차함수의 식을 구하시오.

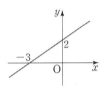

79 ●●○

x의 값이 2만큼 증가할 때 y의 값은 3만큼 감소하고, y절편이 2인 직선이 점 $(2a, -2a)$를 지날 때, a의 값을 구하시오.

80 ●●○

일차함수 $y=\dfrac{2}{3}x-2$의 그래프와 평행하고, 일차함수 $y=-\dfrac{2}{3}x+2$의 그래프와 y축 위에서 만나는 직선을 그래프로 하는 일차함수의 식을 $y=f(x)$라 할 때, $f(2)-f(-1)$의 값을 구하시오.

기울기와 한 점을 알 때 일차함수의 식 구하기 개념북 136쪽

81 ●○○

기울기가 -2이고, 점 $(3, -1)$을 지나는 일차함수의 그래프의 y절편을 구하시오.

82 ●●○

다음 중 일차함수 $y=-2x+3$의 그래프와 평행하고 점 $(-1, 4)$를 지나는 직선 위의 점이 <u>아닌</u> 것은?

① $(-3, 8)$ ② $(2, -2)$ ③ $(1, 0)$

④ $(3, -4)$ ⑤ $(5, -6)$

83 ●●○

오른쪽 그림과 같은 직선과 평행하고 점 $(-1, 1)$을 지나는 직선을 그래프로 하는 일차함수의 식을 $y=ax+b$라 할 때, $a+b$의 값은?

(단, a, b는 상수)

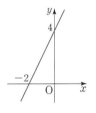

① -2 ② -1 ③ 2

④ 3 ⑤ 5

84 ●●●

일차함수 $y=2x-5$의 그래프와 평행하고 점 $(2, 8)$을 지나는 직선과 x축 및 y축으로 둘러싸인 도형의 넓이는?

① 1 ② 2 ③ 4

④ 6 ⑤ 8

85 ••○

두 점 $(-1, 1)$, $(2, 10)$을 지나는 일차함수의 그래프의 x절편을 a, y절편을 b라 할 때, $a+b$의 값을 구하시오.

86 ••○

다음 일차함수 중 그 그래프가 두 점 $(-3, 7)$, $(-1, -3)$을 지나는 직선과 x축 위에서 만나는 것은?

① $y = -\dfrac{3}{2}x - 2$ ② $y = -\dfrac{1}{2}x - 1$

③ $y = \dfrac{1}{2}x + 1$ ④ $y = \dfrac{3}{2}x + 2$

⑤ $y = \dfrac{5}{2}x + 4$

87 •••

일차함수 $y = ax + b$의 그래프를 그리는데 선영이는 기울기를 잘못 보고 그려서 두 점 $(3, 1)$, $(0, -2)$를 지나는 직선이 되었고, 세은이는 y절편을 잘못 보고 그려서 두 점 $(2, 3)$, $(-2, -4)$를 지나는 직선이 되었다. 원래의 일차함수 $y = ax + b$의 그래프가 점 $(2, k)$를 지날 때, k의 값을 구하시오.

(단, a, b는 상수)

88 ••○

x절편이 8, y절편이 -2인 직선이 점 $(-2, k)$를 지날 때, k의 값을 구하시오.

89 ••○

x절편이 -1이고, y절편이 -5인 직선을 y축의 방향으로 -10만큼 평행이동한 직선의 x절편을 구하시오.

90 •••

일차함수 $y = ax + b$의 그래프의 x절편이 2, y절편이 -1일 때, 일차함수 $y = -abx + a + b$의 그래프는?

(단, a, b는 상수)

① 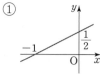 ②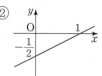

③   ④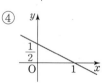

⑤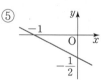

온도에 대한 일차함수의 활용

개념북 **140**쪽

91 ●●○

땅속의 온도는 지하 10 km까지는 200 m 내려갈 때마다 5 ℃씩 올라간다고 한다. 지표면에서의 온도가 16 ℃이고, 지하 x km에서의 온도를 y ℃라고 할 때, 다음 물음에 답하시오.

(1) x와 y 사이의 관계식을 구하시오.
(2) 지하 2 km에서의 온도를 구하시오.

92 ●●○

지면으로부터 10 km까지는 100 m 높아질 때마다 기온이 0.6 ℃씩 내려간다고 한다. 현재 지면의 기온이 15 ℃일 때, 기온이 −3 ℃인 지점의 지면으로부터의 높이는 몇 km인지 구하시오.

93 ●●●

섭씨온도(℃)와 화씨온도(℉) 사이의 관계는 0 ℃일 때 32 ℉이고, 10 ℃일 때 50 ℉인 일차함수의 관계라고 한다. 섭씨온도가 35 ℃일 때, 화씨온도를 구하시오.

정답과 풀이 **86**쪽

길이에 대한 일차함수의 활용

개념북 **140**쪽

94 ●●○

길이가 30 cm인 양초에 불을 붙이면 6분마다 2 cm씩 길이가 짧아진다고 한다. 이 양초가 모두 타는 데 걸리는 시간은 몇 분인지 구하시오.

95 ●●○

높이가 80 cm인 원기둥 모양의 얼음이 있다. 이 얼음의 높이가 5분마다 4 cm씩 짧아진다고 할 때, 얼음의 높이가 20 cm가 되는 것은 몇 분 후인지 구하시오.

96 ●●○

길이가 10 cm이고, 45 g까지 달 수 있는 용수철 저울이 있다. 이 용수철 저울에 2 g의 추를 달 때마다 길이가 1 cm씩 늘어난다고 한다. 20 g의 추를 달았을 때, 용수철의 길이는?

① 20 cm ② 21 cm ③ 22 cm
④ 23 cm ⑤ 24 cm

97 ●●●

물이 들어 있는 원기둥 모양의 물통에 수돗물을 일정하게 틀어 5분 후와 10분 후에 물의 높이를 재었더니 각각 30 cm, 50 cm가 되었다. x분 후의 물의 높이를 y cm라 할 때, y를 x에 대한 식으로 나타내고, 처음에 들어 있던 물의 높이를 구하시오.

1. 일차함수와 그 그래프 **79**

✏️ **속력에 대한 일차함수의 활용** ─────── 개념북 141쪽

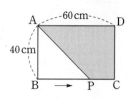

98 ••○

공원에서 3 km 떨어진 도서관까지 가는데 분속 60 m 의 속력으로 걷는다. x분 동안 걸은 후 도서관까지 남은 거리를 y km라 할 때, x와 y 사이의 관계식은?

① $y=3-0.3x$ ② $y=3-0.6x$
③ $y=3+0.6x$ ④ $y=3-0.06x$
⑤ $y=3+0.06x$

99 ••○

어느 고층빌딩의 초고속 엘리베이터가 260 m의 높이에서 초속 5 m의 속력으로 쉬지 않고 아래로 내려온다. 지면으로부터 엘리베이터까지의 높이가 120 m인 순간은 출발한 지 몇 초 후인지 구하시오.

100 •••

A 지점과 B 지점은 서로 400 m 떨어져 있다. A 지점을 출발하여 B 지점으로 가는 모형 자동차의 속력은 초속 10 m이고, B 지점에서 출발하여 A 지점으로 가는 모형 자동차의 속력은 초속 15 m이다. x초 후의 두 자동차 사이의 거리를 y m라 할 때, y를 x에 대한 식으로 나타내고, 두 자동차는 출발한 지 몇 초 후에 만나는지 구하시오.
　　　　　　(단, 두 모형 자동차는 동시에 출발한다.)

✏️ **도형에 대한 일차함수의 활용** ─────── 개념북 141쪽

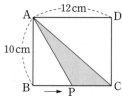

101 ••○

오른쪽 그림의 직사각형 ABCD에서 점 P가 꼭짓점 B를 출발하여 꼭짓점 C까지 초속 2 cm의 속력으로 변 BC 위를 움직이고 있다. 점 P가 움직이기 시작한 지 x초 후의 사다리꼴 APCD의 넓이를 y cm²라 할 때, x와 y 사이의 관계식을 구하시오.

102 ••○

오른쪽 그림과 같은 직사각형 ABCD에서 점 P가 꼭짓점 B를 출발하여 변 BC를 따라 꼭짓점 C까지 매초 1 cm씩 움직인다. △APC의 넓이가 40 cm²가 되는 것은 점 P가 꼭짓점 B를 출발한 지 몇 초 후인가?

① 3초 후　　　② 4초 후　　　③ 5초 후
④ 6초 후　　　⑤ 7초 후

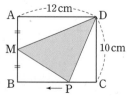

103 •••

오른쪽 그림과 같은 직사각형 ABCD에서 점 M은 $\overline{AB}$의 중점이고, 점 P는 꼭짓점 C를 출발하여 꼭짓점 B까지 $\overline{BC}$ 위를 매초 2 cm의 속력으로 움직이고 있다. 점 P가 꼭짓점 C를 출발한 지 x초 후의 △DMP의 넓이를 y cm²라 할 때, y를 x에 대한 식으로 나타내고, △DMP의 넓이가 45 cm²가 되는 것은 점 P가 꼭짓점 C를 출발한 지 몇 초 후인지 구하시오.

1

다음 중 y가 x의 함수가 아닌 것을 모두 고르면?

(정답 2개)

① 자연수 x의 약수는 y이다.
② 자연수 x와 서로소인 자연수는 y이다.
③ 정수 x의 절댓값은 y이다.
④ 한 장에 900원인 우표 x장의 가격은 y원이다.
⑤ 가로의 길이가 $x\,\text{cm}$, 세로의 길이가 $5\,\text{cm}$인 직사각형의 넓이는 $y\,\text{cm}^2$이다.

2

다음 중 y가 x에 대한 일차함수인 것을 모두 고르면?

(정답 2개)

① 한 변의 길이가 $x\,\text{cm}$인 정사각형의 넓이는 $y\,\text{cm}^2$이다.
② 한 자루에 500원인 연필 x자루와 한 개에 300원인 지우개 5개의 가격은 y원이다.
③ 농도가 $x\,\%$인 소금물 $y\,\text{g}$에 들어 있는 소금의 양은 $5\,\text{g}$이다.
④ $x\,\text{cm}$인 철사를 y등분하였을 때 철사 1조각의 길이는 $3\,\text{cm}$이다.
⑤ 초속 $x\,\text{m}$의 속력으로 y초 동안 달린 거리는 $100\,\text{m}$이다.

3

일차함수 $y=ax+8$의 그래프가 두 점 $(-3,\,k)$, $(4,\,16)$을 지날 때, k의 값을 구하시오.

(단, a는 상수)

4

다음 일차함수의 그래프 중에서 제3사분면을 지나지 않는 것은?

① $y=-2x-1$
② $y=-3x+4$
③ $y=\dfrac{2}{3}x+5$
④ $y=\dfrac{1}{4}x-2$
⑤ $y=-\dfrac{1}{5}x-3$

5

다음 중 일차함수 $y=-\dfrac{1}{3}x+6$의 그래프에 대한 설명으로 옳지 않은 것은?

① 오른쪽 아래로 향하는 직선이다.
② x절편은 18이다.
③ 제1, 2, 4사분면을 지난다.
④ 일차함수 $y=\dfrac{1}{4}x-1$의 그래프보다 x축에 가깝다.
⑤ x의 값이 3만큼 증가할 때, y의 값은 1만큼 감소한다.

6

일차함수 $y=\dfrac{1}{2}x-6$의 그래프를 y축의 방향으로 -3만큼 평행이동한 그래프가 점 $(-4,\,a)$를 지날 때, a의 값을 구하시오.

7 실력UP↗

오른쪽 그림과 같이 두 일차 함수 $y=-\dfrac{1}{3}x-1$과 $y=ax+b$의 그래프가 y축 위에서 만나고, x축과 각각 점 A, B에서 만난다. $\overline{OA}=\overline{OB}$일 때 상수 a, b의 곱 ab의 값은?

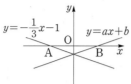

① $-\dfrac{1}{2}$ ② $-\dfrac{1}{3}$ ③ 1

④ $\dfrac{1}{3}$ ⑤ $\dfrac{1}{2}$

8

오른쪽 그림과 같은 직선을 그래프로 하는 일차함수의 식을 구하시오.

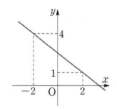

9

오른쪽 그림은 일차함수 $y=ax-2$의 그래프를 y축의 방향으로 m만큼 평행이동한 것이다. 이때 $2a+m$의 값을 구하시오.

(단, a는 상수)

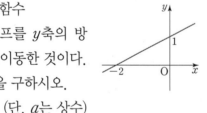

10

길이가 20 cm인 초에 불을 붙이면 10분마다 2 cm씩 길이가 짧아진다고 한다. 초의 길이가 16 cm가 되는 것은 불을 붙인 지 몇 분 후인지 구하시오.

11

일차함수 $y=-4ax+1$의 그래프는 일차함수 $y=8x-2$의 그래프와 서로 만나지 않고, 일차함수 $y=(b-2)x+2$의 그래프와 x축 위에서 만난다. 이때 상수 a, b의 합 $a+b$의 값을 구하기 위한 풀이 과정을 쓰고 답을 구하시오.

12

일차함수 $y=3x-10$의 그래프와 평행하고 점 $(2, -3)$을 지나는 직선과 x축 및 y축으로 둘러싸인 도형의 넓이를 구하기 위한 풀이 과정을 쓰고 답을 구하시오.

13

오른쪽 그림과 같은 직사각형 ABCD에서 점 P가 꼭짓점 B를 출발하여 매초 0.5 cm씩 꼭짓점 C까지 변 BC 위를 움직인다. 점 P가 출발한 지 x초 후의 사다리꼴 APCD의 넓이를 y cm^{2}라 할 때, 사다리꼴 APCD의 넓이가 50 cm^{2}가 되는 것은 점 P가 출발한 지 몇 초 후인지 구하기 위한 풀이 과정을 쓰고 답을 구하시오.

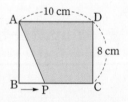

2 일차함수와 일차방정식의 관계

개념적용익힘

✏ 일차함수와 일차방정식

개념북 151쪽

1 ●●○

다음 중 일차방정식 $x-3y+3=0$의 그래프에 대한 설명으로 옳은 것을 모두 고르면? (정답 2개)

① x절편은 3이다.
② y절편은 1이다.
③ 제4사분면을 지나지 않는다.
④ 일차함수 $y=3x$의 그래프와 평행하다.
⑤ 점 $(-1, 1)$을 지난다.

2 ●●○

일차방정식 $8x+9y+36=0$의 그래프와 x축 및 y축으로 둘러싸인 도형의 넓이를 구하시오.

3 ●●●

점 $(a-b, ab)$가 제3사분면 위의 점일 때, 일차방정식 $ax-by-1=0$의 그래프가 지나지 않는 사분면을 구하시오.

✏ 일차방정식의 미지수의 값 구하기

개념북 151쪽

4 ●○○

일차방정식 $6x-3y+2b-1=0$의 그래프의 x절편이 $-\dfrac{5}{3}$일 때, 상수 b의 값을 구하시오.

5 ●●○

두 점 $(-2, -3)$, $(4, 6)$을 지나는 직선과 일차방정식 $ax-2y+4=0$의 그래프가 평행할 때, 상수 a의 값은?

① -2 ② $-\dfrac{1}{3}$ ③ 1

④ $\dfrac{5}{3}$ ⑤ 3

6 ●●●

일차방정식 $ax+2y+b=0$의 그래프는 오른쪽 그림과 같은 직선 l과 평행하고 직선 m과 y축 위에서 만난다. 이때 상수 a, b의 합 $a+b$의 값은?

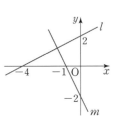

① 1 ② 2 ③ 3
④ 4 ⑤ 5

7.○○

다음 **보기** 중 x축에 평행한 직선의 방정식을 모두 고르시오.

┌ 보기 ┐
ㄱ. $5x-4=0$ ㄴ. $5x-4y=0$
ㄷ. $2x-y=0$ ㄹ. $y-5=2$
ㅁ. $4y=-3$ ㅂ. $y+13=x$

8.●●○

직선 $3y+6=0$에 수직이고 점 $(7, -2)$를 지나는 직선의 방정식을 구하시오.

9.●●○

다음 중 방정식 $4y=-12$의 그래프에 대한 설명으로 옳은 것을 모두 고르면? (정답 2개)

① x축에 수직인 직선이다.
② 점 $(1, -3)$을 지난다.
③ 제2, 3사분면을 지난다.
④ 직선 $x=-3$과 수직으로 만난다.
⑤ 직선 $y=2$와 수직으로 만난다.

10.●●○

일차방정식 $x=a$의 그래프가 두 점 $(b, -3)$, $(3, -2)$를 지날 때, $a+b$의 값을 구하시오.

(단, a는 상수)

11.●●○

두 점 $(2a, 3)$, $(4a-5, -2)$를 지나는 직선이 y축에 평행할 때, a의 값을 구하시오.

12.●●○

다음은 방정식 $x=m$, $y=n$의 그래프에 대한 설명이다. $m-n$의 값을 구하시오. (단, m, n은 상수)

┌─────────────────────────────┐
│ 한 직선은 점 $(5, 3)$을 지나고 y축에 평행한 직선이 │
│ 고, 다른 한 직선은 점 $(-2, 4)$를 지나고 x축에 평행 │
│ 한 직선이다. │
└─────────────────────────────┘

13.●●●

방정식 $ax+by=-2$의 그래프가 오른쪽 그림과 같을 때, 상수 a, b의 합 $a+b$의 값은?

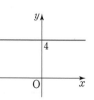

① -2 ② $-\dfrac{1}{2}$

③ 0 ④ 1

⑤ $\dfrac{3}{2}$

📝 두 직선의 교점의 좌표를 이용하여 미지수의 값 구하기 개념북 155쪽

14 ●●○

두 일차방정식 $x+y=-3$, $ax+y=1$의 그래프가 오른쪽 그림과 같을 때, 상수 a의 값을 구하시오.

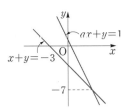

15 ●●○

두 일차방정식 $2x+y=a$, $bx-y=-1$의 그래프가 오른쪽 그림과 같을 때, 상수 a, b에 대하여 $a-b$의 값을 구하시오.

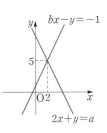

16 ●●○

두 직선 $2x+2y=m$과 $-x+y=6$의 교점의 좌표가 $(k, 2)$일 때, $k+m$의 값은? (단, m은 상수)

① -8 ② -4 ③ 0
④ 4 ⑤ 8

17 ●●●

오른쪽 그림의 두 직선 l, m의 교점의 좌표를 (a, b)라 할 때, $a+b$의 값을 구하시오.

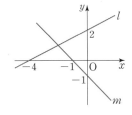

📝 두 직선의 교점을 지나는 직선의 방정식 개념북 155쪽

18 ●●○

다음 중 두 직선 $x-y-4=0$, $x+y-6=0$의 교점을 지나고, x축에 평행한 직선의 방정식은?

① $x=-5$ ② $x=1$ ③ $x=5$
④ $y=1$ ⑤ $y=5$

19 ●●○

다음 중 두 직선 $3x+4y=1$, $2x-3y=-5$의 교점을 지나고 y축에 평행한 직선의 방정식은?

① $x=2$ ② $x=1$ ③ $x=-1$
④ $y=1$ ⑤ $y=-1$

20 ●●●

두 일차방정식 $2x+y+5=0$, $x-2y+5=0$의 그래프의 교점을 지나고, 일차방정식 $5x+3y=0$의 그래프와 만나지 않는 직선의 방정식을 구하시오.

21 ●●●

다음 중 두 직선 $x-2y+3=0$, $3x+y-5=0$의 교점을 지나고 직선 $4x-y=1$과 평행한 직선 위에 있는 점은?

① $(1, 8)$ ② $(2, 10)$ ③ $(3, 12)$
④ $(4, 14)$ ⑤ $(5, 16)$

✏️ 연립방정식의 해의 개수와 그래프 ━━━ 개념북 156쪽

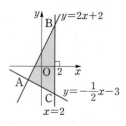

22 ●○○

연립방정식 $\begin{cases} 2x-y=-n \\ mx-y=5 \end{cases}$ 의 해가 다음과 같을 때,

상수 m, n의 조건을 구하시오.

(1) 해가 없다.

(2) 해가 무수히 많다.

(3) 해가 1개이다.

23 ●○○

두 일차방정식 $3x-y+m=0$과 $nx-y+2n=0$의
교점이 무수히 많을 때, 상수 m, n의 값을 구하시오.

24 ●●○

연립방정식 $\begin{cases} 2x-3y=-1 \\ ax+6y=3 \end{cases}$ 의 해를 구하기 위하여

두 일차방정식의 그래프를 그리면 교점이 없다고 한
다. 이때 상수 a의 값을 구하시오.

25 ●●○

두 직선 $-2x+ay=3$, $6x+3y=b$의 교점이 무수
히 많을 때, 두 상수 a, b의 곱 ab의 값은?

① $-\dfrac{10}{3}$ ② $-\dfrac{2}{3}$ ③ $\dfrac{5}{3}$

④ 6 ⑤ 9

✏️ 직선으로 둘러싸인 도형의 넓이 ━━━ 개념북 156쪽

26 ●●○

오른쪽 그림과 같이 세 직선
$y=2x+2$, $y=-\dfrac{1}{2}x-3$,
$x=2$로 둘러싸인 △ABC의 넓
이를 구하시오.

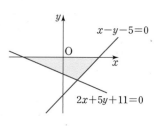

27 ●●●

오른쪽 그림과 같이
두 직선 $x-y-5=0$,
$2x+5y+11=0$과 x축으
로 둘러싸인 도형의 넓이를
구하시오.

28 ●●●

오른쪽 그림에서 두 직선 l, m
과 x축으로 둘러싸인 도형의 넓
이는?

① $\dfrac{13}{2}$ ② 7

③ $\dfrac{15}{2}$ ④ 8

⑤ 9

1

다음 중 오른쪽 그래프에 대한 설명으로 옳지 <u>않은</u> 것은?

① x절편이 2, y절편이 4이다.
② 기울기가 -2이다.
③ 점 $(1, 2)$를 지난다.
④ 일차방정식 $2x+y+4=0$의 그래프이다.
⑤ 일차함수 $y=-2x$의 그래프와 평행하다.

2

일차방정식 $3x+2y-6=0$의 그래프의 기울기를 a, y절편을 b라 할 때, $a+b$의 값은?

① $-\dfrac{3}{2}$ ② $-\dfrac{4}{3}$ ③ 1

④ $\dfrac{4}{3}$ ⑤ $\dfrac{3}{2}$

3

다음 일차방정식 중에서 그 그래프가 점 $(2, -3)$을 지나는 것은?

① $-x+y=-1$ ② $2x-y=1$
③ $2x+4y=-6$ ④ $3x-2y=12$
⑤ $4x-3y=-1$

4

일차방정식 $ax-y=2$의 그래프가 점 $(1, -5)$를 지날 때, 이 그래프의 기울기를 구하시오. (단, a는 상수)

5

일차방정식 $5x+2y-3=0$의 그래프가 지나지 <u>않는</u> 사분면은?

① 제1사분면   ② 제2사분면
③ 제3사분면   ④ 제4사분면
⑤ 제1사분면과 제2사분면

6

네 방정식 $x+1=0$, $x-3=0$, $y+2=0$, $y+1-2a=0$의 그래프로 둘러싸인 도형의 넓이가 28일 때, 상수 a의 값을 구하시오. $\left(단, a>\dfrac{1}{2}\right)$

7

다음 세 직선이 한 점에서 만날 때, 상수 a의 값은?

$$x-y=-4,\ x+3y=0,\ (a+1)x-ay=-1$$

① -1 ② $-\dfrac{1}{2}$ ③ 0

④ $\dfrac{1}{2}$ ⑤ 1

8

오른쪽 그림은 연립방정식 $\begin{cases} x-2y=a \\ bx+y=1 \end{cases}$을 풀기 위하여 두 일차방정식의 그래프를 그린 것이다. 상수 a, b의 값을 각각 구하시오.

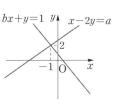

9 실력UP↗

두 직선 $2x-2y+1=0$, $x+3y+a=0$의 교점이 제3사분면 위에 있도록 하는 상수 a의 값의 범위를 구하시오.

10

연립방정식 $\begin{cases} ax+2y=-1 \\ 6x+by=3 \end{cases}$의 해가 무수히 많을 때, 상수 a, b의 합 $a+b$의 값을 구하시오.

11

두 일차방정식 $2x-y=4$, $2x+2y=1$의 그래프와 y축으로 둘러싸인 도형의 넓이를 구하시오.

12 실력UP↗

세 직선
$x+y-5=0$, $2x-y-4=0$, $2x+ay+4=0$에 의하여 삼각형이 만들어지지 않을 때, 상수 a의 값이 될 수 <u>없는</u> 것을 모두 고르면? (정답 2개)

① -5 ② -2 ③ -1

④ 1   ⑤ 2

13

점 $(1, -4)$를 지나면서 x축에 평행한 직선과 점 $(-2, 3)$을 지나면서 x축에 수직인 직선의 교점의 좌표를 구하기 위한 풀이 과정을 쓰고 답을 구하시오.

14

일차방정식 $kx+y+k-3=0$의 그래프는 상수 k의 값에 관계없이 항상 일정한 점을 지난다. 그 점을 P라 할 때, 점 P를 지나고 일차방정식 $x+y=3$의 그래프에 평행한 직선의 방정식을 구하기 위한 풀이 과정을 쓰고 답을 구하시오.

15

오른쪽 그림과 같이 일차함수 $y=-\dfrac{1}{3}x+2$의 그래프가 x축, y축과 만나는 점을 각각 A, B라 하자. △ABO의 넓이를 이등분하는 직선의 방정식을 $ax+y=0$이라 할 때, 상수 a의 값을 구하기 위한 풀이 과정을 쓰고 답을 구하시오.

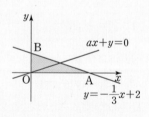

1 함수 $f(x)=$(자연수 x를 3으로 나눈 나머지)에 대하여 $f(15)+f(16)+f(17)$의 값은?

① 1   ② 2   ③ 3

④ 4   ⑤ 5

2 다음 중 y가 x에 대한 일차함수가 <u>아닌</u> 것은?

① 시속 x km로 2시간 동안 달린 거리는 y km 이다.

② 한 변의 길이가 x cm인 정삼각형의 둘레의 길 이는 y cm이다.

③ 30 %의 소금물 x g 속에 들어 있는 소금의 양 은 y g이다.

④ 사탕 52개를 x명에게 5개씩 나누어 주었더니 사탕 y개가 남았다.

⑤ 넓이가 10 cm²이고 밑변의 길이가 x cm인 삼 각형의 높이는 y cm이다.

3 다음 중 일차함수 $y=-x+2$의 그래프와 y축 위에서 만나고, 일차함수 $y=\dfrac{5}{4}x-10$의 그래프 와 x축 위에서 만나는 일차함수의 그래프 위의 점은?

① $(-4, 3)$ ② $(-2, 2)$ ③ $(2, 1)$

④ $\left(4, \dfrac{1}{2}\right)$ ⑤ $\left(6, -\dfrac{1}{2}\right)$

4 두 일차함수 $y=\dfrac{2}{3}x-4$, $y=ax-4$의 그래프 와 x축으로 둘러싸인 도형의 넓이가 16일 때, 상 수 a의 값을 구하시오. (단, $a<0$)

5 일차함수 $y=f(x)$에 대하어 $f(x+2)-f(x-1)=-12$, $f(0)=5$일 때, $f(x)$는?

① $f(x)=-4x-5$ ② $f(x)=-4x+5$

③ $f(x)=-2x-5$ ④ $f(x)=4x-5$

⑤ $f(x)=4x+5$

6 일차함수 $y=ax+b$ 의 그래프가 오른쪽 그림과 같다. 점 $(3, -2k)$가 일차함 수 $y=bx+a$의 그래 프 위에 있을 때, k의 값은? (단, a, b는 상수)

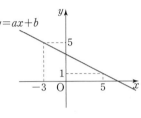

① -7 ② -6 ③ -5

④ -4 ⑤ -3

서술형

7 일차함수 $y=-4x+a-5$의 그래프는 점 $(-2, 2)$를 지나고, 이 그래프를 y축의 방향으 로 b만큼 평행이동하였더니 $y=cx-2$의 그래프 와 일치하였다. 이때 $a+b+c$의 값을 구하기 위 한 풀이 과정을 쓰고 답을 구하시오.

(단, a, c는 상수)

8 오른쪽 그림은 일차함수 $y=(a-1)x-3$의 그래프를 y축의 방향으로 m만큼 평행이동한 것이다. 이때 am의 값은? (단, a는 상수)

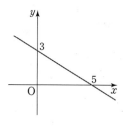

① $\dfrac{11}{5}$ ② $\dfrac{12}{5}$ ③ $\dfrac{13}{5}$

④ $\dfrac{16}{5}$ ⑤ $\dfrac{17}{5}$

[서술형]

9 두 점 $(-1, -4)$, $(-5, -2)$를 양 끝점으로 하는 선분과 직선 $y=ax$가 만날 때, 상수 a의 값의 범위를 구하기 위한 풀이 과정을 쓰고 답을 구하시오.

10 일차방정식 $ax-by-c=0$의 그래프가 오른쪽 그림과 같을 때, $cx+by+a=0$의 그래프가 지나는 모든 사분면은?

(단, a, b, c는 상수)

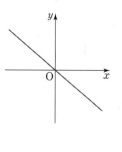

① 제1, 2사분면   ② 제1, 3사분면
③ 제1, 4사분면   ④ 제2, 3사분면
⑤ 제2, 4사분면

11 두 직선 $x-2y=1$, $ax+4y=4$의 교점이 없을 때, 상수 a의 값은?

① -2 ② -1 ③ $-\dfrac{1}{8}$

④ 1 ⑤ 2

12 공기 중에서 기온이 $0\,°C$일 때 소리의 속력은 초속 $331\,m$이고, 기온이 $5\,°C$ 오를 때마다 속력이 초속 $3\,m$씩 증가한다고 한다. 현재 기온이 $25\,°C$일 때, 소리의 속력은?

① 초속 $341\,m$ ② 초속 $346\,m$
③ 초속 $351\,m$ ④ 초속 $356\,m$
⑤ 초속 $361\,m$

13 길이가 $10\,cm$이고 $60\,g$까지 달 수 있는 용수철이 있다. 여기에 $5\,g$짜리 추를 달 때마다 용수철의 길이는 $1\,cm$씩 일정하게 늘어난다고 한다. 무게가 $50\,g$인 추를 달았을 때, 용수철의 길이는?

① $10\,cm$ ② $15\,cm$ ③ $18\,cm$
④ $20\,cm$ ⑤ $32\,cm$

빠른 정답 찾기

Ⅰ 유리수와 순환소수

1 유리수와 순환소수

1 유리수와 순환소수 개념북 10쪽

1 (1) 0.5, 유한소수 (2) 0.666···, 무한소수

(3) 0.25, 유한소수 (4) 1.1666···, 무한소수

2 (1) 1, 0.$\dot{1}$ (2) 36, 0.$\dot{3}\dot{6}$ (3) 25, 0.0$\dot{2}\dot{5}$

(4) 740, 1.$\dot{7}4\dot{0}$

개념북 11쪽

1 ②, ③	**1-1** ④
2 ③	**2-1** ⑤
3 ③, ④	**3-1** ④
4 (1) 571428 (2) 7	**4-1** ②

2 유한소수로 나타낼 수 있는 분수 개념북 13쪽

1 (1) 2, 2, 14, 0.14 (2) 5^2, 5^2, 75, 0.075

2 ③, ④

개념북 13쪽

1 1000	**1-1** 39
2 ㄷ, ㅁ	**2-1** ⑤
3 21	**3-1** 18
4 ②, ④	**4-1** ③

3 순환소수를 분수로 나타내기 개념북 16쪽

1 (1) 100, 99, 65, $\dfrac{65}{99}$

(2) 1000, 100, 900, 312, $\dfrac{26}{75}$

2 (1) $\dfrac{4}{9}$ (2) $\dfrac{13}{99}$ (3) $\dfrac{26}{45}$ (4) $\dfrac{841}{990}$ (5) $\dfrac{398}{99}$

(6) $\dfrac{407}{180}$

개념북 17쪽

1 ④	**1-1** ②	
2 ③		
2-1	**2-2** $\dfrac{24}{7}$	**2-3** ①
3 ④		
3-1 5	**3-2** 8	**3-3** ④
4 ③, ⑤	**4-1** ㄱ, ㄹ	

기본 문제 개념북 22쪽

1 ①	**2** ②, ③	**3** ④	**4** ④
5 ④	**6** ⑤	**7** ④	**8** ①, ⑤

발전 문제 개념북 23~24쪽

1 ④ **2** ③ **3** $x=51$, $y=10$

4 ④ **5** 0.1$\dot{5}$

6 ① 유한소수, 9 ② 7과 9, 63 ③ 63

7 ① 1.3$\dot{8}$=$\dfrac{25}{18}$, 0.$\dot{5}$=$\dfrac{5}{9}$ ② $\dfrac{2}{5}$

③ $a=5$, $b=2$

Ⅱ 식의 계산

1 단항식의 계산

1 지수법칙 (1) – 지수의 합, 곱 개념북 28쪽

1 (1) 3^7 (2) a^6 (3) 5^6 (4) x^7

(5) a^5b^5 (6) x^7y^4

2 (1) 2^{15} (2) a^6 (3) 3^{20} (4) x^8

(5) $a^{22}b^4$ (6) $x^{19}y^{10}$

개념북 29쪽

1 ⑤	**1-1** 12
2 ②	**2-1** ③
3 ②	**3-1** ③
4 ⑤	**4-1** ③
5 ⑤	**5-1** ⑤
6 ⑤	**6-1** ②

2 지수법칙 (2) – 지수의 차 개념북 32쪽

1 (1) 5^4 (2) 1 (3) $\dfrac{1}{x^3}$ (4) 3^2 (5) x (6) 1

2 (1) x (2) 1 (3) $\dfrac{1}{a^6}$ (4) x^3

개념북 33쪽

1 ④	**1-1** ④
2 ②	**2-1** ①

3 지수법칙 (3) – 지수의 분배 개념북 34쪽

1 (1) $125x^3$ (2) a^5b^5 (3) $\dfrac{16}{a^4}$ (4) $\dfrac{x^4y^4}{81}$

2 (1) a^6b^3 (2) $4x^2y^6$ (3) $\dfrac{y^8}{x^{12}}$ (4) $-\dfrac{b^9}{8a^3}$

개념북 35쪽

1 ④	**1-1** ㄷ, ㄹ
2 ③	**2-1** ⑤
3 ④	**3-1** ⑤
4 ①	**4-1** ②

4 단항식의 곱셈과 나눗셈 개념북 37쪽

1 (1) $20x^3y^2$ (2) $6a^2b$ (3) $-12x^4y^3$ (4) a^5b^4

2 (1) $\dfrac{3x}{y}$ (2) $20x$ (3) $-5y^2$ (4) $-\dfrac{1}{x^2y}$

개념북 38쪽

1 ⑤	**1-1** ⑤
2 $30a^4b^5$	**2-1** ④

5 단항식의 곱셈과 나눗셈의 혼합 계산 개념북 39쪽

1 (1) a (2) -3 (3) $36a^2b^2$ (4) $8xy^5$

2 (1) $3x^5y^4$ (2) $\dfrac{y}{3x^3}$ (3) $\dfrac{x^6}{y}$ (4) $-a^{13}b^{12}$

개념북 40쪽

1 ②	**1-1** ①
2 5	**2-1** ④
3 ⑤	**3-1** $21x^{10}y^8$
4 $2ab$	**4-1** $5a^3b^2$

기본 문제 개념북 44~45쪽

1 ④	**2** ③	**3** ③	**4** ②
5 60	**6** ①	**7** ㄱ, ㄹ	**8** ②
9 ②	**10** ②	**11** ①	**12** ③

발전 문제 개념북 46~47쪽

1 ① **2** ③ **3** ④ **4** ②

5 ③

6 ① 2^8, 8 ② $(2^3×3×5)^3$, 3

③ $2^9×3^3×5^3$, 9 ④ $8+3-9$, 2

7 ① $A×\dfrac{b^2}{3a^2}=9ab$ ② $\dfrac{27a^3}{b}$ ③ $\dfrac{81a^5}{b^3}$

2 다항식의 계산

1 다항식의 덧셈과 뺄셈 개념북 50쪽

1 (1) $-3x+6$ (2) $3a+7$ (3) $\dfrac{5}{6}x-\dfrac{1}{12}y$

(4) $\dfrac{1}{6}a-\dfrac{11}{6}b$

2 ㄴ, ㄹ, ㅂ

개념북 51쪽

1 ②	**1-1** ③
2 5	**2-1** ④
3 ①	**3-1** ④
4 ②	**4-1** $-4x^2+9x-7$

2 다항식의 곱셈과 나눗셈 개념북 53쪽

1 (1) $10a^2+15ab$ (2) $-8x^2+2x$

(3) $5x-3$ (4) $-30a-10b+15$

2 (1) $2x^2-5xy+4x-2y^2$ (2) $\dfrac{13}{4}x-\dfrac{3}{2}y$

개념북 54쪽

1 ①	**1-1** 11
2 ②	**2-1** ①
3 ④	**3-1** $-18a^2-11ab$
4 ①	**4-1** ②
5 (1) $-4x+2$ (2) a^2	
5-1 (1) $2a+5b$ (2) $10x^3y^2-30x^2y^3$	
6 $3a-4b^2$	**6-1** $6x$

기본 문제 개념북 57~58쪽

1 ⑤	**2** ①	**3** ①	**4** ②
5 ①	**6** ③	**7** 8	**8** 1
9 ⑤	**10** ②	**11** ③	
12 $6x^2y-4xy^2$			

발전 문제 개념북 59~60쪽

1 ④ **2** -2 **3** $-9a^2-\dfrac{1}{4}a+6b$

4 $-12a^2+3ab-6a+5b$ **5** $6ab+b^2$

6 ① $7a^2+5a+3$, $8a^2+4a+8$, $4a^2+2a+4$

② $3a^2+a+1$, $10a^2+6a+4$, $2a^2+8$

③ $4a^2+2a+4$, $2a^2+8$, $6a^2+2a+12$,

$6a^2+4a$

7 ① 7 ② 7 ③ 14

2 일차함수와 일차방정식의 관계

개념적용익힘 익힘북 83~86쪽

1 ②, ③　　2 9　　　3 제1사분면

4 $\dfrac{11}{2}$　　5 ⑤　　6 ③　　7 ㄹ, ㅁ

8 $x=7$　　9 ②, ④　10 6　　11 $\dfrac{5}{2}$

12 1　　13 ②　　14 2　　15 7

16 ①　　17 -1　　18 ④　　19 ③

20 $y=-\dfrac{5}{3}x-4$　　21 ④

22 (1) $m=2$, $n\neq-5$　(2) $m=2$, $n=-5$

(3) $m\neq 2$

23 $m=6$, $n=3$　　24 -4　　25 ⑤

26 20　　27 $\dfrac{63}{4}$　　28 ③

개념완성익힘 익힘북 87~88쪽

1 ④　　2 ⑤　　3 ④　　4 -3

5 ③　　6 3　　7 ②

8 $a=-5$, $b=1$　　9 $a>\dfrac{1}{2}$　10 -8

11 $\dfrac{27}{8}$　　12 ②, ④　13 $(-2, -4)$

14 $y=-x+2$　　15 $-\dfrac{1}{3}$

대단원 마무리 익힘북 89~90쪽

1 ③　　2 ⑤　　3 ①　　4 -2

5 ②　　6 ③　　7 -1　　8 ②

9 $\dfrac{2}{5}\leq a\leq 4$　　10 ①　　11 ①

12 ②　　13 ④

Ⅲ 부등식과 연립방정식

1 부등식

1 ⑤   2 ③   3 ③   4 ⑤

5 ⑤   6 -1, 0 7 ④   8 ③

9 ②, ⑤   10 ⑤

11 (1) $4a-2\leq 10$ (2) $5a+1\leq 16$

   (3) $-2a+1\geq -5$ (4) $-\dfrac{a}{5}+1\geq \dfrac{2}{5}$

12 (1) $-3\leq 2x-1<1$ (2) $-1\leq 4x+3<7$

   (3) $4<-x+5\leq 6$ (4) $1<3-2x\leq 5$

13 4   14 ④   15 ④   16 15

17 ②, ⑤   18 ②   19 ⑤   20 ④

21 ④   22 ②   23 ①   24 ④

25 ④   26 (1) $x\geq 4$ (2) $x\leq 4$ 27 ②

28 1

29 (1) $x>-11$ (2) $x\geq 2$ (3) $x\geq -11$

   (4) $x<2$

30 ②   31 ②   32 ④

33 (1) $x\leq \dfrac{1}{a}$ (2) $x<\dfrac{3}{a}$ (3) $x<-\dfrac{4}{a}$

34 $x\leq \dfrac{8}{a}$ 35 $x\geq -2$ 36 $x\geq 2$ 37 ⑤

38 1   39 ③   40 ④   41 -10

42 4   43 ②   44 $x<\dfrac{1}{2}$ 45 5

46 ①   47 23, 25, 27   48 ④, ⑤

49 ③   50 8개   51 ②   52 ②

53 ④   54 8자루   55 17명   56 800 m

57 $\dfrac{4}{3}$ km   58 ②   59 840 m   60 ③

61 200 g   62 200 g

1 (1) $2x+2\geq 50$ (2) $100x+200y\leq 2000$

   (3) $4x>10$

2 ④   3 ③   4 ③   5 ④

6 ②   7 ①   8 9   9 17

10 ③   11 8   12 -1 13 7 km

2 연립방정식

1 ④   2 ⑤

3 (1) $4x+5y=90$ (2) $50x+100y=500$

4 ⑤   5 ④   6 ④   7 ⑤

8 ㄱ, ㄴ, ㄹ   9 ④   10 ⑤

11 ①   12 ④   13 6   14 ②

15 ①   16 ④   17 $m=-3$, $n=3$

18 ④   19 3   20 ②   21 5

22 2   23 ②   24 ⑤   25 1

26 -1 27 ③   28 $x=1$, $y=1$

29 ③   30 ①   31 4

32 $a=1$, $b=5$ 33 $a=-1$, $b=4$

34 $x=\dfrac{2}{5}$, $y=-\dfrac{11}{5}$

35 (1) $a=4$, $b=3$ (2) $x=-5$, $y=6$

36 ④   37 6   38 $x=\dfrac{1}{2}$, $y=2$

39 -4 40 ①   41 5   42 ④

43 5   44 $a=2$, $b=1$ 45 6

46 $a=3$, $b=2$ 47 ②   48 ③

49 ③   50 -4 51 ②   52 ①

53 ②   54 $-\dfrac{3}{2}$ 55 ④   56 ④

57 $x=2$, $y=-1$ 58 ①   59 5

60 17

61 (1) $x=-3$, $y=5$ (2) $x=2$, $y=-1$

62 ③   63 4   64 ④   65 -13

66 $x=1$, $y=1$ 이외의 해가 존재한다는 사실을
   생각하지 못했다.

67 ⑤   68 ④   69 ②

70 짜장면: 7000원, 짬뽕: 8000원   71 7000원

72 ①   73 꿩: 23마리, 토끼: 12마리

74 ③   75 20세   76 68   77 62 kg

78 46, 6   79 ③   80 6시간   81 6일

82 8분   83 20시간

84 남학생: 432명, 여학생: 437명   85 160명

86 남자 관객: 893명, 여자 관객: 162명

87 올라간 거리: 4 km, 내려온 거리: 6 km

88 9 km   89 1 km   90 300 m   91 3 km

92 15분   93 8분   94 4 km

95 은재: 분속 500 m, 재희: 분속 300 m

96 시속 12 km

97 길이: 100 m, 속력: 분속 800 m

98 1분   99 $\dfrac{130}{9}$ km   100 ④

101 180 g   102 ②

103 A: 14 %, B: 4 %

104 A: 2 %, B: 5 %   105 25 g

106 120 g   107 22 kg

108 우유: 400 g, 달걀: 100 g

1 (1) ○ (2) × (3) × (4) ○   2 2

3 ⑤   4 -3 5 풀이 참조

6 7   7 6   8 ①   9 8회

10 300 m   11 4   12 7

13 $x=2$, $y=8$

1 ⑤   2 ①   3 ②   4 ②

5 ⑤   6 ④   7 ②   8 ④

9 ①   10 ④   11 $x=1$, $y=2$

12 ⑤   13 87점   14 $\dfrac{7}{6}$ km   15 200 g

Ⅳ 함수

1 일차함수와 그 그래프

1 ⑤   2 ①, ③   3 (1) 8 (2)   4

4 (1) -4 (2) 9 (3) 2 (4) -1 5 ⑤

6 1   7 -12 8 ⑤   9 -4

10 50   11 3   12 ②   13 ①

14 7   15 ①   16 ④

17 ㄱ, ㄷ, ㅂ   18 ②, ④   19 ②

20 15   21 9   22 ②   23 5

24 ④   25 ④   26 ②   27 ②

28 -11 29 ②   30 -5 31 ⑤

32 $y=4x+7$ 33 ⑤   34 6

35 ⑤   36 -10 37 -6 38 -2

39 10   40 A$(5, 0)$, B$(0, 2)$ 41 $-\dfrac{3}{8}$

42 x절편: 2, y절편: 4   43 22   44 $\dfrac{2}{3}$

45 4   46 $\dfrac{3}{2}$ 47 ①   48 $-\dfrac{1}{2}$

49 $\dfrac{13}{2}$ 50 $\dfrac{23}{2}$ 51 ㄴ, ㄹ, ㅂ

52 ④   53 ⑤   54 $a=-2$, $k=-8$

55 ④   56 $\dfrac{3}{2}$ 57 -6 58 $\dfrac{1}{3}$

59 ④   60 $\dfrac{6}{5}$ 61 ④   62 18

63 ④   64 ④   65 ②, ⑤   66 ④

67 ③   68 제2사분면   69 ④

70 $\dfrac{2}{3}$ 71 ②   72 -3 73 ㄷ, ㅁ

74 $-\dfrac{2}{3}$ 75 $-\dfrac{5}{2}$ 76 ⑤   77 ④

78 $y=\dfrac{2}{3}x+5$ 79 2   80 2

81 5   82 ⑤   83 ⑤   84 ③

85 $\dfrac{8}{3}$ 86 ⑤   87 $\dfrac{3}{2}$ 88 $-\dfrac{5}{2}$

89 -3 90 ②

91 (1) $y=25x+16$ (2) 66 ℃   92 3 km

93 95 ℉   94 90분   95 75분   96 ①

97 $y=4x+10$, 10 cm   98 ④

99 28초   100 $y=400-25x$, 16초

101 $y=2400-40x$ 102 ②

103 $y=60-5x$, 3초

1 ①, ②   2 ②, ④   3 2   4 ②

5 ④   6 -11 7 ②

8 $y=-\dfrac{3}{4}x+\dfrac{5}{2}$ 9 4   10 20분 후

11 16   12 $\dfrac{27}{2}$ 13 15초 후

III 부등식과 연립방정식

1 부등식

1 부등식 개념북 64쪽

1 (1) × (2) ○ (3) ○ (4) ×

2 ㄴ, ㄷ, ㄹ

개념북 65쪽

1 ⑤	1-1 ②
2 ②	2-1 ①, ②

2 부등식의 성질 개념북 66쪽

1 (1) < (2) > (3) > (4) <

2 (1) $2 \leq x+3 < 5$ (2) $-3 \leq 3x < 6$

(3) $-3 \leq 2x-1 < 3$

(4) $-5 < -3x+1 \leq 4$

개념북 67쪽

1 ⑤	1-1 ③
2 $1 \leq A < 7$	2-1 ①

3 일차부등식과 그 해 개념북 68쪽

1 (1) × (2) ○ (3) ○ (4) ×

2 (1) $x < 3$,

(2) $x > -1$,

(3) $x \leq -2$,

(4) $x \geq -3$,

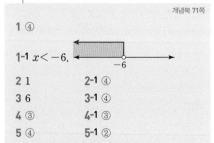

개념북 69쪽

1 ②, ③	1-1 ⑤
2 ③	2-1 ②, ⑤

4 일차부등식의 풀이 개념북 70쪽

1 (1) $x \leq 1$ (2) $x > 8$ (3) $x > 4$ (4) $x \geq 2$

2 (1) $x > 6$ (2) $x \geq 5$

개념북 71쪽

1 ④

1-1 $x < -6$,

2 1	2-1 ①
3 6	3-1 ④
4 ③	4-1 ④
5 ④	5-1 ②

5 일차부등식의 활용 개념북 73쪽

1 ② $8-x$, $\leq$, $8-x$, $\leq$ ③ 4, 4

④ 4, 4, 4, 4

2 ② $86+89+x$, $\geq$, 3, $\geq$ ③ 95, 95

④ 95, 95

개념북 74쪽

1 7, 8, 9	1-1 4
2 8개	2-1 11명
3 17명	3-1 13개

---

4 3 km	4-1 6 km
5 100 g	5-1 50 g

기본 문제 개념북 78~79쪽

1 ③	2 ①, ④	3 $2 < x < 4$	
4 ④	5 ①	6 ③	7 ②
8 -10	9 14, 16, 18		10 7개
11 ③	12 1 km		

발전 문제 개념북 80~81쪽

1 ③	2 1	3 ③	4 6
5 $a \geq 2$	6 400 g		

7 ① $9 / x \leq 3 / 1, 2, 3 / 3$

② $10-x-3 / 15 / x < 5 / 1, 2, 3, 4 / 4$

③ 1

8 ① $(56-2x)$ cm²

② $44 \leq 56-2x \leq 50$, $3 \leq x \leq 6$

③ 3 cm 이상 6 cm 이하

2 연립방정식

1 미지수가 2개인 일차방정식 개념북 84쪽

1 (1) ○ (2) ○ (3) × (4) ×

2 6, 3, 0, $-3 / (1, 6), (2, 3)$

개념북 85쪽

1 ③, ④	1-1 ①	1-2 ⑤
2 ④	2-1 ㄱ, ㄹ, ㅂ	

2 미지수가 2개인 연립일차방정식 개념북 86쪽

1 (1) ㉠: 5, 4, 3, 2, 1 ㉡: 3, 4, 5, 6

(2) $x=2$, $y=4$

2 $a=3$, $b=1$

개념북 87쪽

1 ③	1-1 ⑤
2 ③	2-1 0

3 연립방정식의 풀이(1) 개념북 88쪽

1 -2, -2, $x-6$, 7, 7, -2

2 (1) $x=2$, $y=-2$ (2) $x=4$, $y=3$

개념북 89쪽

1 ③	1-1 ㄴ, ㄷ
2 ⑤	2-1 ①

4 연립방정식의 풀이(2) 개념북 90쪽

1 $y+1$, 8, 2, 2, 2, 3, 3, 2

2 (1) $x=5$, $y=4$ (2) $x=0$, $y=-1$

개념북 91쪽

1 ④	1-1 ④
2 3	2-1 ③
2-2 (1) $a=4$, $b=3$ (2) $x=-5$, $y=6$	
3 2	3-1 4
4 7	4-1 $a=1$, $b=3$

5 여러 가지 연립방정식 개념북 93쪽

1 (1) $x=2$, $y=1$ (2) $x=2$, $y=-3$

2 $x=-1$, $y=2$

개념북 94쪽

1 ⑤	1-1 2
2 ③	2-1 -3
3 $\dfrac{5}{2}$	3-1 ⑤
4 ④	4-1 1

6 해가 특수한 연립방정식 개념북 96쪽

1 (1) 해가 무수히 많다. (2) 해가 무수히 많다.

(3) 해가 없다. (4) 해가 없다.

2 6

개념북 97쪽

1 4	1-1 -4
2 ④	2-1 ②

7 연립방정식의 활용(1) 개념북 98쪽

1 ② 11, 600, 800, 7400 ③ 7, 4, 7, 4

④ 7, 4, 4, 7, 4, 7400

2 ② x, y, 13, 3 ③ 47, 7, 47, 7

④ 47, 7, 47, 7, 47, 3, 7

개념북 99쪽

1 21마리	1-1 5세
2 37	2-1 ⑤
3 6일	3-1 12시간
4 ④	4-1 260명

8 연립방정식의 활용(2) 개념북 101쪽

1 (1) ㉠: $x+y=800$ ㉡: $\dfrac{x}{2}+\dfrac{y}{5}=250$

(2) 걸어간 거리: 300 m, 달려간 거리: 500 m

2 (1) $\begin{cases} x+y=400 \\ \dfrac{6}{100}x+\dfrac{10}{100}y=\dfrac{9}{100}\times 400 \end{cases}$

(2) 6 %의 소금물의 양: 100 g

10 %의 소금물의 양: 300 g

개념북 102쪽

1 6 km	1-1 2시간
2 분속 150 m	2-1 6 km

3 시속 5 km

3-1 배의 속력: 시속 $\dfrac{15}{4}$ km,

강물의 속력: 시속 $\dfrac{5}{4}$ km

3-2 분속 500 m

3-3 열차의 길이: 320 m,

열차의 속력: 초속 80 m

4 ①

4-1 3 % 소금물: 180 g, 8 % 소금물: 120 g

5 A의 농도: 10 %, B의 농도: 4 %

5-1 ①

6 A: 250 g, B: 200 g

6-1 A: 80 kg, B: 40 kg　　6-2 20명

기본 문제 개념북 108~110쪽

1 ③	2 ②	3 ②	4 ③
5 ③	6 3	7 4	8 -9
9 ②	10 ④	11 $x=1$, $y=-4$	
12 $-\dfrac{3}{4}$			

; 어머니: $(x+13)$세, 아들: $(y+13)$세

  2) ㉠: $x+y=32$

    ㉡: $x+13=2(y+13)+4$

  (3) 어머니: 27세, 아들: 5세

14 23　**15** 15회　**16** 423명　**17** 400 m

18 180 g

1 -2　**2** ④　**3** $x=3, y=1$

4 20분　**5** ⑤

6 ① 3, -6, 6, 6, -18, 10, 6, 10

  ② 6, 10, $6a+40$, -5

  ③ -5+6+10, 11

7 ① $x=2, y=1$　② $a=-4, b=-7$　③ 3

IV 함수

1 일차함수와 그 그래프

1 함수　개념북 116쪽

1 (1) ×　(2) ○　(3) ○　(4) ○　(5) ○　(6) ×

개념북 117쪽

1 ㄹ, ㅂ　**1-1** ④

2 (1) -5　(2) 5　**2-1** -3　**2-2** 5

3 ②　**3-1** ①

4 ⑤　**4-1** ④

2 일차함수　개념북 119쪽

1 (1) ○　(2) ○　(3) ×　(4) ○　(5) ○　(6) ×

2 (1) $y=10x$, 일차함수이다.

  (2) $y=\dfrac{2}{x}$, 일차함수가 아니다.

  (3) $y=\dfrac{1}{5}x$, 일차함수이다.

개념북 120쪽

1 ①, ⑤

1-1 ㄷ, ㅂ　**1-2** ②, ③　**1-3** ①, ⑤

2 ①

2-1 ②　**2-2** 14　**2-3** 10

3 일차함수의 그래프　개념북 122쪽

1 풀이 참조　**2** $y=-3x+2$

개념북 123쪽

1 ⑤　**1-1** $b<a<d<c$

2 -3　**2-1** -9

3 1　**3-1** 2　**3-2** 1

4 2　**4-1** 4

4 일차함수의 그래프의 절편　개념북 125쪽

1 (1) $(8, 0)$　(2) 8　(3) $(0, 4)$　(4) 4

2 (1) x절편: -1, y절편: -2

  (2) x절편: 3, y절편: 3

  (3) x절편: -2, y절편: 2

  (4) x절편: 0, y절편: 0

3 x절편: 10, y절편: 4

개념북 126쪽

1 $-\dfrac{14}{3}$

1-1 ③　**1-3** ③　**1-4** 5

2 -24　**2-1** ①

3 4　**3-1** 9

5 일차함수의 그래프의 기울기　개념북 128쪽

1 (1) 기울기: 2, y의 값의 증가량: -4

  (2) 기울기: $-\dfrac{3}{4}$, y의 값의 증가량: $-\dfrac{3}{4}$

2 (1) 3　(2) -1

개념북 129쪽

1 (1) -3　(2) 18

1-1 ②　**1-2** ③　**1-3** 10

2 3　**2-1** $\dfrac{6}{7}$

3 ③　**3-1** $\dfrac{5}{3}$

6 일차함수의 그래프의 성질　개념북 131쪽

1 ㄱ, ㅁ　**2** $a<0, b>0$

개념북 132쪽

1 ⑤　**1-1** ④

2 제2, 3, 4사분면　**2-1** 제3사분면

7 일차함수의 그래프의 평행과 일치　개념북 133쪽

1 ⑤　**2** ④

3 (1) $a=-\dfrac{1}{2}, b\neq 1$　(2) $a=-\dfrac{1}{2}, b=1$

개념북 134쪽

1 -1　**1-1** 1

2 $\dfrac{5}{3}$　**2-1** ③

8 일차함수의 식 구하기 (1)　개념북 135쪽

1 (1) $y=-3x+10$　(2) $y=\dfrac{1}{2}x-8$

2 $y=-2x+7$

3 (1) $y=4x+6$　(2) $y=-x+3$

개념북 136쪽

1 16　**1-1** $y=\dfrac{2}{3}x+3$

2 7　**2-1** ①

9 일차함수의 식 구하기 (2)　개념북 137쪽

1 (1) $y=2x+4$　(2) $y=-x-1$

2 (1) $y=\dfrac{1}{3}x-1$　(2) $y=5x+10$

개념북 138쪽

1 6　**1-1** $\dfrac{3}{2}$

2 14　**2-1** -12

10 일차함수의 활용　개념북 139쪽

1 (1) $y=4x+40$　(2) 100 ℃

2 $y=120-3x$

개념북 140쪽

1 (1) $y=10-0.006x$　(2) 영하 20 ℃

  (3) 500 m

1-1 57.5 ℃

2 12분 후　**2-1** 23.5 cm

---

3 (1) $y=3-0.2x$　(2) 10분　**3-1** 15분 후

4 4초 후　**4-1** 10 cm

1 ③, ⑤　**2** ㄱ, ㄹ　**3** -3　**4** 5

5 ④　**6** ⑤　**7** $\dfrac{1}{5}\leq k<2$

8 ①　**9** 제1사분면　**10** -5

11 82 ℃　**12** ④

1 ④　**2** ③　**3** $\dfrac{1}{4}$　**4** 2

5 60초

6 ① x절편, $\dfrac{1}{3}$, $\dfrac{1}{3}$　② $\left(\dfrac{1}{3}, 0\right)$, $-\dfrac{1}{3}a$

  ③ y절편, -6, -6, $-\dfrac{1}{3}\times(-6)$, 2

7 ① x절편: $\dfrac{2}{a}$, y절편: 2　② $\dfrac{1}{2}\times\dfrac{2}{a}\times 2=8$

  ③ $\dfrac{1}{4}$

2 일차함수와 일차방정식의 관계

1 일차함수와 일차방정식　개념북 150쪽

1 (1) 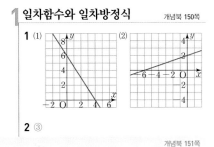　(2)

2 ③

개념북 151쪽

1 8　**1-1** ①

2 -3　**2-1** ③

2 축에 평행한(수직인) 직선의 방정식　개념북 152쪽

1 (1)　(1)　**2**　(1)

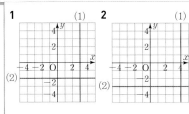

  (2)　(2)

3 (1) $x=2$　(2) $y=-6$

개념북 153쪽

1 (1) $y=7$　(2) $x=-1$　(3) $x=3$

  (4) $y=-5$

1-1 ②

2 ③　**2-1** 1

3 연립방정식의 해의 개수와 그래프　개념북 154쪽

1 $x=2, y=3$

2 (1) $a\neq -3$　(2) $a=-3, b\neq -2$

  (3) $a=-3, b=-2$

개념북 155쪽

1 (1) $x=3, y=-2$　(2) $a=2, b=1$

1-1 $-\dfrac{5}{4}$

2 $y=2$　**2-1** ①

기본 문제 개념북 22~23쪽

1 ⑤　　2 $-\dfrac{1}{2}$　　3 ④　　4 3

5 -6　　6 $x=2$

7 $(2, 6), (-2, -2), (2, -2)$

8 $a=3, b=-1$　　9 8　　10 ①

11 $y=3x-11$　　12 ⑤

발전 문제 개념북 159~160쪽

1 $y=-1$　2 2　　3 $-6<a<1$

4 ①, ③　　5 $-\dfrac{5}{6}$

6 ① $-3, 2, (-3, 2)$　② $3x+b$

　③ $3x+b, -3, 2, 11, y=3x+11$

7 ① 2　② $y=-\dfrac{2}{3}x+\dfrac{7}{3}$　③ $-\dfrac{2}{3}$

익힘북

유리수와 순환소수

1 유리수와 순환소수

개념적용익힘 익힘북 4~9쪽

1 ②, ④　　2 ⑤　　3 ①, ④　　4 ③

5 3　　6 ②　　7 6

8 (1) 04　(2) $0.0\dot{4}$　　9 ②

10 현지, $1.\dot{3}\dot{2} \to 1.32\dot{1}$　　11 ④

12 (1) 2　(2) 2　(3) 4　(4) 7　　13 ⑤

14 6　　15 3, 3, 5, 1000　　16 4

17 ②, ④　　18 ①　　19 ③　　20 ②

21 ㄴ, ㄷ　　22 ⑤　　23 ③　　24 ⑤

25 $a=12, b=25$　　26 2, 4, 5, 6, 8

27 ③　　28 7　　29 45　　30 ②

31 ③　　32 ①, ④　　33 ④　　34 ①

35 ②　　36 ②　　37 $4.2\dot{7}$　　38 99

39 ②　　40 ②, ⑤　　41 ①　　42 ⑤

개념완성익힘 익힘북 10~11쪽

1 ④　　2 ②　　3 135　　4 ④

5 ①, ④　　6 ③　　7 16　　8 $\dfrac{248}{99}$

9 ②　　10 ⑤　　11 ⑤　　12 3

13 59　　14 $0.91\dot{6}$

대단원 마무리 익힘북 12~13쪽

1 ④　　2 ②　　3 ③　　4 222

5 19　　6 ②, ⑤　　7 ③　　8 ②, ④

9 22　　10 ④　　11 ④　　12 ②

13 ③　　14 $\dfrac{11}{8}$　　15 ③, ④

식의 계산

1 단항식의 계산

개념적용익힘 익힘북 14~22쪽

1 ③　　2 ④　　3 ④　　4 2^{23} bit

5 ①, ③　　6 ③　　7 ④　　8 ③

9 ①　　10 7　　11 ②　　12 ③

13 ④　　14 ③　　15 ④　　16 ⑤

17 ②　　18 $16a^4$　　19 ⑤　　20 ③

21 ④　　22 ③　　23 ④　　24 ①

25 ②, ④　　26 $A=a^2, B=a^2$　　27 7

28 4　　29 3　　30 ③　　31 ④

32 7　　33 ③　　34 ④

35 $x=8, y=16$　　36 ④　　37 ②

38 ⑤　　39 ④　　40 ②, ④　　41 ②

42 13　　43 ④　　44 ①　　45 5

46 ②　　47 ⑤　　48 -25　　49 5

50 ③　　51 $6x^3y^5z^4$　52 $30a^4b^5$　53 $4a^2b^3$

54 ③　　55 ③　　56 $\dfrac{y^{15}}{x^2}$　　57 ④

58 ④　　59 ⑤　　60 ⑤　　61 19

62 ②　　63 ②　　64 ④　　65 $3a$

66 $4ab^4$　　67 ②

개념완성익힘 익힘북 23~24쪽

1 ③　　2 ②　　3 ③　　4 ④

5 ③　　6 ③　　7 ③　　8 $-\dfrac{8b^4}{5a^2}$

9 ③　　10 ⑤　　11 $2a:3b$　12 8

13 34　　14 $\dfrac{x}{y}$

2 다항식의 계산

개념적용익힘 익힘북 25~29쪽

1 $5x+12y$　　2 ③　　3 ①

4 $-4a-4b-3$　　5 ⑤　　6 ②

7 -3　　8 $-3x^2+9x-10$　　9 ④

10 -2　　11 5　　12 ③

13 (1) $5a+4b+6$　(2) $-3a-7b-4$

14 $-2x-3y+4$　　15 $-8x^2+x-1$

16 -2

17 (1) $6x^2+9x$　(2) $-3x^3+x^2-7x$

　(3) $-8a^2-4ab$

　(4) $-12x^2y+10xy^2+2xy$

18 ②　　19 -6　　20 $6a+36a^2b$

21 (1) $2x+3$　(2) ab^2+3a　(3) $12x-8$

22 ③

23 ④　　24 ②　　25 ⑤

26 $-6a^2+2ab$　　27 ②　　28 ②

29 ③　　30 -3　　31 -33

32 a^2-4a+2　　33 ①

34 (1) $4ab$　(2) $2a$　(3) $20ab$　(4) $3y$　35 ④

36 $8a^3-6a^2b$　　37 $2a+b$　38 $5x+2y$

39 $7b^2-\dfrac{3b}{a}$

개념완성익힘 익힘북 30~31쪽

1 ②, ④　　2 4　　3 $7x-4y+4$

4 ①　　5 $7x^2-14xy$　　6 ③

7 1　　8 ④　　9 $9x^2y-6xy$

10 $7x+2y$　　11 $-x^2+1$

12 $6x-4y+8$　　13 13

대단원 마무리 익힘북 32~33쪽

1 ③　　2 ⑤　　3 ⑤　　4 ③

5 ①　　6 ③　　7 ①　　8 13

9 $1:2$　　10 ④　　11 ②　　12 ④

13 ②　　14 3　　15 ④

수학은 개념이다!

디딤돌의 중학 수학 시리즈는
여러분의 수학 자신감을 높여 줍니다.

개념 이해
디딤돌수학 개념연산

다양한 이미지와 단계별 접근을 통해
개념이 쉽게 이해되는 교재

개념 적용
디딤돌수학 개념기본

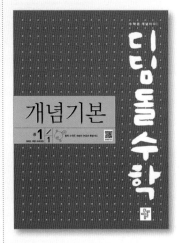

개념 이해, 개념 적용, 개념 완성으로
개념에 강해질 수 있는 교재

개념 응용
최상위수학 라이트

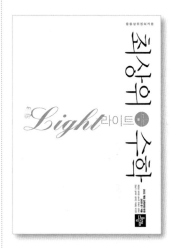

개념을 다양하게 응용하여
문제해결력을 키워주는 교재

개념 완성

디딤돌수학 개념연산과 개념기본은 동일한 학습 흐름으로 구성되어 있습니다.
연계 학습이 가능한 개념연산과 개념기본을 통해
중학 수학 개념을 완성할 수 있습니다.

수 학 은 개 념 이 다 !

개념기본

중 **2** / **1**
2022 개정 교육과정

정답과 풀이

'아! 이걸 묻는거구나' 출제의 의도를
단박에 알게해주는 정답과 풀이

디딤돌

개념기본

| 중 2 / 1 | 개념북
정답과 풀이 | '아! 이걸 묻는 거구나' 출제의 의도를
단박에 알게 해주는 정답과 풀이 |

디딤돌

I 유리수와 순환소수

1 유리수와 순환소수

1 유리수와 순환소수　　개념북 10쪽

1 (1) 0.5, 유한소수　(2) 0.666…, 무한소수
　　(3) 0.25, 유한소수　(4) 1.1666…, 무한소수
2 (1) 1, 0.$\dot{1}$　(2) 36, 0.$\dot{3}\dot{6}$　(3) 25, 0.0$\dot{2}\dot{5}$
　　(4) 740, 1.$\dot{7}4\dot{0}$

1 (1) $\dfrac{1}{2}=0.5$ (유한소수)

　　(2) $\dfrac{2}{3}=0.666\cdots$ (무한소수)

　　(3) $\dfrac{1}{4}=0.25$ (유한소수)

　　(4) $\dfrac{7}{6}=1.1666\cdots$ (무한소수)

2 (1) 순환마디 1, 0.$\dot{1}$　　(2) 순환마디 36, 0.$\dot{3}\dot{6}$
　　(3) 순환마디 25, 0.0$\dot{2}\dot{5}$　(4) 순환마디 740, 1.$\dot{7}4\dot{0}$

유리수와 소수　　개념북 11쪽

1 ②, ③　　　　**1-1** ④

1 ① $-5=-\dfrac{5}{1}$ (유리수)

　　④ $\dfrac{1}{8}=0.125$ (유한소수)

　　⑤ $0=\dfrac{0}{1}$

1-1 ① $\dfrac{3}{5}=0.6$ (유한소수)

　　② $\dfrac{5}{2}=2.5$ (유한소수)

　　③ $\dfrac{11}{20}=0.55$ (유한소수)

　　④ $\dfrac{17}{30}=0.5666\cdots$ (무한소수)

　　⑤ $\dfrac{21}{50}=0.42$ (유한소수)

순환마디 구하기　　개념북 11쪽

2 ③　　　　**2-1** ⑤

2 ③ 순환마디는 75이다.

2-1 ① $\dfrac{7}{3}=2.333\cdots \Rightarrow$ 순환마디 3

　　② $\dfrac{5}{6}=0.8333\cdots \Rightarrow$ 순환마디 3

　　③ $\dfrac{7}{12}=0.58333\cdots \Rightarrow$ 순환마디 3

　　④ $\dfrac{8}{15}=0.5333\cdots \Rightarrow$ 순환마디 3

　　⑤ $\dfrac{10}{33}=0.303030\cdots \Rightarrow$ 순환마디 30

순환소수의 표현　　개념북 12쪽

3 ③, ④　　　　**3-1** ②

3 ① 0.$\dot{2}\dot{0}$　② 1.$\dot{2}4\dot{5}$　⑤ 0.3$\dot{4}$

3-1 $\dfrac{26}{45}=0.5777\cdots=0.5\dot{7}$

소수점 아래 n번째 자리의 숫자 구하기　　개념북 12쪽

4 (1) 571428　(2) 7　　　**4-1** ②

4 (1) $\dfrac{4}{7}=0.571428571428\cdots$이므로 순환마디는
　　　571428이다.
　　(2) 순환마디의 숫자는 6개이고 $50=6\times8+2$이므로
　　　소수점 아래 50번째 자리의 숫자는 순환마디의 2번
　　　째 숫자인 7이다.

4-1 순환소수 0.5$\dot{3}4\dot{2}$의 순환마디의 숫자는 342의 3개이다.
　　이때 소수점 아래 둘째 자리부터 순환마디가 시작되고
　　$100-1=3\times33$이므로 소수점 아래 100번째 자리의
　　숫자는 순환마디의 마지막 숫자인 2이다.

2 유한소수로 나타낼 수 있는 분수　　개념북 13쪽

1 (1) 2, 2, 14, 0.14　(2) 5^2, 5^2, 75, 0.075
2 ③, ④

2 ② $\dfrac{9}{2\times3^2}=\dfrac{1}{2}$　　　④ $\dfrac{6}{2^2\times7}=\dfrac{3}{2\times7}$

　　⑤ $\dfrac{3}{2\times3\times5}=\dfrac{1}{2\times5}$

분수를 유한소수로 나타내기
개념북 14쪽

1 1000 **1-1** 39

1 $\dfrac{7}{8}=\dfrac{7}{2^3}=\dfrac{7\times5^3}{2^3\times5^3}=\dfrac{875}{1000}=0.875$

따라서 $a=5^3=125$, $b=1000$, $c=0.875$이므로

$a+bc=125+1000\times0.875=1000$

1-1 $\dfrac{9}{2\times5^3}=\dfrac{9\times2^2}{2\times5^3\times2^2}=\dfrac{9\times2^2}{2^3\times5^3}=\dfrac{36}{1000}=\dfrac{36}{10^3}$

따라서 a의 최솟값은 36, n의 최솟값은 3이므로 $a+n$의 최솟값은 $36+3=39$

유한소수로 나타낼 수 있는 분수 찾기
개념북 14쪽

2 ㄷ, ㅁ **2-1** ⑤

2 ㄱ. $\dfrac{13}{30}=\dfrac{13}{2\times3\times5}$　　ㄴ. $\dfrac{26}{117}=\dfrac{2}{9}=\dfrac{2}{3^2}$

ㄷ. $\dfrac{27}{150}=\dfrac{9}{50}=\dfrac{9}{2\times5^2}$　　ㄹ. $\dfrac{4}{2^2\times7}=\dfrac{1}{7}$

ㅁ. $\dfrac{9}{2\times3^2\times5^2}=\dfrac{1}{2\times5^2}$　　ㅂ. $\dfrac{14}{3\times5^2\times7}=\dfrac{2}{3\times5^2}$

따라서 유한소수로 나타낼 수 있는 것은 ㄷ, ㅁ이다.

2-1 ① $\dfrac{9}{6}=\dfrac{3}{2}$　② $\dfrac{4}{25}=\dfrac{4}{5^2}$　③ $\dfrac{12}{2\times3\times5}=\dfrac{2}{5}$

④ $\dfrac{15}{96}=\dfrac{5}{32}=\dfrac{5}{2^5}$　⑤ $\dfrac{60}{2^2\times5\times11}=\dfrac{3}{11}$

따라서 유한소수로 나타낼 수 없는 것은 ⑤이다.

유한소수가 되게 하는 수 구하기 (1)
개념북 15쪽

3 21 **3-1** 18

3 $\dfrac{22}{84}=\dfrac{11}{42}=\dfrac{11}{2\times3\times7}$이므로 $\dfrac{22}{84}\times a$가 유한소수가

되려면 a는 $3\times7=21$의 배수이어야 한다.

따라서 a의 값이 될 수 있는 가장 작은 자연수는 21이다.

3-1 $\dfrac{n}{450}=\dfrac{n}{2\times3^2\times5^2}$이므로 $\dfrac{n}{450}$이 유한소수가 되려면

n은 $3^2=9$의 배수이어야 한다.

따라서 n의 값이 될 수 있는 가장 작은 두 자리의 자연수는 $9\times2=18$

유한소수가 되게 하는 수 구하기 (2)
개념북 15쪽

4 ②, ④ **4-1** ③

4 $\dfrac{7}{2^3\times x}$이 유한소수가 되려면 x는 소인수가 2나 5뿐인 수 또는 7의 약수 또는 이들의 곱으로 이루어진 수이어야 한다.

따라서 x의 값이 될 수 있는 것은 ②, ④이다.

4-1 $\dfrac{3}{2^2\times5\times x}$이 유한소수가 되려면 x는 소인수가 2나 5뿐인 수 또는 3의 약수 또는 이들의 곱으로 이루어진 수이어야 한다.

따라서 x의 값이 될 수 없는 것은 ③이다.

3 순환소수를 분수로 나타내기
개념북 16쪽

1 (1) 100, 99, 65, $\dfrac{65}{99}$　(2) 1000, 100, 900, 312, $\dfrac{26}{75}$

2 (1) $\dfrac{4}{9}$　(2) $\dfrac{13}{99}$　(3) $\dfrac{26}{45}$　(4) $\dfrac{841}{990}$　(5) $\dfrac{398}{99}$

(6) $\dfrac{407}{180}$

2 (1) $0.\dot{4}=\dfrac{4}{9}$

(2) $0.\dot{1}\dot{3}=\dfrac{13}{99}$

(3) $0.5\dot{7}=\dfrac{57-5}{90}=\dfrac{52}{90}=\dfrac{26}{45}$

(4) $0.8\dot{4}\dot{9}=\dfrac{849-8}{990}=\dfrac{841}{990}$

(5) $4.\dot{0}\dot{2}=\dfrac{402-4}{99}=\dfrac{398}{99}$

(6) $2.2\dot{6}\dot{1}=\dfrac{2261-226}{900}=\dfrac{2035}{900}=\dfrac{407}{180}$

순환소수를 분수로 나타내는 계산식 찾기
개념북 17쪽

1 ④ **1-1** ②

1 $1000x=1257.575757\cdots$, $10x=12.575757\cdots$이므로 가장 간단한 식은 ④ $1000x-10x$이다.

1-1 ① $1000x-10x$　② $100x-10x$

③ $1000x-x$　④ $1000x-100x$

⑤ $100x-x$

순환소수를 분수로 나타내기
개념북 17쪽

2 ③ **2-1** ④ **2-2** $\dfrac{24}{7}$ **2-3** ①

2 ③ $2.\dot{3}\dot{6} = \dfrac{236-2}{99} = \dfrac{234}{99} = \dfrac{26}{11}$

④ $0.3\dot{7} = \dfrac{37-3}{90} = \dfrac{34}{90} = \dfrac{17}{45}$

⑤ $0.14\dot{5} = \dfrac{145-1}{990} = \dfrac{144}{990} = \dfrac{8}{55}$

2-1 $0.3\dot{8} = \dfrac{38-3}{90} = \dfrac{35}{90} = \dfrac{7}{18}$

따라서 $a=18$, $b=7$이므로 $a-b=18-7=11$

2-2 $0.\dot{7} = \dfrac{7}{9}$이므로 $a = \dfrac{9}{7}$

$0.4\dot{6} = \dfrac{46-4}{90} = \dfrac{7}{15}$이므로 $b = \dfrac{15}{7}$

$\therefore a+b = \dfrac{9}{7} + \dfrac{15}{7} = \dfrac{24}{7}$

2-3 $0.\dot{a} = \dfrac{a}{9} = \dfrac{2}{3}$ $\quad \therefore a=6$

$0.0\dot{b} = \dfrac{b}{90} = \dfrac{1}{30}$ $\quad \therefore b=3$

$\therefore a-b = 6-3 = 3$

순환소수를 포함한 식 계산하기   개념북 18쪽

3 ④   **3-1** 5   **3-2** 8   **3-3** ④

---

3 $\dfrac{1}{4} \le 0.\dot{x} < \dfrac{5}{6}$에서 $\dfrac{1}{4} \le \dfrac{x}{9}$, $x=3, 4, 5, 6, \cdots$

또한 $\dfrac{x}{9} < \dfrac{5}{6}$, $x=7, 6, 5, \cdots$

따라서 한 자리의 자연수 x는 $3, 4, 5, 6, 7$의 5개이다.

3-1 $\dfrac{2}{5} < 0.\dot{x} \le 0.\dot{8}$에서 $\dfrac{2}{5} < \dfrac{x}{9}$, $x=4, 5, 6, \cdots$

또한 $\dfrac{x}{9} \le \dfrac{8}{9}$, $x=8, 7, 6, \cdots$

따라서 한 자리의 자연수 x는 $4, 5, 6, 7, 8$의 5개이다.

3-2 $\dfrac{a}{11} < 0.\dot{8}\dot{0}$에서 $\dfrac{a}{11} = \dfrac{9a}{99} < \dfrac{80}{99}$

따라서 한 자리의 자연수 a는 $1, 2, 3, \cdots, 8$의 8개이다.

3-3 $0.01\dot{3} = \dfrac{13}{990} = 13 \times \dfrac{1}{990}$이므로

$a = \dfrac{1}{990} = 0.00\dot{1}$

유리수와 순환소수   개념북 19쪽

4 ③, ⑤   **4-1** ㄱ, ㄹ

---

4 ① 모든 유한소수는 유리수이다.

② 무한소수 중 순환소수는 유리수이고, 순환하지 않는 무한소수는 유리수가 아니다.

④ 무한소수 중에는 순환하지 않는 무한소수도 있다.

4-1 ㄱ. 모든 순환소수는 유리수이다.

ㄹ. 정수가 아닌 유리수는 유한소수 또는 순환소수로 나타낼 수 있다.

따라서 옳지 않은 것은 ㄱ, ㄹ이다.

개념 완성 **기본 문제**   개념북 22쪽

1 ①	**2** ②, ③	**3** ③	**4** ④
5 ④	**6** ⑤	**7** ④	**8** ①, ⑤

1 $\dfrac{8}{37} = 0.216216\cdots$이므로 순환마디는 216이다.

$\therefore a=3$

$\dfrac{5}{11} = 0.454545\cdots$이므로 순환마디는 45이다.

$\therefore b=2$

$\therefore a+b = 3+2 = 5$

2 ② $1.292292292\cdots = 1.\dot{2}9\dot{2}$

③ $3.131313\cdots = 3.\dot{1}\dot{3}$

3 $\dfrac{19}{50} = \dfrac{19}{2 \times 5^2} = \dfrac{19 \times 2}{2 \times 5^2 \times 2} = \dfrac{38}{100} = 0.38$

$\therefore a=2$, $b=38$, $c=0.38$

4 ① $\dfrac{15}{16} = \dfrac{15}{2^4}$ ② $\dfrac{14}{35} = \dfrac{2}{5}$ ③ $\dfrac{18}{150} = \dfrac{3}{25} = \dfrac{3}{5^2}$

④ $\dfrac{6}{2 \times 3^2 \times 5} = \dfrac{1}{3 \times 5}$ ⑤ $\dfrac{33}{2 \times 3 \times 11} = \dfrac{1}{2}$

따라서 유한소수로 나타낼 수 없는 것은 ④이다.

5 $\dfrac{17}{102} = \dfrac{1}{6} = \dfrac{1}{2 \times 3}$, $\dfrac{3}{110} = \dfrac{3}{2 \times 5 \times 11}$이므로 두 분수에 각각 자연수 n을 곱하여 모두 유한소수가 되려면 n은 3과 11의 공배수, 즉 $3 \times 11 = 33$의 배수이어야 한다.

따라서 33의 배수 중 가장 작은 자연수 n은 33이다.

6 $1000x = 114.141414\cdots$, $10x = 1.141414\cdots$이므로 가장 간단한 식은 ⑤ $1000x - 10x$이다.

7 어떤 자연수를 x라 하면

$x \times 0.1\dot{8} - x \times 0.18 = 2$

$\dfrac{17}{90}x - \dfrac{18}{100}x = 2$, $\dfrac{8}{900}x = 2$ $\therefore x = 225$

8 ② 무한소수 중 순환소수만 유리수이다.

③ 순환하지 않는 무한소수는 유리수가 아니다.

④ 분모의 소인수가 2나 5뿐인 기약분수만 유한소수로 나타낼 수 있다.

발전 문제
개념북 23~24쪽

1 ④   **2** ③   **3** $x = 51$, $y = 10$

4 ④   **5** $0.1\dot{5}$

6 ① 유한소수, 9 ② 7과 9, 63 ③ 63

7 ① $1.3\dot{8} = \dfrac{25}{18}$, $0.\dot{5} = \dfrac{5}{9}$ ② $\dfrac{2}{5}$ ③ $a = 5$, $b = 2$

1 $\dfrac{11}{14} = 0.7\dot{8}5714\dot{2}$이므로 순환마디의 숫자는 857142의 6개이다. 이때 소수점 아래 둘째 자리부터 순환마디가 시작되고 $40 - 1 = 6 \times 6 + 3$이므로 소수점 아래 40번째 자리의 숫자는 순환마디의 3번째 숫자인 7이다.

2 구하는 분수를 $\dfrac{n}{35}$이라 할 때, $\dfrac{n}{35} = \dfrac{n}{5 \times 7}$이 유한소수로 나타내어지려면 n은 7의 배수이어야 한다.

이때 $\dfrac{1}{5} = \dfrac{7}{35}$, $\dfrac{6}{7} = \dfrac{30}{35}$이므로 구하는 분수는 $\dfrac{14}{35}$, $\dfrac{21}{35}$, $\dfrac{28}{35}$의 3개이다.

3 $\dfrac{x}{170} = \dfrac{x}{2 \times 5 \times 17}$이므로 $\dfrac{x}{170}$가 유한소수가 되려면 x는 17의 배수이어야 하고, 기약분수로 나타내면 $\dfrac{3}{y}$이므로 x는 3의 배수이어야 한다.

즉, x는 $17 \times 3 = 51$의 배수이고 두 자리의 자연수이므로 $x = 51$

따라서 $\dfrac{x}{170} = \dfrac{51}{170} = \dfrac{3}{10}$이므로 $y = 10$

4 $0.4\dot{6} = \dfrac{46 - 4}{90} = \dfrac{42}{90} = \dfrac{7}{15}$이므로 a는 15의 배수이어야 한다.

따라서 a의 값이 될 수 없는 것은 ④이다.

5 $1.5\dot{7} = \dfrac{157 - 15}{90} = \dfrac{142}{90} = \dfrac{71}{45}$이고 정은이는 분모를 바르게 보았으므로 어떤 기약분수의 분모는 45이다.

또, $0.1\dot{2}\dot{7} = \dfrac{127 - 1}{990} = \dfrac{126}{990} = \dfrac{7}{55}$이고 용환이는 분자를 바르게 보았으므로 어떤 기약분수의 분자는 7이다.

따라서 어떤 기약분수는 $\dfrac{7}{45}$이므로 순환소수로 바르게 나타내면

$\dfrac{7}{45} = 0.1555\cdots = 0.1\dot{5}$

6 ① 분수 $\dfrac{x}{2 \times 3^2 \times 5}$를 소수로 나타내면 유한소수가 되므로 x는 9의 배수이어야 한다.

② (가), (나)에 의해 x는 7과 9의 공배수, 즉 63의 배수이어야 한다.

③ 조건을 모두 만족하는 두 자리의 자연수 x는 63이다.

7 ① $1.3\dot{8} = \dfrac{138 - 13}{90} = \dfrac{125}{90} = \dfrac{25}{18}$, $0.\dot{5} = \dfrac{5}{9}$

② $\dfrac{25}{18} \times \dfrac{b}{a} = \dfrac{5}{9}$이므로 $\dfrac{b}{a} = \dfrac{5}{9} \times \dfrac{18}{25} = \dfrac{2}{5}$

③ $a = 5$, $b = 2$

II 식의 계산

1 단항식의 계산

1 지수법칙 (1) – 지수의 합, 곱　개념북 28쪽

1 (1) 3^7 (2) a^6 (3) 5^6 (4) x^7 (5) a^5b^5 (6) x^7y^4

2 (1) 2^{15} (2) a^6 (3) 3^{20} (4) x^8 (5) $a^{22}b^4$ (6) $x^{19}y^{10}$

1 (1) $3^5 \times 3^2 = 3^{5+2} = 3^7$

(2) $a^2 \times a^4 = a^{2+4} = a^6$

(3) $5^2 \times 5 \times 5^3 = 5^{2+1+3} = 5^6$

(4) $x^4 \times x \times x^2 = x^{4+1+2} = x^7$

(5) $a^2 \times b^4 \times a^3 \times b = a^{2+3} \times b^{4+1} = a^5 b^5$

(6) $x^2 \times y \times x^5 \times y^3 = x^{2+5} y^{1+3} = x^7 y^4$

2 (1) $(2^5)^3 = 2^{5 \times 3} = 2^{15}$

(2) $(a^2)^3 = a^{2 \times 3} = a^6$

(3) $(3^3)^4 \times (3^4)^2 = 3^{12} \times 3^8 = 3^{12+8} = 3^{20}$

(4) $(x^2)^3 \times (-x)^2 = x^6 \times x^2 = x^{6+2} = x^8$

(5) $(a^3)^4 \times (b^2)^2 \times (a^2)^5 = a^{12} \times b^4 \times a^{10}$
$$= a^{12+10} \times b^4 = a^{22} b^4$$

(6) $x \times (y^5)^2 \times (x^3)^6 = x \times y^{10} \times x^{18}$
$$= x^{1+18} \times y^{10} = x^{19} y^{10}$$

지수법칙 – 지수의 합　개념북 29쪽

1 ⑤　　　**1-1** 12

1 $16 = 2^4$이므로 $2^5 \times 16 = 2^5 \times 2^4 = 2^{5+4} = 2^9$ ∴ $x = 9$

1-1 $x^2 \times x^a \times x^4 = x^{2+a+4} = x^{10}$이므로

$2 + a + 4 = 10$ ∴ $a = 4$

$x^3 \times y^5 \times x^2 \times y^b = x^{3+2} y^{5+b} = x^c y^8$이므로

$3 + 2 = c,\ 5 + b = 8$

∴ $b = 3,\ c = 5$

∴ $a + b + c = 4 + 3 + 5 = 12$

지수법칙 – 지수의 곱　개념북 29쪽

2 ②　　　**2-1** ③

2 $(x^2)^a \times (y^b)^5 \times x^3 \times y^4$
$$= x^{2a} \times y^{5b} \times x^3 \times y^4$$
$$= x^{2a+3} y^{5b+4}$$
$$= x^7 y^{19}$$

이므로 $2a + 3 = 7,\ 5b + 4 = 19$ ∴ $a = 2,\ b = 3$

∴ $a + b = 2 + 3 = 5$

2-1 $25^3 = (5^2)^3 = 5^6$이므로

$5^{x+2} = 5^6$에서 $x + 2 = 6$ ∴ $x = 4$

거듭제곱의 합을 간단히 나타내기　개념북 30쪽

3 ②　　　**3-1** ③

3 $2^5 + 2^5 + 2^5 + 2^5 = 4 \times 2^5 = 2^2 \times 2^5 = 2^7$

3-1 $3^3 + 3^3 + 3^3 = 3 \times 3^3 = 3^4$이므로 $a = 4$

$4^4 + 4^4 + 4^4 + 4^4 = 4 \times 4^4 = 4^5$이므로 $b = 5$

∴ $a + b = 4 + 5 = 9$

거듭제곱을 문자를 사용하여 나타내기 (1)　개념북 30쪽

4 ⑤　　　**4-1** ③

4 $32^8 = (2^5)^8 = 2^{40} = (2^4)^{10} = A^{10}$

4-1 $8^4 = (2^3)^4 = 2^{12},\ 27^6 = (3^3)^6 = 3^{18}$이므로

$$\frac{27^6}{8^4} = \frac{3^{18}}{2^{12}} = \frac{(3^2)^9}{(2^2)^6} = \frac{B^9}{A^6}$$

거듭제곱을 문자를 사용하여 나타내기 (2)　개념북 31쪽

5 ④　　　**5-1** ⑤

5 $9^{x+1} = 9 \times 9^x = 9 \times (3^2)^x = 9 \times 3^{2x} = 9 \times (3^x)^2 = 9a^2$

5-1 $a = 3^x \times 3$이므로 $3^x = \dfrac{a}{3}$

∴ $81^x = (3^4)^x = 3^{4x} = (3^x)^4 = \left(\dfrac{a}{3}\right)^4$
$$= \frac{a}{3} \times \frac{a}{3} \times \frac{a}{3} \times \frac{a}{3} = \frac{a^4}{81}$$

a^n의 일의 자리의 숫자 구하기　개념북 31쪽

6 ⑤　　　**6-1** ②

6 $3^1=3$, $3^2=9$, $3^3=27$, $3^4=81$, $3^5=243$, $3^6=729$, $\cdots$
이므로 3의 거듭제곱의 일의 자리의 숫자는 3, 9, 7, 1
의 숫자 4개가 순서대로 반복된다. 이때 $30=4\times7+2$
이므로 3^{30}의 일의 자리의 숫자는 2번째로 반복되는 숫
자인 9이다.

6-1 $7^1=7$, $7^2=49$, $7^3=343$, $7^4=2401$, $7^5=16807$,
$7^6=117649$, $\cdots$이므로 7의 거듭제곱의 일의 자리의
숫자는 7, 9, 3, 1의 숫자 4개가 순서대로 반복된다. 이
때 $55=4\times13+3$이므로 7^{55}의 일의 자리의 숫자는 3
번째로 반복되는 숫자인 3이다.

2 지수법칙 (2) – 지수의 차 개념북 32쪽

> **1** (1) 5^4 (2) 1 (3) $\dfrac{1}{x^3}$ (4) 3^2 (5) x (6) 1
>
> **2** (1) x (2) 1 (3) $\dfrac{1}{a^6}$ (4) x^3

1 (1) $5^7\div5^3=5^{7-3}=5^4$

(2) $a^8\div a^8=1$

(3) $x^3\div x^6=\dfrac{1}{x^{6-3}}=\dfrac{1}{x^3}$

(4) $3^5\div3^2\div3=3^{5-2}\div3=3^3\div3=3^{3-1}=3^2$

(5) $x^5\div x\div x^3=x^{5-1}\div x^3=x^4\div x^3=x^{4-3}=x$

(6) $a^6\div a^2\div a^4=a^{6-2}\div a^4=a^4\div a^4=1$

2 (1) $(x^2)^2\div x^3=x^4\div x^3=x^{4-3}=x$

(2) $a^9\div(a^3)^3=a^9\div a^9=1$

(3) $(a^4)^3\div(a^3)^6=a^{12}\div a^{18}=\dfrac{1}{a^{18-12}}=\dfrac{1}{a^6}$

(4) $(x^3)^7\div(x^2)^5\div x^8=x^{21}\div x^{10}\div x^8$
$\qquad\qquad\qquad\qquad\quad =x^{21-10}\div x^8$
$\qquad\qquad\qquad\qquad\quad =x^{11}\div x^8=x^{11-8}=x^3$

개념북 33쪽

1 ④   **1-1** ②

1 $(x^8)^3\div x^6\div(x^2)^\square=x^{24}\div x^6\div x^{2\times\square}$
$\qquad\qquad\qquad\qquad\quad =x^{18}\div x^{2\times\square}=x^2$

이므로 $18-2\times\square=2$, $2\times\square=16$ $\therefore \square=8$

1-1 $a^7\div a^3\div a^2=a^4\div a^2=a^2$

① $a^7\div(a^3\div a^2)=a^7\div a=a^6$

② $a^7\div(a^3\times a^2)=a^7\div a^5=a^2$

③ $a^7\times(a^3\div a^2)=a^7\times a=a^8$

④ $a^3\times a^2\div a^7=a^5\div a^7=\dfrac{1}{a^2}$

⑤ $a^3\times(a^2\div a^7)=a^3\times\dfrac{1}{a^5}=\dfrac{1}{a^2}$

개념북 33쪽

2 ②   **2-1** ①

2 $8^x\div4^2=(2^3)^x\div(2^2)^2=2^{3x}\div2^4=2^8$이므로
$3x-4=8$ $\therefore x=4$

2-1 $(3^2)^3\times9^5\div3^a=3^6\times(3^2)^5\div3^a=3^6\times3^{10}\div3^a$
$\qquad\qquad\qquad\qquad\qquad\qquad =3^{16}\div3^a$

$27^4=(3^3)^4=3^{12}$

즉, $3^{16}\div3^a=3^{12}$이므로 $3^{16-a}=3^{12}$에서

$16-a=12$ $\therefore a=4$

3 지수법칙 (3) – 지수의 분배 개념북 34쪽

> **1** (1) $125x^3$ (2) a^5b^5 (3) $\dfrac{16}{a^4}$ (4) $\dfrac{x^4y^4}{81}$
>
> **2** (1) a^6b^3 (2) $4x^2y^6$ (3) $\dfrac{y^8}{x^{12}}$ (4) $-\dfrac{b^9}{8a^3}$

1 (4) $\left(-\dfrac{xy}{3}\right)^4=\dfrac{(-xy)^4}{3^4}=\dfrac{x^4y^4}{81}$

2 (1) $(a^2b)^3=(a^2)^3\times b^3=a^6b^3$

(2) $(-2xy^3)^2=(-2)^2\times x^2\times(y^3)^2=4x^2y^6$

(3) $\left(\dfrac{y^2}{x^3}\right)^4=\dfrac{(y^2)^4}{(x^3)^4}=\dfrac{y^8}{x^{12}}$

(4) $\left(-\dfrac{b^3}{2a}\right)^3=\dfrac{(b^3)^3}{(-2)^3\times a^3}=-\dfrac{b^9}{8a^3}$

개념북 35쪽

1 ④   **1-1** ㄷ, ㄹ

1 $(-2x^ay^3)^b=(-2)^bx^{ab}y^{3b}=16x^8y^c$이므로
$(-2)^b=16=(-2)^4$, $ab=8$, $3b=c$

$\therefore a=2$, $b=4$, $c=12$

$\therefore a+b+c=2+4+12=18$

1-1 ㄱ. $(-2x^2)^2=4x^4$ ㄴ. $(x^2y^3)^2=x^4y^6$

ㅁ. $(-a^4b^2)^3=-a^{12}b^6$ ㅂ. $(3xy)^3=27x^3y^3$

따라서 옳은 것은 ㄷ, ㄹ이다.

---

2 ③   **2-1** ⑤

2 $\left(\dfrac{a^2}{a^x}\right)^2=\dfrac{1}{a^4}$, 즉 $\dfrac{a^4}{a^{2x}}=\dfrac{1}{a^4}$에서 $2x-4=4$

$\therefore x=4$

$\left(\dfrac{b^y}{b^3}\right)^2=b^6$, 즉 $\dfrac{b^{2y}}{b^6}=b^6$에서 $2y-6=6$

$\therefore y=6$

$\therefore x-y=4-6=-2$

[다른 풀이]

$\left(\dfrac{a^2b^y}{a^xb^3}\right)^2=\dfrac{b^6}{a^4}$, 즉 $\dfrac{a^4b^{2y}}{a^{2x}b^6}=\dfrac{b^6}{a^4}$에서

$a^4b^{2y}\times a^4=a^{2x}b^6\times b^6$, $a^8b^{2y}=a^{2x}b^{12}$

따라서 $8=2x$, $2y=12$이므로 $x=4$, $y=6$

$\therefore x-y=4-6=-2$

2-1 $\left(-\dfrac{2x^a}{y^b}\right)^4=\dfrac{2^4x^{4a}}{y^{4b}}=\dfrac{cx^{12}}{y^8}$이므로

$4a=12$, $4b=8$, $2^4=c$

$\therefore a=3$, $b=2$, $c=16$

$\therefore a+b+c=3+2+16=21$

---

3 ④   **3-1** ⑤

3 ④ $(-2xy^2)^3=(-2)^3x^3y^{2\times3}=-8x^3y^6$

3-1 ①, ②, ③, ④ a^6

⑤ $(a^2\times a^3)^2\div a^6=(a^5)^2\div a^6=a^{10}\div a^6=a^4$

---

4 ①   **4-1** ②

4 $2^6\times5^8=2^6\times5^{6+2}=2^6\times5^6\times5^2$

$=5^2\times(2\times5)^6=25\times10^6$

따라서 $2^6\times5^8$은 8자리의 자연수이므로 $n=8$

4-1 $2^3\times4^2\times5^5=2^3\times(2^2)^2\times5^5=2^7\times5^5=2^2\times2^5\times5^5$

$=2^2\times(2\times5)^5$

$=4\times10^5$

따라서 $2^3\times4^2\times5^5$은 6자리의 자연수이므로 $n=6$

---

4 단항식의 곱셈과 나눗셈

1 (1) $20x^3y^2$ (2) $6a^2b$ (3) $-12x^4y^3$ (4) a^5b^4

2 (1) $\dfrac{3x}{y}$ (2) $20x$ (3) $-5y^2$ (4) $-\dfrac{1}{x^2y}$

1 (1) $5x^2\times4xy^2=5\times4\times x^2\times x\times y^2=20x^3y^2$

(2) $(-3a^2)\times(-2b)=(-3)\times(-2)\times a^2\times b$

$=6a^2b$

(3) $4xy^2\times(-3x^3y)=4\times(-3)\times x\times x^3\times y^2\times y$

$=-12x^4y^3$

(4) $\left(-\dfrac{1}{8}a^2b\right)\times(-2ab)^3$

$=\left(-\dfrac{1}{8}\right)\times(-2)^3\times a^2\times a^3\times b\times b^3=a^5b^4$

2 (1) $18x^2y\div6xy^2=\dfrac{18x^2y}{6xy^2}=\dfrac{3x}{y}$

(2) $8x^3\div\dfrac{2}{5}x^2=8x^3\times\dfrac{5}{2x^2}=20x$

(3) $30y^5\div3y^2\div(-2y)=30y^5\times\dfrac{1}{3y^2}\times\left(-\dfrac{1}{2y}\right)$

$=-5y^2$

(4) $\left(-\dfrac{5}{2}xy\right)\div\dfrac{5}{8}x^3y^4\div\dfrac{4}{y^2}$

$=\left(-\dfrac{5}{2}xy\right)\times\dfrac{8}{5x^3y^4}\times\dfrac{y^2}{4}=-\dfrac{1}{x^2y}$

---

1 ⑤   **1-1** ⑤

1 ① $24x^5y^2\div4x^3=\dfrac{24x^5y^2}{4x^3}=6x^2y^2$

② $(-a^2b)^3\times3ab=-a^6b^3\times3ab=-3a^7b^4$

③ $(-2ab)^2\div ab=\dfrac{4a^2b^2}{ab}=4ab$

④ $10x^2y^2\times\left(-\dfrac{1}{2y}\right)^2\times4xy^3$

$=10x^2y^2\times\dfrac{1}{4y^2}\times4xy^3=10x^3y^3$

---

⑤ $8x^2y^3 \div 2x \div (-y)^4 = 8x^2y^3 \times \dfrac{1}{2x} \times \dfrac{1}{y^4} = \dfrac{4x}{y}$

1-1 ① $4x^3 \times (-6x^2) = -24x^5$

② $(-2x^2y)^3 \times (3xy)^2 = -8x^6y^3 \times 9x^2y^2$
$$= -72x^8y^5$$

③ $-(2x^2)^2 \div 2x^4 = -4x^4 \times \dfrac{1}{2x^4} = -2$

④ $16x^2y \div 4xy \div 2x = 16x^2y \times \dfrac{1}{4xy} \times \dfrac{1}{2x} = 2$

⑤ $(-x^2y^3)^2 \div \left(\dfrac{1}{3}xy\right)^2 = x^4y^6 \div \dfrac{1}{9}x^2y^2$
$$= x^4y^6 \times \dfrac{9}{x^2y^2} = 9x^2y^4$$

단항식의 곱셈과 나눗셈의 활용   개념북 38쪽

2 $30a^4b^5$ **2-1** ④

2 (삼각기둥의 부피) $= \left(\dfrac{1}{2} \times 4a^2 \times 5b^2\right) \times 3a^2b^3$
$$= 30a^4b^5$$

2-1 가로의 길이를 x cm라 하면
$$x \times 6a^2b = 24a^3b^2$$
$$\therefore x = 24a^3b^2 \div 6a^2b = \dfrac{24a^3b^2}{6a^2b} = 4ab$$
따라서 가로의 길이는 $4ab$ cm이다.

5 단항식의 곱셈과 나눗셈의 혼합 계산 개념북 39쪽

1 (1) a (2) -3 (3) $36a^2b^2$ (4) $8xy^5$

2 (1) $3x^5y^4$ (2) $\dfrac{y}{3x^3}$ (3) $\dfrac{x^6}{y}$ (4) $-a^{13}b^{12}$

1 (1) (주어진 식) $= 3a^2 \times 2b \times \dfrac{1}{6ab} = a$

(2) (주어진 식) $= (-5x^2) \times 9x \times \dfrac{1}{15x^3} = -3$

(3) (주어진 식) $= a^3b \times \dfrac{9}{a^2b^2} \times 4ab^3 = 36a^2b^2$

(4) (주어진 식) $= 16x^4y^8 \times \dfrac{1}{x^4y^6} \times \dfrac{1}{2}xy^3 = 8xy^5$

2 (1) □ $= 24x^8y^8 \times \dfrac{1}{8x^3y^4} = 3x^5y^4$

(2) □ $= \dfrac{4x^2y^4}{12x^5y^3} = \dfrac{y}{3x^3}$

(3) □ $= y^4 \times \dfrac{1}{y^8} \times x^6y^3 = \dfrac{x^6}{y}$

(4) □ $= -a^{15}b^6 \times \dfrac{9b^6}{4a^2} \times \dfrac{4}{9} = -a^{13}b^{12}$

단항식의 곱셈과 나눗셈의 혼합 계산 (1)   개념북 40쪽

1 ②   **1-1** ①

1 ② $(-3x^2y)^3 \times 5xy \div (-9y)$
$$= (-27x^6y^3) \times 5xy \times \left(-\dfrac{1}{9y}\right) = 15x^7y^3$$

③ $(-2x)^4 \times 3x^2 \div 6x = 16x^4 \times 3x^2 \times \dfrac{1}{6x} = 8x^5$

④ $(-a^2b)^3 \div \dfrac{1}{2}ab \times 7b^3$
$$= -a^6b^3 \times \dfrac{2}{ab} \times 7b^3 = -14a^5b^5$$

⑤ $(4x^2)^3 \div (-x^3) \div (2x)^2$
$$= 64x^6 \times \left(-\dfrac{1}{x^3}\right) \times \dfrac{1}{4x^2} = -16x$$

1-1 $(-2a^2b)^3 \times (2a^2b)^2 \div 4a^6b^2$
$$= (-8a^6b^3) \times 4a^4b^2 \times \dfrac{1}{4a^6b^2} = -8a^4b^3$$

단항식의 곱셈과 나눗셈의 혼합 계산 (2)   개념북 40쪽

2 5   **2-1** ④

2 $(-2xy) \div 8x^3y \times (2x^2y^2)^2$
$$= (-2xy) \times \dfrac{1}{8x^3y} \times 4x^4y^4$$
$$= -x^2y^4 = Ax^By^C$$
이므로 $A = -1$, $B = 2$, $C = 4$
$$\therefore A + B + C = -1 + 2 + 4 = 5$$

2-1 $(xy^A)^2 \div x^2y \times 3x^By^4 = x^2y^{2A} \times \dfrac{1}{x^2y} \times 3x^By^4$
$$= 3x^By^{2A+3} = Cx^3y^5$$
이므로
$$3 = C,\ B = 3,\ 2A + 3 = 5$$
$$\therefore A = 1,\ B = 3,\ C = 3$$
$$\therefore A + B + C = 1 + 3 + 3 = 7$$

□ 안에 알맞은 식 구하기   개념북 41쪽

3 ⑤   **3-1** $21x^{10}y^8$

3 $\square=(-3a^3b)\times\left(-\dfrac{1}{4a^3b^2}\right)\times4a^2b^2=3a^2b$

3-1 $x^6y^9\div\square\times9x^2y^2=\dfrac{3y^3}{7x^2}$, $x^6y^9\times\dfrac{1}{\square}\times9x^2y^2=\dfrac{3y^3}{7x^2}$

$\dfrac{9x^8y^{11}}{\square}=\dfrac{3y^3}{7x^2}$ $\therefore \square=\dfrac{63x^{10}y^{11}}{3y^3}=21x^{10}y^8$

개념북 41쪽

단항식의 곱셈과 나눗셈의 혼합 계산의 활용

4 $2ab$　　　　　**4-1** $5a^3b^2$

4 (직육면체의 부피)

＝(가로의 길이)×(세로의 길이)×(높이)

이므로

$12a^3b^3=3ab^2\times2a\times$(높이), $12a^3b^3=6a^2b^2\times$(높이)

$\therefore$ (높이)$=\dfrac{12a^3b^3}{6a^2b^2}=2ab$

4-1 (삼각기둥의 부피)＝(밑넓이)×(높이)이므로

$35a^6b^3=\dfrac{1}{2}\times2a^2\times7ab\times$(높이)

$35a^6b^3=7a^3b\times$(높이)

$\therefore$ (높이)$=\dfrac{35a^6b^3}{7a^3b}=5a^3b^2$

기본 문제　　　　　개념북 44~45쪽

1 ④	**2** ③	**3** ③	**4** ②
5 60	**6** ①	**7** ㄱ, ㄹ	**8** ②
9 ②	**10** ②	**11** ①	**12** ③

1 ①, ②, ③, ⑤ 2
　④ 3

2 $25^{x-1}=(5^2)^{x-1}=5^{2x-2}$이므로

$5^{2x-2}=5^{x+2}$에서

$2x-2=x+2$　　$\therefore x=4$

3 $3^5=\dfrac{1}{A}$이므로

$27^{15}=(3^3)^{15}=3^{45}=(3^5)^9=\left(\dfrac{1}{A}\right)^9=\dfrac{1}{A^9}$

4 $a^{12}\div a^5\div(-a)^4=a^{12}\div a^5\div a^4=a^{12-5-4}=a^3$

　① $a^4\times(a^{12}\div a^5)=a^4\times a^7=a^{11}$

② $a^{12}\div(a^4\times a^5)=a^{12}\div a^9=a^3$

③ $a^{12}\div a^4\times a^5=a^8\times a^5=a^{13}$

④ $a^{12}\div(a^5\div a^4)=a^{12}\div a=a^{11}$

⑤ $a^{12}\times(a^4\div a^5)=a^{12}\times\dfrac{1}{a}=a^{11}$

5 $[\{(-3x^2)^3\}^4]^5=\{(-3x^2)^{12}\}^5=(-3x^2)^{60}$

$\qquad\qquad\quad=(-1)^{60}\times3^{60}x^{120}=3^{60}x^{120}$

따라서 $a=60$, $b=120$이므로

$b-a=120-60=60$

6 $\left(\dfrac{xy^b}{x^ay^3}\right)^5=\dfrac{x^5y^{5b}}{x^{5a}y^{15}}=\dfrac{y^5}{x^{10}}$이므로

$x^{5a-5}=x^{10}$, $y^{5b-15}=y^5$에서

$5a-5=10$, $5b-15=5$　　$\therefore a=3$, $b=4$

$\therefore a+b=3+4=7$

7 ㄴ. $-4xy^3\times(-2x^3y^2)^2=-4xy^3\times4x^6y^4$

$\qquad\qquad\qquad\qquad\qquad=-16x^7y^7$

ㄷ. $16x^4\div\dfrac{4}{3}x=16x^4\times\dfrac{3}{4x}=12x^3$

따라서 옳은 것은 ㄱ, ㄹ이다.

8 $A=12a^3b^2\div(-4ab)=-3a^2b$

$B=3ab^2\div4a^3b=\dfrac{3b}{4a^2}$

$\therefore AB=(-3a^2b)\times\dfrac{3b}{4a^2}=-\dfrac{9}{4}b^2$

9 $A\div B=(3x)^2=9x^2$에서 $B=\dfrac{A}{9x^2}$

$A\div C=(-3x)^3=-27x^3$에서 $C=\dfrac{A}{-27x^3}$

$\therefore B\div C=\dfrac{A}{9x^2}\div\dfrac{A}{-27x^3}$

$\qquad\qquad=\dfrac{A}{9x^2}\times\dfrac{-27x^3}{A}=-3x$

[다른 풀이]

$B\div C=\dfrac{B}{C}=\dfrac{A}{C}\div\dfrac{A}{B}=(-3x)^3\div(3x)^2$

$\qquad\qquad=-27x^3\times\dfrac{1}{9x^2}=-3x$

10 $(-3x^5y^6)\div\square=\dfrac{-3x^5y^6}{\square}=\dfrac{(\square)^2}{-9xy^3}$이므로

$(\square)^3=27x^6y^9=(3x^2y^3)^3$

$\therefore \square=3x^2y^3$

11 $(xy^2)^2\div x^3y\times(-4xy)^3\div8xy$

$=x^2y^4\times\dfrac{1}{x^3y}\times(-64x^3y^3)\times\dfrac{1}{8xy}$

$=-8xy^5$

12 $(\pi \times a^2) \times b = \frac{1}{3} \times (\pi \times b^2) \times (높이)$이므로

$\pi a^2 b = \frac{1}{3} \pi b^2 \times (높이)$

$\therefore (높이) = \pi a^2 b \div \frac{1}{3} \pi b^2 = \pi a^2 b \times \frac{3}{\pi b^2} = \frac{3a^2}{b}$

개념북 46~47쪽

개념완성 발전 문제

1 ①　　　**2** ③　　　**3** ④　　　**4** ②

5 ③

6 ① 2^8, 8　② $(2^3 \times 3 \times 5)^3$, 3　③ $2^9 \times 3^3 \times 5^3$, 9

　④ $8+3-9$, 2

7 ① $A \times \frac{b^2}{3a^2} = 9ab$　② $\frac{27a^3}{b}$　③ $\frac{81a^5}{b^3}$

1 $1 \times 2 \times 3 \times 4 \times 5 \times 6 \times 7 \times 8 \times 9 \times 10$

$= 1 \times 2 \times 3 \times 2^2 \times 5 \times (2 \times 3) \times 7 \times 2^3 \times 3^2 \times (2 \times 5)$

$= 2^8 \times 3^4 \times 5^2 \times 7$

따라서 $a=8$, $b=4$, $c=1$이므로

$a+b-c = 8+4-1 = 11$

2 $2^x + 2^{x+1} = 2^x + 2^x \times 2 = 2^x(1+2) = 3 \times 2^x$

$3 \times 2^x = 24$이므로

$2^x = 8 = 2^3$　$\therefore x = 3$

3 $2^{11} \times 3 \times 5^{13} = 3 \times 5^2 \times (2 \times 5)^{11} = 75 \times 10^{11}$

따라서 $2^{11} \times 3 \times 5^{13}$은 13자리의 자연수이므로 $n=13$

4 $\bigcirc = 3a^2 b \div 6a^2 b^2 \times (-12ab)$

$= 3a^2 b \times \frac{1}{6a^2 b^2} \times (-12ab) = -6a$

$\bigcirc = (-2a^2 b)^2 \times \frac{3}{2} a \div 3a^4 b^2$

$= 4a^4 b^2 \times \frac{3}{2} a \times \frac{1}{3a^4 b^2} = 2a$

$\therefore \bigcirc \div \bigcirc = (-6a) \div 2a = -3$

5 $1\,\text{nm} = \left(\frac{1}{10}\right)^3 \mu\text{m} = \left(\frac{1}{10}\right)^3 \times \left(\frac{1}{10}\right)^3 \text{mm}$

$= \left(\frac{1}{10}\right)^3 \times \left(\frac{1}{10}\right)^3 \times \frac{1}{10} \text{cm}$

$= \left(\frac{1}{10}\right)^7 \text{cm}$

$\therefore 700\,\text{nm} = 7 \times 10^2 \times \left(\frac{1}{10}\right)^7 \text{cm} = 7 \times \left(\frac{1}{10}\right)^5 \text{cm}$

6 ① $4^3 + 4^3 + 4^3 + 4^3 = 4 \times 4^3 = 4^4 = (2^2)^4 = 2^8$이므로

　$a = 8$

② $120^3 = (2^3 \times 3 \times 5)^3$이므로 $b=3$

③ $(2^b \times 3 \times 5)^3 = (2^3 \times 3 \times 5)^3 = 2^9 \times 3^3 \times 5^3$이므로

　$c = 9$

④ $a+b-c = 8+3-9 = 2$

7 ① $A \times \frac{b^2}{3a^2} = 9ab$

② $A = 9ab \div \frac{b^2}{3a^2} = 9ab \times \frac{3a^2}{b^2} = \frac{27a^3}{b}$

③ 따라서 바르게 계산하면

$\frac{27a^3}{b} \div \frac{b^2}{3a^2} = \frac{27a^3}{b} \times \frac{3a^2}{b^2} = \frac{81a^5}{b^3}$

2 다항식의 계산

1 다항식의 덧셈과 뺄셈

개념북 50쪽

1 (1) $-3x+6$　(2) $3a+7$　(3) $\frac{5}{6}x - \frac{1}{12}y$

　(4) $\frac{1}{6}a - \frac{11}{6}b$

2 ㄴ, ㄹ, ㅂ

1 (1) (주어진 식) $= -6x+3x-2+8 = -3x+6$

(2) (주어진 식) $= 7a-4a+2+5 = 3a+7$

(3) (주어진 식) $= \frac{1}{2}x + \frac{1}{3}x - \frac{1}{3}y + \frac{1}{4}y$

$= \frac{5}{6}x - \frac{1}{12}y$

(4) (주어진 식) $= \frac{2}{3}a - \frac{1}{2}a - \frac{1}{3}b - \frac{3}{2}b = \frac{1}{6}a - \frac{11}{6}b$

2 다항식의 차수 중에서 가장 큰 항의 차수가 2인 다항식을 찾는다.

ㄱ. 일차식

ㄷ. 차수가 2인 항이 분모에 있으므로 이차식이 아니다.

ㅁ. 각 항의 차수 중에서 가장 큰 항의 차수가 3이므로 이차식이 아니다.

따라서 이차식인 것은 ㄴ, ㄹ, ㅂ이다.

다항식의 덧셈과 뺄셈

개념북 51쪽

1 ②　　　**1-1** ③

1 $(8a-2b+3)+5(-2a+b-3)$
$=8a-2b+3-10a+5b-15$
$=-2a+3b-12$

1-1 $\dfrac{x-2y}{2}-\dfrac{2x-4y}{3}$

$=\dfrac{3(x-2y)}{6}-\dfrac{2(2x-4y)}{6}$

$=\dfrac{3x-6y-4x+8y}{6}=\dfrac{-x+2y}{6}$

$=-\dfrac{1}{6}x+\dfrac{1}{3}y$

따라서 $a=-\dfrac{1}{6}$, $b=\dfrac{1}{3}$이므로

$a+b=-\dfrac{1}{6}+\dfrac{1}{3}=\dfrac{1}{6}$

이차식의 덧셈과 뺄셈 개념북 51쪽

2 5 **2-1** ④

2 $(2x^2+6x-1)-(-9x^2-x+5)$
$=2x^2+6x-1+9x^2+x-5$
$=11x^2+7x-6$
따라서 x^2의 계수는 11, 상수항은 -6이므로 그 합은
$11+(-6)=5$

2-1 $\square=(3x^2+2x-3)-(-2x^2+5x-4)$
$=3x^2+2x-3+2x^2-5x+4$
$=5x^2-3x+1$

여러 가지 괄호가 있는 식 계산하기 개념북 52쪽

3 ① **3-1** ④

3 $5a-[3b-\{a-4(a+b)+1\}]$
$=5a-\{3b-(a-4a-4b+1)\}$
$=5a-\{3b-(-3a-4b+1)\}$
$=5a-(3b+3a+4b-1)$
$=5a-(3a+7b-1)$
$=5a-3a-7b+1=2a-7b+1$
따라서 $A=2$, $B=-7$, $C=1$이므로
$A+B+C=2+(-7)+1=-4$

3-1 $x-[x^2-2x-\{x-(x^2-x+1)\}]$
$=x-\{x^2-2x-(x-x^2+x-1)\}$
$=x-\{x^2-2x-(-x^2+2x-1)\}$

$=x-(x^2-2x+x^2-2x+1)$
$=x-(2x^2-4x+1)$
$=x-2x^2+4x-1$
$=-2x^2+5x-1$
따라서 일차항의 계수는 5이다.

잘못 계산한 식에서 바른 답 구하기 개념북 52쪽

4 ② **4-1** $-4x^2+9x-7$

4 어떤 식을 A라 하면
$x-3y+5+A=5x-4y+7$
$\therefore A=5x-4y+7-(x-3y+5)$
$=5x-4y+7-x+3y-5$
$=4x-y+2$
따라서 바르게 계산한 답은
$x-3y+5-(4x-y+2)=x-3y+5-4x+y-2$
$\qquad\qquad\qquad\qquad\qquad=-3x-2y+3$

4-1 어떤 식을 A라 하면
$A-(-3x^2+2x-4)=2x^2+5x+1$
$\therefore A=2x^2+5x+1+(-3x^2+2x-4)$
$=-x^2+7x-3$
따라서 바르게 계산한 답은
$-x^2+7x-3+(-3x^2+2x-4)=-4x^2+9x-7$

2 다항식의 곱셈과 나눗셈 개념북 53쪽

1 (1) $10a^2+15ab$ (2) $-8x^2+2x$ (3) $5x-3$
(4) $-30a-10b+15$

2 (1) $2x^2-5xy+4x-2y^2$ (2) $\dfrac{13}{4}x-\dfrac{3}{2}y$

1 (1) $5a(2a+3b)=5a\times 2a+5a\times 3b$
$=10a^2+15ab$
(2) $(4x-1)(-2x)=4x\times(-2x)-1\times(-2x)$
$=-8x^2+2x$
(3) $(10x^2-6x)\div 2x=\dfrac{10x^2-6x}{2x}=5x-3$
(4) $(12ab+4b^2-6b)\div\left(-\dfrac{2}{5}b\right)$
$=(12ab+4b^2-6b)\times\left(-\dfrac{5}{2b}\right)$
$=-30a-10b+15$

2 (1) $2x(x-y+2)+(-15x^2y-10xy^2)\div 5x$

$=2x\times x-2x\times y+2x\times 2$
$\qquad\qquad\qquad +(-15x^2y-10xy^2)\times\dfrac{1}{5x}$

$=2x^2-2xy+4x-3xy-2y^2$

$=2x^2-5xy+4x-2y^2$

(2) $\dfrac{3xy-y^2}{y}-\left(\dfrac{1}{2}y^2-\dfrac{1}{4}xy\right)\div y$

$=\dfrac{3xy}{y}-\dfrac{y^2}{y}-\left(\dfrac{1}{2}y^2-\dfrac{1}{4}xy\right)\times\dfrac{1}{y}$

$=3x-y-\dfrac{1}{2}y+\dfrac{1}{4}x=\dfrac{13}{4}x-\dfrac{3}{2}y$

단항식과 다항식의 곱셈 　　　　　　　개념북 54쪽

1 ①　　　　**1-1** 11

1 $5x(2x-4)-3x(x-2)$

$=10x^2-20x-3x^2+6x=7x^2-14x$

따라서 x^2의 계수는 7, x의 계수는 -14이므로

$a=7,\ b=-14$

$\therefore a+b=7+(-14)=-7$

1-1 $-2x(x-5)+(4x-1)x$

$=-2x^2+10x+4x^2-x=2x^2+9x$

따라서 $A=2,\ B=9$이므로 $A+B=2+9=11$

다항식과 단항식의 나눗셈 　　　　　　개념북 54쪽

2 ②　　　　**2-1** ①

2 ② $(-15a^2b+10ab^2)\div 5a=\dfrac{-15a^2b+10ab^2}{5a}$

$\qquad\qquad\qquad\qquad\qquad =-3ab+2b^2$

2-1 $\square=(-6x^2y^2+3xy)\times\dfrac{2}{3x}=-4xy^2+2y$

사칙연산이 혼합된 식 계산하기 (1) 　　　개념북 55쪽

3 ④　　　　**3-1** $-18a^2-11ab$

3 $(8x^3+4x^2y)\div(-2x)^2-\dfrac{12y^2-21xy}{3y}$

$=\dfrac{8x^3+4x^2y}{4x^2}-\dfrac{12y^2-21xy}{3y}$

$=2x+y-4y+7x$

$=9x-3y$

3-1 $(2a+3b)\times(-5a)-(18a^4b^2-9a^3b^3)\div\left(\dfrac{3}{2}ab\right)^2$

$=-10a^2-15ab-(18a^4b^2-9a^3b^3)\times\dfrac{4}{9a^2b^2}$

$=-10a^2-15ab-8a^2+4ab$

$=-18a^2-11ab$

사칙연산이 혼합된 식 계산하기 (2) 　　　개념북 55쪽

4 ①　　　　**4-1** ②

4 $-4x(5y-10x)-2y^2(-3x^2+7xy)\div xy$

$=-20xy+40x^2-(-6x^2y^2+14xy^3)\div xy$

$=-20xy+40x^2+6xy-14y^2$

$=40x^2-14xy-14y^2$

따라서 xy의 계수는 -14이다.

4-1 $(2x^2+12xy)\div(-2x)-(x+3y)\times(-4)$

$=-x-6y+4x+12y=3x+6y$

따라서 $A=3,\ B=6$이므로 $A+B=3+6=9$

단항식과 다항식의 곱셈, 나눗셈의 활용 (1) 　　개념북 56쪽

5 (1) $-4x+2$　(2) a^2

5-1 (1) $2a+5b$　(2) $10x^3y^2-30x^2y^3$

5 (1) $4x(\square+x)=-18x^2+5x+3x(2x+1)$

$\qquad\qquad\qquad =-18x^2+5x+6x^2+3x$

$\qquad\qquad\qquad =-12x^2+8x$

$\square+x=\dfrac{-12x^2+8x}{4x}=-3x+2$

$\therefore \square=-3x+2-x=-4x+2$

(2) $\square-2ab+4a=(2a-4b+8)\times\dfrac{1}{2}a$

$\qquad\qquad\qquad\quad =a^2-2ab+4a$

$\therefore \square=a^2-2ab+4a-(-2ab+4a)=a^2$

5-1 (1) $-2a(7a-\square)=-5ab-5a(2a-3b)$

$\qquad\qquad\qquad\quad =-5ab-10a^2+15ab$

$\qquad\qquad\qquad\quad =10ab-10a^2$

$7a-\square=\dfrac{10ab-10a^2}{-2a}=-5b+5a$

$\therefore \square=7a-(-5b+5a)=2a+5b$

(2) $\square+10x^2y^3=(-2x^2y+4xy^2)\times(-5xy)$

$\qquad\qquad\qquad\quad =10x^3y^2-20x^2y^3$

$$\therefore \square = 10x^3y^2 - 20x^2y^3 - 10x^2y^3$$
$$= 10x^3y^2 - 30x^2y^3$$

개념북 56쪽

단항식과 다항식의 곱셈, 나눗셈의 활용 (2)

6 $3a - 4b^2$ **6-1** $6x$

6 (원기둥의 부피)=(밑넓이)×(높이)이므로
$$12\pi a^3 - 16\pi a^2 b^2 = \pi \times (2a)^2 \times (\text{높이})$$
$$12\pi a^3 - 16\pi a^2 b^2 = 4\pi a^2 \times (\text{높이})$$
$$\therefore (\text{높이}) = \frac{12\pi a^3 - 16\pi a^2 b^2}{4\pi a^2} = 3a - 4b^2$$

6-1 윗변의 길이를 $\square$라 하면
$$\frac{1}{2} \times (\square + 2x^2) \times 3y^2 = 9xy^2 + 3x^2y^2$$
$$(\square + 2x^2) \times \frac{3}{2}y^2 = 9xy^2 + 3x^2y^2$$
$$\square + 2x^2 = (9xy^2 + 3x^2y^2) \times \frac{2}{3y^2}$$
$$= 6x + 2x^2$$
$$\therefore \square = 6x + 2x^2 - 2x^2 = 6x$$

기본 문제

개념북 57~58쪽

1 ⑤	**2** ①	**3** ①	**4** ②
5 ①	**6** ③	**7** 8	**8** 1
9 ⑤	**10** ④	**11** ③	
12 $6x^2y - 4xy^2$			

1 $8x + [3y - 5x + \{2y - (-4x + y)\}]$
$$= 8x + \{3y - 5x + (2y + 4x - y)\}$$
$$= 8x + \{3y - 5x + (4x + y)\}$$
$$= 8x + (3y - 5x + 4x + y)$$
$$= 8x + (-x + 4y) = 7x + 4y$$
따라서 $a = 7$, $b = 4$이므로 $a + b = 7 + 4 = 11$

2 $6a - [2b + a - \{-a - (\square + b)\}]$
$$= 6a - \{2b + a - (-a - \square - b)\}$$
$$= 6a - (2b + a + a + \square + b)$$
$$= 6a - (2a + 3b + \square)$$
$$= 6a - 2a - 3b - \square$$
$$= 4a - 3b - \square$$

$4a - 3b - \square = 9a - 3b$이므로
$$\square = 4a - 3b - (9a - 3b)$$
$$= 4a - 3b - 9a + 3b$$
$$= -5a$$

3 $A + (4x^2 - 5x + 2) = -2x^2 + 3x + 1$
$$\therefore A = -2x^2 + 3x + 1 - (4x^2 - 5x + 2)$$
$$= -2x^2 + 3x + 1 - 4x^2 + 5x - 2$$
$$= -6x^2 + 8x - 1$$

4 $A = (-3x + 1) + (x^2 + 3x - 1) = x^2$
$$\therefore B = 2x^2 - 2x + 1 + A$$
$$= 2x^2 - 2x + 1 + x^2$$
$$= 3x^2 - 2x + 1$$

5 $6A - 4B = 6 \times \dfrac{x-y}{3} - 4 \times \dfrac{3x-2y}{2}$
$$= 2(x - y) - 2(3x - 2y)$$
$$= 2x - 2y - 6x + 4y = -4x + 2y$$

6 $2(A - B) + 3(A + B)$
$$= 2A - 2B + 3A + 3B$$
$$= 5A + B$$
$$= 5(2x - 3y) + (x + 4y)$$
$$= 10x - 15y + x + 4y = 11x - 11y$$
따라서 x의 계수는 11, y의 계수는 -11이므로 그 합은
$$11 + (-11) = 0$$

7 $-2x(x + 2y - 5) = -2x^2 - 4xy + 10x$
따라서 x^2의 계수는 -2, x의 계수는 10이므로 그 합은
$$-2 + 10 = 8$$

8 $ax(2x + 4y) - 3y(2x + 4y)$
$$= 2ax^2 + 4axy - 6xy - 12y^2$$
$$= 2ax^2 + (4a - 6)xy - 12y^2$$
xy의 계수가 -2이므로 $4a - 6 = -2$ $\therefore a = 1$

9 ① $2x(x - 3) = 2x^2 - 6x$
② $xy(x - 5y) = x^2y - 5xy^2$
③ $x^2(x^3 + 4) = x^5 + 4x^2$
④ $-5(4x + y - 1) = -20x - 5y + 5$

10 $5a \times (2ab + 3b^2) + (8b - 20a^2) \div \dfrac{2}{b}$
$$= 10a^2b + 15ab^2 + (8b - 20a^2) \times \dfrac{b}{2}$$

$$=10a^2b+15ab^2+4b^2-10a^2b$$
$$=15ab^2+4b^2$$

11 $(4x^2y^2+5xy^3)\div xy^2-\dfrac{2xy(3x-y)}{xy}$

$$=\dfrac{4x^2y^2+5xy^3}{xy^2}-2(3x-y)$$
$$=4x+5y-6x+2y$$
$$=-2x+7y$$

따라서 $a=-2$, $b=7$이므로 $a+b=-2+7=5$

12 (부피)$=5x\times4y\times\left(\dfrac{3}{10}x-\dfrac{1}{5}y\right)$

$$=20xy\times\left(\dfrac{3}{10}x-\dfrac{1}{5}y\right)$$
$$=6x^2y-4xy^2$$

1 ④   **2** -2 **3** $-9a^2-\dfrac{1}{4}a+6b$

4 $-12a^2+3ab-6a+5b$ **5** $6ab+b^2$

6 ① $7a^2+5a+3$, $8a^2+4a+8$, $4a^2+2a+4$

     ② $3a^2+a+1$, $10a^2+6a+4$, $2a^2+8$

     ③ $4a^2+2a+4$, $2a^2+8$, $6a^2+2a+12$, $6a^2+4a$

7 ① 7 ② 7 ③ 14

1 어떤 식을 A라 하면

$$A-(4x^2-x+3)+(x+2)=-2x^2-2x+3$$
$$\therefore A=-2x^2-2x+3+(4x^2-x+3)-(x+2)$$
$$=-2x^2-2x+3+4x^2-x+3-x-2$$
$$=2x^2-4x+4$$

2 $\dfrac{8xy-3x^2}{2x^2y}\times(-4xy)-8\div\dfrac{xy}{2x^2y-xy^2}$

$$=\left(\dfrac{4}{x}-\dfrac{3}{2y}\right)\times(-4xy)-8\times\dfrac{2x^2y-xy^2}{xy}$$
$$=-16y+6x-8(2x-y)$$
$$=-16y+6x-16x+8y$$
$$=-10x-8y$$

따라서 $a=-10$, $b=-8$이므로

$$a-b=-10-(-8)=-2$$

3 $A\times\left(-\dfrac{2}{3}ab^2\right)=6a^3b^2+\dfrac{1}{6}a^2b^2-4ab^3$

$$\therefore A=\left(6a^3b^2+\dfrac{1}{6}a^2b^2-4ab^3\right)\div\left(-\dfrac{2}{3}ab^2\right)$$
$$=\left(6a^3b^2+\dfrac{1}{6}a^2b^2-4ab^3\right)\times\left(-\dfrac{3}{2ab^2}\right)$$
$$=-9a^2-\dfrac{1}{4}a+6b$$

4 어떤 다항식을 □라 하면

$$□=-3a(4a-b+2)+5b$$
$$=-12a^2+3ab-6a+5b$$

5 $\triangle\text{AEF}=\square\text{ABCD}-\triangle\text{ABE}-\triangle\text{AFD}-\triangle\text{ECF}$

$$=4a\times5b-\dfrac{1}{2}\times4a\times2b$$
$$-\dfrac{1}{2}\times5b\times(4a-b)-\dfrac{1}{2}\times(5b-2b)\times b$$
$$=20ab-4ab-10ab+\dfrac{5}{2}b^2-\dfrac{3}{2}b^2$$
$$=6ab+b^2$$

6 ① 두 번째 줄의 가운데 식을 A라 하면

$$a^2-a+5+A+7a^2+5a+3=12a^2+6a+12$$

이므로

$$8a^2+4a+8+A=12a^2+6a+12$$
$$\therefore A=4a^2+2a+4$$

   ② 세 번째 줄의 가운데 식을 B라 하면

$$3a^2+a+1+B+7a^2+5a+3=12a^2+6a+12$$

이므로

$$10a^2+6a+4+B=12a^2+6a+12$$
$$\therefore B=2a^2+8$$

   ③ ㉠$+4a^2+2a+4+2a^2+8=12a^2+6a+12$

이므로

$$㉠+6a^2+2a+12=12a^2+6a+12$$
$$\therefore ㉠=6a^2+4a$$

7 ① $ax(3x+1)-4(3x+1)=3ax^2+(a-12)x-4$

에서

x의 계수가 -5이므로 $a-12=-5$

$$\therefore a=7$$

   ② $x(5x+b)-4(5x+b)=5x^2+(b-20)x-4b$

에서

x의 계수가 -13이므로 $b-20=-13$

$$\therefore b=7$$

   ③ $\therefore a+b=7+7=14$

1 부등식

1 부등식
개념북 64쪽

1 (1) × (2) ○ (3) ○ (4) ×

2 ㄴ, ㄷ, ㄹ

2 $x=1$을 각 부등식에 대입하면

ㄱ. $2 \times 1 + 1 < 3$ (거짓) ㄴ. $1-1 \geq 0$ (참)

ㄷ. $3 \times 1 + 4 > 7-1$ (참) ㄹ. $1+1 \leq 5$ (참)

따라서 $x=1$이 해가 되는 것은 ㄴ, ㄷ, ㄹ이다.

부등식으로 나타내기
개념북 65쪽

1 ⑤ **1-1** ②

1 ⑤ $4x+5 \geq 36$

1-1 매분 $1\,\mathrm{L}$씩 물을 넣으므로 x분 동안 $x\,\mathrm{L}$만큼 물이 늘어난다.

따라서 $3\,\mathrm{L}$의 물이 들어 있는 물통에 물을 넣으면 $25\,\mathrm{L}$가 넘지 않으므로 $3+x \leq 25$

부등식의 해
개념북 65쪽

2 ② **2-1** ①, ②

2 각각의 부등식에 주어진 수를 대입하면

① $3 \times 3 - 5 < 7$ (참)

② $2 - 3 \times (-1) > 6$ (거짓)

③ $2 - 1 \geq 1$ (참)

④ $1 \geq -2 \times 1$ (참)

⑤ $1 - 0 < 2$ (참)

따라서 [ ] 안의 수가 주어진 부등식의 해가 아닌 것은 ②이다.

2-1 x의 값을 주어진 부등식에 차례로 대입하면

$2 \times (-2) + 3 \leq 1$ (참), $2 \times (-1) + 3 \leq 1$ (참)

$2 \times 0 + 3 \leq 1$ (거짓), $2 \times 1 + 3 \leq 1$ (거짓)

$2 \times 2 + 3 \leq 1$ (거짓)

따라서 부등식의 해는 -2, -1이다.

2 부등식의 성질
개념북 66쪽

1 (1) < (2) > (3) > (4) <

2 (1) $2 \leq x+3 < 5$ (2) $-3 \leq 3x < 6$

(3) $-3 \leq 2x-1 < 3$ (4) $-5 < -3x+1 \leq 4$

1 (4) $2a < 2b$이므로 $2a-5 < 2b-5$

2 (1) $-1 \leq x < 2$의 각 변에 3을 더하면 $2 \leq x+3 < 5$

(2) $-1 \leq x < 2$의 각 변에 3을 곱하면 $-3 \leq 3x < 6$

(3) $-1 \leq x < 2$의 각 변에 2를 곱하면 $-2 \leq 2x < 4$

각 변에서 1을 빼면 $-3 \leq 2x-1 < 3$

(4) $-1 \leq x < 2$의 각 변에 -3을 곱하면

$-6 < -3x \leq 3$

각 변에 1을 더하면 $-5 < -3x+1 \leq 4$

부등식의 성질
개념북 67쪽

1 ⑤ **1-1** ③

1 ① $a > b$에서 $-5a < -5b$이므로 $4-5a < 4-5b$

② $a > b$에서 $2a > 2b$이므로 $-7+2a > -7+2b$

③ $a > b$에서 $\dfrac{a}{4} > \dfrac{b}{4}$이므로 $\dfrac{a}{4}+1 > \dfrac{b}{4}+1$

④ $a > b$에서 $-\dfrac{a}{3} < -\dfrac{b}{3}$이므로

$-\dfrac{a}{3}-8 < -\dfrac{b}{3}-8$

⑤ $a > b$에서 $3a > 3b$이므로 $3a-2 > 3b-2$

따라서 옳지 않은 것은 ⑤이다.

1-1 ① $a > b$에서 $a+4 > b+4$

② $a > b$에서 $\dfrac{a}{4} > \dfrac{b}{4}$이므로 $\dfrac{a}{4}+2 > \dfrac{b}{4}+2$

③ $a < b$에서 $2a < 2b$이므로 $2a-1 < 2b-1$

④ $a < b$에서 $-2a > -2b$이므로 $3-2a > 3-2b$

⑤ $a < b$에서 $-a > -b$이므로 $-a+\dfrac{1}{2} > -b+\dfrac{1}{2}$

따라서 부등호의 방향이 다른 하나는 ③이다.

부등식의 성질을 이용하여 식의 값의 범위 구하기
개념북 67쪽

2 $1 \leq A < 7$ **2-1** ①

2 $-4 < x \leq 2$의 각 변에 -1을 곱하면 $-2 \leq -x < 4$

각 변에 3을 더하면 $1 \leq 3 - x < 7$

∴ $1 \leq A < 7$

2-1 $3 < 5 - 2x < 11$의 각 변에서 5를 빼면

$-2 < -2x < 6$

각 변을 -2로 나누면 $-3 < x < 1$

따라서 $a = -3$, $b = 1$이므로 $a + b = -3 + 1 = -2$

3 일차부등식과 그 해

1 (1) × (2) ○ (3) ○ (4) ×

2 (1) $x < 3$,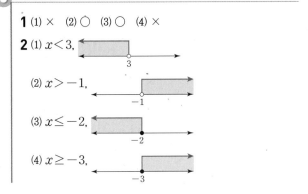

(2) $x > -1$,

(3) $x \leq -2$,

(4) $x \geq -3$,

1 (1) $x - 3 \leq x + 1$에서 $-4 \leq 0$이므로 일차부등식이 아니다.

(2) $5x > 2$에서 $5x - 2 > 0$이므로 일차부등식이다.

(3) $x(x+1) < x^2 + 3$에서 $x - 3 < 0$이므로 일차부등식이다.

(4) $\dfrac{1}{x} \leq -1$에서 $\dfrac{1}{x} + 1 \leq 0$이고 좌변이 x에 대한 일차식이 아니므로 일차부등식이 아니다.

2 (1) $x - 2 < 1$의 양변에 2를 더하면 $x < 3$

따라서 해를 수직선 위에 나타내면 다음과 같다.

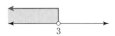

(2) $x + 3 > 2$의 양변에서 3을 빼면 $x > -1$

따라서 해를 수직선 위에 나타내면 다음과 같다.

(3) $3x \leq -6$의 양변을 3으로 나누면 $x \leq -2$

따라서 해를 수직선 위에 나타내면 다음과 같다.

(4) $-\dfrac{x}{3} \leq 1$의 양변에 -3을 곱하면 $x \geq -3$

따라서 해를 수직선 위에 나타내면 다음과 같다.

개념북 **69**쪽

1 ②, ③   **1-1** ⑤

1 ① $x + 3 < 5 + x$에서 $-2 < 0$이므로 일차부등식이 아니다.

② $3 - x \leq 2x + 1$에서 $-3x + 2 \leq 0$이므로 일차부등식이다.

③ $x^2 + 1 \geq 2 - x + x^2$에서 $x - 1 \geq 0$이므로 일차부등식이다.

④ $2(1 - x) \geq 3 - 2x$에서 $2 - 2x \geq 3 - 2x$, $-1 \geq 0$이므로 일차부등식이 아니다.

⑤ $4 - x^2 < 3 + 2x$에서 $-x^2 - 2x + 1 < 0$이므로 일차부등식이 아니다.

따라서 일차부등식은 ②, ③이다.

1-1 $2x - 5 \geq ax$에서 $(2 - a)x - 5 \geq 0$이 x에 대한 일차부등식이므로

$2 - a \neq 0$ ∴ $a \neq 2$

부등식의 해를 수직선 위에 나타내기

개념북 **69**쪽

2 ③   **2-1** ②, ⑤

2 $1 - 2x \geq 5$의 양변에서 1을 빼면 $-2x \geq 4$

양변을 -2로 나누면 $x \leq -2$

따라서 부등식의 해를 수직선 위에 바르게 나타낸 것은 ③이다.

2-1 수직선이 나타내는 해는 $x \geq 2$이다.

① $x - 1 \geq -3$의 양변에 1을 더하면 $x \geq -2$

② $2x \geq 4$의 양변을 2로 나누면 $x \geq 2$

③ $3x > 6$의 양변을 3으로 나누면 $x > 2$

④ $-3x \geq 6$의 양변을 -3으로 나누면 $x \leq -2$

⑤ $-x \leq -2$의 양변에 -1을 곱하면 $x \geq 2$

따라서 $x \geq 2$인 해는 ②, ⑤이다.

4 일차부등식의 풀이

1 (1) $x \leq 1$ (2) $x > 8$ (3) $x > 4$ (4) $x \geq 2$

2 (1) $x > 6$ (2) $x \geq 5$

1 (1) $x + 6 \leq 7$에서 $x \leq 1$

(2) $3x - 1 > 2x + 7$에서 $x > 8$

(3) $2(x-6)>-x$에서 $2x-12>-x$, $3x>12$

   $\therefore x>4$

(4) $2x-(x-3)\geq5$에서 $2x-x+3\geq5$

   $\therefore x\geq2$

2 (1) 양변에 분모의 최소공배수인 4를 곱하면

   $2(x-1)>x+4$, $2x-2>x+4$ $\therefore x>6$

(2) 양변에 10을 곱하면

   $2x+1\geq x+6$ $\therefore x\geq5$

| 일차부등식의 풀이 | 개념북 71쪽 |

1 ④   **1-1** $x<-6$,

1 ① $3x<9$에서 $x<3$

② $2x+3>3x$에서 $-x>-3$ $\therefore x<3$

③ $-4x>2x-18$에서 $-6x>-18$ $\therefore x<3$

④ $-2x+2>8-4x$에서 $2x>6$ $\therefore x>3$

⑤ $4x-3<3x$에서 $x<3$

따라서 해가 나머지 넷과 다른 하나는 ④이다.

1-1 $2x-1>4x+11$에서 $-2x>12$ $\therefore x<-6$

이를 수직선 위에 나타내면 오른

쪽 그림과 같다.

| 괄호가 있는 일차부등식의 풀이 | 개념북 71쪽 |

2 1   **2-1** ④

2 $3-(x+2)<2(5x-4)$에서 $3-x-2<10x-8$

   $-11x<-9$ $\therefore x>\dfrac{9}{11}$

따라서 주어진 부등식을 만족시키는 가장 작은 정수 x

의 값은 1이다.

2-1 수직선이 나타내는 해는 $x\geq1$이다.

① $2x-3<-1$에서 $2x<2$ $\therefore x<1$

② $4x>2(x+1)$에서 $4x>2x+2$, $2x>2$

   $\therefore x>1$

③ $x+1\leq2(x-1)$에서 $x+1\leq2x-2$

   $-x\leq-3$ $\therefore x\geq3$

④ $-x+2\leq4x-3$에서 $-5x\leq-5$ $\therefore x\geq1$

⑤ $6x-(4x+1)\leq1$에서

   $6x-4x-1\leq1$, $2x\leq2$ $\therefore x\leq1$

따라서 $x\geq1$인 해는 ④이다.

| 계수가 분수 또는 소수인 일차부등식의 풀이 | 개념북 71쪽 |

3 6   **3-1** ④

3 주어진 부등식의 양변에 분모의 최소공배수인 6을 곱하면

   $2x-6\geq3(x-4)$, $2x-6\geq3x-12$, $-x\geq-6$

   $\therefore x\leq6$

따라서 $x\leq6$을 만족하는 자연수 x는 1, 2, 3, 4, 5, 6

의 6개이다.

3-1 주어진 부등식의 양변에 10을 곱하면

   $3(x-2)>4x-20$

   $3x-6>4x-20$, $-x>-14$ $\therefore x<14$

따라서 부등식을 만족하는 가장 큰 자연수 x의 값은 13

이다.

| 계수가 문자인 일차부등식의 풀이 | 개념북 72쪽 |

4 ③   **4-1** ③

4 $3-ax<4$에서 $-ax<1$

   $-a>0$이므로 $x<-\dfrac{1}{a}$

4-1 $ax-a>x-1$에서 $(a-1)x>a-1$

   $a-1>0$이므로 $x>1$

| 부등식의 해의 조건이 주어진 경우 | 개념북 72쪽 |

5 ④   **5-1** ②

5 $3(x-1)-2x\leq k$에서

   $3x-3-2x\leq k$ $\therefore x\leq k+3$

수직선이 나타내는 해는 $x\leq5$이므로 $k+3=5$

   $\therefore k=2$

5-1 $2(3-x)\geq a-1$에서

   $6-2x\geq a-1$, $-2x\geq a-7$ $\therefore x\leq\dfrac{7-a}{2}$

이때 해 중 가장 큰 수가 5이므로

   $\dfrac{7-a}{2}=5$, $7-a=10$ $\therefore a=-3$

5 일차부등식의 활용
개념북 **73쪽**

1 ② $8-x$, $\leq$, $8-x$, $\leq$ ③ 4, 4 ④ 4, 4, 4, 4

2 ② $86+89+x$, $\geq$, 3, $\geq$ ③ 95, 95 ④ 95, 95

1 7, 8, 9   **1-1** 4

1 연속하는 세 자연수를 $x-1$, x, $x+1$이라 하면
$(x-1)+x+(x+1)<27$, $3x<27$ $\therefore x<9$
따라서 x의 값 중 가장 큰 자연수는 8이므로 구하는 세
자연수는 7, 8, 9이다.

1-1 어떤 정수를 x라 하면 $x+5>2x$, $-x>-5$
$\therefore x<5$
따라서 구하는 가장 큰 정수는 4이다.

2 8개   **2-1** 11명

2 사과를 x개 산다고 하면 귤은 $(10-x)$개 사므로
$500(10-x)+800x\leq7400$
$5000-500x+800x\leq7400$
$300x\leq2400$ $\therefore x\leq8$
따라서 사과는 최대 8개까지 살 수 있다.

2-1 어른이 x명 입장한다고 하면 청소년은 $(20-x)$명 입
장할 수 있으므로
$3000x+1800(20-x)\leq50000$, $1200x\leq14000$
$\therefore x\leq\dfrac{35}{3}(=11.6\cdots)$
따라서 어른은 최대 11명까지 입장할 수 있다.

3 17명   **3-1** 13개

3 20명 미만의 단체 x명이 입장한다고 하면
$5000x>5000\times20\times0.8$, $5000x>80000$
$\therefore x>16$
따라서 최소 17명 이상일 때, 20명의 단체 입장료를 사
는 것이 유리하다.

3-1 물건을 x개 산다고 하면 $1200x>1000x+2500$
$200x>2500$ $\therefore x>12.5$
따라서 적어도 13개 이상 살 경우 인터넷 쇼핑몰에서 사
는 것이 유리하다.

4 3 km   **4-1** 6 km

4 서울역에서 x km 이내에 있는 상점을 이용한다고 하면
$\begin{pmatrix}시속\ 4\ km로 \\ 상점까지 \\ 가는\ 시간\end{pmatrix}+\begin{pmatrix}물건을 \\ 사는\ 시간\end{pmatrix}+\begin{pmatrix}시속\ 4\ km로 \\ 되돌아오는 \\ 시간\end{pmatrix}\leq(2시간)$
이므로 $\dfrac{x}{4}+\dfrac{30}{60}+\dfrac{x}{4}\leq2$, $\dfrac{x}{2}\leq\dfrac{3}{2}$ $\therefore x\leq3$
따라서 서울역에서 최대 3 km 이내에 있는 상점을 이
용할 수 있다.

4-1 시속 6 km로 달린 거리를 x km라 하면 시속 4 km로
걸은 거리는 $(10-x)$ km이다.
$\dfrac{x}{6}+\dfrac{10-x}{4}\leq2$, $2x+3(10-x)\leq24$
$2x+30-3x\leq24$
$-x\leq-6$ $\therefore x\geq6$
따라서 시속 6 km로 달린 거리는 적어도 6 km 이상
이다.

5 100 g   **5-1** 50 g

5 농도가 5 %인 소금물의 양을 x g이라 하면
$\dfrac{8}{100}\times200+\dfrac{5}{100}\times x\leq\dfrac{7}{100}\times(200+x)$
$1600+5x\leq1400+7x$, $-2x\leq-200$
$\therefore x\geq100$
따라서 농도가 5 %인 소금물을 적어도 100 g 이상 섞
어야 한다.

5-1 x g의 물을 증발시킨다고 하면
$\dfrac{10}{100}\times300\geq\dfrac{12}{100}\times(300-x)$
$3000\geq3600-12x$, $12x\geq600$ $\therefore x\geq50$
따라서 적어도 50 g 이상의 물을 증발시켜야 한다.

1 ③   **2** ①, ④   **3** $2<x<4$ **4** ④
5 ①   **6** ③   **7** ②   **8** -10
9 14, 16, 18   **10** 7개   **11** ③   **12** 1 km

1 ① $x \leq 4$　　② $2x+3 > 3x$　　④ $x-5 < 4$
　　⑤ $500x+1500 \leq 5000$

2 ① $-3a > -3b$이므로 $-3a+\dfrac{1}{4} > -3b+\dfrac{1}{4}$
　　④ $7a < 7b$이므로 $7a-(-1) < 7b-(-1)$

3 $-1 < 3x-7 < 5$에서 $6 < 3x < 12$　　∴ $2 < x < 4$

4 $-3(x+2) \geq 2x-1$에서 $-3x-6 \geq 2x-1$
　　$-5x \geq 5$　　∴ $x \leq -1$
　　이를 수직선 위에 나타내면 오른쪽
　　그림과 같다.
　　따라서 처음으로 틀린 곳은 ④이다.

5 주어진 부등식의 양변에 분모의 최소공배수인 12를 곱하면
　　$3x-8 < -x+12$, $4x < 20$　　∴ $x < 5$
　　따라서 부등식을 만족하는 자연수 x는 1, 2, 3, 4의 4개
　　이다.

6 $a(x-1) > 2(x-1)$에서
　　$ax-a > 2x-2$, $(a-2)x > a-2$
　　이때 $a < 2$에서 $a-2 < 0$이므로
　　$x < \dfrac{a-2}{a-2}$　　∴ $x < 1$
　　따라서 주어진 부등식을 만족하는 가장 큰 정수 x의 값
　　은 0이다.

7 $ax-9 < 3$에서 $ax < 12$
　　이때 부등식의 해가 $x > -2$이므로 $a < 0$
　　따라서 $x > \dfrac{12}{a}$이므로 $\dfrac{12}{a} = -2$　　∴ $a = -6$

8 $\dfrac{x-3}{2} \leq \dfrac{4x-2}{3}$에서 $3(x-3) \leq 2(4x-2)$
　　$3x-9 \leq 8x-4$, $-5x \leq 5$　　∴ $x \geq -1$
　　$7x-5 \geq a+2x$에서 $5x \geq a+5$　　∴ $x \geq \dfrac{a+5}{5}$
　　두 일차부등식의 해가 같으므로
　　$\dfrac{a+5}{5} = -1$, $a+5 = -5$　　∴ $a = -10$

9 연속하는 세 짝수를 $x-2$, x, $x+2$라 하면
　　$45 \leq (x-2)+x+(x+2) < 51$, $45 \leq 3x < 51$
　　∴ $15 \leq x < 17$
　　이때 x는 짝수이므로 $x = 16$
　　따라서 구하는 세 짝수는 14, 16, 18이다.

10 배를 x개 산다고 하면 사과는 $(15-x)$개 살 수 있으므로
　　$1200(15-x)+2400x+3000 \leq 30000$

$1200x \leq 9000$　　∴ $x \leq 7.5$
따라서 배는 최대 7개까지 살 수 있다.

11 30명 미만의 단체 x명이 입장한다고 하면
　　$5000x > 5000 \times 30 \times 0.7$, $5000x > 105000$
　　∴ $x > 21$
　　따라서 적어도 22명 이상일 때 30명의 단체 입장권을 사
　　는 것이 유리하다.

12 A 지점과 B 지점 사이의 거리를 x km라 하면
　　B 지점과 C 지점 사이의 거리는 $(7-x)$ km이므로
　　$\dfrac{x}{2} + \dfrac{7-x}{3} \leq \dfrac{5}{2}$, $3x+2(7-x) \leq 15$　　∴ $x \leq 1$
　　따라서 A 지점과 B 지점 사이의 거리는 1 km 이하이다.

개념 완성 💡 **발전 문제**　　　　개념북 80~81쪽

1 ③　　　　**2** 1　　　　**3** ③　　　　**4** 6

5 $a \geq 2$　　**6** 400 g

7 ① 9 / $x \leq 3$ / 1, 2, 3 / 3
　　② $10-x-3$ / 15 / $x < 5$ / 1, 2, 3, 4 / 4
　　③ 1

8 ① $(56-2x)$ cm²　② $44 \leq 56-2x \leq 50$, $3 \leq x \leq 6$
　　③ 3 cm 이상 6 cm 이하

1 $\dfrac{1}{2}x-7 \geq ax-6+\dfrac{3}{2}x$에서
　　$\dfrac{1}{2}x-ax-\dfrac{3}{2}x-7+6 \geq 0$
　　$(-a-1)x-1 \geq 0$　　…… ㉠
　　㉠이 일차부등식이려면 $-a-1 \neq 0$이어야 하므로
　　$a \neq -1$

2 $6-ax \geq 9$에서 $-ax \geq 3$
　　이 부등식의 해가 $x \leq -3$이므로 $-a < 0$　　∴ $a > 0$
　　따라서 $x \leq -\dfrac{3}{a}$이므로 $-\dfrac{3}{a} = -3$　　∴ $a = 1$

3 $9-7x \geq 2x-3a$에서 $-9x \geq -3a-9$
　　∴ $x \leq \dfrac{a+3}{3}$
　　이 부등식을 만족하는 자연수 x가 존재하지 않으므로
　　$\dfrac{a+3}{3} < 1$, $a+3 < 3$　　∴ $a < 0$

4 $9.5 \leq \dfrac{4p-5}{2} < 10.5$에서

$19 \leq 4p-5 < 21$, $24 \leq 4p < 26$ $\quad \therefore 6 \leq p < \dfrac{13}{2}$

따라서 p는 정수이므로 $p=6$

5 $x-2=\dfrac{x+a}{3}$에서 $3(x-2)=x+a$

$3x-6=x+a$, $2x=a+6$ $\quad \therefore x=\dfrac{a+6}{2}$

즉, $\dfrac{a+6}{2}$이 4보다 작지 않아야 하므로

$\dfrac{a+6}{2} \geq 4$, $a+6 \geq 8$ $\quad \therefore a \geq 2$

6 10%의 소금물을 x g 섞었다고 하면

$\dfrac{10}{100}x+\dfrac{16}{100} \times 200 \geq \dfrac{12}{100} \times (x+200)$

$10x+3200 \geq 12x+2400$

$-2x \geq -800$ $\quad \therefore x \leq 400$

따라서 10%의 소금물을 400 g 이하로 섞어야 한다.

7 ① $5x-7 \leq 2x+2$에서

$5x-2x \leq 2+7$, $3x \leq 9$ $\quad \therefore x \leq 3$

따라서 일차부등식 $5x-7 \leq 2x+2$를 만족하는 x는
1, 2, 3이므로 $a=3$

② $2(x-4) < 10-(x+3)$에서

$2x-8 < 10-x-3$, $2x+x < 10-3+8$

$3x < 15$ $\quad \therefore x < 5$

따라서 일차부등식 $2(x-4) < 10-(x+3)$을 만족하는 x는 1, 2, 3, 4이므로 $b=4$

③ $\therefore b-a=4-3=1$

8 ① $\overline{BP}=x$ cm라 하면 $\overline{CP}=(14-x)$ cm이므로

△APM

$=14 \times 8$

$\qquad -\left\{\dfrac{1}{2} \times x \times 8 + \dfrac{1}{2} \times (14-x) \times 4 + \dfrac{1}{2} \times 14 \times 4\right\}$

$=112-(4x+28-2x+28)=56-2x\,(\text{cm}^2)$

② △APM의 넓이가 44 cm² 이상 50 cm² 이하이므로

$44 \leq 56-2x \leq 50$, $-12 \leq -2x \leq -6$

$\therefore 3 \leq x \leq 6$

③ 따라서 $\overline{BP}$의 길이의 범위는 3 cm 이상 6 cm 이하이다.

2 연립방정식

1 미지수가 2개인 일차방정식 개념북 84쪽

1 (1) ○ (2) ○ (3) × (4) ×
2 6, 3, 0, -3 / $(1, 6)$, $(2, 3)$

1 (3) $-2x=0$이므로 미지수가 2개인 일차방정식이 아니다.
(4) y가 분모에 있으므로 미지수가 2개인 일차방정식이 아니다.

2 일차방정식 $3x+y-9=0$에서 x, y가 자연수인 해는 $(1, 6)$, $(2, 3)$이다.

미지수가 2개인 일차방정식 개념북 85쪽

1 ③, ④ **1-1** ① **1-2** ⑤

1 ① 일차식
② x의 차수가 2이므로 미지수가 2개인 일차방정식이 아니다.
③ $3(x+y)=2(x-y)$에서 $3x+3y=2x-2y$, $x+5y=0$이므로 미지수가 2개인 일차방정식이다.
④ $3x+4=-y+5$에서 $3x+y-1=0$이므로 미지수가 2개인 일차방정식이다.
⑤ x가 분모에 있으므로 미지수가 2개인 일차방정식이 아니다.

1-1 $x+(a-2)y+3=2x-4y$에서
$-x+(a+2)y+3=0$이므로 이 식이 x, y에 대한 일차방정식이 되려면
$a+2 \neq 0$ $\quad \therefore a \neq -2$

미지수가 2개인 일차방정식의 해 개념북 85쪽

2 ④ **2-1** ㄱ, ㄹ, ㅂ

2 ① $0-3 \times (-4)=12$ ② $3-3 \times (-3)=12$
③ $6-3 \times (-2)=12$ ④ $8-3 \times (-1) \neq 12$
⑤ $12-3 \times 0=12$

2-1 ㄱ. $2 \times (-1)+9=7$ ㄴ. $2 \times \dfrac{1}{2}+5 \neq 7$

ㄷ. $2 \times 1 + 4 \neq 7$ ㄹ. $2 \times \left(-\dfrac{1}{2}\right) + 8 = 7$

ㅁ. $2 \times 2 + 2 \neq 7$ ㅂ. $2 \times 0 + 7 = 7$

따라서 $2x + y = 7$의 해는 ㄱ, ㄹ, ㅂ이다.

2 미지수가 2개인 연립일차방정식 <small>개념북 86쪽</small>

1 (1) ㉠: 5, 4, 3, 2, 1 ㉡: 3, 4, 5, 6 (2) $x = 2$, $y = 4$
2 $a = 3$, $b = 1$

1 (1) ㉠

x	1	2	3	4	5
y	5	4	3	2	1

㉡

x	1	2	3	4	$\cdots$
y	3	4	5	6	$\cdots$

(2) 연립방정식의 해는 두 일차방정식을 모두 만족하는 x, y의 값이므로 $x = 2$, $y = 4$

2 $x = -1$, $y = 5$를 $ax + 2y = 7$에 대입하면
$-a + 10 = 7$ $\therefore a = 3$
$x = -1$, $y = 5$를 $bx + y = 4$에 대입하면
$-b + 5 = 4$ $\therefore b = 1$

연립방정식의 해 <small>개념북 87쪽</small>

1 ③   **1-1** ⑤

1 x, y가 자연수일 때, 각각의 일차방정식의 해를 표로 나타내면 다음과 같다.

$x + y = 5$

x	1	2	3	4
y	4	3	2	1

$x - y = 1$

x	2	3	4	5	$\cdots$
y	1	2	3	4	$\cdots$

따라서 공통인 해는 $x = 3$, $y = 2$이므로 연립방정식의 해는 $(3, 2)$이다.

1-1 x, y가 자연수일 때, 각각의 일차방정식의 해를 표로 나타내면 다음과 같다.

$2x + y = 9$

x	1	2	3	4
y	7	5	3	1

$3x - y = 1$

x	1	2	3	4	$\cdots$
y	2	5	8	11	$\cdots$

따라서 공통인 해는 $x = 2$, $y = 5$이므로 $p = 2$, $q = 5$이다.
$\therefore p + q = 2 + 5 = 7$

연립방정식의 해 또는 계수가 문자로 주어진 경우 <small>개념북 87쪽</small>

2 ③   **2-1** 0

2 $2x + ay = 6$에 $x = -3$, $y = -4$를 대입하면
$-6 - 4a = 6$, $-4a = 12$ $\therefore a = -3$
$bx + 2y = 1$에 $x = -3$, $y = -4$를 대입하면
$-3b - 8 = 1$, $-3b = 9$ $\therefore b = -3$
$\therefore a - b = -3 - (-3) = 0$

2-1 $y = 1$을 $2x - y = 3$에 대입하면
$2x - 1 = 3$, $2x = 4$ $\therefore x = 2$
따라서 연립방정식의 해는 $x = 2$, $y = 1$이므로
$x - 2y = k$에 $x = 2$, $y = 1$을 대입하면
$2 - 2 \times 1 = k$ $\therefore k = 0$

3 연립방정식의 풀이 (1) <small>개념북 88쪽</small>

1 -2, -2, $x - 6$, 7, 7, -2
2 (1) $x = 2$, $y = -2$ (2) $x = 4$, $y = 3$

2 (1) $\begin{cases} 2x + y = 2 & \cdots\cdots ㉠ \\ 3x - y = 8 & \cdots\cdots ㉡ \end{cases}$
㉠ + ㉡을 하면 $5x = 10$ $\therefore x = 2$
$x = 2$를 ㉠에 대입하면 $4 + y = 2$ $\therefore y = -2$

(2) $\begin{cases} x - y = 1 & \cdots\cdots ㉠ \\ 3x - y = 9 & \cdots\cdots ㉡ \end{cases}$
㉠ - ㉡을 하면 $-2x = -8$ $\therefore x = 4$
$x = 4$를 ㉠에 대입하면 $4 - y = 1$ $\therefore y = 3$

가감법에서 미지수를 소거하기 <small>개념북 89쪽</small>

1 ③   **1-1** ㄴ, ㄷ

1 ㉠ $\times 3$ + ㉡ $\times 2$를 하면 $17x = 17$
즉, y가 소거된다.

1-1 x를 소거하려면 ㉠ $\times 3$ - ㉡
y를 소거하려면 ㉠ + ㉡ $\times 2$
따라서 필요한 식은 ㄴ, ㄷ이다.

2 ⑤   **2-1** ①

2 $\begin{cases} x+2y=8 & \cdots\cdots ㉠ \\ 2x+y=13 & \cdots\cdots ㉡ \end{cases}$ 에서

㉠$\times 2 -$㉡을 하면 $3y=3$ $\therefore y=1$

$y=1$을 ㉠에 대입하면 $x+2\times1=8$ $\therefore x=6$

따라서 연립방정식의 해는 $x=6, y=1$이므로

$a=6, b=1$이다.

$\therefore a+b=6+1=7$

2-1 $\begin{cases} x+2y=12 & \cdots\cdots ㉠ \\ 3x-4y=-4 & \cdots\cdots ㉡ \end{cases}$ 에서

㉠$\times 2 +$㉡을 하면 $5x=20$ $\therefore x=4$

$x=4$를 ㉠에 대입하면 $4+2y=12$ $\therefore y=4$

따라서 연립방정식의 해는 $x=4, y=4$이므로

$2x-3y=k$에 $x=4, y=4$를 대입하면

$8-12=k$ $\therefore k=-4$

4 연립방정식의 풀이 (2)   개념북 90쪽

1 $y+1, 8, 2, 2, 2, 3, 3, 2$

2 (1) $x=5, y=4$ (2) $x=0, y=-1$

2 (1) $\begin{cases} y=x-1 & \cdots\cdots ㉠ \\ y=2x-6 & \cdots\cdots ㉡ \end{cases}$

㉠을 ㉡에 대입하면 $x-1=2x-6$ $\therefore x=5$

$x=5$를 ㉠에 대입하면 $y=4$

(2) $\begin{cases} 2x-y=1 & \cdots\cdots ㉠ \\ y=x-1 & \cdots\cdots ㉡ \end{cases}$

㉡을 ㉠에 대입하면 $2x-(x-1)=1$, $x+1=1$

$\therefore x=0$

$x=0$을 ㉡에 대입하면 $y=-1$

1 ④   **1-1** ④

1 $y=-2x-11$을 $3x-2y=1$에 대입하면

$3x-2(-2x-11)=1$, $3x+4x+22=1$

$7x=-21$ $\therefore x=-3$

$x=-3$을 $y=-2x-11$에 대입하면

$y=-2\times(-3)-11=-5$

따라서 $a=-3, b=-5$이므로

$a-b=-3-(-5)=2$

1-1 $\begin{cases} x-y=-1 & \cdots\cdots ㉠ \\ x=\dfrac{1}{2}y & \cdots\cdots ㉡ \end{cases}$

㉡을 ㉠에 대입하면 $\dfrac{1}{2}y-y=-1$

$-\dfrac{1}{2}y=-1$ $\therefore y=2$

$y=2$를 ㉡에 대입하면 $x=1$

2 3   **2-1** ③

2-2 (1) $a=4, b=3$ (2) $x=-5, y=6$

2 $x=b, y=-1$을 주어진 연립방정식에 대입하면

$\begin{cases} 3b+1=a \\ b+a=5 \end{cases}$, 즉 $\begin{cases} a-3b=1 & \cdots\cdots ㉠ \\ a+b=5 & \cdots\cdots ㉡ \end{cases}$

㉠$-$㉡을 하면 $-4b=-4$ $\therefore b=1$

$b=1$을 ㉡에 대입하면 $a=4$

$\therefore a-b=4-1=3$

2-1 $x=4, y=-1$을 주어진 연립방정식에 대입하면

$\begin{cases} 4a-b=7 \\ 4b+a=6 \end{cases}$, 즉 $\begin{cases} 4a-b=7 & \cdots\cdots ㉠ \\ a+4b=6 & \cdots\cdots ㉡ \end{cases}$

㉠$-$㉡$\times 4$를 하면 $-17b=-17$ $\therefore b=1$

$b=1$을 ㉡에 대입하면 $a+4=6$ $\therefore a=2$

2-2 (1) $x=1, y=2$는 $2x+by=8$의 해이므로

$x=1, y=2$를 $2x+by=8$에 대입하면

$2+2b=8, 2b=6$ $\therefore b=3$

$x=-2, y=2$는 $ax+3y=-2$의 해이므로

$x=-2, y=2$를 $ax+3y=-2$에 대입하면

$-2a+6=-2, -2a=-8$ $\therefore a=4$

(2) $\begin{cases} 4x+3y=-2 & \cdots\cdots ㉠ \\ 2x+3y=8 & \cdots\cdots ㉡ \end{cases}$

㉠$-$㉡을 하면 $2x=-10$ $\therefore x=-5$

$x=-5$를 ㉡에 대입하면

$-10+3y=8, 3y=18$ $\therefore y=6$

3 2   **3-1** 4

3 주어진 연립방정식의 해는 세 방정식을 모두 만족하므로

연립방정식 $\begin{cases} x+3y=10 & \cdots\cdots \ \bigcirc \\ 5x-3y=-4 & \cdots\cdots \ \bigcirc \end{cases}$ 의 해와 같다.

$\bigcirc+\bigcirc$을 하면 $6x=6$ $\quad \therefore \ x=1$

$x=1$을 $\bigcirc$에 대입하면 $1+3y=10$ $\quad \therefore \ y=3$

따라서 $x=1$, $y=3$을 $2x+ky=8$에 대입하면

$2+3k=8$ $\quad \therefore \ k=2$

3-1 연립방정식 $\begin{cases} 2x-y=5 & \cdots\cdots \ \bigcirc \\ x=3y & \cdots\cdots \ \bigcirc \end{cases}$ 에서

$\bigcirc$을 $\bigcirc$에 대입하면

$6y-y=5$, $5y=5$ $\quad \therefore \ y=1$

$y=1$을 $\bigcirc$에 대입하면 $x=3$

따라서 $x=3$, $y=1$을 $x+y=k$에 대입하면

$3+1=k$ $\quad \therefore \ k=4$

두 연립방정식의 해가 서로 같을 때, 미지수의 값 구하기
개념북 92쪽

4 7 　　　　**4-1** $a=1$, $b=3$

---

4 연립방정식 $\begin{cases} x+y=1 & \cdots\cdots \ \bigcirc \\ 3x+2y=4 & \cdots\cdots \ \bigcirc \end{cases}$ 에서

$\bigcirc\times2-\bigcirc$을 하면 $-x=-2$ $\quad \therefore \ x=2$

$x=2$를 $\bigcirc$에 대입하면 $2+y=1$ $\quad \therefore \ y=-1$

따라서 $x=2$, $y=-1$을 $2x-y=m$, $x+ny=0$에

각각 대입하면

$4+1=m$, $2-n=0$에서 $m=5$, $n=2$

$\therefore \ m+n=5+2=7$

4-1 연립방정식 $\begin{cases} x-2y=4 & \cdots\cdots \ \bigcirc \\ x-y=1 & \cdots\cdots \ \bigcirc \end{cases}$ 에서

$\bigcirc-\bigcirc$을 하면 $-y=3$ $\quad \therefore \ y=-3$

$y=-3$을 $\bigcirc$에 대입하면 $x+3=1$ $\quad \therefore \ x=-2$

따라서 $x=-2$, $y=-3$을

$ax+y=-5$, $4x-by=1$에 각각 대입하면

$-2a-3=-5$, $-8+3b=1$

$\therefore \ a=1$, $b=3$

---

5 여러 가지 연립방정식
개념북 93쪽

1 (1) $x=2$, $y=1$　(2) $x=2$, $y=-3$

2 $x=-1$, $y=2$

---

1 (1) $\begin{cases} x-\dfrac{3}{2}y=\dfrac{1}{2} & \cdots\cdots \ \bigcirc \\ \dfrac{3}{4}x-y=\dfrac{1}{2} & \cdots\cdots \ \bigcirc \end{cases}$ 에서 $\bigcirc\times2$, $\bigcirc\times4$를 하면

$\begin{cases} 2x-3y=1 & \cdots\cdots \ \bigcirc \\ 3x-4y=2 & \cdots\cdots \ \bigcirc \end{cases}$

$\bigcirc\times3-\bigcirc\times2$를 하면 $-y=-1$ $\quad \therefore \ y=1$

$y=1$을 $\bigcirc$에 대입하면 $2x-3=1$ $\quad \therefore \ x=2$

(2) $\begin{cases} 0.2x+0.3y=-0.5 & \cdots\cdots \ \bigcirc \\ 0.2x-0.3y=1.3 & \cdots\cdots \ \bigcirc \end{cases}$ 에서

$\bigcirc\times10$, $\bigcirc\times10$을 하면

$\begin{cases} 2x+3y=-5 & \cdots\cdots \ \bigcirc \\ 2x-3y=13 & \cdots\cdots \ \bigcirc \end{cases}$

$\bigcirc+\bigcirc$을 하면 $4x=8$ $\quad \therefore \ x=2$

$x=2$를 $\bigcirc$에 대입하면 $4+3y=-5$, $3y=-9$

$\therefore \ y=-3$

2 $\begin{cases} -x+y=3 & \cdots\cdots \ \bigcirc \\ x+2y=3 & \cdots\cdots \ \bigcirc \end{cases}$ 에서

$\bigcirc+\bigcirc$을 하면 $3y=6$ $\quad \therefore \ y=2$

$y=2$를 $\bigcirc$에 대입하면 $-x+2=3$ $\quad \therefore \ x=-1$

괄호가 있는 연립방정식
개념북 94쪽

1 ⑤ 　　　　**1-1** 2

---

1 주어진 연립방정식을 정리하면

$\begin{cases} x+4y=20 & \cdots\cdots \ \bigcirc \\ 3x-2y=-10 & \cdots\cdots \ \bigcirc \end{cases}$

$\bigcirc+\bigcirc\times2$를 하면 $7x=0$ $\quad \therefore \ x=0$

$x=0$을 $\bigcirc$에 대입하면 $4y=20$ $\quad \therefore \ y=5$

따라서 $p=0$, $q=5$이므로 $p+q=0+5=5$

1-1 주어진 연립방정식을 정리하면

$\begin{cases} 3x+2y=5 & \cdots\cdots \ \bigcirc \\ 5x-4y=1 & \cdots\cdots \ \bigcirc \end{cases}$

$\bigcirc\times2+\bigcirc$을 하면 $11x=11$ $\quad \therefore \ x=1$

$x=1$을 $\bigcirc$에 대입하면 $3+2y=5$ $\quad \therefore \ y=1$

따라서 $x=1$, $y=1$을 $3x-y=a$에 대입하면

$3-1=a$ $\quad \therefore \ a=2$

계수가 분수 또는 소수인 연립방정식
개념북 94쪽

2 ③ 　　　　**2-1** -3

---

2 $\begin{cases} 0.3x+0.4y=2 & \cdots\cdots \text{㉠} \\ \dfrac{x-1}{3}+y=3 & \cdots\cdots \text{㉡} \end{cases}$

㉠×10, ㉡×3을 하면

$\begin{cases} 3x+4y=20 \\ x-1+3y=9 \end{cases}$, 즉 $\begin{cases} 3x+4y=20 & \cdots\cdots \text{㉢} \\ x+3y=10 & \cdots\cdots \text{㉣} \end{cases}$

㉢−㉣×3을 하면 $-5y=-10$ $\quad \therefore y=2$

$y=2$를 ㉣에 대입하면 $x+6=10$ $\quad \therefore x=4$

2-1 $\begin{cases} x+0.9y=-0.8 \\ x=y+3 \end{cases}$에서

$x+0.9y=-0.8$의 양변에 10을 곱하면

$\begin{cases} 10x+9y=-8 & \cdots\cdots \text{㉠} \\ x=y+3 & \cdots\cdots \text{㉡} \end{cases}$

㉡을 ㉠에 대입하면 $10(y+3)+9y=-8$

$19y=-38$ $\quad \therefore y=-2$

$y=-2$를 ㉡에 대입하면 $x=-2+3=1$

따라서 $x=1$, $y=-2$를 $x+2y=k$에 대입하면

$1-4=k$ $\quad \therefore k=-3$

비례식을 포함한 연립방정식

개념북 95쪽

3 $\dfrac{5}{2}$ **3-1** ⑤

---

3 $x:y=3:2$에서 $2x=3y$이므로

$\begin{cases} 2(x+3)=12-3y \\ 2x=3y \end{cases}$, 즉 $\begin{cases} 2x+3y=6 & \cdots\cdots \text{㉠} \\ 2x=3y & \cdots\cdots \text{㉡} \end{cases}$

㉡을 ㉠에 대입하면 $3y+3y=6$ $\quad \therefore y=1$

$y=1$을 ㉡에 대입하면 $2x=3$ $\quad \therefore x=\dfrac{3}{2}$

따라서 $m=\dfrac{3}{2}$, $n=1$이므로 $m+n=\dfrac{3}{2}+1=\dfrac{5}{2}$

3-1 $x:y=3:1$에서 $x=3y$이므로

$\begin{cases} x=3y & \cdots\cdots \text{㉠} \\ x-2y=3 & \cdots\cdots \text{㉡} \end{cases}$

㉠을 ㉡에 대입하면 $3y-2y=3$ $\quad \therefore y=3$

$y=3$을 ㉠에 대입하면 $x=9$

$A=B=C$ 꼴의 방정식

개념북 95쪽

4 ④ **4-1** 1

---

4 $\begin{cases} 3x-2y-5=-y \\ 4(x-1)-3y=-y \end{cases}$에서 $\begin{cases} 3x-y=5 & \cdots\cdots \text{㉠} \\ 2x-y=2 & \cdots\cdots \text{㉡} \end{cases}$

㉠−㉡을 하면 $x=3$

$x=3$을 ㉡에 대입하면 $6-y=2$ $\quad \therefore y=4$

따라서 $a=3$, $b=4$이므로 $a+b=3+4=7$

4-1 $x=2$, $y=1$을 방정식에 대입하면

$2a+b-2=6b+a+5=-b$

$\begin{cases} 2a+b-2=-b \\ 6b+a+5=-b \end{cases}$에서 $\begin{cases} a+b=1 & \cdots\cdots \text{㉠} \\ a+7b=-5 & \cdots\cdots \text{㉡} \end{cases}$

㉠−㉡을 하면 $-6b=6$ $\quad \therefore b=-1$

$b=-1$을 ㉠에 대입하면 $a-1=1$ $\quad \therefore a=2$

$\therefore a+b=2+(-1)=1$

---

6 해가 특수한 연립방정식 개념북 96쪽

1 (1) 해가 무수히 많다. (2) 해가 무수히 많다.

(3) 해가 없다. (4) 해가 없다.

2 6

---

1 (1) $\begin{cases} 2x-4y=2 \\ 2x-4y=2 \end{cases}$이므로 해가 무수히 많다.

(2) $\begin{cases} 3x+3y=6 \\ 3x+3y=6 \end{cases}$이므로 해가 무수히 많다.

(3) $\begin{cases} 4x+2y=14 \\ 4x+2y=15 \end{cases}$이므로 해가 없다.

(4) $\begin{cases} 6x-2y+10=0 \\ 6x-2y+5=0 \end{cases}$이므로 해가 없다.

2 $\begin{cases} 3x+y=6 \\ ax+2y=15 \end{cases}$에서 $\begin{cases} 6x+2y=12 \\ ax+2y=15 \end{cases}$

따라서 해가 없으려면 x의 계수는 같고 상수항은 달라야

하므로 $a=6$

해가 무수히 많은 연립방정식

개념북 97쪽

1 4 **1-1** −4

---

1 $\begin{cases} -4x+ay=2 \\ bx-3y=-1 \end{cases}$, 즉 $\begin{cases} -4x+ay=2 \\ -2bx+6y=2 \end{cases}$의 해가 무수히

많으므로 $-4=-2b$, $a=6$에서 $a=6$, $b=2$

$\therefore a-b=6-2=4$

1-1 $\begin{cases} -x+2y=3 \\ 2x+ky=-6 \end{cases}$, 즉 $\begin{cases} 2x-4y=-6 \\ 2x+ky=-6 \end{cases}$의 해가 무수히

많으므로

$k=-4$

---

2 ④　　　　**2-1** ②

2 $\begin{cases} 2x-ay=3 \\ 8x-4y=b \end{cases}$, 즉 $\begin{cases} 8x-4ay=12 \\ 8x-4y=b \end{cases}$ 의 해가 없으므로

$-4a=-4$, $12\neq b$　∴ $a=1$, $b\neq 12$

2-1 ① $\begin{cases} 6x-12y=6 \\ 6x-12y=6 \end{cases}$ 이므로 해가 무수히 많다.

② $\begin{cases} 2x-4y=4 \\ 2x-4y=2 \end{cases}$ 이므로 해가 없다.

③ $\begin{cases} x-y=2 \\ 3x-3y=6 \end{cases}$ 에서 $\begin{cases} 3x-3y=6 \\ 3x-3y=6 \end{cases}$ 이므로 해가 무수

히 많다.

④ $x=3$, $y=1$

⑤ $x=2$, $y=2$

7 연립방정식의 활용 (1)

개념북 98쪽

1 ② 11, 600, 800, 7400　③ 7, 4, 7, 4

④ 7, 4, 4, 7, 4, 7400

2 ② x, y, 13, 3　③ 47, 7, 47, 7

④ 47, 7, 47, 7, 47, 3, 7

1 21마리　　　**1-1** 5세

1 염소가 x마리, 오리가 y마리 있다고 하면

$\begin{cases} x+y=35 \\ 4x+2y=112 \end{cases}$ 에서 $\begin{cases} x+y=35 \\ 2x+y=56 \end{cases}$

∴ $x=21$, $y=14$

따라서 염소는 21마리이다.

1-1 현재 아버지의 나이를 x세, 딸의 나이를 y세라고 하면

$\begin{cases} x+y=44 \\ x+15=3(y+15)-6 \end{cases}$ 에서 $\begin{cases} x+y=44 \\ x-3y=24 \end{cases}$

∴ $x=39$, $y=5$

따라서 현재 딸의 나이는 5세이다.

2 37　　　**2-1** ⑤

2 처음 두 자리의 자연수의 십의 자리의 숫자를 x, 일의 자리의 숫자를 y라 하면

$\begin{cases} 4(x+y)=(10x+y)+3 \\ 10y+x=(10x+y)+36 \end{cases}$ 에서

$\begin{cases} 2x-y=-1 \\ x-y=-4 \end{cases}$　　∴ $x=3$, $y=7$

따라서 처음 자연수는 37이다.

2-1 진희의 수학 점수를 x점, 영어 점수를 y점이라 하면

$\begin{cases} \dfrac{x+y}{2}=88 \\ x=y+6 \end{cases}$ 에서 $\begin{cases} x+y=176 \\ x-y=6 \end{cases}$

∴ $x=91$, $y=85$

따라서 진희의 수학 점수는 91점이다.

3 6일　　　**3-1** 12시간

3 전체 일의 양을 1로 놓고, 태희가 하루 동안 하는 일의 양을 x, 민정이가 하루 동안 하는 일의 양을 y라 하면

$\begin{cases} 3x+3y=1 \\ 2x+4y=1 \end{cases}$　　∴ $x=\dfrac{1}{6}$, $y=\dfrac{1}{6}$

따라서 민정이가 혼자 하면 6일이 걸린다.

3-1 물탱크를 가득 채우는 물의 양을 1이라 하고, A 호스와 B 호스로 1시간 동안 채울 수 있는 물의 양을 각각 x, y라 하면

$\begin{cases} 9x+2y=1 \\ 3x+6y=1 \end{cases}$　　∴ $x=\dfrac{1}{12}$, $y=\dfrac{1}{8}$

따라서 A 호스로만 물탱크를 가득 채우려면 12시간이 걸린다.

4 ④　　　**4-1** 260명

4 작년의 남학생 수를 x명, 여학생 수를 y명이라 하면

$\begin{cases} x+y=766-6 \\ -\dfrac{3}{100}x+\dfrac{5}{100}y=6 \end{cases}$ 에서 $\begin{cases} x+y=760 \\ -3x+5y=600 \end{cases}$

∴ $x=400$, $y=360$

따라서 올해 남학생 수는 $400-400\times\dfrac{3}{100}=388$(명)

4-1 작년의 남자 회원 수를 x명, 여자 회원 수를 y명이라 하면

$\begin{cases} x+y=450 \\ \dfrac{4}{100}x+\dfrac{3}{100}y=16 \end{cases}$ 에서 $\begin{cases} x+y=450 \\ 4x+3y=1600 \end{cases}$

$\therefore x=250, y=200$

따라서 올해 남자 회원 수는

$250+250\times\dfrac{4}{100}=260$(명)

8 연립방정식의 활용 (2) 개념북 101쪽

1 (1) ㉠: $x+y=800$ ㉡: $\dfrac{x}{2}+\dfrac{y}{5}=250$

(2) 걸어간 거리: 300 m, 달려간 거리: 500 m

2 (1) $\begin{cases} x+y=400 \\ \dfrac{6}{100}x+\dfrac{10}{100}y=\dfrac{9}{100}\times400 \end{cases}$

(2) 6 %의 소금물의 양: 100 g
10 %의 소금물의 양: 300 g

1 (1) ㉠은 거리에 대한 식이므로 $x+y=800$

㉡은 시간에 대한 식이므로 $\dfrac{x}{2}+\dfrac{y}{5}=250$

(2) $\begin{cases} x+y=800 \\ \dfrac{x}{2}+\dfrac{y}{5}=250 \end{cases}$ 에서 $\begin{cases} x+y=800 \\ 5x+2y=2500 \end{cases}$

$\therefore x=300, y=500$

따라서 걸어간 거리는 300 m, 달려간 거리는 500 m 이다.

2 (2) $\begin{cases} x+y=400 \\ \dfrac{6}{100}x+\dfrac{10}{100}y=\dfrac{9}{100}\times400 \end{cases}$ 에서

$\begin{cases} x+y=400 \\ 3x+5y=1800 \end{cases}$

$\therefore x=100, y=300$

따라서 6 %의 소금물의 양은 100 g, 10 %의 소금물의 양은 300 g이다.

속력에 대한 문제 (1) 개념북 102쪽

1 6 km   **1-1** 2시간

1 올라간 거리를 x km, 내려온 거리를 y km라 하면

$\begin{cases} y=x+2 \\ \dfrac{x}{3}+\dfrac{y}{4}=4 \end{cases}$ 에서 $\begin{cases} y=x+2 \\ 4x+3y=48 \end{cases}$ $\therefore x=6, y=8$

따라서 올라간 거리는 6 km이다.

1-1 시속 2 km로 걸은 거리를 x km, 시속 3 km로 걸은 거리를 y km라 하면

$\begin{cases} x+y=8 \\ \dfrac{x}{2}+\dfrac{y}{3}=3 \end{cases}$ 에서 $\begin{cases} x+y=8 \\ 3x+2y=18 \end{cases}$ $\therefore x=2, y=6$

따라서 시속 3 km로 걸은 시간은 $\dfrac{y}{3}=\dfrac{6}{3}=2$(시간)

속력에 대한 문제 (2) 개념북 102쪽

2 분속 150 m   **2-1** 6 km

2 용화의 속력을 분속 x m, 민희의 속력을 분속 y m라 하면

$\begin{cases} 10x-10y=500 \\ 2x+2y=500 \end{cases}$ 에서 $\begin{cases} x-y=50 \\ x+y=250 \end{cases}$

$\therefore x=150, y=100$

따라서 용화의 속력은 분속 150 m이다.

2-1 A와 B가 만날 때까지 A가 걸은 거리를 x km, B가 달린 거리를 y km라 하면

$\begin{cases} x+y=24 \\ \dfrac{x}{3}=\dfrac{y}{5} \end{cases}$ 에서 $\begin{cases} x+y=24 \\ 5x=3y \end{cases}$ $\therefore x=9, y=15$

따라서 A는 9 km를 걸었고, B는 15 km를 달렸으므로 B는 A보다 $15-9=6$(km) 더 이동하였다.

속력에 대한 문제 (3) 개념북 103쪽

3 시속 5 km

3-1 배의 속력: 시속 $\dfrac{15}{4}$ km, 강물의 속력: 시속 $\dfrac{5}{4}$ km

3-2 분속 500 m

3-3 열차의 길이: 320 m, 열차의 속력: 초속 80 m

3 정지한 물에서의 배의 속력을 시속 x km, 강물의 속력을 시속 y km라 하면

$\begin{cases} 3(x-y)=12 \\ 2(x+y)=12 \end{cases}$ 에서 $\begin{cases} x-y=4 \\ x+y=6 \end{cases}$ $\therefore x=5, y=1$

따라서 정지한 물에서의 배의 속력은 시속 5 km이다.

3-1 정지한 물에서의 배의 속력을 시속 x km, 강물의 속력을 시속 y km라 하면

$\begin{cases} 2(x+y)=10 \\ 4(x-y)=10 \end{cases}$ 에서 $\begin{cases} x+y=5 \\ 2x-2y=5 \end{cases}$

$\therefore x=\dfrac{15}{4}, y=\dfrac{5}{4}$

따라서 배의 속력은 시속 $\dfrac{15}{4}$ km, 강물의 속력은 시속 $\dfrac{5}{4}$ km이다.

3-2 기차의 길이를 x m, 기차의 속력을 분속 y m라 하면
$$\begin{cases} 1200+x=3y \\ 700+x=2y \end{cases} \quad \therefore x=300,\ y=500$$
따라서 기차의 속력은 분속 500 m이다.

3-3 열차의 길이를 x m, 속력을 초속 y m라 하면
$$\begin{cases} 4000+x=54y \\ 2000+x=29y \end{cases} \quad \therefore x=320,\ y=80$$
따라서 열차의 길이는 320 m, 속력은 초속 80 m이다.

농도에 대한 문제 (1)　　　　　　　　　　　개념북 104쪽

4 ①

4-1 3 %의 소금물: 180 g, 8 %의 소금물: 120 g

---

4 섞은 소금물의 양이 200 g이므로 $x+y=200$

소금의 양은 변하지 않으므로
$$\dfrac{8}{100}x+\dfrac{12}{100}y=\dfrac{9}{100}\times 200$$
따라서 연립방정식을 세우면
$$\begin{cases} x+y=200 \\ \dfrac{8}{100}x+\dfrac{12}{100}y=\dfrac{9}{100}\times 200 \end{cases} \text{에서}$$
$$\begin{cases} x+y=200 \\ \dfrac{2}{25}x+\dfrac{3}{25}y=18 \end{cases}$$

4-1 3 %의 소금물을 x g, 8 %의 소금물을 y g 섞는다고 하면
$$\begin{cases} x+y=300 \\ \dfrac{3}{100}x+\dfrac{8}{100}y=\dfrac{5}{100}\times 300 \end{cases} \text{에서}$$
$$\begin{cases} x+y=300 \\ 3x+8y=1500 \end{cases}$$
$$\therefore x=180,\ y=120$$
따라서 3 %의 소금물 180 g, 8 %의 소금물 120 g을 섞어야 한다.

농도에 대한 문제 (2)　　　　　　　　　　　개념북 104쪽

5 A의 농도: 10 %, B의 농도: 4 %　　　**5-1** ①

---

5 소금물 A의 농도를 x %, 소금물 B의 농도를 y %라 하면
$$\begin{cases} \dfrac{x}{100}\times 100+\dfrac{y}{100}\times 200=\dfrac{6}{100}\times 300 \\ \dfrac{x}{100}\times 200+\dfrac{y}{100}\times 100=\dfrac{8}{100}\times 300 \end{cases} \text{에서}$$
$$\begin{cases} x+2y=18 \\ 2x+y=24 \end{cases} \quad \therefore x=10,\ y=4$$
따라서 소금물 A의 농도는 10 %, 소금물 B의 농도는 4 %이다.

5-1 소금물 A의 농도를 x %, 소금물 B의 농도를 y %라 하면
$$\begin{cases} \dfrac{x}{100}\times 200+\dfrac{y}{100}\times 100=\dfrac{6}{100}\times 300 \\ \dfrac{x}{100}\times 100+\dfrac{y}{100}\times 200=\dfrac{7}{100}\times 300 \end{cases} \text{에서}$$
$$\begin{cases} 2x+y=18 \\ x+2y=21 \end{cases} \quad \therefore x=5,\ y=8$$
따라서 소금물 A의 농도는 5 %이다.

비율에 대한 문제　　　　　　　　　　　　개념북 105쪽

6 A: 250 g, B: 200 g

6-1 A: 80 kg, B: 40 kg　　　**6-2** 20명

---

6 필요한 합금 A의 양을 x g, 합금 B의 양을 y g이라 하면
$$\begin{cases} \dfrac{2}{5}x+\dfrac{1}{2}y=200 \\ \dfrac{3}{5}x+\dfrac{1}{2}y=250 \end{cases} \text{에서} \begin{cases} 4x+5y=2000 \\ 6x+5y=2500 \end{cases}$$
$$\therefore x=250,\ y=200$$
따라서 필요한 합금 A의 양은 250 g, 합금 B의 양은 200 g이다.

6-1 합금 A의 양을 x kg, 합금 B의 양을 y kg이라 하면
$$\begin{cases} \dfrac{15}{100}x+\dfrac{45}{100}y=30 \\ \dfrac{20}{100}x+\dfrac{10}{100}y=20 \end{cases} \text{에서} \begin{cases} x+3y=200 \\ 2x+y=200 \end{cases}$$
$$\therefore x=80,\ y=40$$
따라서 합금 A는 80 kg, 합금 B는 40 kg이 필요하다.

6-2 남학생 수를 x명, 여학생 수를 y명이라 하면
$$\begin{cases} x+y=36 \\ \dfrac{80}{100}x+\dfrac{50}{100}y=36\times\dfrac{2}{3} \end{cases} \text{에서} \begin{cases} x+y=36 \\ 8x+5y=240 \end{cases}$$

$\therefore x=20,\ y=16$

따라서 이 학급의 남학생 수는 20명이다.

1 ③	**2** ②	**3** ②	**4** ③
5 ③	**6** 3	**7** 4	**8** -9
9 ②	**10** ④	**11** $x=1,\ y=-4$	

12 $-\dfrac{3}{4}$

13 (1) 어머니: $(x+13)$세, 아들: $(y+13)$세

     (2) ㉠: $x+y=32$, ㉡: $x+13=2(y+13)+4$

     (3) 어머니: 27세, 아들: 5세

14 23	**15** 15회	**16** 423명	**17** 400 m
18 180 g			

1 ㄱ. $x^2-y-3=0$이고 x의 차수가 2이므로 미지수가 2개인 일차방정식이 아니다.

ㄹ. xy가 있으므로 미지수가 2개인 일차방정식이 아니다.

ㅁ. $x+2y+1=0$이므로 미지수가 2개인 일차방정식이다.

따라서 미지수가 2개인 일차방정식은 ㄴ, ㄷ, ㅁ의 3개이다.

2 $x=p,\ y=2p$를 방정식 $3x-2y=4$에 대입하면

$3p-4p=4,\ -p=4$ $\therefore p=-4$

3 $x=4,\ y=3$을 각 연립방정식에 대입하면

① $\begin{cases} 3\times4-3\neq12 \\ 4+3\neq3 \end{cases}$ ② $\begin{cases} 3\times4+3=15 \\ 4+3=7 \end{cases}$

③ $\begin{cases} 4+2\times3=10 \\ 4-3\neq2 \end{cases}$ ④ $\begin{cases} 4+3=7 \\ 5\times4-2\times3\neq4 \end{cases}$

⑤ $\begin{cases} 2\times4-3\neq3 \\ 4+2\times3=10 \end{cases}$

4 $x=1,\ y=b$를 $3x-y=1$에 대입하면

$3-b=1$ $\therefore b=2$

$x=1,\ y=2$를 $x+ay=5$에 대입하면

$1+2a=5,\ 2a=4$ $\therefore a=2$

$\therefore a-b=2-2=0$

5 ㉠$\times3+$㉡$\times2$를 하면 $19x=-38$

즉, y가 소거된다.

6 상수항 7을 a로 잘못 보고 풀었다고 하면

$x+2y=a$ ……㉢

$x=-1$을 ㉠에 대입하면

$-2+3y=4,\ 3y=6$ $\therefore y=2$

$x=-1,\ y=2$를 ㉢에 대입하면

$-1+4=a$ $\therefore a=3$

따라서 상수항 7을 3으로 잘못 보고 풀었다.

7 $x:y=1:3$에서 $y=3x$

$\begin{cases} 4x-y=2 & ……㉠ \\ y=3x & ……㉡ \end{cases}$

㉡을 ㉠에 대입하면 $4x-3x=2$ $\therefore x=2$

$x=2$를 ㉡에 대입하면 $y=6$

따라서 $x=2,\ y=6$을 $5x-y=a$에 대입하면

$10-6=a$ $\therefore a=4$

8 $\begin{cases} 2x+3y=11 & ……㉠ \\ 2x+y=5 & ……㉡ \end{cases}$에서

㉠$-$㉡을 하면 $2y=6$ $\therefore y=3$

$y=3$을 ㉡에 대입하면

$2x+3=5,\ 2x=2$ $\therefore x=1$

$x=1,\ y=3$을 $ax-y=-5,\ bx+ay=1$에 각각 대입하면

$a-3=-5,\ b+3a=1$ $\therefore a=-2,\ b=7$

$\therefore a-b=-2-7=-9$

9 $\begin{cases} 2(x+2y)-3y=-1 \\ 5x-2(3x-y)=4-y \end{cases}$에서

$\begin{cases} 2x+y=-1 & ……㉠ \\ -x+3y=4 & ……㉡ \end{cases}$

㉠$+$㉡$\times2$를 하면 $7y=7$ $\therefore y=1$

$y=1$을 ㉡에 대입하면 $-x+3=4$ $\therefore x=-1$

따라서 $p=-1,\ q=1$이므로

$p+q=(-1)+1=0$

10 $1.6x-2=0.9y+2.1$의 양변에 10을 곱하면

$16x-20=9y+21,\ 16x-9y=41$ ……㉠

$x-\dfrac{3}{2}y=\dfrac{7}{2}$의 양변에 2를 곱하면

$2x-3y=7$ ……㉡

$\bigcirc-\bigcirc\times3$을 하면 $10x=20$ $\quad\therefore x=2$

$x=2$를 $\bigcirc$에 대입하면 $4-3y=7$ $\quad\therefore y=-1$

따라서 $a=2$, $b=-1$이므로

$a+b=2+(-1)=1$

11 $\begin{cases}\dfrac{x-2y}{3}=3\\\dfrac{2x-y}{2}=3\end{cases}$ 에서 $\begin{cases}x-2y=9 &\cdots\cdots\bigcirc\\2x-y=6 &\cdots\cdots\bigcirc\end{cases}$

$\bigcirc\times2-\bigcirc$을 하면 $-3y=12$ $\quad\therefore y=-4$

$y=-4$를 $\bigcirc$에 대입하면 $x+8=9$ $\quad\therefore x=1$

12 $\begin{cases}2x-5y=-3\\-x+(1-2k)y=1\end{cases}$ 에서 $\begin{cases}2x-5y=-3\\2x-2(1-2k)y=-2\end{cases}$

의 해가 없으므로

$-5=-2(1-2k)$, $-5=-2+4k$ $\quad\therefore k=-\dfrac{3}{4}$

13 (3) $\begin{cases}x+y=32\\x+13=2(y+13)+4\end{cases}$ 에서

$\begin{cases}x+y=32 &\cdots\cdots\bigcirc\\x-2y=17 &\cdots\cdots\bigcirc\end{cases}$

$\bigcirc-\bigcirc$을 하면 $3y=15$ $\quad\therefore y=5$

$y=5$를 $\bigcirc$에 대입하면 $x+5=32$ $\quad\therefore x=27$

따라서 현재 어머니의 나이는 27세, 아들의 나이는 5세이다.

14 큰 수를 x, 작은 수를 y라 하면

$\begin{cases}x+y=35 &\cdots\cdots\bigcirc\\x=4y+5 &\cdots\cdots\bigcirc\end{cases}$ 에서 $\bigcirc$을 $\bigcirc$에 대입하면

$(4y+5)+y=35$, $5y=30$ $\quad\therefore y=6$

$y=6$을 $\bigcirc$에 대입하면 $x=4\times6+5$ $\quad\therefore x=29$

따라서 큰 수와 작은 수의 차는 $29-6=23$

15 지성이가 이긴 횟수를 x회, 보영이가 이긴 횟수를 y회라 하면 지성이가 진 횟수는 y회, 보영이가 진 횟수는 x회이므로

$\begin{cases}3x-2y=19\\3y-2x=9\end{cases}$ 에서 $\begin{cases}3x-2y=19 &\cdots\cdots\bigcirc\\-2x+3y=9 &\cdots\cdots\bigcirc\end{cases}$

$\bigcirc\times2+\bigcirc\times3$을 하면 $5y=65$ $\quad\therefore y=13$

$y=13$을 $\bigcirc$에 대입하면 $3x-26=19$ $\quad\therefore x=15$

따라서 지성이가 이긴 횟수는 15회이다.

16 작년의 남자 신입생의 수를 x명, 여자 신입생의 수를 y명이라 하면

$\begin{cases}x+y=1000\\-\dfrac{6}{100}x+\dfrac{4}{100}y=-5\end{cases}$ 에서

$\begin{cases}x+y=1000 &\cdots\cdots\bigcirc\\-3x+2y=-250 &\cdots\cdots\bigcirc\end{cases}$

$\bigcirc\times2-\bigcirc$을 하면 $5x=2250$ $\quad\therefore x=450$

$x=450$을 $\bigcirc$에 대입하면 $y=550$

따라서 올해 남자 신입생의 수는

$450-450\times\dfrac{6}{100}=423$(명)

17 형진이가 걸어간 거리를 x m, 달려간 거리를 y m라 하면

$\begin{cases}x+y=1000\\\dfrac{x}{40}+\dfrac{y}{80}=20\end{cases}$ 에서 $\begin{cases}x+y=1000 &\cdots\cdots\bigcirc\\2x+y=1600 &\cdots\cdots\bigcirc\end{cases}$

$\bigcirc-\bigcirc$을 하면 $-x=-600$ $\quad\therefore x=600$

$x=600$를 $\bigcirc$에 대입하면 $y=400$

따라서 형진이가 달려간 거리는 400 m이다.

18 5 %의 설탕물을 x g, 10 %의 설탕물을 y g이라 하면

$\begin{cases}x+y=300\\\dfrac{5}{100}x+\dfrac{10}{100}y=\dfrac{6}{100}\times300\end{cases}$ 에서

$\begin{cases}x+y=300 &\cdots\cdots\bigcirc\\x+2y=360 &\cdots\cdots\bigcirc\end{cases}$

$\bigcirc-\bigcirc$을 하면 $-y=-60$ $\quad\therefore y=60$

$y=60$을 $\bigcirc$에 대입하면

$x+60=300$ $\quad\therefore x=240$

따라서 설탕물의 양의 차는 $240-60=180$(g)이다.

개념 완성 💡 **발전 문제** 개념북 111~112쪽

1 -2　　**2** ④　　**3** $x=3$, $y=1$

4 20분　　**5** ⑤

6 ① 3, -6, 6, 6, -18, 10, 6, 10

　　② 6, 10, $6a+40$, -5　　③ $-5+6+10$, 11

7 ① $x=2$, $y=1$　② $a=-4$, $b=-7$　③ 3

1 $\begin{cases}\dfrac{x-y}{4}=\dfrac{y+4}{6}\\x=3y\end{cases}$ 에서 $\begin{cases}3(x-y)=2(y+4)\\x=3y\end{cases}$

즉, $\begin{cases} 3x-5y=8 & \cdots\cdots\ \text{㉠} \\ x=3y & \cdots\cdots\ \text{㉡} \end{cases}$

㉡을 ㉠에 대입하면

$9y-5y=8,\ 4y=8$ $\quad\therefore y=2$

$y=2$를 ㉡에 대입하면 $x=3\times2=6$

따라서 $x=6,\ y=2$를 $ax=2-7y$에 대입하면

$6a=2-14$ $\quad\therefore a=-2$

2 ㄷ. $3x-2y-1=0$

ㄹ. $3x+2y-1=0$

따라서 ㄴ, ㄹ을 한 쌍으로 하는 연립방정식의 해는 무수히 많다.

3 a와 b를 바꾸면 $\begin{cases} bx+ay=-5 \\ ax+by=1 \end{cases}$ 이고, 여기에 $x=1$, $y=3$을 대입하면

$\begin{cases} 3a+b=-5 & \cdots\cdots\ \text{㉠} \\ a+3b=1 & \cdots\cdots\ \text{㉡} \end{cases}$

㉠$-$㉡$\times3$을 하면 $-8b=-8$ $\quad\therefore b=1$

$b=1$을 ㉡에 대입하면 $a+3=1$ $\quad\therefore a=-2$

따라서 처음 연립방정식은 $\begin{cases} -2x+y=-5 & \cdots\cdots\ \text{㉢} \\ x-2y=1 & \cdots\cdots\ \text{㉣} \end{cases}$

㉢$+$㉣$\times2$를 하면 $-3y=-3$ $\quad\therefore y=1$

$y=1$을 ㉣에 대입하면 $x-2=1$ $\quad\therefore x=3$

4 물탱크에 물을 가득 채웠을 때의 물의 양을 1로 놓고 1분 동안 수도꼭지 A, B에서 나오는 물의 양을 각각 x, y라 하면

$\begin{cases} 30x+10(x+y)=1 \\ 60x+5y=1 \end{cases}$ 에서

$\begin{cases} 40x+10y=1 & \cdots\cdots\ \text{㉠} \\ 60x+5y=1 & \cdots\cdots\ \text{㉡} \end{cases}$

㉠$-$㉡$\times2$를 하면

$-80x=-1$ $\quad\therefore x=\dfrac{1}{80}$

$x=\dfrac{1}{80}$을 ㉠을 대입하면

$\dfrac{1}{2}+10y=1$ $\quad\therefore y=\dfrac{1}{20}$

따라서 B 수도꼭지를 20분 동안 틀면 물탱크에 물을 가득 채울 수 있다.

5 4 %의 소금물의 양을 x g, 증발한 물의 양을 y g이라 하면

$\begin{cases} x-y=400 \\ \dfrac{4}{100}\times x=\dfrac{7}{100}\times400 \end{cases}$ 에서

$\begin{cases} x-y=400 & \cdots\cdots\ \text{㉠} \\ 4x=2800 & \cdots\cdots\ \text{㉡} \end{cases}$

㉡에서 $x=700$이므로 ㉠에 대입하면 $y=300$

따라서 증발한 물의 양은 300 g이다.

6 ① $\begin{cases} 4x-3y=-6 & \cdots\cdots\ \text{㉠} \\ -3x+2y=2 & \cdots\cdots\ \text{㉡} \end{cases}$ 에서

㉠$\times2+$㉡$\times3$을 하면

$-x=-6$ $\quad\therefore x=6$

$x=6$을 ㉡에 대입하면

$-18+2y=2$ $\quad\therefore y=10$

$\therefore p=6,\ q=10$

② $x=6,\ y=10$을 $ax+4y=10$에 대입하면

$6a+40=10$ $\quad\therefore a=-5$

③ $a+p+q=-5+6+10=11$

7 ① $\begin{cases} 2x-3y=1 & \cdots\cdots\ \text{㉠} \\ 3x+4y=10 & \cdots\cdots\ \text{㉡} \end{cases}$ 에서

㉠$\times3-$㉡$\times2$를 하면 $-17y=-17$ $\quad\therefore y=1$

$y=1$을 ㉠에 대입하면

$2x-3=1,\ 2x=4$ $\quad\therefore x=2$

② $x=2,\ y=1$을 나머지 두 식에 대입하면

$\begin{cases} 2a=b-1 & \cdots\cdots\ \text{㉢} \\ 4a-3b=5 & \cdots\cdots\ \text{㉣} \end{cases}$

㉢을 ㉣에 대입하면

$2(b-1)-3b=5,\ -b=7$ $\quad\therefore b=-7$

$b=-7$을 ㉢에 대입하면

$2a=-8$ $\quad\therefore a=-4$

③ $a-b=-4-(-7)=3$

1 일차함수와 그 그래프

1 함수
개념북 116쪽

1 (1) × (2) ○ (3) ○ (4) ○ (5) ○ (6) ×

1 (1) $x=2$일 때, $y=3, 5, 7, \cdots$이므로 y의 값이 하나로 정해지지 않는다. 따라서 y는 x의 함수가 아니다.

(2) $y=10-x$ (3) $y=\dfrac{30}{x}$ (4) $y=1000x$ (5) $y=\dfrac{40}{x}$

(6) $x=3$일 때, $y=1, 2, 4, \cdots$이므로 y의 값이 하나로 정해지지 않는다. 따라서 y는 x의 함수가 아니다.

함수
개념북 117쪽

1 ㄹ, ㅂ **1-1** ④

1 ㄱ. $y=24-x$ ㄴ. $y=6x$ ㄷ. $y=\dfrac{1500}{x}$

ㄹ. $x=2$일 때, $y=-2$ 또는 $y=2$이므로 y의 값이 하나로 정해지지 않는다. 따라서 함수가 아니다.

ㅁ. 어떤 자연수이든 약수의 개수는 하나로 정해지므로 함수이다.

ㅂ. $x=3$일 때, $y=1$ 또는 $y=2$이므로 y의 값이 하나로 정해지지 않는다. 따라서 함수가 아니다.

따라서 함수가 아닌 것은 ㄹ, ㅂ이다.

1-1 ④ $x=2$일 때, $y=3, 4, 5, \cdots$이므로 y의 값이 하나로 정해지지 않는다. 따라서 함수가 아니다.

함숫값
개념북 117쪽

2 (1) -5 (2) 5 **2-1** -3 **2-2** 5

2 (1) $f(4)=-2\times4+3=-8+3=-5$

(2) $f(-1)=-2\times(-1)+3=2+3=5$

2-1 $f(-2)=-\dfrac{6}{-2}=3$, $f(1)=-\dfrac{6}{1}=-6$

$\therefore f(-2)+f(1)=3+(-6)=-3$

2-2 $f(7)=3$, $f(14)=2$

$\therefore f(7)+f(14)=3+2=5$

함숫값을 이용하여 미지수 구하기
개념북 118쪽

3 ② **3-1** ①

3 $f(2)=a\times2-5=9$에서

$2a-5=9$, $2a=14$ $\therefore a=7$

3-1 $f(-5)=\dfrac{a}{-5}=2$이므로

$a=2\times(-5)=-10$

함수의 식 구하기
개념북 118쪽

4 ⑤ **4-1** ④

4 $f(-4)=a\times(-4)=12$에서

$-4a=12$ $\therefore a=-3$

따라서 $f(x)=-3x$이므로

$f(-5)=-3\times(-5)=15$

4-1 $f(2)=-\dfrac{a}{2}=-4$에서 $a=8$

따라서 $f(x)=-\dfrac{8}{x}$이므로 $f(-8)=-\dfrac{8}{-8}=1$

2 일차함수
개념북 119쪽

1 (1) ○ (2) ○ (3) × (4) ○ (5) ○ (6) ×

2 (1) $y=10x$, 일차함수이다.

(2) $y=\dfrac{2}{x}$, 일차함수가 아니다.

(3) $y=\dfrac{1}{5}x$, 일차함수이다.

일차함수
개념북 120쪽

1 ①, ⑤

1-1 ㄷ, ㅂ **1-2** ②, ③ **1-3** ①, ⑤

1 ① $xy=1$에서 $y=\dfrac{1}{x}$ (일차함수가 아니다.)

② $3x+y=2x-1$에서 $y=-x-1$ (일차함수이다.)

③ $y=-\dfrac{x}{3}$ (일차함수이다.)

④ $y=\dfrac{2x-7}{5}$에서 $y=\dfrac{2}{5}x-\dfrac{7}{5}$ (일차함수이다.)

⑤ $x=2(y-x)+3x$에서 $y=0$ (일차함수가 아니다.)

따라서 일차함수가 아닌 것은 ①, ⑤이다.

1-1 ㄱ. $y=-6$ (일차함수가 아니다.)

ㄴ. $y=\dfrac{1}{x}$ (일차함수가 아니다.)

ㄷ. $y=\dfrac{1}{3}x-\dfrac{2}{3}$ (일차함수이다.)

ㄹ. $y=x^2+2x$ (일차함수가 아니다.)

ㅁ. $x=\dfrac{1}{3}$ (일차함수가 아니다.)

ㅂ. $y=3x-5$ (일차함수이다.)

따라서 일차함수인 것은 ㄷ, ㅂ이다.

1-2 ① $y=\dfrac{24}{x}$ ② $y=10x$ ③ $y=3x$

④ $y=x^3$ ⑤ $y=\dfrac{12}{x}$

따라서 일차함수인 것은 ②, ③이다.

1-3 ① $y=\dfrac{x(x-3)}{2}=\dfrac{1}{2}x^2-\dfrac{3}{2}x$

② $y=180\times(x-2)=180x-360$

③ $x=\dfrac{y}{100}\times300$ $\therefore y=\dfrac{1}{3}x$

④ $2000\times x+1000\times y=10000$

     $\therefore y=-2x+10$

⑤ $300\times\dfrac{1}{x}=y$ $\therefore y=\dfrac{300}{x}$

따라서 일차함수가 아닌 것은 ①, ⑤이다.

일차함수의 함숫값   개념북 121쪽

2 ①   **2-1** ②   **2-2** 14   **2-3** 10

2 $f(-2)=6$이므로 $f(-2)=-2a-4=6$

   $\therefore a=-5$

따라서 $f(x)=-5x-4$이므로

$f(-1)=-5\times(-1)-4=1$

2-1 $f(a)=5a+3=-7$이므로 $5a=-10$

   $\therefore a=-2$

2-2 $f(-1)=2\times(-1)+a=4$이므로 $-2+a=4$

   $\therefore a=6$

따라서 $f(x)=2x+6$이므로

$f(3)=2\times3+6=12$, $f(-2)=2\times(-2)+6=2$

   $\therefore f(3)+f(-2)=12+2=14$

2-3 $f(2)=3$, $f(6)=-1$이므로

$\begin{cases} 2a+b=3 \\ 6a+b=-1 \end{cases}$ $\therefore a=-1,\ b=5$

따라서 $f(x)=-x+5$이므로

$f(5)=-5+5=0$, $f(0)=0+5=5$

   $\therefore f(5)+2f(0)=0+2\times5=10$

3 일차함수의 그래프   개념북 122쪽

1 풀이 참조   **2** $y=-3x+2$

1

x	$\cdots$	-2	-1	0	1	2	$\cdots$
$2x$	$\cdots$	-4	-2	0	2	4	$\cdots$
$2x+3$	$\cdots$	-1	1	3	5	7	$\cdots$

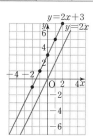

함수 $y=ax(a\neq0)$의 그래프   개념북 123쪽

1 ⑤   **1-1** $b<a<d<c$

1 ① 오른쪽 아래로 향하는 직선이다.

② 제2사분면, 제4사분면을 지난다.

③ 점 $(2, -1)$을 지난다.

④ x의 값이 증가하면 y의 값은 감소한다.

1-1 $a<0$, $b<0$이고 (a의 절댓값)$<$(b의 절댓값)

이므로 $b<a<0$

$c>0$, $d>0$이고 (c의 절댓값)$>$(d의 절댓값)

이므로 $0<d<c$

   $\therefore b<a<d<c$

일차함수의 그래프 위의 점   개념북 123쪽

2 -3 **2-1** -9

2 $y=-2x+a$의 그래프가 점 $(-1, 3)$을 지나므로

$3=-2\times(-1)+a$ $\therefore a=1$

즉, $y=-2x+1$의 그래프가 점 $(2, k)$를 지나므로

$k=-2\times2+1=-3$

2-1 $y=5x-1$의 그래프가 점 $(-2, p)$를 지나므로
$$p=5\times(-2)-1=-11$$
또, $y=5x-1$의 그래프가 점 $(q, 9)$를 지나므로
$$9=5q-1 \quad \therefore q=2$$
$$\therefore p+q=-11+2=-9$$

일차함수의 그래프의 평행이동

3 1	**3-1** 2	**3-2** 1

3 일차함수 $y=4x-1$의 그래프를 y축의 방향으로 a만큼 평행이동한 그래프의 식은
$$y=4x-1+a$$
이 함수의 그래프가 $y=4x$의 그래프와 같으므로
$$-1+a=0 \quad \therefore a=1$$

3-1 $y=-x+5$의 그래프를 y축의 방향으로 -2만큼 평행이동한 그래프의 식은
$$y=-x+5-2=-x+3$$
이 함수의 그래프가 $y=ax+b$의 그래프와 같으므로
$$a=-1, b=3$$
$$\therefore a+b=-1+3=2$$

3-2 $y=ax-4$의 그래프를 y축의 방향으로 k만큼 평행이동한 그래프의 식은
$$y=ax-4+k$$
이 함수의 그래프가 $y=8x+3$의 그래프와 같으므로
$$a=8, -4+k=3 \quad \therefore a=8, k=7$$
$$\therefore a-k=8-7=1$$

평행이동한 그래프 위의 점
개념북 124쪽

4 2	**4-1** 4

4 $y=-\dfrac{3}{2}x+3$의 그래프가 점 $(k, 0)$을 지나므로
$$0=-\dfrac{3}{2}k+3, \dfrac{3}{2}k=3 \quad \therefore k=2$$

4-1 $y=-7x+2+k$의 그래프가 점 $(1, -1)$을 지나므로
$$-1=-7\times1+2+k \quad \therefore k=4$$

---

4 일차함수의 그래프의 절편
개념북 125쪽

1 (1) $(8, 0)$ (2) 8 (3) $(0, 4)$ (4) 4

2 (1) x절편: -1, y절편: -2 (2) x절편: 3, y절편: 3
(3) x절편: -2, y절편: 2 (4) x절편: 0, y절편: 0

3 x절편: 10, y절편: 4

3 $y=-\dfrac{2}{5}x+4$에 $y=0$을 대입하면
$x=10$이므로 x절편은 10이다.
또, $y=-\dfrac{2}{5}x+4$에 $x=0$을 대입하면
$y=4$이므로 y절편은 4이다.

일차함수의 그래프의 x절편과 y절편
개념북 126쪽

1 $-\dfrac{14}{3}$	**1-1** ③	**1-2** ③	**1-3** 5

1 $y=-6x-4$에 $y=0$을 대입하면
$$0=-6x-4 \quad \therefore x=-\dfrac{2}{3}$$
$y=-6x-4$에 $x=0$을 대입하면 $y=-4$
따라서 $y=-6x-4$의 그래프의 x절편은 $-\dfrac{2}{3}$, y절편은 -4이므로 $a=-\dfrac{2}{3}, b=-4$
$$\therefore a+b=-\dfrac{2}{3}+(-4)=-\dfrac{14}{3}$$

1-1 ① x절편: -1, y절편: 1 ② x절편: 1, y절편: -1
③ x절편: 3, y절편: 3 ④ x절편: $\dfrac{1}{3}$, y절편: 1
⑤ x절편: 1, y절편: 3
따라서 x절편과 y절편이 서로 같은 것은 ③이다.

1-2 $y=\dfrac{1}{3}x+\dfrac{1}{2}$의 그래프를 y축의 방향으로 $\dfrac{1}{2}$만큼 평행이동한 그래프의 식은
$$y=\dfrac{1}{3}x+\dfrac{1}{2}+\dfrac{1}{2}=\dfrac{1}{3}x+1$$
이 그래프의 x절편은 -3, y절편은 1이므로
$$a=-3, b=1$$
$$\therefore ab=-3\times1=-3$$

1-3 $y=-\dfrac{3}{4}x+\dfrac{3}{2}$에 $y=0$을 대입하면
$$0=-\dfrac{3}{4}x+\dfrac{3}{2} \quad \therefore x=2$$

$y=-\dfrac{3}{4}x+\dfrac{3}{2}$에 $x=0$을 대입하면 $y=\dfrac{3}{2}$

따라서 $y=-\dfrac{3}{4}x+\dfrac{3}{2}$의 그래프의 x절편은 2, y절편

은 $\dfrac{3}{2}$이므로 $p=2$, $q=\dfrac{3}{2}$

$\therefore p+2q=2+2\times\dfrac{3}{2}=5$

x절편과 y절편을 이용하여 미지수의 값 구하기　　개념북 127쪽

2 -24　　　**2-1** ①

2　$y=6x+a$에 $x=4$, $y=0$을 대입하면

$0=6\times4+a$　　$\therefore a=-24$

따라서 $y=6x-24$이므로 y절편은 -24이다.

2-1　$y=-4x+2$의 그래프의 x절편은 $\dfrac{1}{2}$이고

$y=\dfrac{2}{5}x+1-2k$의 그래프의 y절편은 $1-2k$이므로

$\dfrac{1}{2}=1-2k$　　$\therefore k=\dfrac{1}{4}$

일차함수의 그래프와 좌표축으로 둘러싸인 도형의 넓이　　개념북 127쪽

3 4　　　**3-1** 9

3　$y=2x-4$의 그래프의 x절편은 2, y절
편은 -4이므로 그 그래프는 오른쪽 그
림과 같다.

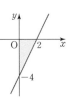

따라서 구하는 넓이는 $\dfrac{1}{2}\times2\times4=4$

3-1　$y=-\dfrac{1}{2}x+3$의 그래프의 x절편
은 6, y절편은 3이므로 그 그래프
는 오른쪽 그림과 같다.

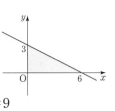

따라서 구하는 넓이는 $\dfrac{1}{2}\times6\times3=9$

5 일차함수의 그래프의 기울기　개념북 128쪽

1 (1) 기울기: 2, y의 값의 증가량: -4

　　(2) 기울기: $-\dfrac{3}{4}$, y의 값의 증가량: $-\dfrac{3}{4}$

2 (1) 3　(2) -1

1 (1) (기울기)$=\dfrac{(y\text{의 값의 증가량})}{(x\text{의 값의 증가량})}$이므로

　　$2=\dfrac{(y\text{의 값의 증가량})}{-2}$

　　$\therefore (y\text{의 값의 증가량})=-4$

　(2) (기울기)$=\dfrac{(y\text{의 값의 증가량})}{(x\text{의 값의 증가량})}$이므로

　　$-\dfrac{3}{4}=\dfrac{(y\text{의 값의 증가량})}{1}$

　　$\therefore (y\text{의 값의 증가량})=-\dfrac{3}{4}$

2 (1) (기울기)$=\dfrac{(y\text{의 값의 증가량})}{(x\text{의 값의 증가량})}=\dfrac{6-0}{4-2}=3$

　(2) (기울기)$=\dfrac{(y\text{의 값의 증가량})}{(x\text{의 값의 증가량})}=\dfrac{3-1}{-2-0}=-1$

일차함수의 그래프의 기울기　　개념북 129쪽

1 (1) -3　(2) 18

1-1 ②　　　**1-2** ③　　　**1-3** 10

1　(1) $a=\dfrac{-6}{3-1}=-3$

　(2) (기울기)$=\dfrac{(y\text{의 값의 증가량})}{-6}=-3$

　　$\therefore (y\text{의 값의 증가량})=18$

1-1　(기울기)$=\dfrac{(y\text{의 값의 증가량})}{(x\text{의 값의 증가량})}=\dfrac{3}{6}=\dfrac{1}{2}$

따라서 기울기가 $\dfrac{1}{2}$인 것은 ②이다.

1-2　$\dfrac{3-k}{2}=-\dfrac{1}{2}$이므로

$3-k=-1$　　$\therefore k=4$

1-3　$\dfrac{f(3)-f(6)}{3-6}=(\text{기울기})=10$

두 점을 지나는 일차함수의 그래프의 기울기　　개념북 130쪽

2 3　　　**2-1** $\dfrac{6}{7}$

2　$\dfrac{-7-k}{3-(-2)}=-2$이므로 $\dfrac{-7-k}{5}=-2$

$-7-k=-10$　　$\therefore k=3$

2-1 그래프가 두 점 $(0, 3)$, $(7, 0)$을 지나므로

$$a = \frac{0-3}{7-0} = -\frac{3}{7}$$

따라서 $\dfrac{(y\text{의 값의 증가량})}{-2} = -\dfrac{3}{7}$이므로

$$(y\text{의 값의 증가량}) = -\frac{3}{7} \times (-2) = \frac{6}{7}$$

세 점이 한 직선 위에 있을 조건   개념북 130쪽

3 ③   **3-1** $\dfrac{5}{3}$

---

3 주어진 그래프가 세 점 $(-2, a)$, $(2, 2)$, $(8, -1)$을 지나므로 두 점을 이은 직선의 기울기는 같다.

즉, $\dfrac{2-a}{2-(-2)} = \dfrac{-1-2}{8-2}$

$\dfrac{2-a}{4} = -\dfrac{1}{2}$, $2-a = -2$ $\therefore a = 4$

3-1 세 점 $(-5, 1)$, $(1, 4)$, $(k, 2k+1)$이 한 직선 위에 있으므로

$$\frac{4-1}{1-(-5)} = \frac{2k+1-4}{k-1}$$

$\dfrac{1}{2} = \dfrac{2k-3}{k-1}$, $k-1 = 4k-6$ $\therefore k = \dfrac{5}{3}$

---

6 일차함수의 그래프의 성질   개념북 131쪽

1 ㄱ, ㅁ   **2** $a<0, b>0$

1 $y = ax + b$에서 $a > 0$인 것은 ㄱ, ㅁ이다.

2 오른쪽 아래로 향하는 직선이므로 $a < 0$
   y절편이 양수이므로 $b > 0$

$y = ax + b$의 그래프의 성질   개념북 132쪽

1 ⑤   **1-1** ④

---

1 ⑤ x의 값이 4만큼 증가하면 y의 값은 6만큼 감소한다.

1-1 기울기의 절댓값이 가장 작은 것을 고르면 되므로 ④이다.

---

a, b의 부호와 $y = ax + b$의 그래프   개념북 132쪽

2 제2, 3, 4사분면   **2-1** 제3사분면

---

2 $-a < 0$, $b < 0$이므로
   $y = -ax + b$의 그래프는 오른쪽
   그림과 같다.
   따라서 그래프는 제2, 3, 4사분면
   을 지난다.

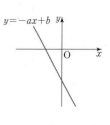

2-1 $ac < 0$, $bc > 0$이므로
   $y = acx + bc$의 그래프는 오른쪽 그
   림과 같다.
   따라서 그래프가 지나지 않는 사분면
   은 제3사분면이다.

---

7 일차함수의 그래프의 평행과 일치   개념북 133쪽

1 ⑤   **2** ④

3 (1) $a = -\dfrac{1}{2}, b \neq 1$ (2) $a = -\dfrac{1}{2}, b = 1$

1 기울기가 -3이고, y절편이 2가 아닌 일차함수를 찾는다.

2 기울기가 $\dfrac{1}{2}$이고, y절편이 3이 아닌 일차함수를 찾는다.

일차함수의 그래프의 일치   개념북 134쪽

1 -1 **1-1** 1

---

1 $2a = -\dfrac{2}{3}$, $-2 = 3b$이므로 $a = -\dfrac{1}{3}$, $b = -\dfrac{2}{3}$

$\therefore a + b = -\dfrac{1}{3} + \left(-\dfrac{2}{3}\right) = -1$

1-1 $y = 3ax + 2$의 그래프를 y축의 방향으로 -4만큼 평행
   이동한 그래프의 식은 $y = 3ax + 2 - 4$
   $\therefore y = 3ax - 2$
   $y = 3ax - 2$의 그래프와 $y = 9x + b$의 그래프가 일치
   하므로 $3a = 9$, $-2 = b$ $\therefore a = 3, b = -2$
   $\therefore a + b = 3 + (-2) = 1$

일차함수의 그래프의 평행   개념북 134쪽

2 $\dfrac{5}{3}$ **2-1** ③

---

2 $y = ax + 1$과 $y = -\dfrac{1}{3}x + 3$의 그래프가 평행하므로

$$a = -\frac{1}{3}$$

$y=-\dfrac{1}{3}x+1$의 그래프가 점 $(-3, b)$를 지나므로

$b=-\dfrac{1}{3}\times(-3)+1=2$

$\therefore a+b=-\dfrac{1}{3}+2=\dfrac{5}{3}$

2-1 주어진 그래프의 식은 $y=\dfrac{1}{3}x-2$이므로 기울기는 $\dfrac{1}{3}$

이고 y절편은 -2이다.

따라서 기울기가 $\dfrac{1}{3}$이 아닌 일차함수를 찾는다.

① (기울기)$=\dfrac{1}{3}$, (y절편)$=5$

② (기울기)$=\dfrac{1}{3}$, (y절편)$=4$

③ 두 점 $(-3, 0)$, $(0, 2)$를 지나므로

   (기울기)$=\dfrac{2-0}{0-(-3)}=\dfrac{2}{3}$, ($y$절편)$=2$

④ (기울기)$=\dfrac{4-2}{6-0}=\dfrac{1}{3}$, ($y$절편)$=2$

⑤ (기울기)$=\dfrac{1}{3}$, (y절편)$=-1$

따라서 평행하지 않은 것은 ③이다.

8 일차함수의 식 구하기 (1)　개념북 135쪽

> **1** (1) $y=-3x+10$　(2) $y=\dfrac{1}{2}x-8$
>
> **2** $y=-2x+7$
>
> **3** (1) $y=4x+6$　(2) $y=-x+3$

1 (2) 그래프가 y축과 점 $(0, -8)$에서 만나므로 y절편이 -8이다.

$\therefore y=\dfrac{1}{2}x-8$

2 $y=-2x+b$로 놓으면 그래프가 점 $(3, 1)$을 지나므로 $1=-2\times 3+b$에서 $b=7$

$\therefore y=-2x+7$

3 (1) $y=4x+b$로 놓으면 그래프가 점 $(-1, 2)$를 지나므로 $2=4\times(-1)+b$에서 $b=6$

$\therefore y=4x+6$

(2) (기울기)$=\dfrac{-3}{3}=-1$

즉, $y=-x+b$로 놓으면 그래프가 점 $(-2, 5)$를 지나므로 $5=2+b$에서 $b=3$

$\therefore y=-x+3$

기울기와 y절편을 알 때 일차함수의 식 구하기　개념북 136쪽

> **1** 16　　**1-1** $y=\dfrac{2}{3}x+3$

1 $y=-\dfrac{1}{4}x-5$의 그래프가 점 $(3a, -1-a)$를 지나므로

$-1-a=-\dfrac{1}{4}\times 3a-5$, $\dfrac{1}{4}a=4$　　$\therefore a=16$

1-1 주어진 직선이 두 점 $(3, 0)$, $(0, -2)$를 지나므로

(기울기)$=\dfrac{-2-0}{0-3}=\dfrac{2}{3}$

따라서 기울기가 $\dfrac{2}{3}$이고 y절편이 3인 직선을 그래프로 하는 일차함수의 식은 $y=\dfrac{2}{3}x+3$

기울기와 한 점을 알 때 일차함수의 식 구하기　개념북 136쪽

> **2** 7　　**2-1** ①

2 $a=\dfrac{6}{4-1}=2$

즉, $y=2x+b$의 그래프가 점 $(-2, 1)$을 지나므로 $1=2\times(-2)+b$　　$\therefore b=5$

$\therefore a+b=2+5=7$

2-1 $y=-\dfrac{1}{3}x+b$로 놓으면 그래프가 점 $(-6, 1)$을 지나므로

$1=-\dfrac{1}{3}\times(-6)+b$　　$\therefore b=-1$

따라서 일차함수의 식은 $y=-\dfrac{1}{3}x-1$

① $\dfrac{2}{3}=-\dfrac{1}{3}\times(-5)-1$

9 일차함수의 식 구하기 (2)　개념북 137쪽

> **1** (1) $y=2x+4$　(2) $y=-x-1$
>
> **2** (1) $y=\dfrac{1}{3}x-1$　(2) $y=5x+10$

1 (1) (기울기)$=\dfrac{6-2}{1-(-1)}=2$이므로 $y=2x+b$로 놓고

$x=-1$, $y=2$를 대입하면

$2=-2+b$　　$\therefore b=4$

$\therefore y=2x+4$

(2) $(기울기)=\dfrac{0-3}{-1-(-4)}=-1$이므로 $y=-x+b$

로 놓고 $x=-1$, $y=0$을 대입하면

$0=1+b$ ∴ $b=-1$

∴ $y=-x-1$

2 (1) 두 점 $(3, 0)$, $(0, -1)$을 지나므로

$(기울기)=\dfrac{-1-0}{0-3}=\dfrac{1}{3}$, $(y절편)=-1$

∴ $y=\dfrac{1}{3}x-1$

(2) 두 점 $(-2, 0)$, $(0, 10)$을 지나므로

$(기울기)=\dfrac{10-0}{0-(-2)}=5$, $(y절편)=10$

∴ $y=5x+10$

서로 다른 두 점을 알 때 일차함수의 식 구하기

개념북 138쪽

1 6   **1-1** $\dfrac{3}{2}$

1 두 점 $(-1, 9)$, $(2, 3)$을 지나는 직선의 기울기는

$\dfrac{3-9}{2-(-1)}=-2$

$y=-2x+b$로 놓으면 그래프가 점 $(2, 3)$을 지나므로

$3=-2\times2+b$ ∴ $b=7$

즉, $y=-2x+7$의 그래프를 y축의 방향으로 -5만큼

평행이동한 그래프의 일차함수의 식은

$y=-2x+7-5$이므로 $y=-2x+2$

이 그래프가 점 $(-2, k)$를 지나므로

$k=-2\times(-2)+2=6$

1-1 두 점 $(-2, 5)$, $(2, -3)$을 지나므로

$(기울기)=\dfrac{-3-5}{2-(-2)}=-2$

$y=-2x+b$로 놓으면 그래프가 점 $(2, -3)$을 지나

므로

$-3=-2\times2+b$ ∴ $b=1$

즉, $y=-2x+1$의 그래프의 x절편은 $\dfrac{1}{2}$, y절편은 1

이므로 $p=\dfrac{1}{2}$, $q=1$

∴ $p+q=\dfrac{1}{2}+1=\dfrac{3}{2}$

x절편, y절편을 알 때 일차함수의 식 구하기

개념북 138쪽

2 14   **2-1** -12

2 $y=ax+b$의 그래프가 두 점 $(-6, 0)$, $(0, 12)$를 지

나므로

$a=\dfrac{12-0}{0-(-6)}=2$, $b=12$

∴ $a+b=2+12=14$

2-1 평행이동한 그래프의 식은 $y=ax-1+b$

한편, 주어진 그래프는 두 점 $(5, 0)$, $(0, 3)$을 지나므로

$(기울기)=\dfrac{3-0}{0-5}=-\dfrac{3}{5}$이고 y절편은 3이므로

$a=-\dfrac{3}{5}$, $-1+b=3$

즉, $a=-\dfrac{3}{5}$, $b=4$

∴ $5ab=5\times\left(-\dfrac{3}{5}\right)\times4=-12$

10 일차함수의 활용

개념북 139쪽

1 (1) $y=4x+40$ (2) $100\,℃$

2 $y=120-3x$

1 (1) 처음 물의 온도가 $40\,℃$이고, 2분마다 온도가 $8\,℃$씩

올라가므로 1분마다 온도가 $4\,℃$씩 올라간다.

∴ $y=4x+40$

(2) $x=15$일 때, $y=4\times15+40=100$

따라서 15분 후의 물의 온도는 $100\,℃$이다.

2 매분 $3\,L$씩 물이 흘러나오므로 x분 동안 $3x\,L$의 물이 흘

러나온다.

∴ $y=120-3x$

온도에 대한 일차함수의 활용

개념북 140쪽

1 (1) $y=10-0.006x$ (2) 영하 $20\,℃$ (3) $500\,m$

1-1 $57.5\,℃$

1 (1) $1\,m$ 높아질 때마다 기온이 $0.006\,℃$씩 내려가므로

$y=10-0.006x$

(2) $x=5000$일 때, $y=10-0.006\times5000=-20$

따라서 높이가 $5\,km$인 곳의 기온은 영하 $20\,℃$이

다.

(3) $y=7$일 때, $7=10-0.006x$ ∴ $x=500$

따라서 기온이 $7\,℃$인 곳의 높이는 $500\,m$이다.

1-1 6분 동안 물의 온도가 $90-77=13(℃)$ 내려갔으므로

1분마다 물의 온도는 $\dfrac{13}{6}$ ℃씩 내려간다.

x분 후의 물의 온도를 y ℃라 하면 $y=90-\dfrac{13}{6}x$

$x=15$일 때, $y=90-\dfrac{13}{6}\times15=57.5$

따라서 15분 후의 물의 온도는 57.5 ℃이다.

길이에 대한 일차함수의 활용   개념북 140쪽

2 12분 후   **2-1** 23.5 cm

2 양초의 길이는 1분에 $\dfrac{2}{3}$ cm씩 짧아지므로

x분 후의 양초의 길이를 y cm라 하면

$y=25-\dfrac{2}{3}x$

$y=17$일 때, $17=25-\dfrac{2}{3}x$, $\dfrac{2}{3}x=8$ ∴ $x=12$

따라서 양초의 길이가 17 cm가 되는 것은 12분 후이다.

2-1 1 g마다 용수철의 길이가 $\dfrac{5}{40}$ cm, 즉 $\dfrac{1}{8}$ cm씩 늘어

나므로 무게가 x g인 물체를 달았을 때, 용수철의 길이

를 y cm라 하면

$y=16+\dfrac{1}{8}x$

$x=60$일 때, $y=16+\dfrac{1}{8}\times60=23.5$

따라서 무게가 60 g인 물체를 달았을 때, 용수철의 길

이는 23.5 cm이다.

속력에 대한 일차함수의 활용   개념북 141쪽

3 (1) $y=3-0.2x$ (2) 10분   **3-1** 15분 후

3 (1) 연우는 1분 동안 0.2 km를 뛰어가므로

$y=3-0.2x$

(2) $y=1$일 때, $1=3-0.2x$, $0.2x=2$ ∴ $x=10$

따라서 연우가 학교에서 1 km 떨어진 지점을 지나

는 것은 출발한 지 10분 후이다.

3-1 누나가 출발한 지 x분 후에 누나와 동생의 집에서부터

의 거리를 y m라 하면

누나는 $y=80x$

동생은 $y=300(x-11)$

이때 누나와 동생이 만나려면 집에서부터의 거리가 같

아야 하므로

$80x=300(x-11)$ ∴ $x=15$

따라서 두 사람은 누나가 출발한 지 15분 후에 만난다.

도형에 대한 일차함수의 활용   개념북 141쪽

4 4초 후   **4-1** 10 cm

4 점 P는 1초에 2 cm씩 움직이므로 x초에 $2x$ cm 움직

인다.

즉, $\overline{BP}=2x$ cm, $\overline{CP}=(12-2x)$ cm

사각형 APCD의 넓이를 y cm²라 하면

$y=\dfrac{1}{2}\times\{12+(12-2x)\}\times10$

∴ $y=120-10x$

$y=80$일 때, $80=120-10x$ ∴ $x=4$

따라서 사각형 APCD의 넓이가 80 cm²가 되는 것은

점 P가 점 B를 출발한 지 4초 후이다.

4-1 $\overline{BP}=x$ cm이므로 $\overline{PC}=(20-x)$ cm

$\triangle APC=\dfrac{1}{2}\times(20-x)\times14$

∴ $y=140-7x$

$y=70$일 때, $70=140-7x$ ∴ $x=10$

따라서 $\overline{BP}$의 길이는 10 cm이다.

개념완성 **기본 문제**   개념북 144~145쪽

1 ③, ⑤   **2** ㄱ, ㄹ   **3** -3 **4** 5

5 ⑤   **6** ⑤   **7** $\dfrac{1}{5}\leq k<2$

8 ①   **9** 제1사분면   **10** -5

11 82 ℃   **12** ④

1 ① $y=500x$

② $y=\dfrac{x}{100}\times200$ ∴ $y=2x$

③ $x=1$일 때, 1보다 1만큼 작은 수는 0이므로 자연수

가 아니다. 따라서 $x=1$일 때 y의 값이 존재하지 않

으므로 함수가 아니다.

④ $y=\dfrac{1}{2}\times x\times6$ ∴ $y=3x$

⑤ $x=4$일 때, 4보다 작은 소수 y는 2, 3의 2개이므로 함수가 아니다.

2 ㄴ. $y=x^2+x$이므로 일차함수가 아니다.

ㄷ. $y=-5$이므로 일차함수가 아니다.

ㅁ. $y=1+\dfrac{1}{x}$이므로 일차함수가 아니다.

ㅂ. $x=2$이므로 일차함수가 아니다.

따라서 일차함수인 것은 ㄱ, ㄹ이다.

3 $f(3)=3$에서 $3a-\dfrac{3}{2}=3$ $\therefore a=\dfrac{3}{2}$

$\therefore f(x)=\dfrac{3}{2}x-\dfrac{3}{2}$

$f(-2)=\dfrac{3}{2}\times(-2)-\dfrac{3}{2}=-\dfrac{9}{2}$이므로 $b=-\dfrac{9}{2}$

$\therefore a+b=\dfrac{3}{2}+\left(-\dfrac{9}{2}\right)=-3$

4 $y=ax+7$의 그래프를 y축의 방향으로 4만큼 평행이동한 그래프의 식은 $y=ax+7+4$, 즉 $y=ax+11$

$y=ax+11$의 그래프가 점 $(-2, 1)$을 지나므로

$1=a\times(-2)+11$ $\therefore a=5$

5 일차함수 $y=-2x+4$의 그래프의 x절편과 y절편은 각각 2, 4이다.

따라서 일차함수 $y=-2x+4$의 그래프와 x축, y축으로 둘러싸인 직각삼각형은 밑변의 길이가 2이고 높이는 4이므로 구하는 회전체인 원뿔의 부피는

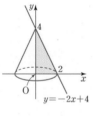

$\dfrac{1}{3}\times\pi\times2^2\times4=\dfrac{16}{3}\pi$

6 (가)에서 기울기가 음수이고 (나)에서 기울기의 절댓값이 $\left|-\dfrac{1}{2}\right|$, 즉 $\dfrac{1}{2}$보다 작아야 하므로 조건을 만족하는 일차함수의 식은 ⑤이다.

7 $y=(k-2)x-(1-5k)$, 즉 $y=(k-2)x-1+5k$

의 그래프가 제3사분면을 지나지 않으려면

$k-2<0$, $-1+5k\geq0$ $\therefore \dfrac{1}{5}\leq k<2$

8 두 점 $(1, 2)$, $(2, 5)$를 지나므로

$(기울기)=\dfrac{5-2}{2-1}=3$

$f(x)=3x+b$로 놓으면 그래프가 점 $(1, 2)$를 지나므로 $2=3\times1+b$ $\therefore b=-1$

$\therefore f(x)=3x-1$

따라서 $y=3x-1$의 그래프는 오른쪽 그림과 같으므로 옳지 않은 것은 ①이다.

9 주어진 그래프에서 $(기울기)=a>0$, $(y$절편$)=b<0$

즉, $\dfrac{1}{b}<0$, $-a<0$이므로

$y=\dfrac{1}{b}x-a$의 그래프는 오른쪽 그림과 같다.

따라서 제1사분면을 지나지 않는다.

10 $y=ax-4$의 그래프가 두 점 $(1, 0)$, $(0, 4)$를 지나는 직선과 평행하므로

$a=\dfrac{4-0}{0-1}=-4$

$y=-4x-4$에 $y=0$을 대입하면 $0=-4x-4$

$\therefore x=-1$

즉, x절편이 -1이므로 $k=-1$

$\therefore a+k=-4+(-1)=-5$

11 5분 후에 6 ℃가 내려갔으므로 1분마다 물의 온도는 $\dfrac{6}{5}$ ℃씩 내려간다.

x분 후의 물의 온도를 y ℃라 하면

$y=100-\dfrac{6}{5}x$

$x=15$일 때, $y=100-\dfrac{6}{5}\times15=82$

따라서 15분 후의 물의 온도는 82 ℃이다.

12 $\triangle ABC=\dfrac{1}{2}\times8\times(높이)=40$에서 $(높이)=10$ cm

$\triangle ABP$의 밑변의 길이는 $(8-x)$ cm, 높이는 10 cm이므로

$\triangle ABP=\dfrac{1}{2}\times(8-x)\times10=40-5x$

$\therefore y=40-5x$

1 ④　　　**2** ③　　　**3** $\dfrac{1}{4}$　　　**4** 2

5 60초

6 ① x절편, $\dfrac{1}{3}$, $\dfrac{1}{3}$ ② $\left(\dfrac{1}{3}, 0\right)$, $-\dfrac{1}{3}a$

　　③ y절편, -6, -6, $-\dfrac{1}{3}\times(-6)$, 2

7 ① x절편: $\dfrac{2}{a}$, y절편: 2 ② $\dfrac{1}{2}\times\dfrac{2}{a}\times 2=8$ ③ $\dfrac{1}{4}$

1 ② $f(8)=f(23)=3$
　　③ $f(11)=f(1)=1$
　　④ $f(27)=2$, $f(33)=3$이므로 $f(27)\neq f(33)$
　　⑤ $f(37)+f(38)+f(39)=2+3+4=9$

2 $(a-1)x^2+x+by=3y-2$에서
　　$(3-b)y=(a-1)x^2+x+2$
　　이 식이 일차함수이려면 x^2의 계수는 0이고 y의 계수는
　　0이 아니어야 하므로 $a-1=0$, $3-b\neq 0$
　　$\therefore a=1$, $b\neq 3$

3 $y=(-2a+2)x+3b-1$의 그래프와
　　$y=(-2b+1)x+a-2$의 그래프가 일치하므로
　　$-2a+2=-2b+1$에서 $2a-2b=1$ ······ ㉠
　　$3b-1=a-2$에서 $a-3b=1$ ······ ㉡
　　㉠, ㉡을 연립하여 풀면
　　$a=\dfrac{1}{4}$, $b=-\dfrac{1}{4}$
　　따라서 $y=8ax+4b$, 즉
　　$y=2x-1$의 그래프와 x축 및 y축
　　으로 둘러싸인 도형은 오른쪽 그림
　　과 같으므로 그 넓이는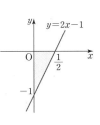
　　$\dfrac{1}{2}\times\dfrac{1}{2}\times 1=\dfrac{1}{4}$

4 x절편과 y절편의 비가 3 : 4이므로 x절편을 $3k$, y절편
　　을 $4k(k\neq 0)$라 하자.
　　$y=ax+b$의 그래프가 두 점 $(3k, 0)$, $(0, 4k)$를 지나
　　므로
　　$a=\dfrac{4k-0}{0-3k}=\dfrac{4k}{-3k}=-\dfrac{4}{3}$
　　$y=-\dfrac{4}{3}x+4k$가 점 $(-2, 6)$을 지나므로
　　$6=-\dfrac{4}{3}\times(-2)+4k$　$\therefore k=\dfrac{5}{6}$

따라서 구하는 일차함수는 $y=-\dfrac{4}{3}x+\dfrac{10}{3}$이므로

$b=\dfrac{10}{3}$

$\therefore a+b=-\dfrac{4}{3}+\dfrac{10}{3}=2$

5 출발한 지 x초 후에 혜주의 출발선에서부터 혜주의 위치
까지는 $6x$ m이고, 진석이의 위치까지는
$(120+4x)$ m이므로 두 사람 사이의 거리를 y m라 하
면
$y=(120+4x)-6x=120-2x$
$y=0$일 때, $0=120-2x$　$\therefore x=60$
따라서 혜주가 진석이를 따라잡는 데 걸리는 시간은 60
초이다.

6 ① 두 일차함수 $y=ax+b$, $y=-3x+1$의 그래프가
　　　x축 위에서 만나므로 두 그래프의 x절편이 같다.
　　　$y=-3x+1$의 그래프의 x절편이 $\dfrac{1}{3}$이므로
　　　$y=ax+b$의 x절편도 $\dfrac{1}{3}$이다.
　　② $y=ax+b$의 그래프가 점 $\left(\dfrac{1}{3}, 0\right)$을 지나므로
　　　$0=\dfrac{1}{3}a+b$에서 $b=-\dfrac{1}{3}a$ ······ ㉠
　　③ 두 일차함수 $y=bx+a$, $y=7x-6$의 그래프가 y축
　　　위에서 만나므로 두 그래프의 y절편이 같다.
　　　$y=7x-6$의 그래프의 y절편은 -6이므로 $a=-6$
　　　이를 ㉠에 대입하면 $b=-\dfrac{1}{3}\times(-6)=2$

7 ① $y=-ax+2$에 $y=0$을 대입하면
　　　$0=-ax+2$, $ax=2$　$\therefore x=\dfrac{2}{a}$
　　　$y=-ax+2$에 $x=0$을 대입하면 $y=2$
　　　즉, $y=-ax+2\,(a>0)$의 x절편은 $\dfrac{2}{a}$, y절편은 2
　　　이다.
　　② $y=-ax+2$의 그래프는 오른쪽
　　　그림과 같다.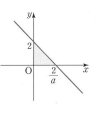
　　　$y=-ax+2$와 x축 및 y축으로
　　　둘러싸인 도형의 넓이가 8이므로
　　　$\dfrac{1}{2}\times\dfrac{2}{a}\times 2=8$
　　③ $\dfrac{2}{a}=8$　$\therefore a=\dfrac{1}{4}$

2 일차함수와 일차방정식의 관계

1 일차함수와 일차방정식
개념북 150쪽

1 (1) 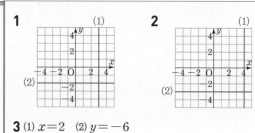 (2)

2 ③

1 (1) $y=-\dfrac{3}{2}x+6$이므로 그래프는 기울기가 $-\dfrac{3}{2}$이고 y절편이 6인 직선이다.

(2) $y=\dfrac{1}{3}x+2$이므로 그래프는 기울기가 $\dfrac{1}{3}$이고 y절편이 2인 직선이다.

2 두 점 $(0, 2)$, $(5, -3)$을 지나므로

$(기울기)=\dfrac{-3-2}{5-0}=\dfrac{-5}{5}=-1$, $(y절편)=2$

따라서 $y=-x+2$이므로 $x+y-2=0$

일차함수와 일차방정식
개념북 151쪽

1 8   **1-1** ①

1 $2x+y-10=0$에서 $y=-2x+10$

이 일차방정식의 그래프가 일차함수 $y=ax+b$의 그래프와 일치하므로 $a=-2$, $b=10$

$\therefore a+b=-2+10=8$

1-1 $x+ay+b=0$에서 $y=-\dfrac{1}{a}x-\dfrac{b}{a}$

$(기울기)=-\dfrac{1}{a}<0 \Rightarrow a>0$

$(y절편)=-\dfrac{b}{a}<0 \Rightarrow b>0$

일차방정식의 미지수의 값 구하기
개념북 151쪽

2 -3 **2-1** ③

2 $x=a$, $y=2a-1$을 $4x-y+5=0$에 대입하면

$4a-(2a-1)+5=0$, $4a-2a+1+5=0$

$\therefore a=-3$

2-1 $ax+4y-b=0$에서 $y=-\dfrac{a}{4}x+\dfrac{b}{4}$

주어진 직선의 기울기는 $\dfrac{3}{4}$, y절편은 -3이므로

$-\dfrac{a}{4}=\dfrac{3}{4}$, $\dfrac{b}{4}=-3$에서 $a=-3$, $b=-12$

$\therefore a-b=-3-(-12)=9$

[다른 풀이]

주어진 그래프가 나타내는 일차함수의 식은 기울기가

$\dfrac{3}{4}$, y절편이 -3이므로 $y=\dfrac{3}{4}x-3$

즉, $-3x+4y+12=0$이고 $ax+4y-b=0$과 같으므로 $a=-3$, $b=-12$

$\therefore a-b=-3-(-12)=9$

---

2 축에 평행한(수직인) 직선의 방정식
개념북 152쪽

1 (1)(2)   **2** (1)(2)

3 (1) $x=2$ (2) $y=-6$

1 (1) 점 $(3, 0)$을 지나고 y축에 평행한(x축에 수직인) 직선이다.

(2) 점 $(0, -2)$를 지나고 x축에 평행한(y축에 수직인) 직선이다.

2 (1) $x=4$이므로 점 $(4, 0)$을 지나고 y축에 평행한(x축에 수직인) 직선이다.

(2) $y=-3$이므로 점 $(0, -3)$을 지나고 x축에 평행한(y축에 수직인) 직선이다.

3 (1) y축에 평행한 직선이므로 $x=p$의 꼴이고 주어진 점의 x좌표가 2이므로 $x=2$

(2) x축에 평행한 직선이므로 $y=q$의 꼴이고 주어진 점의 y좌표가 -6이므로 $y=-6$

축에 평행한(수직인) 직선의 방정식
개념북 153쪽

1 (1) $y=7$ (2) $x=-1$ (3) $x=3$ (4) $y=-5$

1-1 ②

1 (1) x축에 평행한 직선이므로 $y=q$의 꼴이고 주어진 점의 y좌표가 7이므로 $y=7$

(2) y축에 평행한 직선이므로 $x=p$의 꼴이고 주어진 점의 x좌표가 -1이므로 $x=-1$

(3) x축에 수직인 직선이므로 $x=p$의 꼴이고 주어진 점의 x좌표가 3이므로 $x=3$

(4) y축에 수직인 직선이므로 $y=q$의 꼴이고 주어진 점의 y좌표가 -5이므로 $y=-5$

1-1 직선 $x=2$에 수직이므로 직선의 방정식은 $y=q$의 꼴이고 점 $(4, -2)$를 지나므로 구하는 직선의 방정식은 $y=-2$

축에 평행한(수직인) 조건을 이용하여 미지수의 값 구하기   개념북 153쪽

2 ③   **2-1** 1

2 x축에 평행한 직선은 $y=q$의 꼴이므로 두 점의 x좌표는 다르고 y좌표는 같아야 한다.

즉, $2a \neq 9-a$, $5b+1=2b-5$

$\therefore a \neq 3$, $b=-2$

2-1 주어진 직선의 방정식은 $y=3$이므로 $ax+by=1$에서 $a=0$

$by=1$에서 $y=\dfrac{1}{b}=3$이므로 $b=\dfrac{1}{3}$

$\therefore a+3b=0+3 \times \dfrac{1}{3}=1$

3 연립방정식의 해의 개수와 그래프   개념북 154쪽

1 $x=2$, $y=3$

2 (1) $a \neq -3$ (2) $a=-3$, $b \neq -2$

    (3) $a=-3$, $b=-2$

1 교점의 좌표가 $(2, 3)$이므로 연립방정식의 해는 $x=2$, $y=3$

2 $ax+y+2=0$에서 $y=-ax-2$

$3x-y+b=0$에서 $y=3x+b$

(1) 해가 한 쌍이려면 두 그래프가 한 점에서 만나야 하므로 $-a \neq 3$ $\therefore a \neq -3$

(2) 해가 없으려면 두 그래프가 평행해야 하므로

$-a=3$, $-2 \neq b$

$\therefore a=-3$, $b \neq -2$

(3) 해가 무수히 많으려면 두 그래프가 일치해야 하므로

$-a=3$, $-2=b$

$\therefore a=-3$, $b=-2$

두 직선의 교점의 좌표를 이용하여 미지수의 값 구하기   개념북 155쪽

1 (1) $x=3$, $y=-2$ (2) $a=2$, $b=1$

1-1 $-\dfrac{5}{4}$

1 (1) 두 직선의 교점의 좌표가 $(3, -2)$이므로 주어진 연립방정식의 해는 $x=3$, $y=-2$

(2) $x=3$, $y=-2$를 $ax-3y=12$에 대입하면

$3a+6=12$ $\therefore a=2$

$x=3$, $y=-2$를 $2x+by=4$에 대입하면

$6-2b=4$ $\therefore b=1$

1-1 교점의 y좌표를 b라 하고 $x=2$, $y=b$를 $x+2y=1$에 대입하면 $2+2b=1$ $\therefore b=-\dfrac{1}{2}$

따라서 $x=2$, $y=-\dfrac{1}{2}$을 $ax+y=-3$에 대입하면

$2a-\dfrac{1}{2}=-3$, $2a=-\dfrac{5}{2}$ $\therefore a=-\dfrac{5}{4}$

두 직선의 교점을 지나는 직선의 방정식   개념북 155쪽

2 $y=2$ **2-1** ①

2 연립방정식 $\begin{cases} 3x-y=1 \\ 2x+3y=8 \end{cases}$ 을 풀면 $x=1$, $y=2$

따라서 점 $(1, 2)$를 지나고 x축에 평행한 직선의 방정식은 $y=2$

2-1 연립방정식 $\begin{cases} 2x+y+9=0 \\ 3x-2y+10=0 \end{cases}$ 을 풀면

$x=-4$, $y=-1$

두 점 $(-4, -1)$, $(0, 1)$을 지나는 직선의 기울기는

$\dfrac{1-(-1)}{0-(-4)}=\dfrac{1}{2}$

따라서 구하는 직선의 방정식은 $y=\dfrac{1}{2}x+1$

즉, $x-2y+2=0$이다.

3 ⑤　　　　**3-1** -2

3 $ax+y=2$에서 $y=-ax+2$

$2x-3y=b$에서 $y=\dfrac{2}{3}x-\dfrac{b}{3}$

연립방정식의 해가 무수히 많으려면 두 그래프가 일치

해야 하므로

$-a=\dfrac{2}{3}$에서 $a=-\dfrac{2}{3}$, $2=-\dfrac{b}{3}$에서 $b=-6$

$\therefore a-b=-\dfrac{2}{3}-(-6)=\dfrac{16}{3}$

3-1 $x+2y=3$에서 $y=-\dfrac{1}{2}x+\dfrac{3}{2}$

$ax-4y=6$에서 $y=\dfrac{a}{4}x-\dfrac{3}{2}$

연립방정식의 해가 존재하지 않으려면 두 그래프가 평

행해야 하므로 $-\dfrac{1}{2}=\dfrac{a}{4}$　　$\therefore a=-2$

4 12　　　　**4-1** 5

4 연립방정식 $\begin{cases} y=x+2 \\ y=-2x+2 \end{cases}$ 를 풀면 $x=0$, $y=2$

$\therefore$ A$(0, 2)$

$y=x+2$에 $y=-2$를 대입하면 $x=-4$

$\therefore$ B$(-4, -2)$

$y=-2x+2$에 $y=-2$를 대입하면 $x=2$

$\therefore$ C$(2, -2)$

$\therefore \triangle$ABC$=\dfrac{1}{2}\times 6\times 4=12$

4-1 연립방정식 $\begin{cases} y=2x-1 \\ y=-\dfrac{1}{2}x+4 \end{cases}$ 를 풀면 $x=2$, $y=3$

즉, 두 그래프의 교점의 좌표는

$(2, 3)$이다.

따라서 오른쪽 그림에서 구하

는 도형의 넓이는

$\dfrac{1}{2}\times 5\times 2=5$

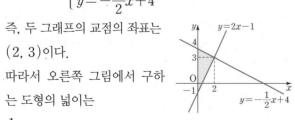

1 ⑤　　　**2** $-\dfrac{1}{2}$　　　**3** ④　　　**4** 3

5 -6　　　**6** $x=2$

7 $(2, 6)$, $(-2, -2)$, $(2, -2)$

8 $a=3$, $b=-1$　　　**9** 8　　　**10** ①

11 $y=3x-11$　　　**12** ⑤

1 $2x+y-3=0$에서 $y=-2x+3$

⑤ 일차함수 $y=-2x$의 그래프와 평행하다.

2 $3x-2y+1=0$에서 $y=\dfrac{3}{2}x+\dfrac{1}{2}$

기울기가 $\dfrac{3}{2}$, x절편이 $-\dfrac{1}{3}$이므로 $a=\dfrac{3}{2}$, $b=-\dfrac{1}{3}$

$\therefore ab=\dfrac{3}{2}\times\left(-\dfrac{1}{3}\right)=-\dfrac{1}{2}$

3 ④ $2\times 1+3\times(-2)=-4\neq -1$

4 $ax+by+2=0$의 그래프가 점 $(-1, 0)$을 지나므로

$-a+0+2=0$　　$\therefore a=2$

즉, $2x+by+2=0$의 그래프가 점 $(2, -6)$을 지나므로

$4-6b+2=0$　　$\therefore b=1$

$\therefore a+b=2+1=3$

5 $x=\dfrac{3}{2}$, $y=0$을 $(a+1)x-3y=6$에 대입하면

$(a+1)\times\dfrac{3}{2}=6$, $a+1=4$　　$\therefore a=3$

$x=0$, $y=b$를 $4x-3y=6$에 대입하면

$-3b=6$　　$\therefore b=-2$

$\therefore ab=3\times(-2)=-6$

6 $x=a$, $y=0$을 $x+2y=2$에 대입하면

$a=2$

따라서 점 $(2, 0)$을 지나고 y축에 평행한 직선의 방정식

은 $x=2$이다.

7 (ⅰ) 두 직선 $2x-y+2=0$과

$2x=4$의 교점은 $2x-y+2=0$

에 $x=2$를 대입하면 $y=6$

$\therefore (2, 6)$

(ⅱ) 두 직선 $2x-y+2=0$과

$y+2=0$의 교점은 $2x-y+2=0$에 $y=-2$를

대입하면 $x=-2$ $\therefore (-2, -2)$

(iii) 두 직선 $2x=4$, $y+2=0$의 교점은 $x=2$, $y=-2$
에서 $(2, -2)$

(i), (ii), (iii)에서 구하는 세 꼭짓점의 좌표는
$(2, 6)$, $(-2, -2)$, $(2, -2)$

8 연립방정식의 해가 $x=-1$, $y=0$이므로
$x=-1$, $y=0$을 두 방정식에 각각 대입하면
$-a=-3$에서 $a=3$
$-1=b$에서 $b=-1$

9 연립방정식 $\begin{cases} 2x-5y=6 \\ 4x-y=3 \end{cases}$ 을 풀면 $x=\dfrac{1}{2}$, $y=-1$

직선 $ax-4y=5$가 점 $\left(\dfrac{1}{2}, -1\right)$을 지나므로
$\dfrac{1}{2}a+4=5$ $\therefore a=2$

직선 $2x+by=-5$가 점 $\left(\dfrac{1}{2}, -1\right)$을 지나므로
$1-b=-5$ $\therefore b=6$
$\therefore a+b=2+6=8$

10 교점의 x좌표를 b라 하고 $x=b$, $y=3$을 $x+y=5$에
대입하면 $b+3=5$ $\therefore b=2$
따라서 $x=2$, $y=3$을 $ax-2y=-3$에 대입하면
$2a-6=-3$, $2a=3$ $\therefore a=\dfrac{3}{2}$

11 $x-2y=2$, $2x+3y=11$을 연립하여 풀면
$x=4$, $y=1$
두 점 $(4, 1)$과 $(2, -5)$를 지나는 직선을 $y=ax+b$
라 하면
$a=\dfrac{-5-1}{2-4}=3$
$y=3x+b$에 $x=2$, $y=-5$를 대입하면 $-5=6+b$
$\therefore b=-11$
따라서 구하는 직선의 방정식은 $y=3x-11$

12 $-2x+ay=3$에서 $y=\dfrac{2}{a}x+\dfrac{3}{a}$

$6x+3y=b$에서 $y=-2x+\dfrac{b}{3}$

두 직선의 교점이 무수히 많으려면 두 직선이 일치해야
하므로
$\dfrac{2}{a}=-2$에서 $a=-1$, $\dfrac{3}{a}=\dfrac{b}{3}$에서 $b=-9$
$\therefore a-b=-1-(-9)=8$

1 $y=-1$ **2** 2 **3** $-6<a<1$

4 ①, ③   **5** $-\dfrac{5}{6}$

6 ① -3, 2, $(-3, 2)$ ② $3x+b$
    ③ $3x+b$, -3, 2, 11, $y=3x+11$

7 ① 2 ② $y=-\dfrac{2}{3}x+\dfrac{7}{3}$ ③ $-\dfrac{2}{3}$

1 $y=kx-2k-1$의 그래프가 $k=0$일 때, $k=1$일 때 모
두 점 (m, n)을 지나므로
$\begin{cases} n=-1 \\ n=m-3 \end{cases}$ 에서 $m=2$, $n=-1$
따라서 점 $(2, -1)$을 지나고 x축에 평행한 직선의 방
정식은 $y=-1$이다.

2 $y=\dfrac{3}{2}$, $x=2$, $y=-1$,
$x=-a(a>0)$의 그래프는 오
른쪽 그림과 같다.
색칠한 부분의 넓이가 10이므로
$(2+a)\times\dfrac{5}{2}=10$, $2+a=4$
$\therefore a=2$

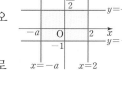

3 연립방정식 $\begin{cases} x-3y+3=0 \\ 2x+y-a=0 \end{cases}$ 을 풀면

$x=\dfrac{3a-3}{7}$, $y=\dfrac{a+6}{7}$

점 $\left(\dfrac{3a-3}{7}, \dfrac{a+6}{7}\right)$이 제2사분면 위에 있으므로

$\dfrac{3a-3}{7}<0$, $\dfrac{a+6}{7}>0$

즉, $3a-3<0$, $a+6>0$이므로 $a<1$, $a>-6$
$\therefore -6<a<1$

4 세 직선에 의하여 삼각형이 만들어지지 않을 때에는 다
음과 같다.

(i) 두 직선 $x-y+2=0$, $ax-y+3=0$이 서로 평행
할 때, $a=1$

(ii) 두 직선 $2x+y=0$, $ax-y+3=0$이 서로 평행할
때, $a=-2$

(iii) 세 직선이 한 점에서 만날 때
연립방정식 $\begin{cases} x-y+2=0 \\ 2x+y=0 \end{cases}$ 을 풀면

$$x = -\frac{2}{3},\ y = \frac{4}{3}$$

즉, 교점의 좌표 $\left(-\frac{2}{3},\ \frac{4}{3}\right)$가 $ax-y+3=0$

위에 있으므로 $-\frac{2}{3}a - \frac{4}{3} + 3 = 0$

$$\therefore a = \frac{5}{2}$$

(ⅰ), (ⅱ), (ⅲ)에서 $a=-2$ 또는 $a=1$ 또는 $a=\frac{5}{2}$이므로

a의 값이 될 수 없는 것은 ①, ③이다.

5 직선 l의 방정식은 $y = \frac{5}{6}x + 5$

직선 l이 y축, x축과 만나는 점을

각각 A, B라 하면

$$\triangle ABO = \frac{1}{2} \times 6 \times 5 = 15$$

두 직선 l과 $y=mx$의 교점을 C라 하자.

$\triangle CBO = \frac{15}{2}$이므로 점 C의 y좌표를 k라 하면

$$\frac{1}{2} \times 6 \times k = \frac{15}{2} \qquad \therefore k = \frac{5}{2}$$

$y = \frac{5}{6}x + 5$에 $y = \frac{5}{2}$를 대입하면 $x = -3$

즉, 직선 $y=mx$가 점 $\left(-3,\ \frac{5}{2}\right)$를 지나므로

$$\frac{5}{2} = -3m \qquad \therefore m = -\frac{5}{6}$$

6 ① 두 일차방정식 $2x+3y=0$, $x+y+1=0$을 연립하여 풀면 $x=-3$, $y=2$이므로 두 직선의 교점의 좌표는 $(-3,\ 2)$이다.

② 직선 $y=3x+4$와 평행하므로 구하는 직선의 방정식은 y절편이 b인 $y=3x+b$로 놓을 수 있다.

③ $y=3x+b$에 $x=-3$, $y=2$를 대입하면 $b=11$

따라서 구하는 직선의 방정식은 $y=3x+11$이다.

7 ① 일차방정식 $ax+5y-2a=0$의 그래프의 x절편이 k이므로

$x=k$, $y=0$을 $ax+5y-2a=0$에 대입하면

$ak-2a=0 \qquad \therefore k=2\ (\because a \ne 0)$

② $kx+(2k-1)y+1-4k=0$에 $k=2$를 대입하면

$$2x+3y-7=0$$

$2x+3y-7=0$에서 $y = -\frac{2}{3}x + \frac{7}{3}$

③ 따라서 구하는 기울기는 $-\frac{2}{3}$이다.

수학은 개념이다!

개념기본

중 2 / 1

익힘북
정답과 풀이

'아! 이걸 묻는 거구나' 출제의 의도를
단박에 알게 해주는 정답과 풀이

디딤돌

1 유리수와 순환소수

개념적용익힘   익힘북 4~9쪽

1 ②, ④   **2** ⑤   **3** ①, ④   **4** ③

5 3   **6** ②   **7** 6

8 (1) 04   (2) $0.0\dot{4}$ **9** ②

10 현지, $1.\dot{3}\dot{2}$ → $1.\dot{3}2\dot{1}$ **11** ④

12 (1) 2   (2) 2   (3) 4   (4) 7   **13** ⑤   **14** 6

15 3, 3, 5, 1000   **16** 4   **17** ②, ④

18 ④   **19** ③   **20** ②   **21** ㄴ, ㄷ

22 ⑤   **23** ③   **24** ⑤

25 $a=12$, $b=25$ **26** 2, 4, 5, 6, 8

27 ③   **28** 7   **29** 45   **30** ②

31 ④   **32** ①, ④   **33** ④   **34** ①

35 ②   **36** ②   **37** $4.2\dot{7}$ **38** 99

39 ②   **40** ②, ⑤   **41** ①   **42** ⑤

1 ① $-\dfrac{6}{2}=-3$ ② $-\dfrac{2}{4}=-\dfrac{1}{2}$

⑤ $\dfrac{21}{7}=3$

따라서 정수가 아닌 유리수는 ②, ④이다.

2 ① $\dfrac{3}{20}=0.15$ (유한소수)   ② $\dfrac{6}{25}=0.24$ (유한소수)

③ $\dfrac{7}{8}=0.875$ (유한소수)   ④ $\dfrac{2}{125}=0.016$ (유한소수)

⑤ $\dfrac{5}{33}=0.151515\cdots$ (무한소수)

3 ① $\dfrac{1}{3}=0.333\cdots$ ④ $\dfrac{2}{45}=0.0444\cdots$ (무한소수)

⑤ $\dfrac{5}{12}=0.41666\cdots$ (무한소수)

4 ① 54   ② 231   ④ 21   ⑤ 346

5 $\dfrac{1}{9}=0.111\cdots$ 이므로 순환마디는 1

$\dfrac{47}{90}=0.5222\cdots$ 이므로 순환마디는 2

따라서 $a=1$, $b=2$이므로 $a+b=1+2=3$

6 ① $\dfrac{2}{3}=0.666\cdots$ 이므로 순환마디의 숫자는 6의 1개

② $\dfrac{4}{7}=0.571428571428\cdots$ 이므로 순환마디의 숫자는 571428의 6개

③ $\dfrac{5}{9}=0.555\cdots$ 이므로 순환마디의 숫자는 5의 1개

④ $\dfrac{4}{11}=0.363636\cdots$ 이므로 순환마디의 숫자는 36의 2개

⑤ $\dfrac{11}{15}=0.7333\cdots$ 이므로 순환마디의 숫자는 3의 1개

7 $\dfrac{3}{11}=0.272727\cdots$ 이므로 순환마디는 27   ∴ $x=2$

$\dfrac{25}{37}=0.675675\cdots$ 이므로 순환마디는 675   ∴ $y=3$

∴ $xy=2\times3=6$

8 (1) $\dfrac{4}{99}=0.040404\cdots$ 이므로 순환마디는 04

(2) $\dfrac{4}{99}=0.0\dot{4}$

9 ② $2.020202\cdots=2.\dot{0}\dot{2}$

10 $1.321321321\cdots=1.\dot{3}2\dot{1}$ 이므로 틀리게 나타낸 사람은 현지이다.

11 $\dfrac{10}{37}=0.270270270\cdots=0.\dot{2}7\dot{0}$

12 (1) 순환마디의 숫자는 52의 2개이고 $20=2\times10$이므로 소수점 아래 20번째 자리의 숫자는 순환마디의 마지막 숫자인 2이다.

(2) 순환마디의 숫자는 123의 3개이고 $20=3\times6+2$이므로 소수점 아래 20번째 자리의 숫자는 순환마디의 2번째 숫자인 2이다.

(3) 순환마디의 숫자는 2914의 4개이고 $20=4\times5$이므로 소수점 아래 20번째 자리의 숫자는 순환마디의 마지막 숫자인 4이다.

(4) 순환마디의 숫자는 71의 2개이다. 이때 소수점 아래 둘째 자리부터 순환마디가 시작되고 $20-1=2\times9+1$이므로 소수점 아래 20번째 자리의 숫자는 순환마디의 첫 번째 숫자인 7이다.

13 소수점 아래 50번째 자리의 숫자는

② $50-1=2\times24+1$이므로 순환마디의 첫 번째 숫자인 3

③ $50=3\times16+2$이므로 순환마디의 2번째 숫자인 0

⑤ $50-1=2\times24+1$이므로 순환마디의 첫 번째 숫자인 5

14 $\dfrac{5}{13}=0.\dot{3}8461\dot{5}$이므로 순환마디의 숫자는 384615의 6개이다.

따라서 $100=6\times16+4$이므로 소수점 아래 100번째 자리의 숫자는 순환마디의 4번째 숫자인 6이다.

15 $\dfrac{3}{40}=\dfrac{3}{2^3\times5}=\dfrac{3\times5^2}{2^3\times5\times5^2}=\dfrac{75}{1000}=0.075$

따라서 □ 안에 알맞은 수는 차례대로 3, 3, 5, 1000이다.

16 $\dfrac{7}{250}=\dfrac{7}{2\times5^3}=\dfrac{7\times2^2}{2\times5^3\times2^2}=\dfrac{28}{1000}=0.028$

따라서 $a=4$, $b=28$, $c=0.028$이므로

$a+b-1000c=4+28-1000\times0.028=4$

17 ① $\dfrac{3}{20}=\dfrac{3}{2^2\times5}=\dfrac{3\times5}{2^2\times5\times5}=\dfrac{15}{100}$

② $\dfrac{5}{21}=\dfrac{5}{3\times7}$

③ $\dfrac{7}{25}=\dfrac{7}{5^2}=\dfrac{7\times2^2}{5^2\times2^2}=\dfrac{28}{100}$

④ $\dfrac{11}{30}=\dfrac{11}{2\times3\times5}$

⑤ $\dfrac{17}{40}=\dfrac{17}{2^3\times5}=\dfrac{17\times5^2}{2^3\times5\times5^2}=\dfrac{425}{1000}$

18 $\dfrac{11}{20}=\dfrac{11}{2^2\times5}=\dfrac{11\times5}{2^2\times5\times5}=\dfrac{55}{100}=\dfrac{55}{10^2}$

따라서 a의 최솟값은 55, n의 최솟값은 2이므로

$a+n$의 최솟값은 $55+2=57$

19 ① $\dfrac{5}{12}=\dfrac{5}{2^2\times3}$ ③ $\dfrac{17}{20}=\dfrac{17}{2^2\times5}$

④ $\dfrac{8}{30}=\dfrac{4}{15}=\dfrac{4}{3\times5}$ ⑤ $\dfrac{7}{60}=\dfrac{7}{2^2\times3\times5}$

따라서 유한소수로 나타낼 수 있는 것은 ③이다.

20 ② $\dfrac{98}{5^3\times7\times11}=\dfrac{14}{5^3\times11}$ ③ $\dfrac{91}{2\times5^2\times7}=\dfrac{13}{2\times5^2}$

④ $\dfrac{18}{60}=\dfrac{3}{10}=\dfrac{3}{2\times5}$ ⑤ $\dfrac{13}{260}=\dfrac{1}{20}=\dfrac{1}{2^2\times5}$

따라서 유한소수로 나타낼 수 없는 것은 ②이다.

21 ㄱ. $\dfrac{17}{75}=\dfrac{17}{3\times5^2}$

ㄴ. $\dfrac{11}{440}=\dfrac{1}{40}=\dfrac{1}{2^3\times5}$

ㄷ. $\dfrac{42}{2^3\times5\times7}=\dfrac{3}{2^2\times5}$

ㄹ. $\dfrac{22}{2^2\times3\times5\times11}=\dfrac{1}{2\times3\times5}$

따라서 유한소수로 나타낼 수 있는 것은 ㄴ, ㄷ이다.

22 $\dfrac{a}{70}=\dfrac{a}{2\times5\times7}$이므로 $\dfrac{a}{70}$가 유한소수가 되려면 a는 7의 배수이어야 한다.

따라서 a의 값으로 알맞은 것은 ⑤이다.

23 $\dfrac{1}{105}=\dfrac{1}{3\times5\times7}$이므로 $\dfrac{1}{105}\times x$가 유한소수가 되려면 x는 $3\times7=21$의 배수이어야 한다.

따라서 두 자리의 자연수 중에서 21의 배수는 21, 42, 63, 84의 4개이다.

24 두 분수가 모두 유한소수가 되려면 a는 11과 7의 공배수, 즉 $11\times7=77$의 배수이어야 한다.

따라서 a의 값 중 가장 작은 자연수는 77이다.

25 $\dfrac{a}{75}=\dfrac{a}{3\times5^2}$이므로 $\dfrac{a}{75}$가 유한소수가 되려면 a는 3의 배수이어야 하고, 기약분수로 나타내면 $\dfrac{4}{b}$이므로 a는 4의 배수이어야 한다.

즉, a는 $3\times4=12$의 배수이고 $10<a<20$이므로 $a=12$

따라서 $\dfrac{a}{75}=\dfrac{12}{75}=\dfrac{4}{25}$이므로 $b=25$

26 $\dfrac{3}{1}=3$, $\dfrac{3}{2}$, $\dfrac{3}{3}=1$, $\dfrac{3}{4}=\dfrac{3}{2^2}$, $\dfrac{3}{5}$, $\dfrac{3}{6}=\dfrac{1}{2}$, $\dfrac{3}{7}$,

$\dfrac{3}{8}=\dfrac{3}{2^3}$, $\dfrac{3}{9}=\dfrac{1}{3}$

따라서 구하는 n의 값은 2, 4, 5, 6, 8이다.

27 $\dfrac{28}{2^2\times5\times x}=\dfrac{7}{5\times x}$이 유한소수가 되려면 x는 소인수가 2나 5뿐인 수 또는 7의 약수 또는 이들의 곱으로 이루어진 수이어야 한다.

따라서 x의 값이 될 수 없는 것은 ③이다.

28 $\dfrac{6}{5\times x}$이 유한소수가 되려면 x는 소인수가 2나 5뿐인 수 또는 6의 약수 또는 이들의 곱으로 이루어진 수이어야 한다.

따라서 x의 값이 될 수 있는 한 자리의 자연수는 1, 2, 3, 4, 5, 6, 8의 7개이다.

29 (가)에서 A는 2를 소인수로 갖지 않으므로
(다)에서 A는 소인수가 5뿐인 수 또는 9의 약수 또는 이들의 곱으로 이루어진 수이다.
이때 (나)에서 A는 30 이상 50 미만인 자연수이므로
$A=5\times 9=45$

30 $100x=1267.676767\cdots$, $x=12.676767\cdots$이므로 가장 간단한 식은 ② $100x-x$이다.

31
$$1000x=327.2727\cdots$$
$$-)\quad 10x=\quad 3.2727\cdots$$
$$990x=324$$
따라서 계산 결과가 정수인 것은 ④ $1000x-10x$이다.

32 ① 순환소수는 모두 유리수이다.
② 순환마디는 02이다.
③ 순환소수는 분수로 나타낼 수 있다.
⑤ 분수로 나타낼 때, 가장 간단한 식은 $10000x-100x$이다.
따라서 옳은 것은 ①, ④이다.

33 ④ $1.\dot{1}2\dot{3}=\dfrac{1123-1}{999}=\dfrac{1122}{999}=\dfrac{374}{333}$
⑤ $1.4\dot{2}\dot{5}=\dfrac{1425-14}{990}=\dfrac{1411}{990}$

34 $0.\dot{4}\dot{5}=\dfrac{45}{99}=\dfrac{5}{11}$ $\quad\therefore A=11$

35 $\dfrac{7}{33}=7\div 33=0.212121\cdots=0.\dot{2}\dot{1}$이므로
$a=2$, $b=1$
$\therefore 0.\dot{b}\dot{a}=0.\dot{1}\dot{2}=\dfrac{12}{99}=\dfrac{4}{33}$

36 $\dfrac{3}{5}<0.\dot{x}$에서 $\dfrac{3}{5}<\dfrac{x}{9}$, $x=6, 7, 8, 9$
또한 $0.\dot{x}\leq\dfrac{7}{9}$에서 $\dfrac{x}{9}\leq\dfrac{7}{9}$, $x=7, 6, 5, \cdots$
따라서 한 자리의 자연수 x는 6, 7의 2개이다.

37 $a=\dfrac{54}{99}=\dfrac{6}{11}$, $b=\dfrac{23-2}{9}=\dfrac{21}{9}=\dfrac{7}{3}$이므로
$\dfrac{b}{a}=b\div a=\dfrac{7}{3}\div\dfrac{6}{11}=\dfrac{7}{3}\times\dfrac{11}{6}=\dfrac{77}{18}$
$\quad=4.2777\cdots=4.2\dot{7}$

38 $0.1\dot{2}=\dfrac{12-1}{90}=\dfrac{11}{90}=\dfrac{11}{2\times 3^2\times 5}$이므로 a는 $3^2=9$의 배수이어야 한다.

따라서 a의 값이 될 수 있는 가장 큰 두 자리의 자연수는 99이다.

39 $0.\dot{3}\dot{6}=\dfrac{36}{99}=36\times\dfrac{1}{99}$이므로 $a=\dfrac{1}{99}=0.\dot{0}\dot{1}$

40 ① 순환소수는 무한소수이다.
③ 0은 $\dfrac{0}{2}$과 같이 분수로 나타낼 수 있다.
④ 유리수는 정수 또는 유한소수 또는 순환소수로 나타낼 수 있다.

41 ① 무한소수 중에서 순환하지 않는 무한소수는 분수로 나타낼 수 없다.

42 $\dfrac{a}{b}$는 유리수이므로 순환하지 않는 무한소수는 될 수 없다.

개념완성익힘 익힘북 10~11쪽

1 ④	**2** ②	**3** 135	**4** ④
5 ①, ④	**6** ③	**7** 16	**8** $\dfrac{248}{99}$
9 ②	**10** ⑤	**11** ⑤	**12** 3
13 59	**14** $0.91\dot{6}$		

1 ① $\dfrac{5}{7}=0.714285714285\cdots$이므로 순환마디의 숫자는 714285의 6개이다.
② $\dfrac{14}{15}=0.9333\cdots$이므로 순환마디의 숫자는 3의 1개이다.
③ $\dfrac{13}{24}=0.541666\cdots$이므로 순환마디의 숫자는 6의 1개이다.
④ $\dfrac{16}{33}=0.484848\cdots$이므로 순환마디의 숫자는 48의 2개이다.
⑤ $\dfrac{20}{37}=0.540540540\cdots$이므로 순환마디의 숫자는 540의 3개이다.

2 ② $1.010101\cdots=1.\dot{0}\dot{1}$

3 $\dfrac{1}{7}=0.\dot{1}4285\dot{7}$이므로 순환마디의 숫자는 142857의 6개이고, $30=6\times5$이므로 소수점 아래 30번째 자리까지 순환마디가 5번 반복된다.

$\therefore A_1+A_2+A_3+\cdots+A_{29}+A_{30}$
$=(1+4+2+8+5+7)\times5$
$=135$

4 ④ 65

5 ① $\dfrac{12}{2\times3\times5^2}=\dfrac{2}{5^2}$ ② $\dfrac{3}{14}=\dfrac{3}{2\times7}$

③ $\dfrac{6}{2^2\times3^2}=\dfrac{1}{2\times3}$ ④ $\dfrac{27}{60}=\dfrac{9}{20}=\dfrac{9}{2^2\times5}$

⑤ $\dfrac{35}{91}=\dfrac{5}{13}$

따라서 유한소수로 나타낼 수 있는 것은 ①, ④이다.

6 $1000x=173.173173\cdots$, $x=0.173173\cdots$이므로 가장 간단한 식은 ③ $1000x-x$이다.

7 $1.777\cdots=1.\dot{7}=\dfrac{17-1}{9}=\dfrac{16}{9}$ $\therefore a=16$

8 $2+\dfrac{5}{10}+\dfrac{5}{10^3}+\dfrac{5}{10^5}+\cdots$
$=2+(0.5+0.005+0.00005+\cdots)$
$=2.505050\cdots$
$=2.\dot{5}\dot{0}=\dfrac{250-2}{99}=\dfrac{248}{99}$

9 구하는 분수를 $\dfrac{a}{36}$라 할 때, $\dfrac{a}{36}=\dfrac{a}{2^2\times3^2}$가 유한소수로 나타내어지려면 a는 $3^2=9$의 배수이어야 한다.

이때 $\dfrac{1}{4}=\dfrac{9}{36}$, $\dfrac{8}{9}=\dfrac{32}{36}$이므로 구하는 분수는 $\dfrac{9}{36}$와 $\dfrac{32}{36}$ 사이에 있는 $\dfrac{18}{36}$, $\dfrac{27}{36}$의 2개이다.

10 어떤 자연수를 x라 하면
$x\times0.\dot{5}-x\times0.5=1$
$\dfrac{5}{9}x-\dfrac{1}{2}x=1$, $10x-9x=18$ $\therefore x=18$

11 ① 순환소수는 유리수이다.

② 무한소수 중 순환소수만 유리수이다.

③ 무한소수는 순환소수와 순환하지 않는 무한소수로 이루어져 있다.

④ 정수가 아닌 유리수는 유한소수 또는 순환소수로 나타낼 수 있다.

12 $\dfrac{27}{148}=0.18\dot{2}4\dot{3}$ ······ ①

순환마디의 숫자는 243의 3개이고 소수점 아래 셋째 자리부터 순환마디가 시작되므로

$50-2=3\times16$ ······ ②

따라서 소수점 아래 50번째 자리의 숫자는 순환마디의 마지막 숫자인 3이다. ······ ③

단계	채점 기준	비율
①	$\dfrac{27}{148}$을 순환소수로 나타내기	40 %
②	순환마디의 숫자의 개수를 이용하여 식 세우기	40 %
③	소수점 아래 50번째 자리의 숫자 구하기	20 %

13 $\dfrac{x}{135}=\dfrac{x}{3^3\times5}$이므로 $\dfrac{x}{135}$가 유한소수가 되려면 x는 $3^3=27$의 배수이어야 하고, 기약분수로 나타내면 $\dfrac{2}{y}$이므로 x는 2의 배수이어야 한다.

즉, x는 $27\times2=54$의 배수이고, 두 자리의 자연수이므로 $x=54$ ······ ①

$\dfrac{x}{135}=\dfrac{54}{135}=\dfrac{2}{5}$이므로 $y=5$ ······ ②

$\therefore x+y=54+5=59$ ······ ③

단계	채점 기준	비율
①	x의 값 구하기	50 %
②	y의 값 구하기	30 %
③	$x+y$의 값 구하기	20 %

14 $0.58\dot{3}=\dfrac{583-58}{900}=\dfrac{525}{900}=\dfrac{7}{12}$이고 지연이는 분모를 바르게 보았으므로 어떤 기약분수의 분모는 12이다. ······ ①

$0.7\dot{3}=\dfrac{73-7}{90}=\dfrac{66}{90}=\dfrac{11}{15}$이고 연준이는 분자를 바르게 보았으므로 어떤 기약분수의 분자는 11이다. ······ ②

따라서 어떤 기약분수는 $\dfrac{11}{12}$이므로 순환소수로 바르게 나타내면 $\dfrac{11}{12}=0.91666\cdots=0.91\dot{6}$이다. ······ ③

단계	채점 기준	비율
①	어떤 기약분수의 분모 구하기	40 %
②	어떤 기약분수의 분자 구하기	40 %
③	어떤 기약분수를 순환소수로 나타내기	20 %

1 ④	**2** ②	**3** ③	**4** 222
5 19	**6** ②, ⑤	**7** ③	**8** ②, ③
9 22	**10** ③	**11** ④	**12** ②
13 ③	**14** $\dfrac{11}{8}$	**15** ③, ④	

1 ④ π는 $\dfrac{(정수)}{(0이\ 아닌\ 정수)}$ 꼴로 나타낼 수 없으므로 유리수가 아니다.

2 ① $0.0\dot{2}$ ③ $0.3\dot{3}\dot{8}$ ④ $1.2\dot{3}\dot{1}$ ⑤ $2.3\dot{5}\dot{0}$

3 ① $\dfrac{5}{3}=1.\dot{6}$ ⇨ 1개 ② $\dfrac{2}{9}=0.\dot{2}$ ⇨ 1개

③ $\dfrac{3}{11}=0.\dot{2}\dot{7}$ ⇨ 2개 ④ $\dfrac{23}{9}=2.5\dot{5}$ ⇨ 1개

⑤ $\dfrac{2}{3}=0.\dot{6}$ ⇨ 1개

4 $\dfrac{3}{7}=0.\dot{4}2857\dot{1}$ ‥‥‥ ①

순환마디의 숫자는 428571의 6개이고 $50=6\times8+2$
이므로 소수점 아래 48번째 자리까지 순환마디가 8번 반복되고 49번째, 50번째 자리의 숫자가 각각 4, 2이다.
‥‥‥ ②

따라서 소수점 아래 첫째 자리의 숫자부터 소수점 아래
50번째 자리의 숫자까지의 합은
$(4+2+8+5+7+1)\times8+4+2=222$ ‥‥‥ ③

단계	채점 기준	비율
①	$\dfrac{3}{7}$을 순환소수로 나타내기	20 %
②	소수점 아래 50번째 자리까지의 숫자 구하기	40 %
③	소수점 아래 첫째 자리의 숫자부터 소수점 아래 50번째 자리의 숫자까지의 합 구하기	40 %

5 $\dfrac{2}{125}=\dfrac{2}{5^3}=\dfrac{2\times2^3}{5^3\times2^3}=\dfrac{16}{1000}=\dfrac{16}{10^3}$ 이므로 a의 최솟값은 16, n의 최솟값은 3이다.

따라서 $a+n$의 최솟값은 $16+3=19$

6 ① $\dfrac{11}{30}=\dfrac{11}{2\times3\times5}$ ② $\dfrac{21}{105}=\dfrac{1}{5}$ ③ $\dfrac{26}{91}=\dfrac{2}{7}$

④ $\dfrac{4}{2^2\times3}=\dfrac{1}{3}$ ⑤ $\dfrac{36}{2\times3^2\times5^3}=\dfrac{2}{5^3}$

따라서 유한소수로 나타낼 수 있는 것은 ②, ⑤이다.

7 $\dfrac{n}{30}=\dfrac{n}{2\times3\times5}$ 이므로 $\dfrac{n}{30}$ 이 유한소수가 되려면 n은 3
의 배수이어야 한다.

따라서 1에서 29까지의 자연수 중에서 3의 배수는 3, 6,
9, $\cdots$, 27의 9개이므로 유한소수가 되는 분수는 9개이다.

8 $\dfrac{21}{5^3\times a}$ 이 유한소수가 되려면 a는 소인수가 2나 5뿐인
수 또는 21의 약수 또는 이들의 곱으로 이루어진 수이어
야 한다.

따라서 a의 값이 될 수 있는 것은 ②, ③이다.

9 $\dfrac{a}{280}=\dfrac{a}{2^3\times5\times7}$ 이므로 $\dfrac{a}{280}$ 가 유한소수가 되려면 a
는 7의 배수이어야 하고, 기약분수로 나타내면 $\dfrac{3}{b}$ 이므로
a는 3의 배수이어야 한다.

즉, a는 $7\times3=21$의 배수이고 50 이하의 짝수이므로
$a=42$ ‥‥‥ ①

따라서 $\dfrac{a}{280}=\dfrac{42}{280}=\dfrac{3}{20}$ 이므로 $b=20$ ‥‥‥ ②

$\therefore a-b=42-20=22$ ‥‥‥ ③

단계	채점 기준	비율
①	a의 값 구하기	70 %
②	b의 값 구하기	20 %
③	$a-b$의 값 구하기	10 %

10 ③ 90

11 ① $0.\dot{4}\dot{7}=\dfrac{47}{99}$ ② $0.\dot{3}4\dot{5}=\dfrac{345}{999}=\dfrac{115}{333}$

③ $0.2\dot{6}=\dfrac{26}{99}$ ④ $1.\dot{8}\dot{9}=\dfrac{189-1}{99}=\dfrac{188}{99}$

⑤ $0.5\dot{3}\dot{6}=\dfrac{536-5}{990}=\dfrac{531}{990}=\dfrac{59}{110}$

12 ② $x=0.1\dot{1}\dot{7}$ 이므로 순환마디의 숫자는 17의 2개이다.
이때 소수점 아래 둘째 자리부터 순환마디가 시작되
고 $100-1=2\times49+1$ 이므로 소수점 아래 100번
째 자리의 숫자는 순환마디의 첫 번째 숫자인 1이다.

③ $1000x=117.1717\cdots$, $10x=1.1717\cdots$ 이므로
$1000x-10x$의 값은 정수이다.

④ $0.1\dot{1}\dot{7}=\dfrac{117-1}{990}=\dfrac{116}{990}=\dfrac{58}{495}$

⑤ x는 순환소수이므로 유리수이다.

13 $0.4\dot{5}=\dfrac{45-4}{90}=\dfrac{41}{90}=\dfrac{41}{2\times3^2\times5}$ 이므로

$\dfrac{41}{2\times3^2\times5}\times a$ 가 유한소수가 되려면 a는 $3^2=9$의 배수

이어야 한다.

따라서 가장 작은 자연수 a는 9이다.

14 $x=0.\dot{2}\dot{7}=\dfrac{27}{99}=\dfrac{3}{11}$ 이므로 $\dfrac{1}{x}=\dfrac{11}{3}$

$1-\dfrac{1}{x}=1-\dfrac{11}{3}=-\dfrac{8}{3}$, $\dfrac{1}{1-\dfrac{1}{x}}=-\dfrac{3}{8}$

$\therefore\ 1-\dfrac{1}{1-\dfrac{1}{x}}=1-\left(-\dfrac{3}{8}\right)=1+\dfrac{3}{8}=\dfrac{11}{8}$

15 ③ 정수가 아닌 유리수는 유한소수 또는 순환소수이다.
④ 정수는 모두 유리수이다.

1 단항식의 계산

개념적용익힘   익힘북 14~22쪽

1 ③	**2** ④	**3** ④	**4** 2^{23} bit
5 ①, ③	**6** ③	**7** ④	**8** ③
9 ①	**10** 7	**11** ②	**12** ③
13 ④	**14** ③	**15** ④	**16** ⑤
17 ②	**18** $16a^4$	**19** ⑤	**20** ③
21 ④	**22** ③	**23** ③	**24** ①
25 ②, ④	**26** $A=a^2$, $B=a^2$	**27** 7	
28 4	**29** 3	**30** ②	**31** ④
32 7	**33** ③	**34** ③	
35 $x=8$, $y=16$		**36** ④	**37** ②
38 ⑤	**39** ③	**40** ②, ④	**41** ②
42 13	**43** ④	**44** ①	**45** 5
46 ②	**47** ⑤	**48** -25	**49** 5
50 ③	**51** $6x^3y^5z^4$	**52** $30a^4b^5$	**53** $4a^2b^3$
54 ③	**55** ③	**56** $\dfrac{y^{15}}{x^2}$	**57** ④
58 ④	**59** ⑤	**60** ⑤	**61** 19
62 ②	**63** ②	**64** ④	**65** $3a$
66 $4ab^4$	**67** ②		

1 $2^5\times2^4\times64=2^5\times2^4\times2^6=2^{15}$ 이므로 $\square=15$

2 $3^{x+4}=3^x\times3^4=3^x\times81$ 이므로 $\square=81$

3 (부피)$=a^3\times a^3\times a^3=a^9$

4 $1\,\text{MB}=2^{10}\,\text{KB}=2^{10}\times2^{10}\,\text{Byte}$
$\qquad=2^{10}\times2^{10}\times2^3\,\text{bit}=2^{23}\,\text{bit}$

5 ① $2^5+2^5=2\times2^5=2^6$
   ② $2^5-2^4=2^4(2-1)=2^4$
   ④ $(2^2)^3=2^6$
   ⑤ $(2^3)^3\times2^2=2^9\times2^2=2^{11}$

6 $27^4=(3^3)^4=3^{12}$ 이므로 $3^{x+2}=3^{12}$
   따라서 $x+2=12$ 이므로 $x=10$

7 $\{(a^2)^4\}^5=(a^8)^5=a^{40}$

8 $(x^5)^a\times(y^b)^3\times(z^c)^7=x^{5a}\times y^{3b}\times z^{7c}=x^{15}y^{12}z^{21}$이므로
$5a=15$에서 $a=3$, $3b=12$에서 $b=4$, $7c=21$에서
$c=3$
$\therefore a+b+c=3+4+3=10$

9 $5^3+5^3+5^3+5^3+5^3=5\times5^3=5^4$이므로 $\square=4$

10 $2^3+2^3=2\times2^3=2^4$이므로 $a=4$
$3^2+3^2+3^2=3\times3^2=3^3$이므로 $b=3$
$\therefore a+b=4+3=7$

11 $2^4(4^2+4^2+4^2+4^2)=2^4\times(4\times4^2)=2^4\times4^3$
$\qquad\qquad\qquad\qquad=2^4\times(2^2)^3=2^4\times2^6=2^{10}=2^a$
$\therefore a=10$

12 $\dfrac{9^3+9^3+9^3}{8^2+8^2+8^2+8^2}=\dfrac{3\times9^3}{4\times8^2}=\dfrac{3\times(3^2)^3}{2^2\times(2^3)^2}=\dfrac{3\times3^6}{2^8}$
$\qquad\qquad\qquad\qquad=\dfrac{3^7}{2^8}$

13 $8^4=(2^3)^4=(2^4)^3=A^3$

14 $\dfrac{1}{9^{10}}=\dfrac{1}{(3^2)^{10}}=\dfrac{1}{(3^{10})^2}=\dfrac{1}{A^2}$

15 $A=\dfrac{1}{2^4}$이므로
$\dfrac{1}{4^6}=\dfrac{1}{(2^2)^6}=\dfrac{1}{2^{12}}=\dfrac{1}{(2^4)^3}=\left(\dfrac{1}{2^4}\right)^3=A^3$

16 $A=\dfrac{1}{3^3}$이므로 $\dfrac{1}{A}=3^3$
$3^{15}=(3^3)^5=\left(\dfrac{1}{A}\right)^5=\dfrac{1}{A^5}$

17 $49^{x+1}=49\times49^x=49\times(7^2)^x=49\times(7^x)^2=49a^2$

18 $a=3^x\div2$이므로 $3^x=2a$
$\therefore 81^x=(3^4)^x=(3^x)^4=(2a)^4=16a^4$

19 $A=3^{x+2}=3^x\times9$이므로 $3^x=\dfrac{A}{9}$
$\therefore 27^x=(3^3)^x=(3^x)^3=\left(\dfrac{A}{9}\right)^3=\dfrac{A^3}{9^3}=\dfrac{A^3}{729}$

20 2의 거듭제곱의 일의 자리의 숫자는 2, 4, 8, 6의 숫자 4
개가 순서대로 반복된다. 이때 $50=4\times12+2$이므로 2^{50}
의 일의 자리의 숫자는 2번째로 반복되는 숫자인 4이다.

21 $3^1=3$, $3^2=9$, $3^3=27$, $3^4=81$, $3^5=243$, $\cdots$이므로 3
의 거듭제곱의 일의 자리의 숫자는 3, 9, 7, 1의 숫자 4
개가 순서대로 반복된다. 이때 $23=4\times5+3$이므로 3^{23}
의 일의 자리의 숫자는 3번째로 반복되는 숫자인 7이다.

22 $7^1=7$, $7^2=49$, $7^3=343$, $7^4=2401$, $7^5=16807$, $\cdots$
이므로 7의 거듭제곱의 일의 자리의 숫자는 7, 9, 3, 1
의 숫자 4개가 순서대로 반복된다. 이때 $65=4\times16+1$
이므로 7^{65}의 일의 자리의 숫자는 첫 번째로 반복되는 숫
자인 7이다.

23 $81^3=(3^4)^3=3^{12}$, $9^5=(3^2)^5=3^{10}$이므로
$81^3\div9^5=3^{12}\div3^{10}=3^2$

24 $(x^5)^4\div(x^3)^3\div(x^2)^4=x^{20}\div x^9\div x^8=x^{11}\div x^8=x^3$

25 $x^9\div x^6\div x^3=x^3\div x^3=1$
① $x^9\div x^6\times x^3=x^3\times x^3=x^6$
② $x^9\div(x^6\times x^3)=x^9\div x^9=1$
③ $x^9\div(x^6\div x^3)=x^9\div x^3=x^6$
④ $(x^9\div x^6)\div x^3=x^3\div x^3=1$
⑤ $x^9\times(x^6\div x^6)=x^9\times1=x^9$
따라서 계산 결과가 같은 것은 ②, ④이다.

26 $B=a^6\div a^4=a^2$
$A=a^4\div B=a^4\div a^2=a^2$

27 $32=2^5$이므로 $2^x\div2^2=2^5$
따라서 $2^{x-2}=2^5$에서 $x-2=5$이므로 $x=7$

28 $x^{10}\div x^\square\div x^3=x^3$에서 $x^{10-\square-3}=x^3$이므로
$10-\square-3=3$ $\qquad\therefore\square=4$

29 $\dfrac{3^{2x-1}}{3^{-x+4}}=3^{2x-1}\div3^{-x+4}$이고 $81=3^4$이므로
$3^{2x-1}\div3^{-x+4}=3^4$에서 $3^{2x-1-(-x+4)}=3^4$
즉, $2x-1-(-x+4)=4$, $3x-5=4$ $\qquad\therefore x=3$

30 $8^{a+2}=(2^3)^{a+2}=2^{3a+6}=2^{15}$이므로
$3a+6=15$ $\qquad\therefore a=3$
$\dfrac{16^4}{2^b}=\dfrac{(2^4)^4}{2^b}=\dfrac{2^{16}}{2^b}=2^{16}\div2^b=2^{15}$이므로
$2^{16-b}=2^{15}$에서 $16-b=15$ $\qquad\therefore b=1$
$\therefore a+b=3+1=4$

31 $2^5\times3^5=(2\times3)^5=6^5$이므로 $\square=5$

32 $(x^{3a}y^b)^3 = x^{9a}y^{3b} = x^{27}y^{12}$이므로 $9a = 27$, $3b = 12$

따라서 $a = 3$, $b = 4$이므로 $a + b = 3 + 4 = 7$

33 $(4a^m)^n = 4^n a^{mn}$이고 $64a^{12} = 4^3 a^{12}$이므로

$n = 3$, $mn = 12$ $\quad\therefore m = 4$, $n = 3$

$\therefore m + n = 4 + 3 = 7$

34 $48^4 = (2^4 \times 3)^4 = 2^{16} \times 3^4$이므로 $x = 4$, $y = 16$

$\therefore x + y = 4 + 16 = 20$

35 $\left(\dfrac{a}{b^2}\right)^4 = \dfrac{a^4}{b^8}$이므로 $x = 8$

$\left(\dfrac{b}{a^8}\right)^2 = \dfrac{b^2}{a^{16}}$이므로 $y = 16$

36 ④ $\left(\dfrac{xy^2}{3}\right)^3 = \dfrac{x^3 y^6}{27}$

37 $\left(\dfrac{3x^a}{y}\right)^b = \dfrac{3^b x^{ab}}{y^b} = \dfrac{27x^9}{y^c}$이므로

$3^b = 27 = 3^3$에서 $b = 3$

$y^b = y^c$에서 $c = b = 3$

$x^{ab} = x^9$에서 $ab = 9$, $3a = 9$ $\quad\therefore a = 3$

$\therefore a + b + c = 3 + 3 + 3 = 9$

38 $\dfrac{(a^2 b)^3}{(ab^2)^m} = \dfrac{a^6 b^3}{a^m b^{2m}} = \dfrac{a^n}{b^5}$이므로 $\dfrac{a^{6-m}}{b^{2m-3}} = \dfrac{a^n}{b^5}$

$6 - m = n$, $2m - 3 = 5$ $\quad\therefore m = 4$, $n = 2$

$\therefore m + n = 4 + 2 = 6$

39 ③ $a^{10} \div a^5 = a^{10-5} = a^5$

40 ② $a^3 \div a^6 \times a^2 = \dfrac{1}{a^3} \times a^2 = \dfrac{1}{a}$

④ $(x^2)^6 \div (x^3)^4 = x^{12} \div x^{12} = 1$

41 ①, ③, ④, ⑤ x^{15}

② x^{28}

42 $(a^2 \times a^6)^2 \div a^\square = (a^8)^2 \div a^\square = a^{16} \div a^\square = a^3$

이므로 $a^{16-\square} = a^3$에서

$16 - \square = 3$ $\quad\therefore \square = 13$

43 $2^{16} \times 5^{20} = 2^{16} \times (5^{16} \times 5^4) = 5^4 \times (2 \times 5)^{16}$

$\qquad\qquad = 625 \times 10^{16}$

따라서 $2^{16} \times 5^{20}$은 19자리의 자연수이므로 $n = 19$

44 $2^{10} \times 3 \times 5^8 = (2^2 \times 2^8) \times 3 \times 5^8$

$\qquad\qquad = 2^2 \times 3 \times (2 \times 5)^8 = 12 \times 10^8$

따라서 $2^{10} \times 3 \times 5^8$은 10자리의 자연수이므로 $n = 10$

45 $4^3 \times 5^4 = (2^2)^3 \times 5^4 = 2^6 \times 5^4 = (2^2 \times 2^4) \times 5^4$

$\qquad\qquad = 2^2 \times (2 \times 5)^4 = 4 \times 10^4$

따라서 $4^3 \times 5^4$은 5자리의 자연수이므로 $n = 5$

46 $\dfrac{2^{31} \times 15^{20}}{18^{10}} = \dfrac{2^{31} \times (3 \times 5)^{20}}{(2 \times 3^2)^{10}} = \dfrac{2^{31} \times 3^{20} \times 5^{20}}{2^{10} \times 3^{20}}$

$\qquad\qquad = 2^{21} \times 5^{20} = (2 \times 2^{20}) \times 5^{20}$

$\qquad\qquad = 2 \times (2 \times 5)^{20} = 2 \times 10^{20}$

따라서 $\dfrac{2^{31} \times 15^{20}}{18^{10}}$은 21자리의 자연수이다.

47 ⑤ $(-xy) \div 5x^2 \div (-4y^3)$

$\qquad = (-xy) \times \dfrac{1}{5x^2} \times \left(-\dfrac{1}{4y^3}\right) = \dfrac{1}{20xy^2}$

48 $3xy^2 \times (-4x^3 y)^2 \times (-x^2 y^2)^3$

$\quad = 3xy^2 \times 16x^6 y^2 \times (-x^6 y^6)$

$\quad = -48x^{13} y^{10} = ax^b y^c$

이므로 $a = -48$, $b = 13$, $c = 10$

$\therefore a + b + c = -48 + 13 + 10 = -25$

49 $(-ab^x)^2 \times 2a^y b = a^2 b^{2x} \times 2a^y b = 2a^{2+y} b^{2x+1} = 2a^4 b^7$

$2 + y = 4$, $2x + 1 = 7$이므로 $x = 3$, $y = 2$

$\therefore x + y = 3 + 2 = 5$

50 $(a^4 b^A \div a^B b^5)^4 = \left(\dfrac{a^4 b^A}{a^B b^5}\right)^4 = \dfrac{a^{16} b^{4A}}{a^{4B} b^{20}} = \dfrac{a^{12}}{b^8}$이므로

$\dfrac{a^{16-4B}}{b^{20-4A}} = \dfrac{a^{12}}{b^8}$에서 $16 - 4B = 12$, $20 - 4A = 8$

$\therefore A = 3$, $B = 1$

$\therefore A + B = 3 + 1 = 4$

51 (부피) $= 3x^2 z \times 2xy^3 \times y^2 z^3 = 6x^3 y^5 z^4$

52 (부피) $= \left(\dfrac{1}{2} \times 3a^2 \times 4b^2\right) \times 5a^2 b^3 = 30a^4 b^5$

53 (가로의 길이) $\times 8ab^2 = 32a^3 b^5$이므로

(가로의 길이) $= 32a^3 b^5 \times \dfrac{1}{8ab^2} = 4a^2 b^3$

54 회전체는 오른쪽 그림과 같은 원뿔이다.

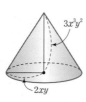

$\therefore$ (부피)$=\dfrac{1}{3}\times\pi\times(2xy)^2\times3x^3y^2$

$\qquad\quad=\dfrac{1}{3}\times\pi\times4x^2y^2\times3x^3y^2$

$\qquad\quad=4\pi x^5y^4$

55 $\left(\dfrac{4}{5}xy\right)^2\times\dfrac{3}{4}x^3\div\dfrac{9}{5}xy^3$

$\quad=\dfrac{16}{25}x^2y^2\times\dfrac{3}{4}x^3y\times\dfrac{5}{9xy^3}=\dfrac{4}{15}x^4$

56 $\{(xy)^4\}^2\div\{(x^2y)^3\}^3\times\{(xy^2)^2\}^4$

$\quad=x^8y^8\times\dfrac{1}{x^{18}y^9}\times x^8y^{16}=\dfrac{y^{15}}{x^2}$

57 ④ $(-2a^2)^3\times4b^5\div(-ab)^3$

$\qquad=(-8a^6)\times4b^5\times\left(-\dfrac{1}{a^3b^3}\right)=32a^3b^2$

58 $(-x^2y^3)^3\div\left(\dfrac{x}{y^2}\right)^3\times xy^2=(-x^6y^9)\div\dfrac{x^3}{y^6}\times xy^2$

$\qquad\qquad\qquad\qquad\qquad=(-x^6y^9)\times\dfrac{y^6}{x^3}\times xy^2$

$\qquad\qquad\qquad\qquad\qquad=-x^4y^{17}=-x^ay^b$

따라서 $a=4$, $b=17$이므로

$b-a=17-4=13$

59 $\left(-\dfrac{4}{3}xy^2\right)^2\times(-18xy^2)\div(-2y)^3$

$\quad=\dfrac{16}{9}x^2y^4\times(-18xy^2)\div(-8y^3)$

$\quad=\dfrac{16}{9}x^2y^4\times(-18xy^2)\times\left(-\dfrac{1}{8y^3}\right)$

$\quad=4x^3y^3=ax^by^c$

따라서 $a=4$, $b=3$, $c=3$이므로

$a-b+c=4-3+3=4$

60 $(-x^3y)^a\div2x^by\times10x^5y^2$

$\quad=(-1)^ax^{3a}y^a\times\dfrac{1}{2x^by}\times10x^5y^2$

$\quad=(-1)^a\times5\times\dfrac{x^{3a+5}}{x^b}\times y^{a+1}=cx^2y^3$

이므로 $(-1)^a\times5=c$, $3a+5-b=2$, $a+1=3$

에서 $a=2$, $b=9$, $c=5$

$\therefore a+b+c=2+9+5=16$

61 $(-3x^2y^3)^a\div12x^5y^b\times4x^2y^5$

$\quad=(-3)^ax^{2a}y^{3a}\times\dfrac{1}{12x^5y^b}\times4x^2y^5$

$\quad=\dfrac{(-3)^a}{3}\times\dfrac{x^{2a}}{x^3}\times\dfrac{y^{3a+5}}{y^b}=cx^3y^7$

이므로 $\dfrac{(-3)^a}{3}=c$, $2a-3=3$, $3a+5-b=7$에서

$a=3$, $b=7$, $c=-9$

$\therefore a+b-c=3+7-(-9)=19$

62 $(3x^2y)^3\div\square\times(-x^2y)=3x^5y$에서

$27x^6y^3\div\square\times(-x^2y)=3x^5y$

$\therefore\square=\dfrac{27x^6y^3\times(-x^2y)}{3x^5y}=-9x^3y^3$

63 ① $\square=-3x^3y\times\left(-\dfrac{1}{6xy^2}\right)\times2xy^2=x^3y$

② $\square=\dfrac{9b^6}{4a^2}\times a^{15}b^6\times\dfrac{4}{9a^3b}=a^{10}b^{11}$

③ $\square=24xy\times\dfrac{1}{4y^2}\times\dfrac{xy}{2}=3x^2$

④ $\square=x^2y\times\dfrac{1}{x^3y^2}\times(-2x^4y^3)=-2x^3y^2$

⑤ $\square=8x^9y^3\times x^3y^6\times\dfrac{1}{4x^6y^3}=2x^6y^6$

따라서 $\square$ 안에 들어갈 식을 바르게 구한 것은 ②이다.

64 $\bigcirc=(-9x^2y^2)\times\dfrac{1}{36xy^2}\times4x^2y=-x^3y$

$\bigcirc=(-8x^6)\times x^2y^4\times\dfrac{1}{2x^2y}=-4x^6y^3$

$\therefore\bigcirc\times\bigcirc=(-x^3y)\times(-4x^6y^3)=4x^9y^4$

65 (직육면체의 부피)

$\quad=$ (가로의 길이) $\times$ (세로의 길이) $\times$ (높이)

이므로 $45a^2b=3a\times5b\times$ (높이)

$\therefore$ (높이) $=45a^2b\times\dfrac{1}{3a}\times\dfrac{1}{5b}=3a$

66 (직사각형 A의 넓이) $=3ab^2\times4a^2b^3=12a^3b^5$이므로

(평행사변형 B의 넓이) $=3a^2b\times$ (높이) $=12a^3b^5$

$\therefore$ (평행사변형 B의 높이) $=12a^3b^5\times\dfrac{1}{3a^2b}=4ab^4$

67 $60x^3y^4=\dfrac{1}{2}\times5x\times6xy\times$ (높이)이므로

(높이) $=60x^3y^4\times2\times\dfrac{1}{5x}\times\dfrac{1}{6xy}=4xy^3$

1 ③   **2** ②   **3** ③   **4** ④

5 ③   **6** ⑤   **7** ③   **8** $-\dfrac{8b^4}{5a^2}$

9 ③   **10** ⑤   **11** $2a:3b$ **12** 8

13 34   **14** $\dfrac{x}{y}$

1 $3^{x+3}=3^x\times 3^3=3^x\times 27$ $\therefore \square=27$

2 $2^{x+3}+2^{x+2}+2^{x+1}=2^{x+1}(2^2+2+1)=7\times 2^{x+1}=448$
이므로 $2^{x+1}=64=2^6$
따라서 $x+1=6$이므로 $x=5$

3 $45^{10}=(3^2\times 5)^{10}=3^{20}\times 5^{10}=(3^4)^5\times(5^2)^5=A^5B^5$

4 $a=5^{x-1}=5^x\times\dfrac{1}{5}$이므로 $5^x=5a$

$b=2^{x+1}=2^x\times 2$이므로 $2^x=\dfrac{b}{2}$

$\therefore 80^x=(2^4\times 5)^x=2^{4x}\times 5^x=(2^x)^4\times 5^x$

$\qquad =\left(\dfrac{b}{2}\right)^4\times 5a=\dfrac{5ab^4}{16}$

5 ① $a^{\square}\times a^3=a^{\square+3}=a^8$이므로 $\square+3=8$
     $\therefore \square=5$

② $a^2\div a^9=\dfrac{1}{a^{9-2}}=\dfrac{1}{a^7}=\dfrac{1}{a^{\square}}$이므로 $\square=7$

③ $(ab^{\square})^4=a^4b^{\square\times 4}=a^4b^{24}$이므로 $\square\times 4=24$
     $\therefore \square=6$

④ $a^{\square}\div a^2\div a^3=a^6$이므로
     $\square-2-3=6$ $\therefore \square=11$

⑤ $(a^{\square})^3\div a^{15}=a^{\square\times 3}\div a^{15}=1$이므로
     $\square\times 3=15$ $\therefore \square=5$

따라서 $\square$ 안에 들어갈 수가 가장 큰 것은 ④이다.

6 $\left(\dfrac{3y^l}{x^3}\right)^m=\dfrac{3^m y^{lm}}{x^{3m}}=\dfrac{81y^4}{x^n}$이므로

$3^m=81=3^4$, $lm=4$, $3m=n$

$\therefore l=1,\ m=4,\ n=12$

$\therefore l+m+n=1+4+12=17$

7 ③ $30x^4y^3\div\dfrac{6}{5}x^3y=30x^4y^3\times\dfrac{5}{6x^3y}=25xy^2$

8 $(-10a^5b^3)\times\left(\dfrac{2a}{5b}\right)^2\div\left(\dfrac{a^3}{b}\right)^3$

$=(-10a^5b^3)\times\dfrac{4a^2}{25b^2}\times\dfrac{b^3}{a^9}=-\dfrac{8b^4}{5a^2}$

9 $AB=8x^3y^4$에서 $A=\dfrac{8x^3y^4}{B}$, $\dfrac{B}{C}=4y$에서 $C=\dfrac{B}{4y}$

$\therefore AC=\dfrac{8x^3y^4}{B}\times\dfrac{B}{4y}=2x^3y^3$

[다른 풀이]

$AB=8x^3y^4$, $\dfrac{B}{C}=4y$이므로

$AC=AB\div\dfrac{B}{C}=8x^3y^4\div 4y=8x^3y^4\times\dfrac{1}{4y}=2x^3y^3$

10 $\bigcirc=15b^5\times\dfrac{1}{ab^3}\times\dfrac{1}{3}a^2b^2=5ab^4$

$\bigcirc=(3a)^2\times(-2ab^2)^3\div(-12a^5b^2)$

$\qquad =9a^2\times(-8a^3b^6)\times\left(-\dfrac{1}{12a^5b^2}\right)=6b^4$

$\therefore \bigcirc\div\bigcirc=5ab^4\div 6b^4=5ab^4\times\dfrac{1}{6b^4}=\dfrac{5}{6}a$

11 $V_1=\pi\times(2a)^2\times 3b=12\pi a^2b$

$V_2=\pi\times(3b)^2\times 2a=18\pi ab^2$

$\therefore V_1:V_2=12\pi a^2b:18\pi ab^2=2a:3b$

12 $2^7\times 3^3\times 5^5=(2^2\times 2^5)\times 3^3\times 5^2$

$\qquad\qquad\qquad =2^2\times 3^3\times(2\times 5)^5$

$\qquad\qquad\qquad =108\times 10^5$ …… ①

따라서 $2^7\times 3^3\times 5^5$은 8자리의 자연수이므로

$n=8$ …… ②

단계	채점 기준	비율
①	$a\times 10^k$의 꼴로 나타내기(단, a, k는 자연수)	60 %
②	n의 값 구하기	40 %

13 $\dfrac{3^6+3^6+3^6}{5^6+5^6+5^6+5^6+5^6}=\dfrac{3\times 3^6}{5\times 5^6}=\dfrac{3^7}{5^7}$

이므로 $a=7$, $b=7$ …… ①

$80^4=(2^4\times 5)^4=2^{16}\times 5^4$

이므로 $c=4$, $d=16$ …… ②

$\therefore a+b+c+d=7+7+4+16=34$ …… ③

단계	채점 기준	비율
①	a, b의 값 구하기	40 %
②	c, d의 값 구하기	40 %
③	$a+b+c+d$의 값 구하기	20 %

14 $A \div \dfrac{1}{4x^4 y^3} = 16x^9 y^5$ 에서

$A = 16x^9 y^5 \times \dfrac{1}{4x^4 y^3} = 4x^5 y^2$ $\cdots\cdots$ ①

따라서 바르게 계산하면

$4x^5 y^2 \times \dfrac{1}{4x^4 y^3} = \dfrac{x}{y}$ $\cdots\cdots$ ②

단계	채점 기준	비율
①	어떤 식 A 구하기	50 %
②	바르게 계산한 답 구하기	50 %

2 다항식의 계산

개념적용익힘   익힘북 25~29쪽

1 $5x + 12y$ **2** ③   **3** ①

4 $-4a - 4b - 3$ **5** ⑤   **6** ②

7 -3 **8** $-3x^2 + 9x - 10$ **9** ④

10 -2 **11** 5 **12** ③

13 (1) $5a + 4b + 6$ (2) $-3a - 7b - 4$

14 $-2x - 3y + 4$ **15** $-8x^2 + x - 1$

16 -2

17 (1) $6x^2 + 9x$ (2) $-3x^3 + x^2 - 7x$

    (3) $-8a^2 - 4ab$ (4) $-12x^2 y + 10xy^2 + 2xy$

18 ②   **19** -6 **20** $6a + 36a^2 b$

21 (1) $2x + 3$ (2) $ab^2 + 3a$ (3) $12x - 8$ **22** ③

23 ④   **24** ②   **25** ⑤

26 $-6a^2 + 2ab$ **27** ②   **28** ②

29 ③   **30** -3 **31** -33

32 $a^2 - 4a + 2$ **33** ①

34 (1) $4ab$ (2) $2a$ (3) $20ab$ (4) $3y$ **35** ④

36 $8a^3 - 6a^2 b$ **37** $2a + b$ **38** $5x + 2y$

39 $7b^2 - \dfrac{3b}{a}$

1 $2(4x + 3y) - 3(x - 2y)$

$= 8x + 6y - 3x + 6y = 5x + 12y$

2 $\dfrac{3x - 2y}{2} + \dfrac{-5x + 3y}{4} = \dfrac{6x - 4y}{4} + \dfrac{-5x + 3y}{4}$

$\qquad\qquad\qquad\qquad = \dfrac{1}{4}x - \dfrac{1}{4}y$

따라서 $A = \dfrac{1}{4}$, $B = -\dfrac{1}{4}$ 이므로

$A + B = \dfrac{1}{4} + \left(-\dfrac{1}{4} \right) = 0$

3 $(-2x + 4y - 3) - (4x - y + 6)$

$= -2x + 4y - 3 - 4x + y - 6$

$= -6x + 5y - 9$

따라서 x의 계수는 -6, 상수항은 -9이므로 구하는 합은

$-6 + (-9) = -15$

4 $\square = 3a - 5b - 2 - (7a - b + 1)$

$\quad\quad = 3a - 5b - 2 - 7a + b - 1 = -4a - 4b - 3$

5 ④ $x^2 - 3x - x^2 + 2 = -3x + 2$이므로 일차식이다.

   ⑤ $-2y^2 + 1$은 y에 대한 이차식이다.

6 $\left(\dfrac{1}{2}x^2 - \dfrac{5}{3}x + \dfrac{1}{4} \right) + \left(\dfrac{1}{4}x^2 - \dfrac{1}{5}x + \dfrac{3}{2} \right)$

$= \dfrac{3}{4}x^2 - \dfrac{28}{15}x + \dfrac{7}{4}$

따라서 $A = \dfrac{3}{4}$, $B = -\dfrac{28}{15}$, $C = \dfrac{7}{4}$ 이므로

$A + 15B - C = \dfrac{3}{4} + 15 \times \left(-\dfrac{28}{15} \right) - \dfrac{7}{4} = -29$

7 $(ax^2 - 5x + 3) - (2x^2 - bx + 1)$

$= ax^2 - 5x + 3 - 2x^2 + bx - 1$

$= (a - 2)x^2 + (b - 5)x + 2$

이차항의 계수와 일차항의 계수가 같으므로 $a - 2 = b - 5$

$\therefore a - b = -3$

8 $\square = -4x^2 + 7x - 2 - (-x^2 - 2x + 8)$

$\quad\quad = -4x^2 + 7x - 2 + x^2 + 2x - 8$

$\quad\quad = -3x^2 + 9x - 10$

9 (주어진 식) $= 4x^2 - \{2x - 1 - (3 - x^2 - x)\}$

$\qquad\qquad\quad = 4x^2 - (2x - 1 - 3 + x^2 + x)$

$\qquad\qquad\quad = 4x^2 - (x^2 + 3x - 4)$

$\qquad\qquad\quad = 4x^2 - x^2 - 3x + 4$

$\qquad\qquad\quad = 3x^2 - 3x + 4$

10 (주어진 식) $= 2y - \{4x - (5x - y) - 2y\}$

$\qquad\qquad\quad = 2y - (4x - 5x + y - 2y)$

$\qquad\qquad\quad = 2y - (-x - y) = x + 3y$

따라서 $a = 1$, $b = 3$이므로

$a - b = 1 - 3 = -2$

11 (주어진 식)$=a-5b-\{-2a-(a-b+3a+4b)\}$
$\qquad\qquad\quad=a-5b-\{-2a-(4a+3b)\}$
$\qquad\qquad\quad=a-5b-(-2a-4a-3b)$
$\qquad\qquad\quad=a-5b-(-6a-3b)$
$\qquad\qquad\quad=a-5b+6a+3b$
$\qquad\qquad\quad=7a-2b$
따라서 a의 계수는 7, b의 계수는 -2이므로 그 합은
$7+(-2)=5$

12 (가) (주어진 식)$=7y-\{3x-y-(-x+5y)\}$
$\qquad\qquad\qquad=7y-(3x-y+x-5y)$
$\qquad\qquad\qquad=7y-(4x-6y)$
$\qquad\qquad\qquad=-4x+13y$
(나) (주어진 식)$=4x-\{x+3y-(x-10y)\}$
$\qquad\qquad\qquad=4x-(x+3y-x+10y)$
$\qquad\qquad\qquad=4x-13y$
$\therefore$ (가)$+$(나)$=(-4x+13y)+(4x-13y)=0$

13 (1) 어떤 식을 □라 하면
$(2a-3b+2)+□=7a+b+8$
$\therefore □=7a+b+8-(2a-3b+2)$
$\qquad=7a+b+8-2a+3b-2$
$\qquad=5a+4b+6$
(2) $(2a-3b+2)-(5a+4b+6)$
$\quad=2a-3b+2-5a-4b-6$
$\quad=-3a-7b-4$

14 어떤 식을 □라 하면
$x-3y+5-□=4x-3y+6$에서
$□=x-3y+5-(4x-3y+6)=-3x-1$
따라서 바르게 계산하면
$x-3y+5+(-3x-1)=-2x-3y+4$

15 어떤 식을 □라 하면
$-3x^2-2x+5+□=2x^2-5x+11$에서
$□=2x^2-5x+11-(-3x^2-2x+5)$
$\quad=5x^2-3x+6$
따라서 바르게 계산하면
$-3x^2-2x+5-(5x^2-3x+6)=-8x^2+x-1$

16 어떤 식을 □라 하면
$5x^2-6x+1-□=8x^2-2x-4$

$\therefore □=5x^2-6x+1-(8x^2-2x-4)$
$\qquad=5x^2-6x+1-8x^2+2x+4$
$\qquad=-3x^2-4x+5$
바르게 계산하면
$5x^2-6x+1+(-3x^2-4x+5)=2x^2-10x+6$
따라서 $A=2$, $B=-10$, $C=6$이므로
$A+B+C=2+(-10)+6=-2$

18 (주어진 식)$=12a^2-6ab-3a^2-6ab$
$\qquad\qquad\quad=9a^2-12ab$
따라서 ab의 계수는 -12이다.

19 xy항이 나오는 부분만 전개하면
$xy-axy=(1-a)xy$이므로
$1-a=7$ $\qquad\therefore a=-6$

20 어떤 식을 □라 하면
$□\div3a=\dfrac{2}{3a}+4b$이므로
$□=\left(\dfrac{2}{3a}+4b\right)\times3a=2+12ab$
따라서 바르게 계산하면
$(2+12ab)\times3a=6a+36a^2b$

21 (3) $(6x^2-4x)\div\dfrac{1}{2}x=(6x^2-4x)\times\dfrac{2}{x}=12x-8$

22 $(6x^2-10xy)\div2x-(9xy-12y^2)\div(-3y)$
$=\dfrac{6x^2-10xy}{2x}-\dfrac{9xy-12y^2}{-3y}$
$=3x-5y-(-3x+4y)$
$=3x-5y+3x-4y=6x-9y$

23 ④ $\dfrac{25x^2y-10xy^2}{5xy}-\dfrac{18y^2-27xy}{9y}$
$=5x-2y-(2y-3x)$
$=5x-2y-2y+3x$
$=8x-4y$

24 $\dfrac{4a^4-a^3}{a^3}-\dfrac{5a^2-8a}{a}=4a-1-(5a-8)$
$\qquad\qquad\qquad\qquad\qquad=4a-1-5a+8$
$\qquad\qquad\qquad\qquad\qquad=-a+7$

25 $\left(4y-\dfrac{1}{2}x\right)\times\dfrac{2}{3}x-\left(\dfrac{8}{3}x^3y-x^4\right)\div(2x)^2$
$=\dfrac{8}{3}xy-\dfrac{1}{3}x^2-\left(\dfrac{2}{3}xy-\dfrac{1}{4}x^2\right)$
$=2xy-\dfrac{1}{12}x^2$

26 $(-15a^2b+9ab^2)\div 3b-a(a+b)$
$=-5a^2+3ab-a^2-ab$
$=-6a^2+2ab$

27 ① $(3x^2-2xy)\div 3x=x-\dfrac{2}{3}y$
② $2x(x+3y)+x(x-y)$
$=2x^2+6xy+x^2-xy=3x^2+5xy$
③ $3a(-2a+3b-5)=-6a^2+9ab-15a$
④ $(2a^2-4ab^2+2a)\div(-2a)=-a+2b^2-1$
⑤ $(a^2-3ab)\div(-a)+(2b^2+ab)\div b$
$=-a+3b+2b+a=5b$
따라서 옳은 것은 ②이다.

28 (주어진 식)$=5\left(3x^2+3x+6-\dfrac{2}{5}x\right)-14x-7x^2$
$=15x^2+15x+30-2x-14x-7x^2$
$=8x^2-x+30$
따라서 $a=8$, $b=-1$, $c=30$이므로
$a+b-c=8+(-1)-30=-23$

29 (주어진 식)$=3x-4y+(-xy+3y)=3x-y-xy$
따라서 y의 계수는 -1이다.

30 (주어진 식)$=-3a+4b-8a+4b=-11a+8b$
따라서 $A=-11$, $B=8$이므로
$A+B=-11+8=-3$

31 (주어진 식)
$=(2x^2-4xy)\times\left(-\dfrac{3}{2x}\right)-\left(12xy+\dfrac{9}{2}y^2\right)\times\dfrac{2}{3y}$
$=-3x+6y-(8x+3y)$
$=-3x+6y-8x-3y$
$=-11x+3y$
따라서 $a=-11$, $b=3$이므로
$ab=-11\times 3=-33$

32 $(12a^2-4a)\div 2a+\square=\dfrac{8a^2+4a^3}{4a}$에서
$6a-2+\square=2a+a^2$이므로
$\square=2a+a^2-(6a-2)=a^2-4a+2$

33 $\dfrac{A+2ab}{2a}=2a-3b+1$에서
$A+2ab=(2a-3b+1)\times 2a=4a^2-6ab+2a$
$\therefore A=4a^2-6ab+2a-2ab=4a^2-8ab+2a$

34 (1) $6a^2+\square=(3a+2b)\times 2a=6a^2+4ab$
$\therefore \square=4ab$
(2) $\square-4b+3=\dfrac{10a^2-20ab+15a}{5a}=2a-4b+3$
$\therefore \square=2a$
(3) $15a^2-\square=(-3a+4b)\times(-5a)=15a^2-20ab$
$\therefore \square=20ab$
(4) $x+\square+2=\dfrac{2x^2y+6xy^2+4xy}{2xy}=x+3y+2$
$\therefore \square=3y$

35 $A+[2x^2-\{5x^2+x-x(7x-2)\}]$
$=A+\{2x^2-(-2x^2+3x)\}$
$=A+(4x^2-3x)$
따라서 $A+(4x^2-3x)=4x^2-3$이므로
$A=4x^2-3-(4x^2-3x)=3x-3$

36 (넓이)$=\dfrac{1}{2}\times\{(a+2b)+(3a-5b)\}\times 4a^2$
$=\dfrac{1}{2}\times(4a-3b)\times 4a^2$
$=8a^3-6a^2b$

37 (직육면체의 부피)
$=$(가로의 길이)$\times$(세로의 길이)$\times$(높이)
이므로 $4a^2b+2ab^2=2a\times b\times$(높이)
$\therefore$ (높이)$=\dfrac{4a^2b+2ab^2}{2ab}=2a+b$

38 (원기둥의 부피)$=$(밑넓이)$\times$(높이)이므로
$20\pi x^3+8\pi x^2y=\pi\times(2x)^2\times$(높이)
$\therefore$ (높이)$=\dfrac{20\pi x^3+8\pi x^2y}{4\pi x^2}=5x+2y$

39 원뿔의 높이를 h라 하면
$\dfrac{1}{3}\times\pi\times(3a)^2\times h=21\pi a^2b^2-9\pi ab$
$3\pi a^2h=21\pi a^2b^2-9\pi ab$
$\therefore h=\dfrac{21\pi a^2b^2-9\pi ab}{3\pi a^2}=7b^2-\dfrac{3b}{a}$

1 ②, ④　　**2** 4　　　　　**3** $7x-4y+4$

4 ①　　　**5** $7x^2-14xy$　　　**6** ③

7 1　　　**8** ④　　　　　**9** $9x^2y-6xy$

10 $7x+2y$　**11** $-x^2+1$　**12** $6x-4y+8$

13 13

1 ④ $x^2+2x-x^2=2x$이므로 x에 대한 일차식이다.

　⑤ $x^3-2x^2-(x^3-1)=-2x^2+1$이므로 x에 대한 이차식이다.

2 (주어진 식) $=ax^2+4x-3+x^2-3x-5$

　　　　　　　$=(a+1)x^2+x-8$

　즉, x^2의 계수는 $a+1$, 상수항은 -8이므로

　$(a+1)+(-8)=-3$

　$a-7=-3$　　∴ $a=4$

3 평행한 두 면에 있는 두 다항식의 합은

　$(2x+y+3)+(x-6y+1)=3x-5y+4$이므로

　$(-4x-y)+A=3x-5y+4$

　∴ $A=3x-5y+4-(-4x-y)$

　　　$=3x-5y+4+4x+y$

　　　$=7x-4y+4$

4 $A(1-y)-By+2=(-A-B)y+A+2$

　　　　　　　　　$=2y-5$

　즉, $-A-B=2$, $A+2=-5$이므로 $A=-7$, $B=5$

　∴ $A-B=-7-5=-12$

5 $2x(4x-8y)+(2x^3y^2-x^4y)\div x^2y$

　$=8x^2-16xy+\dfrac{2x^3y^2-x^4y}{x^2y}$

　$=8x^2-16xy+2xy-x^2$

　$=7x^2-14xy$

6 $\dfrac{3x^2y-4xy^2}{xy}-\dfrac{4x^3-2x^2y}{x^2}$

　$=3x-4y-(4x-2y)$

　$=3x-4y-4x+2y$

　$=-x-2y$

　따라서 $a=-1$, $b=-2$이므로

　$a+b=-1+(-2)=-3$

7 $135^3=(3^3\times5)^3=(3^3)^3\times5^3=3^9\times5^3$이므로

　$x=3$, $y=9$

　∴ $\dfrac{y^2-2xy}{y}\div\dfrac{y}{x}=\dfrac{y^2-2xy}{y}\times\dfrac{x}{y}$

　　　　　　　　　$=x-\dfrac{2x^2}{y}$

　　　　　　　　　$=3-\dfrac{2\times3^2}{9}=1$

8 $x(-x+ay)+y(-x+ay)=-x^2+(a-1)xy+ay^2$

　에서 xy의 계수가 3이므로

　$a-1=3$　　∴ $a=4$

9 (색칠한 부분의 넓이) $=2x(5xy-3y)-x^2y$

　　　　　　　　　$=10x^2y-6xy-x^2y$

　　　　　　　　　$=9x^2y-6xy$

10 큰 직육면체의 부피는 $24x^2+18xy$이므로

　(큰 직육면체의 높이) $=(24x^2+18xy)\div(2x\times3)$

　　　　　　　　　$=\dfrac{24x^2+18xy}{6x}=4x+3y$

　작은 직육면체의 부피는 $9x^2-3xy$이므로

　(작은 직육면체의 높이) $=(9x^2-3xy)\div(x\times3)$

　　　　　　　　　$=\dfrac{9x^2-3xy}{3x}=3x-y$

　∴ $h=(4x+3y)+(3x-y)=7x+2y$

11 어떤 식을 A라 하면

　$A-(x^2-3x+2)=-3x^2+6x-3$

　∴ $A=-3x^2+6x-3+(x^2-3x+2)$

　　　$=-2x^2+3x-1$　　　　　　……①

　따라서 바르게 계산한 답은

　$A+(x^2-3x+2)=(-2x^2+3x-1)+(x^2-3x+2)$

　　　　　　　　　$=-x^2+1$　　　　……②

단계	채점 기준	비율
①	어떤 식 구하기	50 %
②	바르게 계산한 답 구하기	50 %

12 위에서 두 번째 줄의 가운데 식을 B라 하면

　$(2x+4)+B+(4x-2y+6)=9x-3y+15$이므로

　$B+6x-2y+10=9x-3y+15$

　∴ $B=9x-3y+15-(6x-2y+10)$

　　　$=3x-y+5$　　　　　　　　……①

위에서 두 번째 줄의 첫 번째 식을 C라 하면
$C+(3x-y+5)+(5x-3y+7)=9x-3y+15$
이므로
$C+8x-4y+12=9x-3y+15$
$\therefore C=9x-3y+15-(8x-4y+12)$
$\quad\quad =x+y+3$ ...... ②
따라서 왼쪽에서 첫 번째 줄의 다항식의 합은
$(2x+4)+(x+y+3)+A=9x-3y+15$이므로
$A+3x+y+7=9x-3y+15$
$\therefore A=9x-3y+15-(3x+y+7)$
$\quad\quad =6x-4y+8$ ...... ③

단계	채점 기준	비율
①	위에서 두 번째 줄의 가운데 식 구하기	35 %
②	위에서 두 번째 줄의 첫 번째 식 구하기	35 %
③	A에 알맞은 다항식 구하기	30 %

13 $ax(5x-3)+4(5x-3)=5ax^2+(-3a+20)x-12$
에서 x의 계수가 -1이므로
$-3a+20=-1$ $\therefore a=7$ ...... ①
$x(4x-b)+4(4x-b)=4x^2+(16-b)x-4b$에서
x의 계수가 10이므로
$16-b=10$ $\therefore b=6$ ...... ②
$\therefore a+b=7+6=13$ ...... ③

단계	채점 기준	비율
①	a의 값 구하기	40 %
②	b의 값 구하기	40 %
③	$a+b$의 값 구하기	20 %

대단원 마무리
익힘북 **32~33**쪽

1 ③	**2** ⑤	**3** ⑤	**4** ③
5 ①	**6** ③	**7** ①	**8** 13
9 1 : 2	**10** ④	**11** ②	**12** ④
13 ②	**14** 3	**15** ④	

1 ① $a^2\times a^5=a^7$ ② $(a^3)^4=a^{12}$

④ $(ab^2)^3=a^3b^6$ ⑤ $\left(\dfrac{3a}{b}\right)^2=\dfrac{9a^2}{b^2}$

2 $8^{x+2}=(2^3)^{x+2}=2^{3x+6}=2^6\times2^{3x}=2^6\times(2^x)^3=64a^3$

3 $\left(\dfrac{-2x^a}{y^3}\right)^b=\dfrac{(-2)^bx^{ab}}{y^{3b}}=-\dfrac{8x^6}{y^c}$이므로
$(-2)^b=-8=(-2)^3$, $ab=6$, $3b=c$
$\therefore a=2$, $b=3$, $c=9$
$\therefore a+b+c=2+3+9=14$

4 $30^{30}=(2\times3\times5)^{30}$
$\quad\quad =2^{30}\times3^{30}\times5^{30}$
$\quad\quad =(2^2)^{15}\times(3^3)^{10}\times(5^5)^6$
$\quad\quad =A^{15}B^{10}C^6$

5 $2^5\times5^8=2^5\times(5^5\times5^3)=5^3\times(2\times5)^5=125\times10^5$
따라서 $2^5\times5^8$은 8자리의 자연수이므로
$n=8$

6 ㄱ. $(a^3)^5\times a^2=a^{15}\times a^2=a^{17}$
ㄷ. $(-2xy^2)^4=16x^4y^8$
ㅁ. $(6a^2b^3)^2\div(-3ab^2)^3=36a^4b^6\times\left(-\dfrac{1}{27a^3b^6}\right)$
$\quad\quad\quad\quad\quad\quad\quad\quad\quad =-\dfrac{4}{3}a$

따라서 옳은 것은 ㄴ, ㄹ이다.

7 $(a^3b^x)^3\div(a^yb^4)^2=\dfrac{a^9b^{3x}}{a^{2y}b^8}=a^3b^7$이므로
$a^{9-2y}b^{3x-8}=a^3b^7$에서
$9-2y=3$ $\therefore y=3$
$3x-8=7$ $\therefore x=5$
$\therefore x+y=5+3=8$

8 $(-2xy^3)^3\div(-4x^3y^2)\times\left(\dfrac{3x^2}{y^3}\right)^2$
$=(-8x^3y^9)\times\left(-\dfrac{1}{4x^3y^2}\right)\times\dfrac{9x^4}{y^6}=18x^4y$
따라서 $a=18$, $b=4$, $c=1$이므로
$a-b-c=18-4-1=13$

9 원기둥 A의 부피는
$\pi\times(ab)^2\times9a^2=\pi\times a^2b^2\times9a^2=9\pi a^4b^2$ ...... ①
원기둥 B의 부피는
$\pi\times(3a^2)^2\times2b^2=\pi\times9a^4\times2b^2=18\pi a^4b^2$ ...... ②
따라서 두 원기둥의 부피의 비는
$9\pi a^4b^2:18\pi a^4b^2=1:2$ ...... ③

단계	채점 기준	비율
①	원기둥 A의 부피 구하기	40 %
②	원기둥 B의 부피 구하기	40 %
③	두 원기둥의 부피의 비 구하기	20 %

10 $ax-3y+4-(-2x+by-19)$

$=(a+2)x+(-3-b)y+23=-5x+10y+c$

$a+2=-5,\ -3-b=10,\ 23=c$이므로

$a=-7,\ b=-13,\ c=23$

$\therefore a+b+c=-7+(-13)+23=3$

11 어떤 식을 □라 하면

$□-(2x^2+3x-2)=-6x^2+4x-3$

$\therefore □=-6x^2+4x-3+(2x^2+3x-2)$

$\qquad =-4x^2+7x-5$

따라서 바르게 계산하면

$-4x^2+7x-5+(2x^2+3x-2)=-2x^2+10x-7$

12 (주어진 식)

$=12x^2-\{3x-1-(6-2x-8x^2+5x-1-2x)\}$

$=12x^2-\{3x-1-(-8x^2+x+5)\}$

$=12x^2-(3x-1+8x^2-x-5)$

$=12x^2-(8x^2+2x-6)$

$=12x^2-8x^2-2x+6$

$=4x^2-2x+6$

13 (주어진 식)$=\dfrac{3x^3-6x^2+3x}{-3x}-(-3x^2+6x)$

$\qquad =-x^2+2x-1+3x^2-6x$

$\qquad =2x^2-4x-1$

따라서 $a=2,\ b=-4$이므로

$a+b=2+(-4)=-2$

14 (주어진 식)

$=(6x^2-3xy)\times\left(-\dfrac{2}{3x}\right)-\left(6xy+\dfrac{4}{3}y^2\right)\times\left(-\dfrac{3}{2y}\right)$

$=-4x+2y+9x+2y$

$=5x+4y$ ⋯⋯ ①

$=5\times(-1)+4\times2=3$ ⋯⋯ ②

단계	채점 기준	비율
①	주어진 식을 간단히 하기	60 %
②	$x,\ y$의 값을 대입하여 식의 값 구하기	40 %

15 (부피)$=$(가로의 길이)$\times$(세로의 길이)$\times$(높이)이므로

$36x^2y^2-90x^2y=3x\times2y\times$(높이)

$\therefore$ (높이)$=\dfrac{36x^2y^2-90x^2y}{6xy}=6xy-15x$

III 부등식과 연립방정식

1 부등식

개념적용익힘   익힘북 34~42쪽

1 ⑤   **2** ③   **3** ③   **4** ⑤

5 ⑤   **6** $-1,\ 0$ **7** ④   **8** ③

9 ②, ⑤   **10** ⑤

11 (1) $4a-2\leq10$ (2) $5a+1\leq16$

    (3) $-2a+1\geq-5$ (4) $-\dfrac{a}{5}+1\geq\dfrac{2}{5}$

12 (1) $-3\leq2x-1<1$ (2) $-1\leq4x+3<7$

    (3) $4<-x+5\leq6$ (4) $1<3-2x\leq5$

13 4   **14** ④   **15** ④   **16** 15

17 ②, ⑤   **18** ②   **19** ⑤   **20** ④

21 ④   **22** ②   **23** ①   **24** ④

25 ④   **26** (1) $x\geq4$ (2) $x\leq4$ **27** ②

28 1

29 (1) $x>-11$ (2) $x\geq2$ (3) $x\geq-11$ (4) $x<2$

30 ②   **31** ②   **32** ④

33 (1) $x\leq\dfrac{1}{a}$ (2) $x<\dfrac{3}{a}$ (3) $x<-\dfrac{4}{a}$ **34** $x\leq\dfrac{8}{a}$

35 $x\geq-2$ **36** $x\geq2$ **37** ⑤   **38** 1

39 ③   **40** ④   **41** -10 **42** 4

43 ②   **44** $x<\dfrac{1}{2}$ **45** 5   **46** ①

47 23, 25, 27   **48** ④, ⑤   **49** ③

50 8개   **51** ③   **52** ②   **53** ④

54 8자루   **55** 17명   **56** 800 m   **57** $\dfrac{4}{3}$ km

58 ③   **59** 840 m   **60** ③   **61** 200 g

62 200 g

1 ⑤ x는 양수가 아니다. ⇨ $x\leq0$

2 $500x+400\times5\geq5000$ $\therefore 500x+2000\geq5000$

3 ③ $10x\geq3000$

4 $x=2$를 각 부등식에 대입하면

    ① $2\times2+3\geq8$ (거짓)

② $-2+1>1$ (거짓)

③ $2\times 2-1>3\times 2$ (거짓)

④ $4-2\times 2\geq 3\times 2$ (거짓)

⑤ $2+1\geq 3$ (참)

따라서 $x=2$가 해가 되는 것은 ⑤이다.

5 부등식의 x에 주어진 값을 각각 대입하면

① $3\times(-2)+1\leq 4$ (참)

② $3\times(-1)+1\leq 4$ (참)

③ $3\times 0+1\leq 4$ (참)

④ $3\times 1+1\leq 4$ (참)

⑤ $3\times 2+1\leq 4$ (거짓)

6 $x=-1$일 때, $-4\times(-1)+5>1$ (참)

$x=0$일 때, $-4\times 0+5>1$ (참)

$x=1$일 때, $-4\times 1+5>1$ (거짓)

$x=2$일 때, $-4\times 2+5>1$ (거짓)

따라서 부등식의 해는 -1, 0이다.

7 부등식의 x에 주어진 값을 대입하면

① $3\times(-2)-7>3$ (거짓)

② $-1<2\times(-1)-4$ (거짓)

③ $5\times 1-4<0$ (거짓)

④ $2-3\times 2<5$ (참)

⑤ $-2\times(-3)+3<1$ (거짓)

8 ① $a<b$에서 $3a<3b$이므로 $3a+2<3b+2$

② $a<b$에서 $-a>-b$이므로 $-a+2>-b+2$

③ $a<b$에서 $-3a>-3b$이므로 $-3a-2>-3b-2$

④ $a<b$에서 $\dfrac{a}{5}<\dfrac{b}{5}$이므로 $\dfrac{a}{5}-6<\dfrac{b}{5}-6$

⑤ $a<b$에서 $-\dfrac{a}{4}>-\dfrac{b}{4}$이므로 $-\dfrac{a}{4}+3>-\dfrac{b}{4}+3$

9 $1-3a<1-3b$에서 $-3a<-3b$이므로 $a>b$

④ $a>b$에서 $9a>9b$이므로 $9a-3>9b-3$

⑤ $a>b$에서 $a+10>b+10$

따라서 옳지 않은 것은 ②, ⑤이다.

10 ① $2a-5>2b-5$, $2a>2b$ $\quad\therefore a>b$

② $1-3a<1-3b$, $-3a<-3b$ $\quad\therefore a>b$

③ $-4+2a>-4+2b$, $2a>2b$ $\quad\therefore a>b$

④ $-3a+\dfrac{1}{5}<-3b+\dfrac{1}{5}$, $-3a<-3b$ $\quad\therefore a>b$

⑤ $-2a+3>-2b+3$, $-2a>-2b$ $\quad\therefore a<b$

11 (1) $4a\leq 12$ $\quad\therefore 4a-2\leq 10$

(2) $5a\leq 15$ $\quad\therefore 5a+1\leq 16$

(3) $-2a\geq -6$ $\quad\therefore -2a+1\geq -5$

(4) $-\dfrac{a}{5}\geq -\dfrac{3}{5}$ $\quad\therefore -\dfrac{a}{5}+1\geq \dfrac{2}{5}$

12 (1) $-1\leq x<1$의 각 변에 2를 곱하면 $-2\leq 2x<2$

각 변에서 1을 빼면 $-3\leq 2x-1<1$

(2) $-1\leq x<1$의 각 변에 4를 곱하면 $-4\leq 4x<4$

각 변에 3을 더하면 $-1\leq 4x+3<7$

(3) $-1\leq x<1$의 각 변에 -1을 곱하면 $-1<-x\leq 1$

각 변에 5를 더하면 $4<-x+5\leq 6$

(4) $-1\leq x<1$의 각 변에 -2를 곱하면 $-2<-2x\leq 2$

각 변에 3을 더하면 $1<3-2x\leq 5$

13 $3\leq x\leq 5$의 각 변에 -2를 곱하면 $-10\leq -2x\leq -6$

각 변에 9를 더하면 $-1\leq -2x+9\leq 3$

따라서 $a=-1$, $b=3$이므로 $b-a=3-(-1)=4$

14 $-1\leq a<2$에서 $-8<-4a\leq 4$

$\therefore -10<-2-4a\leq 2$

따라서 $-2-4a$의 값의 범위에 속하는 정수는 -9, -8, -7, -6, -5, -4, -3, -2, -1, 0, 1, 2의 12개이다.

15 $2x-y=1$에서 $y=2x-1$

$0<x<5$에서 $0<2x<10$ $\quad\therefore -1<2x-1<9$

즉, $-1<y<9$이므로 $a=-1$, $b=9$

$\therefore a+b=-1+9=8$

16 $-3\leq 2x-1\leq 3$에서 $-2\leq 2x\leq 4$

$\therefore -1\leq x\leq 2$

$-1\leq x\leq 2$에서 $-5\leq 5x\leq 10$

$\therefore -2\leq 5x+3\leq 13$

따라서 $M=13$, $m=-2$이므로

$M-m=13-(-2)=15$

17 ① $2x\leq 2(x+1)$에서 $-2\leq 0$이므로 일차부등식이 아니다.

② $0.3x+1<2$에서 $0.3x-1<0$이므로 일차부등식이다.

③ $x^2-4>0$은 일차부등식이 아니다.

④ $6>-8$에서 $14>0$이므로 일차부등식이 아니다.

⑤ $5x-7>4x+2$에서 $x-9>0$이므로 일차부등식이다.

따라서 일차부등식인 것은 ②, ⑤이다.

18 ㄱ. 등식   ㄴ. $x^2-4x-1<0$ ㄷ. $5x-7>0$
ㄹ. $3x+3\geq0$ ㅁ. $2x^2+7\leq0$
따라서 일차부등식은 ㄷ, ㄹ의 2개이다.

19 $4x-3\leq(a-1)x-2$에서 $(5-a)x-1\leq0$이 일차
부등식이므로
$5-a\neq0$ $\therefore a\neq5$

20 $-x\leq2$의 양변에 -1을 곱하면 $x\geq-2$
따라서 $x\geq-2$를 수직선 위에 바르게 나타낸 것은 ④이다.

21 수직선이 나타내는 해는 $x\leq-1$이다.
① $x-2\geq-3$의 양변에 2를 더하면 $x\geq-1$
② $2x\geq-2$의 양변을 2로 나누면 $x\geq-1$
③ $3x<-3$의 양변을 3으로 나누면 $x<-1$
④ $-4x\geq4$의 양변을 -4로 나누면 $x\leq-1$
⑤ $-x\leq1$의 양변에 -1을 곱하면 $x\geq-1$
따라서 해가 주어진 그림과 같은 것은 ④이다.

22 $5x<10$의 양변을 5로 나누면 $x<2$
따라서 $x<2$를 수직선 위에 바르게 나타낸 것은 ②이다.

23 $3x-2<5x+6$에서 $-2x<8$ $\therefore x>-4$
따라서 $x>-4$를 수직선 위에 바르게 나타낸 것은 ①이다.

24 ① $x+1<1$에서 $x<0$
② $3-x<1$에서 $-x<-2$ $\therefore x>2$
③ $5x-10<5$에서 $5x<15$ $\therefore x<3$
④ $1-3x>-5$에서 $-3x>-6$ $\therefore x<2$
⑤ $2x-1<-3$에서 $2x<-2$ $\therefore x<-1$
따라서 해가 $x<2$인 것은 ④이다.

25 $3x-5\leq x+3$에서 $2x\leq8$ $\therefore x\leq4$
따라서 $x\leq4$를 만족하는 자연수 x는 1, 2, 3, 4의 4개
이다.

26 (1) $5x-4\geq2x+8$, $3x\geq12$ $\therefore x\geq4$
(2) $6+3x\geq5x-2$, $-2x\geq-8$ $\therefore x\leq4$

27 $6x+2>4x-12$, $2x>-14$ $\therefore x>-7$
따라서 $x>-7$을 수직선 위에 바르게 나타낸 것은 ②이다.

28 $8-x-2\geq6x-2$, $-7x\geq-8$ $\therefore x\leq\dfrac{8}{7}$
따라서 주어진 부등식을 만족하는 가장 큰 정수 x의 값
은 1이다.

29 (1) $3(x-1)-2(2x+1)<6$, $-x<11$
$\therefore x>-11$
(2) $2(3x-7)\geq3x-8$, $6x-14\geq3x-8$
$3x\geq6$ $\therefore x\geq2$
(3) $3(x+3)\geq2(x-1)$, $3x+9\geq2x-2$
$\therefore x\geq-11$
(4) $13x-30<2(x-4)$, $13x-30<2x-8$
$11x<22$ $\therefore x<2$

30 $13(2x-3)\geq35x+15$, $26x-39\geq35x+15$
$-9x\geq54$ $\therefore x\leq-6$

31 $\dfrac{x-2}{4}-\dfrac{2x-1}{5}<0$에서 $5(x-2)-4(2x-1)<0$
$5x-10-8x+4<0$, $-3x<6$ $\therefore x>-2$
따라서 이를 만족하는 x의 값 중 가장 작은 정수는 -1
이다.

32 양변에 6을 곱하면
$3x-6\leq x+3$
$2x\leq9$ $\therefore x\leq\dfrac{9}{2}$

33 (3) $-a>0$이므로 $x<-\dfrac{4}{a}$

34 $9-ax\geq1$에서 $-ax\geq-8$
$-a<0$이므로 $x\leq\dfrac{8}{a}$

35 $3a-2ax\leq7a$에서 $-2ax\leq4a$
$-2a<0$이므로 $x\geq\dfrac{4a}{-2a}$ $\therefore x\geq-2$

36 $(a-3)x-2(a-3)\leq0$, $(a-3)x\leq2(a-3)$
$a-3<0$이므로 $x\geq2$

37 $4x\geq7x-a$에서 $-3x\geq-a$ $\therefore x\leq\dfrac{a}{3}$
따라서 $\dfrac{a}{3}=3$이므로 $a=9$

38 $2x-3<3x+a$에서 $-x<a+3$ $\therefore x>-a-3$
따라서 $-a-3=-4$이므로 $a=1$

39 양변에 2를 곱하면
$2x-2-3(x-3)\geq2a$, $2x-2-3x+9\geq2a$
$-x\geq2a-7$ $\therefore x\leq-2a+7$
이때 주어진 수직선 위의 해는 $x\leq1$이므로 $-2a+7=1$
$-2a=-6$ $\therefore a=3$

40 $-2x+8 \geq 5x-6$에서 $-7x \geq -14$ $\quad \therefore x \leq 2$

$3x-a \leq x+2$에서 $2x \leq 2+a$ $\quad \therefore x \leq \dfrac{2+a}{2}$

따라서 $\dfrac{2+a}{2}=2$이므로 $a=2$

41 $\dfrac{x-3}{2} \geq \dfrac{4x-2}{3}$에서 $3(x-3) \geq 2(4x-2)$

$3x-9 \geq 8x-4$, $-5x \geq 5$ $\quad \therefore x \leq -1$

$6x-5 \leq a+x$에서 $5x \leq a+5$ $\quad \therefore x \leq \dfrac{a+5}{5}$

따라서 $\dfrac{a+5}{5}=-1$이므로 $a+5=-5$

$\therefore a=-10$

42 $5x-2 \geq 3x+a$에서 $2x \geq a+2$

$\therefore x \geq \dfrac{a+2}{2}$

따라서 $\dfrac{a+2}{2}=3$이므로 $a=4$

43 $\dfrac{x-3}{6} \geq \dfrac{x}{3}+a$에서 $x-3 \geq 2x+6a$

$-x \geq 6a+3$ $\quad \therefore x \leq -6a-3$

따라서 $-6a-3=3$이므로 $-6a=6$ $\quad \therefore a=-1$

44 $2x-5 > 4a$에서 $2x > 4a+5$

$\therefore x > \dfrac{4a+5}{2}$

즉, $\dfrac{4a+5}{2}=-1$이므로 $4a+5=-2$

$4a=-7$ $\quad \therefore a=-\dfrac{7}{4}$

$a=-\dfrac{7}{4}$을 $4x+a < \dfrac{1}{4}$에 대입하면

$4x-\dfrac{7}{4} < \dfrac{1}{4}$, $4x < 2$ $\quad \therefore x < \dfrac{1}{2}$

45 두 자연수를 x, $x+4$라 하면

$x+(x+4) \leq 14$, $2x \leq 10$ $\quad \therefore x \leq 5$

따라서 작은 수의 최댓값은 5이다.

46 연속하는 두 짝수를 x, $x+2$라 하면

$4x-8 \geq 2(x+2)$, $4x-8 \geq 2x+4$

$2x \geq 12$ $\quad \therefore x \geq 6$

x의 최솟값이 6이므로 가장 작은 두 수는 6, 8이다.

따라서 두 수의 합은 $6+8=14$이다.

47 연속하는 세 홀수를 $x-2$, x, $x+2$라 하면

$(x-2)+x+(x+2) < 79$, $3x < 79$ $\quad \therefore x < \dfrac{79}{3}$

따라서 x의 값 중 가장 큰 홀수는 25이므로 구하는 세 홀수는 23, 25, 27이다.

48 주사위의 눈의 수를 x라 하면

$4x > 2(x+4)$, $4x > 2x+8$

$2x > 8$ $\quad \therefore x > 4$

따라서 주사위의 눈의 수는 5, 6이다.

49 공책을 x권 산다고 하면

$800x+50 \times 4 \leq 5000$, $800x \leq 4800$ $\quad \therefore x \leq 6$

따라서 공책은 최대 6권까지 살 수 있다.

50 감을 x개 산다고 하면 귤은 $(14-x)$개를 사므로

$700x+400(14-x) \leq 8000$, $7x+4(14-x) \leq 80$

$7x+56-4x \leq 80$, $3x \leq 24$ $\quad \therefore x \leq 8$

따라서 감은 최대 8개까지 살 수 있다.

51 상자를 x개 싣는다고 하면

$60+20x \leq 400$, $20x \leq 340$ $\quad \therefore x \leq 17$

따라서 상자는 최대 17개까지 실을 수 있다.

52 x분 동안 주차한다고 하면

$3000+300(x-30) \leq 6000$, $300x-6000 \leq 6000$

$300x \leq 12000$ $\quad \therefore x \leq 40$

따라서 최대 40분까지 주차할 수 있다.

53 공책을 x권 산다고 하면

$1500x > 1200x+1800$, $300x > 1800$ $\quad \therefore x > 6$

따라서 공책을 적어도 7권 이상 살 경우 대형 할인점에서 사는 것이 유리하다.

54 샤프펜슬을 x자루 산다고 하면

$2000x > 1600x+3000$, $400x > 3000$ $\quad \therefore x > 7.5$

따라서 샤프펜슬을 적어도 8자루 이상 살 경우 인터넷 쇼핑몰에서 사는 것이 유리하다.

55 20명 미만의 단체 x명이 입장한다고 하면

$6000x > 6000 \times 20 \times 0.8$, $6x > 96$ $\quad \therefore x > 16$

따라서 적어도 17명 이상일 때 20명의 단체 입장권을 구입하는 것이 유리하다.

56 분속 80 m로 걸은 거리를 x m라 하면 분속 100 m로 걸은 거리는 $(1300-x)$ m이므로

$\dfrac{x}{80}+\dfrac{1300-x}{100}\leq15$, $5x+4(1300-x)\leq6000$

$\therefore x\leq800$

따라서 분속 80 m로 걸은 거리는 최대 800 m이다.

57 역에서 x km 이내에 있는 상점을 이용한다고 하면

$\dfrac{x}{4}+\dfrac{20}{60}+\dfrac{x}{4}\leq1$, $3x+4+3x\leq12$, $6x\leq8$

$\therefore x\leq\dfrac{4}{3}$

따라서 역에서 최대 $\dfrac{4}{3}$ km 이내에 있는 상점을 이용할 수 있다.

58 x분 후에 광현이와 가영이의 거리가 1.6 km 이상 떨어진다고 하면

$170x+150x\geq1600$, $320x\geq1600$ $\therefore x\geq5$

따라서 최소 5분이 경과해야 한다.

59 집과 서점 사이의 거리를 x m라고 하면

$\dfrac{x}{15}-\dfrac{x}{20}<14$, $4x-3x<840$ $\therefore x<840$

따라서 집과 서점 사이의 거리는 840 m 미만이어야 한다.

60 20 %의 소금물을 x g 섞는다고 하면 32%의 소금물은 $(600-x)$ g 섞으므로

$\dfrac{20}{100}\times x+\dfrac{32}{100}\times(600-x)\geq\dfrac{24}{100}\times600$

$20x+19200-32x\geq14400$, $-12x\geq-4800$

$\therefore x\leq400$

따라서 20 %의 소금물은 최대 400 g까지 섞을 수 있다.

61 물을 x g 넣는다고 하면

$\dfrac{15}{100}\times300\leq\dfrac{9}{100}\times(300+x)$

$4500\leq2700+9x$, $9x\geq1800$ $\therefore x\geq200$

따라서 물을 적어도 200 g 이상 넣어야 한다.

62 x g의 물을 증발시킨다고 하면

$\dfrac{8}{100}\times600\geq\dfrac{12}{100}\times(600-x)$

$4800\geq7200-12x$, $12x\geq2400$ $\therefore x\geq200$

따라서 적어도 200 g 이상의 물을 증발시켜야 한다.

개념완성익힘 익힘북 43~44쪽

1 (1) $2x+2\geq50$ (2) $100x+200y\leq2000$

(3) $4x>10$

2 ④	**3** ③	**4** ③	**5** ④
6 ②	**7** ①	**8** 9	**9** 17
10 ③	**11** 8	**12** -1	**13** 7 km

2 $-3x+4=-2$에서 $-3x=-6$ $\therefore x=2$

④ $2(2-2)\leq2\times2+1$에서 $0\leq5$ (참)

3 ㄱ. $x-1<3$에서 $x-4<0$이므로 일차부등식이다.

ㄴ. $4-2x\geq-2x$에서 $4\geq0$이므로 일차부등식이 아니다.

ㄷ. $6x-2=10$은 등식이다.

ㄹ. $x-x^2>5-x^2$에서 $x-5>0$이므로 일차부등식이다.

ㅁ. $x(x+3)-1\leq-x(1-x)$에서
$x^2+3x-1\leq-x+x^2$, $4x-1\leq0$이므로 일차부등식이다.

따라서 일차부등식은 ㄱ, ㄹ, ㅁ의 3개이다.

4 $-3x-2<7$에서 $-3x<9$ $\therefore x>-3$

따라서 해를 수직선 위에 바르게 나타낸 것은 ③이다.

5 양변에 6을 곱하면 $3x-6\leq x+3$

$2x\leq9$ $\therefore x\leq\dfrac{9}{2}$

6 $x-3<2x+2$에서 $-x<5$ $\therefore x>-5$

따라서 정수 x의 최솟값은 -4이다.

7 $(1-a)x+a>x+5a$에서 $-ax>4a$

이때 $a>0$에서 $-a<0$이므로 $x<\dfrac{4a}{-a}$

$\therefore x<-4$

8 $\dfrac{x+1}{2}-\dfrac{x}{3}<\dfrac{4}{3}$에서

$3(x+1)-2x<8$, $3x+3-2x<8$ $\therefore x<5$

$6(x-1)<2x+a+5$에서

$6x-6<2x+a+5$, $4x<a+11$ $\therefore x<\dfrac{a+11}{4}$

이때 두 일차부등식의 해가 같으므로

$\dfrac{a+11}{4}=5$, $a+11=20$ $\therefore a=9$

9 연속하는 세 홀수를 $x-2$, x, $x+2$라 하면

$44<(x-2)+x+(x+2)<48$, $44<3x<48$

$\therefore \dfrac{44}{3}<x<16$

이때 x는 홀수이므로 $x=15$

따라서 세 홀수는 13, 15, 17이므로 구하는 가장 큰 수는 17이다.

10 40명 미만의 단체 x명이 입장한다고 하면

$1500x>1500\times40\times\dfrac{80}{100}$

$1500x>48000$ $\qquad \therefore x>32$

따라서 적어도 33명 이상일 때 40명의 단체 입장권을 사는 것이 유리하다.

11 일차부등식을 풀면 $-x\leq4$ $\qquad \therefore x\geq-4$ $\qquad$ …… ①

$x\geq-4$의 양변에 -1을 곱하면 $-x\leq4$

양변에 4를 더하면 $4-x\leq8$, 즉 $A\leq8$ $\qquad$ …… ②

따라서 A의 값 중 가장 큰 정수는 8이다. $\qquad$ …… ③

단계	채점 기준	비율
①	일차부등식 풀기	30 %
②	등식의 성질을 이용하여 A의 값의 범위 구하기	50 %
③	가장 큰 정수 구하기	20 %

12 $2-x\leq\dfrac{x}{2}+a$에서 $4-2x\leq x+2a$

$-3x\leq2a-4$ $\qquad \therefore x\geq\dfrac{4-2a}{3}$ $\qquad$ …… ①

이때 해 중 가장 작은 수가 2이므로

$\dfrac{4-2a}{3}=2$ $\qquad$ …… ②

$4-2a=6$, $-2a=2$ $\qquad \therefore a=-1$ $\qquad$ …… ③

단계	채점 기준	비율
①	일차부등식의 해 구하기	50 %
②	a에 대한 등식 세우기	30 %
③	a의 값 구하기	20 %

13 진수가 올라갈 때 걸은 거리를 x km라 하면 내려올 때 걸은 거리는 $(x+1)$ km이므로

$\dfrac{x}{3}+\dfrac{x+1}{4}\leq2$ $\qquad$ …… ①

$4x+3(x+1)\leq24$, $7x\leq21$ $\qquad \therefore x\leq3$ $\qquad$ …… ②

따라서 진수가 걸은 거리는 최대 $3+4=7(\mathrm{km})$이다.

$\qquad$ …… ③

단계	채점 기준	비율
①	일차부등식 세우기	50 %
②	일차부등식 풀기	30 %
③	진수가 최대로 걸은 거리 구하기	20 %

2 연립방정식

개념적용익힘 익힘북 45~61쪽

1 ④ $\qquad$ **2** ⑤

3 ⑴ $4x+5y=90$ ⑵ $50x+100y=500$

4 ⑤ $\qquad$ **5** ④ $\qquad$ **6** ④ $\qquad$ **7** ⑤

8 ㄱ, ㄴ, ㄹ $\quad$ **9** ④ $\qquad$ **10** ⑤ $\qquad$ **11** ①

12 ④ $\qquad$ **13** 6 $\qquad$ **14** ② $\qquad$ **15** ①

16 ④ $\qquad$ **17** $m=-3$, $n=3$ $\qquad$ **18** ④

19 3 $\qquad$ **20** ⑤ $\qquad$ **21** 5 $\qquad$ **22** 2

23 ② $\qquad$ **24** ⑤ $\qquad$ **25** 1 $\qquad$ **26** -1

27 ③ $\qquad$ **28** $x=1$, $y=1$ $\qquad$ **29** ③

30 ① $\qquad$ **31** 4 $\qquad$ **32** $a=1$, $b=5$

33 $a=-1$, $b=4$ $\qquad$ **34** $x=\dfrac{2}{5}$, $y=-\dfrac{11}{5}$

35 ⑴ $a=4$, $b=3$ ⑵ $x=-5$, $y=6$ $\qquad$ **36** ④

37 6 $\qquad$ **38** $x=\dfrac{1}{2}$, $y=2$ $\qquad$ **39** -4

40 ① $\qquad$ **41** 5 $\qquad$ **42** ④ $\qquad$ **43** 5

44 $a=2$, $b=1$ $\qquad$ **45** 6

46 $a=3$, $b=2$ $\qquad$ **47** ② $\qquad$ **48** ④

49 ④ $\qquad$ **50** -4 $\qquad$ **51** ② $\qquad$ **52** ①

53 ② $\qquad$ **54** $-\dfrac{3}{2}$ $\qquad$ **55** ④ $\qquad$ **56** ④

57 $x=2$, $y=-1$ $\qquad$ **58** ① $\qquad$ **59** 5

60 17 $\qquad$ **61** ⑴ $x=-3$, $y=5$ ⑵ $x=2$, $y=-1$

62 ③ $\qquad$ **63** 4 $\qquad$ **64** ④ $\qquad$ **65** -13

66 $x=1$, $y=1$ 이외의 해가 존재한다는 사실을 생각하지 못했다.

67 ⑤ $\qquad$ **68** ④ $\qquad$ **69** ②

70 짜장면: 7000원, 짬뽕: 8000원 $\qquad$ **71** 7000원

72 ① $\qquad$ **73** 꿩: 23마리, 토끼: 12마리

74 ③ $\qquad$ **75** 20세 $\qquad$ **76** 68 $\qquad$ **77** 62 kg

78 46, 6 $\qquad$ **79** ③ $\qquad$ **80** 6시간 $\qquad$ **81** 6일

82 8분 $\qquad$ **83** 20시간

84 남학생: 432명, 여학생: 437명 $\qquad$ **85** 160명

86 남자 관객: 893명, 여자 관객: 162명

87 올라간 거리: 4 km, 내려온 거리: 6 km

88 9 km   **89** 1 km   **90** 300 m   **91** 3 km

92 15분   **93** 8분   **94** 4 km

95 은재: 분속 500 m, 재희: 분속 300 m

96 시속 12 km

97 길이: 100 m, 속력: 분속 800 m

98 1분   **99** $\dfrac{130}{9}$ km   **100** ④   **101** 180 g

102 ②   **103** A: 14 %, B: 4 %

104 A: 2 %, B: 5 %   **105** 25 g   **106** 120 g

107 22 kg   **108** 우유: 400 g, 달걀: 100 g

1
① 등호가 없으므로 방정식이 아니다.
② 미지수가 1개인 일차방정식이다.
③ $4y^2$의 차수가 2이므로 미지수가 2개인 일차방정식이 아니다.
④ $-x+2y+5=0$이므로 미지수가 2개인 일차방정식이다.
⑤ xy가 있으므로 미지수가 2개인 일차방정식이 아니다.

2
$6x^2-x+3=ax^2+bx+y-3$
$(a-6)x^2+(b+1)x+y-6=0$
따라서 $a-6=0$, $b+1\neq0$이어야 하므로
$a=6$, $b\neq-1$

4
$\dfrac{x}{100}\times200+\dfrac{y}{100}\times100=\dfrac{20}{100}\times300$
$\therefore 2x+y=60$

5
$\dfrac{15x+20y}{15+20}=80$, $\dfrac{15}{35}x+\dfrac{20}{35}y=80$
$\therefore \dfrac{3}{7}x+\dfrac{4}{7}y=80$

6 ④ $2x+2y=20$

7
각 일차방정식에 $x=-1$, $y=2$를 대입하면
① $-1+2\neq3$ ② $-1-3\times2\neq3$
③ $4\times(-1)+3\times2-12\neq0$
④ $-1-2\times2\neq1$
⑤ $7\times(-1)-2+9=0$
따라서 순서쌍 $(-1,\ 2)$를 해로 갖는 것은 ⑤이다.

8
ㄷ. $6+2\times1=8\neq10$ ㅁ. $3+2\times4=11\neq10$
ㅂ. $2+2\times5=12\neq10$
따라서 일차방정식 $x+2y=10$의 해인 것은 ㄱ, ㄴ, ㄹ이다.

9 $(1,\ 4)$, $(3,\ 3)$, $(5,\ 2)$, $(7,\ 1)$의 4개이다.

10
① 해가 없다.
② $(1,\ 5)$, $(2,\ 4)$, $(3,\ 3)$, $(4,\ 2)$, $(5,\ 1)$의 5개
③ $(1,\ 5)$, $(2,\ 3)$, $(3,\ 1)$의 3개
④ $(1,\ 3)$, $(4,\ 1)$의 2개
⑤ $(1,\ 16)$, $(2,\ 13)$, $(3,\ 10)$, $(4,\ 7)$, $(5,\ 4)$, $(6,\ 1)$의 6개

11
$x=2$, $y=-3$을 $x-ay+4=0$에 대입하면
$2+3a+4=0$, $3a=-6$ $\therefore a=-2$

12
$x=1$, $y=2$를 $ax+2y=1$에 대입하면
$a+4=1$ $\therefore a=-3$
$x=b$, $y=-1$을 $-3x+2y=1$에 대입하면
$-3b-2=1$, $3b=-3$ $\therefore b=-1$
$\therefore b-a=-1-(-3)=2$

13
$x=3k$, $y=2k$로 놓고 $3x+2y=78$에 대입하면
$9k+4k=78$, $13k=78$ $\therefore k=6$
따라서 $x=18$, $y=12$이므로 $x-y=18-12=6$

14
x, y가 자연수일 때,
$x+2y=12$의 해는 $(2,\ 5)$, $(4,\ 4)$, $(6,\ 3)$, $(8,\ 2)$, $(10,\ 1)$
$x-3y=-13$의 해는 $(2,\ 5)$, $(5,\ 6)$, $(8,\ 7)$, $\cdots$
따라서 연립방정식의 해는 $(2,\ 5)$이다.

15
x, y가 자연수일 때,
$4x+y=12$의 해는 $(1,\ 8)$, $(2,\ 4)$
$3x-y=-5$의 해는 $(1,\ 8)$, $(2,\ 11)$, $(3,\ 14)$, $\cdots$
따라서 연립방정식의 해는 $(1,\ 8)$이므로 $p=1$, $q=8$
$\therefore p+q=1+8=9$

16
$x=-1$, $y=2$를 보기의 일차방정식에 각각 대입하면
ㄱ. $2\times(-1)+2=0\neq5$
ㄴ. $3\times(-1)-2=-5$
ㄷ. $-(-1)+2=3\neq1$
ㄹ. $-2\times(-1)+3\times2=8$

17
$x+my=5$에 $x=2$, $y=-1$을 대입하면
$2-m=5$ $\therefore m=-3$
$nx-y=7$에 $x=2$, $y=-1$을 대입하면
$2n+1=7$, $2n=6$ $\therefore n=3$

18 $x+ay=5$에 $x=1$, $y=4$를 대입하면

$1+4a=5$, $4a=4$ $\therefore a=1$

$bx-y=3$에 $x=1$, $y=4$를 대입하면

$b-4=3$ $\therefore b=7$

$\therefore a+b=1+7=8$

19 $x=m+1$, $y=m-2$를 $2x-y=5$에 대입하면

$2(m+1)-(m-2)=5$

$2m+2-m+2=5$ $\therefore m=1$

즉, $x=2$, $y=-1$을 $3x-ny=4$에 대입하면

$6+n=4$ $\therefore n=-2$

$\therefore m-n=1-(-2)=3$

20 $\bigcirc\times5+\bigcirc\times2$를 하면 $29x=29$

즉, y가 소거된다.

21 $\begin{cases} 2x-y=7 & \cdots\cdots\ \bigcirc \\ 3x-4y=3 & \cdots\cdots\ \bigcirc \end{cases}$

$\bigcirc\times4-\bigcirc$을 하면 $5x=25$

$\therefore a=5$

22 $\bigcirc-\bigcirc\times2$를 하면 $ax-5y-2(x+3y)=3-7\times2$

$(a-2)x-11y=-11$

이때 x가 소거되려면 $a-2=0$ $\therefore a=2$

23 $\begin{cases} x+y=2 & \cdots\cdots\ \bigcirc \\ 3x+4y=6 & \cdots\cdots\ \bigcirc \end{cases}$

$\bigcirc\times4-\bigcirc$을 하면 $x=2$

$x=2$를 $\bigcirc$에 대입하면 $2+y=2$ $\therefore y=0$

따라서 $a=2$, $b=0$이므로 $a+2b=2+2\times0=2$

24 ①, ②, ③, ④ $x=1$, $y=2$ ⑤ $x=-1$, $y=0$

25 $\begin{cases} 3x-2y=5 & \cdots\cdots\ \bigcirc \\ x-4y=5 & \cdots\cdots\ \bigcirc \end{cases}$

$\bigcirc-\bigcirc\times3$을 하면 $10y=-10$ $\therefore y=-1$

$y=-1$을 $\bigcirc$에 대입하면 $x+4=5$ $\therefore x=1$

$\therefore 2x+y=2\times1-1=1$

26 $\begin{cases} 2x+y=1 & \cdots\cdots\ \bigcirc \\ 3x-2y=5 & \cdots\cdots\ \bigcirc \end{cases}$

$\bigcirc\times2+\bigcirc$을 하면 $7x=7$ $\therefore x=1$

$x=1$을 $\bigcirc$에 대입하면 $2+y=1$ $\therefore y=-1$

따라서 $x=1$, $y=-1$을 $ax-4y=3$에 대입하면

$a+4=3$ $\therefore a=-1$

27 $x=2$, $y=-3$과 $x=4$, $y=-1$을 $ax+by=5$에 각각 대입하면

$\begin{cases} 2a-3b=5 & \cdots\cdots\ \bigcirc \\ 4a-b=5 & \cdots\cdots\ \bigcirc \end{cases}$

$\bigcirc-\bigcirc\times3$을 하면

$-10a=-10$ $\therefore a=1$

$a=1$을 $\bigcirc$에 대입하면

$2-3b=5$, $-3b=3$ $\therefore b=-1$

$\therefore a+b=1+(-1)=0$

28 $\begin{cases} 3x+2y=5 & \cdots\cdots\ \bigcirc \\ 4x-2y=2 & \cdots\cdots\ \bigcirc \end{cases}$

$\bigcirc+\bigcirc$을 하면 $7x=7$ $\therefore x=1$

$x=1$을 $\bigcirc$에 대입하면

$3+2y=5$, $2y=2$ $\therefore y=1$

29 $\bigcirc$을 $\bigcirc$에 대입하면

$3x+2(2x+1)=10$, $7x=8$ $\therefore 7x-8=0$

$\therefore a=7$

30 $\begin{cases} y=2x+5 & \cdots\cdots\ \bigcirc \\ y=-3x-10 & \cdots\cdots\ \bigcirc \end{cases}$ 에서 $\bigcirc$을 $\bigcirc$에 대입하면

$2x+5=-3x-10$, $5x=-15$ $\therefore x=-3$

$x=-3$을 $\bigcirc$에 대입하면 $y=-6+5=-1$

따라서 $a=-3$, $b=-1$이므로

$a-b=-3-(-1)=-2$

31 $\begin{cases} 4x=3y+1 & \cdots\cdots\ \bigcirc \\ y=5x+7 & \cdots\cdots\ \bigcirc \end{cases}$ 에서 $\bigcirc$을 $\bigcirc$에 대입하면

$4x=3(5x+7)+1$, $4x=15x+21+1$

$-11x=22$ $\therefore x=-2$

$x=-2$를 $\bigcirc$에 대입하면 $y=-10+7=-3$

따라서 $p=-2$, $q=-3$이므로

$p-2q=-2-2\times(-3)=4$

32 $x=2$, $y=1$을 $ax+y=3$에 대입하면

$2a+1=3$, $2a=2$ $\therefore a=1$

$x=2$, $y=1$을 $2x+by=9$에 대입하면

$4+b=9$ $\therefore b=5$

33 $x=b$, $y=11$을 $2x-y=-3$에 대입하면

$2b-11=-3$, $2b=8$ $\therefore b=4$

$x=4$, $y=11$을 $4x+ay=5$에 대입하면

$16+11a=5$, $11a=-11$ $\therefore a=-1$

34 $\begin{cases} bx+ay=3 \\ ax-by=4 \end{cases}$ 에 $x=1$, $y=2$를 대입하면

$\begin{cases} 2a+b=3 \quad\cdots\cdots\ ㉠ \\ a-2b=4 \quad\cdots\cdots\ ㉡ \end{cases}$

㉠$-$㉡$\times 2$를 하면 $5b=-5$ $\quad\therefore b=-1$

$b=-1$을 ㉡에 대입하면 $a+2=4$ $\quad\therefore a=2$

따라서 처음 연립방정식은 $\begin{cases} 2x-y=3 \quad\cdots\cdots\ ㉢ \\ -x-2y=4 \quad\cdots\cdots\ ㉣ \end{cases}$

㉢$+$㉣$\times 2$를 하면 $-5y=11$ $\quad\therefore y=-\dfrac{11}{5}$

$y=-\dfrac{11}{5}$ 을 ㉢에 대입하면

$2x+\dfrac{11}{5}=3$, $2x=\dfrac{4}{5}$ $\quad\therefore x=\dfrac{2}{5}$

35 (1) $x=1$, $y=2$는 $2x+by=8$의 해이므로

$x=1$, $y=2$를 $2x+by=8$에 대입하면

$2+2b=8$, $2b=6$ $\quad\therefore b=3$

$x=-2$, $y=2$는 $ax+3y=-2$의 해이므로

$x=-2$, $y=2$를 $ax+3y=-2$에 대입하면

$-2a+6=-2$, $-2a=-8$ $\quad\therefore a=4$

(2) $\begin{cases} 4x+3y=-2 \quad\cdots\cdots\ ㉠ \\ 2x+3y=8 \quad\cdots\cdots\ ㉡ \end{cases}$

㉠$-$㉡을 하면 $2x=-10$ $\quad\therefore x=-5$

$x=-5$를 ㉡에 대입하면

$-10+3y=8$, $3y=18$ $\quad\therefore y=6$

36 4와 6의 최대공약수는 2이므로 $x=2$이고, 4와 6의 최소공배수는 12이므로 $y=12$이다.

$x=2$, $y=12$를 연립방정식에 대입하면

$\begin{cases} 2a-24=b \\ 2b+12=a-6 \end{cases}$ 에서 $\begin{cases} 2a-b=24 \quad\cdots\cdots\ ㉠ \\ a-2b=18 \quad\cdots\cdots\ ㉡ \end{cases}$

㉠$-$㉡$\times 2$를 하면 $3b=-12$ $\quad\therefore b=-4$

$b=-4$를 ㉠에 대입하면

$2a+4=24$, $2a=20$ $\quad\therefore a=10$

$\therefore a-b=10-(-4)=14$

37 $\begin{cases} ax+by=5 \\ cx+y=7 \end{cases}$ 의 해가 $x=1$, $y=3$이므로

연립방정식에 대입하면 $\begin{cases} a+3b=5 \quad\cdots\cdots\ ㉠ \\ c+3=7 \quad\cdots\cdots\ ㉡ \end{cases}$

㉡에서 $c=4$

$\begin{cases} ax+by=5 \\ dx+y=7 \end{cases}$ 의 해가 $x=3$, $y=4$이므로

연립방정식에 대입하면 $\begin{cases} 3a+4b=5 \quad\cdots\cdots\ ㉢ \\ 3d+4=7 \quad\cdots\cdots\ ㉣ \end{cases}$

㉣에서 $3d=3$ $\quad\therefore d=1$

$\begin{cases} a+3b=5 \quad\cdots\cdots\ ㉠ \\ 3a+4b=5 \quad\cdots\cdots\ ㉢ \end{cases}$

㉠$\times 3-$㉢을 하면 $5b=10$ $\quad\therefore b=2$

$b=2$를 ㉠에 대입하면 $a+6=5$ $\quad\therefore a=-1$

$\therefore a+b+c+d=-1+2+4+1=6$

38 $\begin{cases} 2x-3y=-2y-1 \\ y=4x \end{cases}$, 즉 $\begin{cases} 2x-y=-1 \quad\cdots\cdots\ ㉠ \\ y=4x \quad\cdots\cdots\ ㉡ \end{cases}$

㉡을 ㉠에 대입하면

$2x-4x=-1$, $-2x=-1$ $\quad\therefore x=\dfrac{1}{2}$

$x=\dfrac{1}{2}$ 을 ㉡에 대입하면 $y=2$

39 $\begin{cases} 4x+y=-14 \quad\cdots\cdots\ ㉠ \\ x=y-6 \quad\cdots\cdots\ ㉡ \end{cases}$ 에서 ㉡을 ㉠에 대입하면

$4(y-6)+y=-14$, $5y=10$ $\quad\therefore y=2$

$y=2$를 ㉡에 대입하면 $x=2-6=-4$

따라서 $x=-4$, $y=2$를 $x-2y=a-4$에 대입하면

$-4-4=a-4$ $\quad\therefore a=-4$

40 $\begin{cases} x-2y=13 \quad\cdots\cdots\ ㉠ \\ 2x-3y=22 \quad\cdots\cdots\ ㉡ \end{cases}$

㉠$\times 2-$㉡을 하면 $-y=4$ $\quad\therefore y=-4$

$y=-4$를 ㉠에 대입하면 $x+8=13$ $\quad\therefore x=5$

따라서 $x=5$, $y=-4$를 $3x+4y=a$에 대입하면

$15-16=a$ $\quad\therefore a=-1$

41 $\begin{cases} 2x+y=5 \quad\cdots\cdots\ ㉠ \\ x+y=4 \quad\cdots\cdots\ ㉡ \end{cases}$

㉠$-$㉡을 하면 $x=1$

$x=1$을 ㉡에 대입하면 $1+y=4$ $\quad\therefore y=3$

$x=1$, $y=3$을 $ax+3y=14$에 대입하면

$a+9=14$ $\quad\therefore a=5$

42 $x:y=3:1$이므로 $x=3y$

주어진 연립방정식에 $x=3y$를 대입하면

$\begin{cases} 3y-y=a \\ 6y+3y=15-3a \end{cases}$, 즉 $\begin{cases} 2y=a \quad\cdots\cdots\ ㉠ \\ 3y=5-a \quad\cdots\cdots\ ㉡ \end{cases}$

㉠을 ㉡에 대입하면 $3y=5-2y$, $5y=5$ $\quad\therefore y=1$

$y=1$을 ㉠에 대입하면 $a=2$

43 $\begin{cases} x+2y=3k & \cdots\cdots \text{㉠} \\ x-y=5-k & \cdots\cdots \text{㉡} \end{cases}$

㉠$-$㉡을 하면 $3y=4k-5$ $\quad \therefore y=\dfrac{4k-5}{3}$

$y=\dfrac{4k-5}{3}$를 ㉡에 대입하면

$x-\dfrac{4k-5}{3}=5-k$ $\quad \therefore x=\dfrac{10+k}{3}$

$x=\dfrac{10+k}{3}, y=\dfrac{4k-5}{3}$를 $x+y=10$에 대입하면

$\dfrac{10+k}{3}+\dfrac{4k-5}{3}=10,\ 5k+5=30,\ 5k=25$

$\therefore k=5$

44 $\begin{cases} x-y=-8 & \cdots\cdots \text{㉠} \\ 2x-y=-10 & \cdots\cdots \text{㉡} \end{cases}$

㉠$-$㉡을 하면 $-x=2$ $\quad \therefore x=-2$

$x=-2$를 ㉠에 대입하면 $-2-y=-8$ $\quad \therefore y=6$

따라서 $x=-2,\ y=6$을 $2x+y=a,\ x+by=4$에

각각 대입하면

$-4+6=a,\ -2+6b=4$ $\quad \therefore a=2,\ b=1$

45 $\begin{cases} x-3y=-1 & \cdots\cdots \text{㉠} \\ 3x+y=7 & \cdots\cdots \text{㉡} \end{cases}$

㉠$\times 3-$㉡을 하면 $-10y=-10$ $\quad \therefore y=1$

$y=1$을 ㉠에 대입하면

$x-3=-1$ $\quad \therefore x=2$

$x=2,\ y=1$을 $ax-5y=1$에 대입하면

$2a-5=1,\ 2a=6$ $\quad \therefore a=3$

$x=2,\ y=1$을 $4x-by=5$에 대입하면

$8-b=5$ $\quad \therefore b=3$

$\therefore a+b=3+3=6$

46 $\begin{cases} x+3y=9 & \cdots\cdots \text{㉠} \\ 2x-y=-10 & \cdots\cdots \text{㉡} \end{cases}$

㉠$\times 2-$㉡을 하면 $7y=28$ $\quad \therefore y=4$

$y=4$를 ㉠에 대입하면 $x+12=9$ $\quad \therefore x=-3$

$x=-3,\ y=4$를 $ax+2y=-1,\ -x+by=11$에

각각 대입하면

$-3a+8=-1,\ 3+4b=11$이므로

$-3a=-9,\ 4b=8$ $\quad \therefore a=3,\ b=2$

47 $\begin{cases} x-2y=10 & \cdots\cdots \text{㉠} \\ 2x+5y=-7 & \cdots\cdots \text{㉡} \end{cases}$

㉠$\times 2-$㉡을 하면 $-9y=27$ $\quad \therefore y=-3$

$y=-3$을 ㉠에 대입하면 $x+6=10$ $\quad \therefore x=4$

$x=4,\ y=-3$을 $\begin{cases} ax+by=18 \\ -2bx-ay=25 \end{cases}$에 각각

대입하면

$\begin{cases} 4a-3b=18 & \cdots\cdots \text{㉢} \\ 3a-8b=25 & \cdots\cdots \text{㉣} \end{cases}$

㉢$\times 3-$㉣$\times 4$를 하면 $23b=-46$ $\quad \therefore b=-2$

$b=-2$를 ㉢에 대입하면 $4a+6=18,\ 4a=12$

$\therefore a=3$

$\therefore a+2b=3+2\times(-2)=-1$

48 괄호를 풀면 $\begin{cases} 2x+5y=15 & \cdots\cdots \text{㉠} \\ x-6y=-1 & \cdots\cdots \text{㉡} \end{cases}$

㉠$-$㉡$\times 2$를 하면 $17y=17$ $\quad \therefore y=1$

$y=1$을 ㉡에 대입하면

$x-6=-1$ $\quad \therefore x=5$

49 $\begin{cases} 5(2x-1)+y=4 \\ 3x-y=4 \end{cases}$ 에서 $\begin{cases} 10x+y=9 & \cdots\cdots \text{㉠} \\ 3x-y=4 & \cdots\cdots \text{㉡} \end{cases}$

㉠$+$㉡을 하면 $13x=13$ $\quad \therefore x=1$

$x=1$을 ㉡에 대입하면 $3-y=4$ $\quad \therefore y=-1$

따라서 $p=1,\ q=-1$이므로 $p+q=1+(-1)=0$

50 $\begin{cases} 5(x-2y)-2x+y=30 \\ x=2y \end{cases}$ 에서

$\begin{cases} x-3y=10 & \cdots\cdots \text{㉠} \\ x=2y & \cdots\cdots \text{㉡} \end{cases}$

㉡을 ㉠에 대입하면 $2y-3y=10$ $\quad \therefore y=-10$

$y=-10$을 ㉡에 대입하면 $x=-20$

따라서 $x=-20,\ y=-10$을 $x+ay=20$에 대입하면

$-20-10a=20,\ -10a=40$ $\quad \therefore a=-4$

51 주어진 연립방정식을 정리하면 $\begin{cases} 3x+2y=6 & \cdots\cdots \text{㉠} \\ 4x-3y=8 & \cdots\cdots \text{㉡} \end{cases}$

㉠$\times 3+$㉡$\times 2$를 하면 $17x=34$ $\quad \therefore x=2$

$x=2$를 ㉠에 대입하면 $6+2y=6,\ 2y=0$ $\quad \therefore y=0$

52 주어진 연립방정식을 정리하면

$\begin{cases} 10x+3y=-16 & \cdots\cdots \text{㉠} \\ 5x+y=3 & \cdots\cdots \text{㉡} \end{cases}$

㉠$-$㉡$\times 2$를 하면 $y=-22$

$y=-22$를 ㉡에 대입하면

$5x-22=3,\ 5x=25$ $\quad \therefore x=5$

따라서 $a=5,\ b=-22$이므로

$a+b=5+(-22)=-17$

53 $\begin{cases} 2(x-3y)-10y=-20 \\ -4x+3(3-y)=14 \end{cases}$ 에서

$\begin{cases} x-8y=-10 & \cdots\cdots\ \text{㉠} \\ -4x-3y=5 & \cdots\cdots\ \text{㉡} \end{cases}$

㉠$\times 4+$㉡을 하면 $-35y=-35$ $\quad\therefore\ y=1$

$y=1$을 ㉠에 대입하면 $x-8=-10$ $\quad\therefore\ x=-2$

따라서 $a=-2$, $b=1$이므로 $a+b=-2+1=-1$

54 $\begin{cases} 0.2x+0.7y=1.3 \\ x=y+2 \end{cases}$ 에서 $\begin{cases} 2x+7y=13 & \cdots\cdots\ \text{㉠} \\ x=y+2 & \cdots\cdots\ \text{㉡} \end{cases}$

㉡을 ㉠에 대입하면

$2(y+2)+7y=13$, $9y=9$ $\quad\therefore\ y=1$

$y=1$을 ㉡에 대입하면 $x=3$

따라서 $x=3$, $y=1$을 $\dfrac{1}{3}x-\dfrac{5}{2}y=k$에 대입하면

$1-\dfrac{5}{2}=k$ $\quad\therefore\ k=-\dfrac{3}{2}$

55 $\begin{cases} 4x+5y=13 \\ 2(x+1)+3y=9 \end{cases}$ 에서 $\begin{cases} 4x+5y=13 & \cdots\cdots\ \text{㉠} \\ 2x+3y=7 & \cdots\cdots\ \text{㉡} \end{cases}$

㉠$-$㉡$\times 2$를 하면 $-y=-1$ $\quad\therefore\ y=1$

$y=1$을 ㉡에 대입하면 $2x+3=7$, $2x=4$

$\therefore\ x=2$

따라서 $x=2$, $y=1$을 $kx+y=5$에 대입하면

$2k+1=5$, $2k=4$ $\quad\therefore\ k=2$

56 $2x+\dfrac{3}{2}y=\dfrac{9}{2}$의 양변에 2를 곱하면

$4x+3y=9$ $\quad\cdots\cdots\ \text{㉠}$

$y=-\dfrac{1}{3}x$이므로 ㉠에 대입하면

$4x+3\times\left(-\dfrac{1}{3}x\right)=9$, $3x=9$ $\quad\therefore\ x=3$

$x=3$을 ㉠에 대입하면

$12+3y=9$, $3y=-3$ $\quad\therefore\ y=-1$

$x=3$, $y=-1$을 $3x+y-a(x+y)=4$에 대입하면

$9-1-a(3-1)=4$, $8-2a=4$

$-2a=-4$ $\quad\therefore\ a=2$

57 주어진 연립방정식을 정리하면

$\begin{cases} \dfrac{1}{9}x-\dfrac{2}{9}y=\dfrac{4}{9} \\ \dfrac{5}{9}x-\dfrac{2}{9}y=\dfrac{12}{9} \end{cases}$ 에서 $\begin{cases} x-2y=4 & \cdots\cdots\ \text{㉠} \\ 5x-2y=12 & \cdots\cdots\ \text{㉡} \end{cases}$

㉡$-$㉠을 하면 $4x=8$ $\quad\therefore\ x=2$

$x=2$를 ㉠에 대입하면

$2-2y=4$, $-2y=2$ $\quad\therefore\ y=-1$

58 $\begin{cases} 2(x+3y)=3x+7 \\ 4x:5y=2:1 \end{cases}$ 에서 $\begin{cases} -x+6y=7 & \cdots\cdots\ \text{㉠} \\ 2x-5y=0 & \cdots\cdots\ \text{㉡} \end{cases}$

㉠$\times 2+$㉡을 하면 $7y=14$ $\quad\therefore\ y=2$

$y=2$를 ㉠에 대입하면 $-x+12=7$ $\quad\therefore\ x=5$

$\therefore\ x-2y=5-2\times 2=1$

59 $\begin{cases} 4(x+1)=3(y+1) \\ 4x-y=5 \end{cases}$ 에서 $\begin{cases} 4x-3y=-1 & \cdots\cdots\ \text{㉠} \\ 4x-y=5 & \cdots\cdots\ \text{㉡} \end{cases}$

㉠$-$㉡을 하면 $-2y=-6$ $\quad\therefore\ y=3$

$y=3$을 ㉡에 대입하면 $4x-3=5$, $4x=8$

$\therefore\ x=2$

따라서 $m=2$, $n=3$이므로 $m+n=2+3=5$

60 $(2x+9):(3y-1)=1:2$에서

$4x-3y=-19$ $\quad\cdots\cdots\ \text{㉠}$

$(x+y):(x-y)=3:5$에서 $x=-4y$ $\quad\cdots\cdots\ \text{㉡}$

㉡을 ㉠에 대입하면

$-16y-3y=-19$, $-19y=-19$ $\quad\therefore\ y=1$

$y=1$을 ㉡에 대입하면 $x=-4$

$\therefore\ x^2+y^2=16+1=17$

61 (1) $\begin{cases} 4x-y+16=x+2 \\ 2x+2y-5=x+2 \end{cases}$ 에서

$\begin{cases} 3x-y=-14 & \cdots\cdots\ \text{㉠} \\ x+2y=7 & \cdots\cdots\ \text{㉡} \end{cases}$

㉠$\times 2+$㉡을 하면 $7x=-21$ $\quad\therefore\ x=-3$

$x=-3$을 ㉠에 대입하면 $-9-y=-14$

$\therefore\ y=5$

(2) $\begin{cases} 3x-4y=2x+y+7 \\ 3x-4y=4x+4y+6 \end{cases}$ 에서

$\begin{cases} x-5y=7 & \cdots\cdots\ \text{㉠} \\ -x-8y=6 & \cdots\cdots\ \text{㉡} \end{cases}$

㉠$+$㉡을 하면 $-13y=13$ $\quad\therefore\ y=-1$

$y=-1$을 ㉠에 대입하면 $x+5=7$ $\quad\therefore\ x=2$

62 $\begin{cases} 3x+y=-2x+2 \\ 2x-y-5=-2x+2 \end{cases}$ 에서 $\begin{cases} 5x+y=2 & \cdots\cdots\ \text{㉠} \\ 4x-y=7 & \cdots\cdots\ \text{㉡} \end{cases}$

㉠$+$㉡을 하면 $9x=9$ $\quad\therefore\ x=1$

$x=1$을 ㉠에 대입하면 $5+y=2$ $\quad \therefore y=-3$

따라서 $a=1$, $b=-3$이므로 $6a+b=6-3=3$

63 $\begin{cases} \dfrac{ax+y}{5}=\dfrac{x+1}{2} \\ \dfrac{x+1}{2}=\dfrac{3x-by}{4} \end{cases}$ 에 $x=3$, $y=1$을 대입하면

$\dfrac{3a+1}{5}=\dfrac{3+1}{2}$, $3a+1=10$, $3a=9$ $\quad \therefore a=3$

$\dfrac{3+1}{2}=\dfrac{9-b}{4}$, $8=9-b$ $\quad \therefore b=1$

$\therefore a+b=3+1=4$

64 ④ $\begin{cases} x-2y=4 \\ -2x+8=-4y \end{cases}$ 에서 $\begin{cases} -2x+4y=-8 \\ -2x+4y=-8 \end{cases}$ 이므로

해가 무수히 많다.

65 $\begin{cases} x+3y=a \\ 5x-by=10 \end{cases}$, 즉 $\begin{cases} 5x+15y=5a \\ 5x-by=10 \end{cases}$ 의 해가 무수히

많으므로

$15=-b$, $5a=10$ $\quad \therefore a=2$, $b=-15$

$\therefore a+b=2+(-15)=-13$

66 $-x+y=3(1-x)$를 정리하면 $2x+y=3$이므로 연립방정식의 두 방정식이 서로 같다.

따라서 이 연립방정식의 해는 무수히 많다.

즉, 상현이는 연립방정식의 해가 $x=1$, $y=1$ 이외의 해가 존재한다는 사실을 생각하지 못했다.

67 ⑤ $\begin{cases} -2x+y=2 \\ 4x-2y=3 \end{cases}$ 에서 $\begin{cases} 4x-2y=-4 \\ 4x-2y=3 \end{cases}$ 이므로 해가 없다.

68 $\begin{cases} x+3y=a \\ 4x+12y=8 \end{cases}$, 즉 $\begin{cases} 4x+12y=4a \\ 4x+12y=8 \end{cases}$ 의 해가 없으므로

$4a\ne8$ $\quad \therefore a\ne2$

69 $\begin{cases} 3x-2y=4 \\ 6x+ay=b \end{cases}$, 즉 $\begin{cases} 6x-4y=8 \\ 6x+ay=b \end{cases}$ 의 해가 없으므로

$a=-4$, $b\ne8$

70 짜장면 한 그릇의 가격을 x원, 짬뽕 한 그릇의 가격을 y원이라 하면

$\begin{cases} 4x+3y=52000 \\ y=x+1000 \end{cases}$ $\quad \therefore x=7000$, $y=8000$

따라서 짜장면은 7000원, 짬뽕은 8000원이다.

71 돈가스의 원래 가격을 x원, 잔치국수의 원래 가격을 y원이라 하면

$\begin{cases} 0.8x+0.8y=9600 \\ y=x-2000 \end{cases}$ 에서 $\begin{cases} x+y=12000 \\ y=x-2000 \end{cases}$

$\therefore x=7000$, $y=5000$

따라서 돈가스의 원래 가격은 7000원이다.

72 자동차가 x대, 자전거가 y대라 하면

$\begin{cases} x+y=30 \\ 4x+2y=80 \end{cases}$ 에서 $\begin{cases} x+y=30 \\ 2x+y=40 \end{cases}$

$\therefore x=10$, $y=20$

따라서 자동차는 10대, 자전거는 20대이다.

73 바구니에 들어 있는 꿩을 x마리, 토끼를 y마리라 하면

$\begin{cases} x+y=35 \\ 2x+4y=94 \end{cases}$ 에서 $\begin{cases} x+y=35 \\ x+2y=47 \end{cases}$

$\therefore x=23$, $y=12$

따라서 꿩은 23마리, 토끼는 12마리가 있다.

74 현재 삼촌의 나이를 x세, 조카의 나이를 y세라 하면

$\begin{cases} x+y=28 \\ x+3=2(y+3)+4 \end{cases}$ 에서 $\begin{cases} x+y=28 \\ x-2y=7 \end{cases}$

$\therefore x=21$, $y=7$

따라서 현재 조카의 나이는 7세이다.

75 현재 할머니의 나이를 x세, 손녀의 나이를 y세라 하면

$\begin{cases} x-5=4(y-5) \\ x+25=2(y+25) \end{cases}$ 에서 $\begin{cases} x-4y=-15 \\ x-2y=25 \end{cases}$

$\therefore x=65$, $y=20$

따라서 현재 손녀의 나이는 20세이다.

76 처음 두 자리의 자연수의 십의 자리의 숫자를 x, 일의 자리의 숫자를 y라 하면

$\begin{cases} x+y=14 \\ 10y+x=(10x+y)+18 \end{cases}$ 에서 $\begin{cases} x+y=14 \\ x-y=-2 \end{cases}$

$\therefore x=6$, $y=8$

따라서 처음 수는 68이다.

77 정희와 민규의 몸무게를 각각 x kg, y kg이라 하면

$\begin{cases} \dfrac{x+68+y}{3}=66 \\ y=x+6 \end{cases}$ 에서 $\begin{cases} x+y=130 \\ y=x+6 \end{cases}$

$\therefore x=62$, $y=68$

따라서 정희의 몸무게는 62 kg이다.

78 큰 수를 x, 작은 수를 y라 하면

$$\begin{cases} x=7y+4 \\ 2x=15y+2 \end{cases} \quad \therefore x=46,\ y=6$$

따라서 두 수는 46, 6이다.

79 B팀이 전반전에서 얻은 점수를 x점, A팀이 후반전에서 얻은 점수를 y점이라 하면 두 팀의 점수는 위의 표와 같다.

	A팀(점)	B팀(점)
전반전	$x+10$	x
후반전	y	$2y$

$$\begin{cases} (x+10)+y=48 \\ x+2y=56 \end{cases} \text{에서} \begin{cases} x+y=38 \\ x+2y=56 \end{cases}$$

$$\therefore x=20,\ y=18$$

따라서 A팀이 전반전에서 얻은 점수는

$$x+10=20+10=30(\text{점})$$

80 전체 작업의 양을 1이라 하고, 윤하와 지은이가 1시간 동안 하는 작업의 양을 각각 $x,\ y$라 하면

$$\begin{cases} 4x+4y=1 \\ 2x+8y=1 \end{cases} \quad \therefore x=\dfrac{1}{6},\ y=\dfrac{1}{12}$$

따라서 윤하가 혼자서 작업을 하면 끝내는 데 6시간이 걸린다.

81 전체 일의 양을 1이라 하고 수진이와 승재가 일한 날을 각각 x일, y일이라 하면

$$\begin{cases} x+y=8 \\ \dfrac{1}{5}x+\dfrac{1}{10}y=1 \end{cases} \text{에서} \begin{cases} x+y=8 \\ 2x+y=10 \end{cases}$$

$$\therefore x=2,\ y=6$$

따라서 승재가 일한 날은 6일이다.

82 욕조에 물을 가득 채웠을 때의 물의 양을 1이라 하고, A 수도꼭지, B 수도꼭지로 1분 동안 채울 수 있는 물의 양을 각각 $x,\ y$라 하면

$$\begin{cases} 2x+18y=1 \\ 4x+12y=1 \end{cases} \quad \therefore x=\dfrac{1}{8},\ y=\dfrac{1}{24}$$

따라서 A 수도꼭지로만 욕조에 물을 가득 채우려면 8분이 걸린다.

83 수영장에 물이 가득 차 있을 때의 물의 양을 1로 놓고, A, B 호스로 1시간 동안 뺄 수 있는 물의 양을 각각 $x,\ y$라 하면

$$\begin{cases} 2x+10y=1 \\ 3x+5y=1 \end{cases} \quad \therefore x=\dfrac{1}{4},\ y=\dfrac{1}{20}$$

따라서 B 호스만으로 수영장의 물을 모두 빼는 데는 20시간이 걸린다.

84 작년의 남학생 수를 x명, 여학생 수를 y명이라 하면

$$\begin{cases} x+y=869-9 \\ \dfrac{8}{100}x-\dfrac{5}{100}y-9 \end{cases} \text{에서} \begin{cases} x+y=860 \\ 8x-5y=900 \end{cases}$$

$$\therefore x=400,\ y=460$$

따라서 올해 남학생 수는 $400+400\times\dfrac{8}{100}=432(\text{명})$,

올해 여학생 수는 $460-460\times\dfrac{5}{100}=437(\text{명})$

85 지난달 남학생 수를 x명, 여학생 수를 y명이라 하면

$$\begin{cases} x+y=450 \\ -\dfrac{20}{100}x+\dfrac{16}{100}y=0 \end{cases} \text{에서} \begin{cases} x+y=450 \\ -5x+4y=0 \end{cases}$$

$$\therefore x=200,\ y=250$$

따라서 이번 달 남학생 수는 $200-200\times\dfrac{20}{100}=160(\text{명})$

86 어제 남자 관객 수를 x명, 여자 관객 수를 y명이라 하면

$$\begin{cases} x+y=1100 \\ -\dfrac{6}{100}x+\dfrac{8}{100}y=-45 \end{cases} \text{에서} \begin{cases} x+y=1100 \\ -3x+4y=-2250 \end{cases}$$

$$\therefore x=950,\ y=150$$

따라서 오늘 남자 관객 수는 $950-950\times\dfrac{6}{100}=893(\text{명})$,

여자 관객 수는 $150+150\times\dfrac{8}{100}=162(\text{명})$

87 올라간 거리를 x km, 내려온 거리를 y km라 하면

$$\begin{cases} x+y=10 \\ \dfrac{x}{2}+\dfrac{y}{4}=\dfrac{7}{2} \end{cases} \text{에서} \begin{cases} x+y=10 \\ 2x+y=14 \end{cases} \quad \therefore x=4,\ y=6$$

따라서 올라간 거리는 4 km, 내려온 거리는 6 km이다.

88 올라간 거리를 x km, 내려온 거리를 y km라 하면

$$\begin{cases} y=x-3 \\ \dfrac{x}{3}+\dfrac{y}{4.5}=6 \end{cases} \text{에서} \begin{cases} y=x-3 \\ 3x+2y=54 \end{cases} \quad \therefore x=12,\ y=9$$

따라서 내려온 거리는 9 km이다.

89 시속 3 km로 걸은 거리를 x km, 시속 6 km로 달린 거리를 y km라 하면

$$\begin{cases} x+y=4 \\ \dfrac{x}{3}+\dfrac{1}{6}+\dfrac{y}{6}=\dfrac{4}{3} \end{cases} \text{에서} \begin{cases} x+y=4 \\ 2x+y=7 \end{cases}$$

$$\therefore x=3,\ y=1$$

따라서 명지가 달린 거리는 1 km이다.

90 갑의 속력을 분속 x m, 을의 속력을 분속 y m라 하면

$x<y$이므로

$\begin{cases} 6y-6x=1800 \\ 2x+2y=1800 \end{cases}$에서 $\begin{cases} -x+y=300 \\ x+y=900 \end{cases}$

$\therefore x=300,\ y=600$

따라서 갑의 속력이 분속 300 m이므로 1분 동안 300 m를 달릴 수 있다.

91 지섭이가 걸은 거리를 x km, 효진이가 걸은 거리를 y km라 하면

$\begin{cases} x+y=5 \\ \dfrac{x}{6}=\dfrac{y}{4} \end{cases}$에서 $\begin{cases} x+y=5 \\ 2x-3y=0 \end{cases}$ $\therefore x=3,\ y=2$

따라서 지섭이가 걸은 거리는 3 km이다.

92 수진이가 출발한 지 x분 후에, 언니가 출발한 지 y분 후에 수진이와 언니가 만난다고 하면

$\begin{cases} x=y+10 \\ 300x=500y \end{cases}$에서 $\begin{cases} x=y+10 \\ 3x=5y \end{cases}$ $\therefore x=25,\ y=15$

따라서 두 사람이 만난 시간은 언니가 출발한 지 15분 후이다.

93 영락이가 걸은 시간을 x분, 영현이가 걸은 시간을 y분이라 하면

$\begin{cases} y=x-17 \\ 80x=250y \end{cases}$에서 $\begin{cases} y=x-17 \\ 8x=25y \end{cases}$ $\therefore x=25,\ y=8$

따라서 영현이는 출발한 지 8분 후에 영락이를 만났다.

94 진희의 속력을 시속 x km, 민아의 속력을 시속 y km라 하면

$\begin{cases} x:y=3:2 \\ 2x+2y=20 \end{cases}$에서 $\begin{cases} 3y=2x \\ x+y=10 \end{cases}$ $\therefore x=6,\ y=4$

따라서 민아가 1시간 동안 뛴 거리는 4 km이다.

95 은재의 속력을 분속 x m, 재희의 속력을 분속 y m라 하면

$\begin{cases} 2x-2y=400 \\ \dfrac{1}{2}x+\dfrac{1}{2}y=400 \end{cases}$에서 $\begin{cases} x-y=200 \\ x+y=800 \end{cases}$

$\therefore x=500,\ y=300$

따라서 은재의 속력은 분속 500 m, 재희의 속력은 분속 300 m이다.

96 정지한 물에서의 배의 속력을 시속 x km, 강물의 속력을 시속 y km라 하면

$\begin{cases} 3(x-y)=36 \\ x+y=36 \end{cases}$에서 $\begin{cases} x-y=12 \\ x+y=36 \end{cases}$

$\therefore x=24,\ y=12$

따라서 강물의 속력은 시속 12 km이다.

97 기차의 길이를 x m, 기차의 속력을 분속 y m라 하면

$\begin{cases} 1500+x=2y \\ 700+x=y \end{cases}$ $\therefore x=100,\ y=800$

따라서 기차의 길이는 100 m이고, 기차의 속력은 분속 800 m이다.

98 기차의 길이를 x m, 기차의 속력을 분속 y m라 하면

$\begin{cases} 5800+x=2y \\ 4300+x=1.5y \end{cases}$ $\therefore x=200,\ y=3000$

따라서 길이가 200 m인 기차가 분속 3000 m로 길이가 2800 m인 터널을 완전히 통과하는 데 걸리는 시간은

$\dfrac{2800+200}{3000}=1$(분)이다.

99 정지한 강물에서의 여객선의 속력을 시속 x km, 강물의 속력을 시속 y km라 하면

$\begin{cases} 2(x-y)=20 \\ x+y=20 \end{cases}$에서 $\begin{cases} x-y=10 \\ x+y=20 \end{cases}$ $\therefore x=15,\ y=5$

이때 강의 A 지점에서 B 지점까지의 거리를 a km라 하면

$\dfrac{a}{15-5}+\dfrac{20}{60}+\dfrac{a}{15+5}=\dfrac{5}{2},\ 6a+20+3a=150$

$9a=130$ $\therefore a=\dfrac{130}{9}$

따라서 A 지점에서 B 지점까지의 거리는 $\dfrac{130}{9}$ km이다.

100 6 %의 소금물의 양을 x g, 2 %의 소금물의 양을 y g이라 하면

$\begin{cases} x+y=600 \\ \dfrac{6}{100}x+\dfrac{2}{100}y=\dfrac{5}{100}\times600 \end{cases}$에서

$\begin{cases} x+y=600 \\ 3x+y=1500 \end{cases}$ $\therefore x=450,\ y=150$

따라서 6 %의 소금물의 양은 450 g이다.

101 5 %의 소금물의 양을 x g, 15 %의 소금물의 양을 y g이라 하면

$\begin{cases} x+y=300 \\ \dfrac{5}{100}x+\dfrac{15}{100}y=\dfrac{9}{100}\times300 \end{cases}$에서 $\begin{cases} x+y=300 \\ x+3y=540 \end{cases}$

$\therefore x=180,\ y=120$

따라서 5 %의 소금물의 양은 180 g이다.

102 10 %의 설탕물의 양을 x g, 5 %의 설탕물의 양을 y g이라 하면

$\begin{cases} x+y=500 \\ \dfrac{10}{100}x+\dfrac{5}{100}y=\dfrac{8}{100}\times 500 \end{cases}$ 에서 $\begin{cases} x+y=500 \\ 2x+y=800 \end{cases}$

$\therefore x=300,\ y=200$

따라서 5 %의 설탕물의 양은 200 g이다.

103 소금물 A의 농도를 x %, 소금물 B의 농도를 y %라 하면

$\begin{cases} \dfrac{x}{100}\times 300+\dfrac{y}{100}\times 200=\dfrac{10}{100}\times 500 \\ \dfrac{x}{100}\times 200+\dfrac{y}{100}\times 300=\dfrac{8}{100}\times 500 \end{cases}$ 에서

$\begin{cases} 3x+2y=50 \\ 2x+3y=40 \end{cases}$ $\therefore x=14,\ y=4$

따라서 소금물 A의 농도는 14 %, 소금물 B의 농도는 4 %이다.

104 소금물 A의 농도를 x %, 소금물 B의 농도를 y %라 하면

$\begin{cases} \dfrac{x}{100}\times 200+\dfrac{y}{100}\times 400=\dfrac{4}{100}\times 600 \\ \dfrac{x}{100}\times 200+\dfrac{y}{100}\times 100=\dfrac{3}{100}\times 300 \end{cases}$ 에서

$\begin{cases} x+2y=12 \\ 2x+y=9 \end{cases}$ $\therefore x=2,\ y=5$

따라서 소금물 A의 농도는 2 %, 소금물 B의 농도는 5 %이다.

105 덜어낸 6 %의 소금물의 양을 x g, 더 넣은 2 %의 소금물의 양을 y g이라 하면

$\begin{cases} 200-x+y=350 \\ \dfrac{6}{100}(200-x)+\dfrac{2}{100}y=\dfrac{4}{100}\times 350 \end{cases}$ 에서

$\begin{cases} -x+y=150 \\ -3x+y=100 \end{cases}$ $\therefore x=25,\ y=175$

따라서 덜어낸 6 %의 소금물의 양은 25 g이다.

106 금이 60 % 포함된 합금의 양을 x g, 금이 85 % 포함된 합금의 양을 y g이라 하면

$\begin{cases} x+y=300 \\ \dfrac{60}{100}x+\dfrac{85}{100}y=\dfrac{70}{100}\times 300 \end{cases}$ 에서

$\begin{cases} x+y=300 \\ 12x+17y=4200 \end{cases}$ $\therefore x=180,\ y=120$

따라서 금이 85 % 포함된 합금은 120 g을 섞어야 한다.

107 필요한 합금 A의 양을 x kg, 합금 B의 양을 y kg이라 하면

$\begin{cases} \dfrac{40}{100}x+\dfrac{10}{100}y=3 \\ \dfrac{10}{100}x+\dfrac{40}{100}y=9 \end{cases}$ 에서 $\begin{cases} 4x+y=30 \\ x+4y=90 \end{cases}$

$\therefore x=2,\ y=22$

따라서 합금 B는 22 kg이 필요하다.

108 먹어야 하는 우유의 양을 x g, 달걀의 양을 y g이라 하면

$\begin{cases} \dfrac{60}{100}x+\dfrac{160}{100}y=400 \\ \dfrac{3}{100}x+\dfrac{12}{100}y=24 \end{cases}$ 에서 $\begin{cases} 3x+8y=2000 \\ x+4y=800 \end{cases}$

$\therefore x=400,\ y=100$

따라서 우유 400 g, 달걀 100 g을 먹어야 한다.

개념완성익힘 익힘북 62~63쪽

1 (1) ○ (2) × (3) × (4) ○ **2** 2 **3** ⑤
4 -3 **5** 풀이 참조 **6** 7 **7** 6
8 ① **9** 8회 **10** 300 m **11** 4
12 7 **13** $x=2,\ y=8$

1 (2) x가 분모에 있으므로 미지수가 2개인 일차방정식이 아니다.

(3) $x-xy+y=x+3$에서 $-xy+y-3=0$이므로 미지수가 2개인 일차방정식이 아니다.

(4) $6x+x^2=x^2-y$에서 $6x+y=0$이므로 미지수가 2개인 일차방정식이다.

2 $x=1,\ y=3$을 $ax+3y-11=0$에 대입하면
$a+9-11=0$ $\therefore a=2$

3 $㉠\times 4-㉡\times 3$을 하면 $-17y=-17$
즉, x가 소거된다.

4 $\begin{cases} x+5y=3 & \cdots\cdots ㉠ \\ 3x+7y=1 & \cdots\cdots ㉡ \end{cases}$

$㉠\times 3-㉡$을 하면 $8y=8$ $\therefore y=1$

$y=1$을 ㉠에 대입하면 $x+5=3$ $\therefore x=-2$

따라서 $x=-2$, $y=1$을 $2x+y=a$에 대입하면

$-4+1=a$ $\therefore a=-3$

5 주어진 연립방정식의 계수를 정수로 고치면

$\begin{cases} 30x=-2y-59 \\ x+2y=-1 \end{cases}$ 에서 $\begin{cases} 30x+2y=-59 & \cdots\cdots ㉠ \\ x+2y=-1 & \cdots\cdots ㉡ \end{cases}$

㉠-㉡을 하면 $29x=-58$ $\therefore x=-2$

$x=-2$를 ㉡에 대입하면

$-2+2y=-1,\ 2y=1$ $\therefore y=\dfrac{1}{2}$

6 $\begin{cases} x-2y-3=0 & \cdots\cdots ㉠ \\ x+y=0 & \cdots\cdots ㉡ \end{cases}$

㉠-㉡을 하면 $-3y-3=0,\ -3y=3$ $\therefore y=-1$

$y=-1$을 ㉡에 대입하면 $x-1=0$ $\therefore x=1$

$\therefore p=1,\ q=-1$

$x=1,\ y=-1$을 $2x-ky-9=0$에 대입하면

$2+k-9=0$ $\therefore k=7$

$\therefore p+q+k=1+(-1)+7=7$

7 $\begin{cases} x+y=4 & \cdots\cdots ㉠ \\ 2x+3y=9 & \cdots\cdots ㉡ \end{cases}$

㉠×2-㉡을 하면 $-y=-1$ $\therefore y=1$

$y=1$을 ㉠에 대입하면 $x+1=4$ $\therefore x=3$

$x=3,\ y=1$을 $ax-y=2$에 대입하면

$3a-1=2,\ 3a=3$ $\therefore a=1$

$x=3,\ y=1$을 $x-by=-2$에 대입하면

$3-b=-2$ $\therefore b=5$

$\therefore a+b=1+5=6$

8 ㄱ. $x-y=5$ ㄴ. $x-y=\dfrac{5}{3}$

ㄷ. $5x-2y=-1$ ㄹ. $x+3y=2$

따라서 계수의 비는 같고 상수항의 비가 다른 두 방정식

ㄱ, ㄴ을 한 쌍으로 하는 연립방정식을 만들면 해가 없다.

9 A가 이긴 횟수를 x회, B가 이긴 횟수를 y회라 하면 A

가 진 횟수는 y회, B가 진 횟수는 x회이므로

$\begin{cases} 2x-y=6 \\ 2y-x=9 \end{cases}$ 에서 $\begin{cases} 2x-y=6 \\ -x+2y=9 \end{cases}$ $\therefore x=7,\ y=8$

따라서 B가 이긴 횟수는 8회이다.

10 준호가 걸어간 거리를 x m, 달려간 거리를 y m라 하면

$\begin{cases} x+y=1200 \\ \dfrac{x}{60}+\dfrac{y}{180}=10 \end{cases}$ 에서 $\begin{cases} x+y=1200 \\ 3x+y=1800 \end{cases}$

$\therefore x=300,\ y=900$

따라서 준호가 걸어간 거리는 300 m이다.

11 $\begin{cases} 2ax-y=4 \\ ax+2by=1 \end{cases}$ 에 $x=1,\ y=2$를 대입하면

$\begin{cases} 2a-2=4 \\ a+4b=1 \end{cases}$ $\cdots\cdots$ ①

$2a-2=4$에서 $2a=6$ $\therefore a=3$ $\cdots\cdots$ ②

$a=3$을 $a+4b=1$에 대입하면

$3+4b=1$에서 $4b=-2$ $\therefore b=-\dfrac{1}{2}$ $\cdots\cdots$ ③

$\therefore a-2b=3-2\times\left(-\dfrac{1}{2}\right)=4$ $\cdots\cdots$ ④

단계	채점 기준	비율
①	$x=1$, $y=2$를 방정식에 대입하기	20 %
②	a의 값 구하기	30 %
③	b의 값 구하기	30 %
④	$a-2b$의 값 구하기	20 %

12 $\begin{cases} bx+ay=-1 \\ ax+by=8 \end{cases}$ 에 $x=-1,\ y=2$를 대입하면

$\begin{cases} 2a-b=-1 & \cdots\cdots ㉠ \\ -a+2b=8 & \cdots\cdots ㉡ \end{cases}$ $\cdots\cdots$ ①

㉠+㉡×2를 하면 $3b=15$ $\therefore b=5$

$b=5$를 ㉠에 대입하면 $2a-5=-1,\ 2a=4$

$\therefore a=2$ $\cdots\cdots$ ②

$\therefore a+b=2+5=7$ $\cdots\cdots$ ③

단계	채점 기준	비율
①	$x=-1$, $y=2$를 대입하여 연립방정식 만들기	50 %
②	a, b의 값 구하기	30 %
③	$a+b$의 값 구하기	20 %

13 $\begin{cases} \dfrac{x}{100}\times100+\dfrac{y}{100}\times100=\dfrac{5}{100}\times200 \\ \dfrac{x}{100}\times200+\dfrac{y}{100}\times100=\dfrac{4}{100}\times300 \end{cases}$ 에서 $\cdots\cdots$ ①

$\begin{cases} x+y=10 \\ 2x+y=12 \end{cases}$ $\cdots\cdots$ ②

$\therefore x=2,\ y=8$ $\cdots\cdots$ ③

단계	채점 기준	비율
①	연립방정식 세우기	50 %
②	식을 간단히 하기	30 %
③	x, y의 값 구하기	20 %

대단원 마무리

1 ⑤	**2** ①	**3** ②	**4** ②
5 ⑤	**6** ④	**7** ②	**8** ④
9 ①	**10** ④	**11** $x=1, y=2$	
12 ⑤	**13** 87점	**14** $\dfrac{7}{6}$ km	**15** 200 g

1 ⑤ 부등식의 양변을 음수로 나누면 부등호의 방향이 바뀌므로 $a<b$, $c<0$이면 $\dfrac{a}{c}>\dfrac{b}{c}$이다.

2 $-2<x<4$의 각 변에 -2를 곱하면 $-8<-2x<4$
각 변에 1을 더하면 $-7<1-2x<5$
따라서 $a=-7$, $b=5$이므로 $a+b=-7+5=-2$

3 $3x-2\leq 5x+4$에서 $-2x\leq 6$ $\qquad \therefore x\geq -3$
따라서 해를 수직선 위에 바르게 나타낸 것은 ②이다.

4 $8-x\geq 8(x-2)$에서 $8-x\geq 8x-16$
$-9x\geq -24$ $\qquad \therefore x\leq \dfrac{8}{3}$
따라서 $x\leq \dfrac{8}{3}$을 만족하는 자연수 x는 1, 2의 2개이다.

5 $8-9x\leq a-3x$에서 $-6x\leq a-8$ $\qquad \therefore x\geq \dfrac{8-a}{6}$
이때 해 중 가장 작은 수가 1이므로
$\dfrac{8-a}{6}=1$, $8-a=6$ $\qquad \therefore a=2$

6 공책을 x권 산다고 하면
$1000x>800x+2000$, $200x>2000$ $\qquad \therefore x>10$
따라서 공책을 적어도 11권 이상 살 경우 할인매장에서 사는 것이 유리하다.

7 x곡을 내려받는다고 하면
$6000+700(x-10)\leq 10000$
$6000+700x-7000\leq 10000$, $700x\leq 11000$
$\therefore x\leq \dfrac{110}{7}$
따라서 최대 15곡까지 내려받을 수 있다.

8 x, y가 자연수일 때, $3x+2y=20$의 해는
$(2, 7)$, $(4, 4)$, $(6, 1)$의 3개이다.

9 $\begin{cases} \dfrac{x}{2}=\dfrac{y-2}{3} \\ 5(x+y)=3(x-3) \end{cases}$ 에서 $\begin{cases} 3x-2y=-4 \quad \cdots\cdots \ \text{㉠} \\ 2x+5y=-9 \quad \cdots\cdots \ \text{㉡} \end{cases}$
㉠$\times 2$-㉡$\times 3$을 하면 $-19y=19$ $\qquad \therefore y=-1$
$y=-1$을 ㉠에 대입하면
$3x+2=-4$, $3x=-6$ $\qquad \therefore x=-2$
따라서 $x=-2$, $y=-1$을 $x-y=a-2$에 대입하면
$-2-(-1)=a-2$ $\qquad \therefore a=1$

10 $\begin{cases} 7x-y-1=5x+2 \\ 5x+2=4x+y+2 \end{cases}$ 에서 $\begin{cases} 2x-y=3 \quad \cdots\cdots \ \text{㉠} \\ x-y=0 \quad \cdots\cdots \ \text{㉡} \end{cases}$
㉠-㉡을 하면 $x=3$
$x=3$을 ㉡에 대입하면 $y=3$
따라서 $x=3$, $y=3$을 $2x+ay=12$에 대입하면
$6+3a=12$ $\qquad \therefore a=2$

11 $\begin{cases} bx+ay=0 \\ ax+by=-3 \end{cases}$ 에 $x=2$, $y=1$을 대입하면
$\begin{cases} a+2b=0 \quad \cdots\cdots \ \text{㉠} \\ 2a+b=-3 \quad \cdots\cdots \ \text{㉡} \end{cases}$
㉠$\times 2$-㉡을 하면 $3b=3$ $\qquad \therefore b=1$
$b=1$을 ㉠에 대입하면 $a+2=0$ $\qquad \therefore a=-2$
$\qquad\qquad\qquad\qquad\qquad\qquad\qquad\qquad\qquad \cdots\cdots \ ①$
따라서 처음 연립방정식은 $\begin{cases} -2x+y=0 \quad \cdots\cdots \ \text{㉢} \\ x-2y=-3 \quad \cdots\cdots \ \text{㉣} \end{cases}$
㉢+㉣$\times 2$를 하면 $-3y=-6$ $\qquad \therefore y=2$
$y=2$를 ㉣에 대입하면 $x-4=-3$ $\qquad \therefore x=1$
따라서 처음 연립방정식의 해는 $x=1$, $y=2$이다.
$\qquad\qquad\qquad\qquad\qquad\qquad\qquad\qquad\qquad \cdots\cdots \ ②$

단계	채점 기준	비율
①	a, b의 값 구하기	60 %
②	처음 연립방정식의 해 구하기	40 %

12 $\begin{cases} ax+4y+1=0 \\ 3x-(b+2)y-1=0 \end{cases}$ 에서
$\begin{cases} ax+4y+1=0 \\ -3x+(b+2)y+1=0 \end{cases}$
이 연립방정식의 해가 무수히 많으므로
$a=-3$이고 $4=b+2$에서 $b=2$
$\therefore a-b=-3-2=-5$

13 민정이의 중간고사와 기말고사의 수학 점수를 각각 x점, y점이라 하면

$\begin{cases} y-x=4 \\ \dfrac{x+y}{2}=89 \end{cases}$ 에서 $\begin{cases} -x+y=4 \\ x+y=178 \end{cases}$ $\therefore x=87, y=91$

따라서 중간고사 수학 점수는 87점이다.

14 희수가 걸은 거리를 x km, 달린 거리를 y km라 하면

$\begin{cases} x+y=\dfrac{5}{2} \\ \dfrac{x}{4}+\dfrac{y}{7}=\dfrac{1}{2} \end{cases}$ 에서 $\begin{cases} 2x+2y=5 \\ 7x+4y=14 \end{cases}$

$\therefore x=\dfrac{4}{3}, y=\dfrac{7}{6}$

따라서 희수가 달린 거리는 $\dfrac{7}{6}$ km이다.

15 6 %인 소금물의 양을 x g, 증발시킨 물의 양을 y g이라 하면

$\begin{cases} x-y=400 \\ \dfrac{6}{100}x=\dfrac{9}{100}\times400 \end{cases}$ 에서 $\begin{cases} x-y=400 \\ x=600 \end{cases}$

$\therefore x=600, y=200$

따라서 물 200 g을 증발시키면 된다.

1 일차함수와 그 그래프

개념적용익힘 익힘북 66~80쪽

1 ⑤	**2** ①, ③	**3** (1) 8 (2) -4	
4 (1) -4 (2) 9 (3) 2 (4) -1			**5** ⑤
6 1	**7** -12	**8** ⑤	**9** -4
10 50	**11** 3	**12** ②	**13** ①
14 7	**15** ①	**16** ④	**17** ㄱ, ㄷ, ㅂ
18 ②, ④	**19** ②	**20** 15	**21** 9
22 ②	**23** 5	**24** ④	**25** ③
26 ②	**27** ②	**28** -11	**29** ②
30 -5	**31** ⑤	**32** $y=4x+7$	
33 ⑤	**34** 6	**35** ⑤	**36** -10
37 -6	**38** -2	**39** 10	
40 A$(5, 0)$, B$(0, 2)$		**41** $-\dfrac{3}{8}$	
42 x절편: 2, y절편: 4		**43** 22	**44** $\dfrac{2}{3}$
45 4	**46** $\dfrac{3}{2}$	**47** ①	**48** $-\dfrac{1}{2}$
49 $\dfrac{13}{2}$	**50** $\dfrac{23}{2}$	**51** ㄴ, ㄹ, ㅂ	**52** ④
53 ⑤	**54** $a=-2, k=-8$		**55** ④
56 $\dfrac{3}{2}$	**57** -6	**58** $\dfrac{1}{3}$	**59** ④
60 $\dfrac{6}{5}$	**61** ④	**62** 18	**63** ③
64 ④	**65** ②, ⑤	**66** ③	**67** ③
68 제2사분면	**69** ③	**70** $\dfrac{2}{3}$	**71** ②
72 -3	**73** ㄷ, ㅁ	**74** $-\dfrac{2}{3}$	**75** $-\dfrac{5}{2}$
76 ⑤	**77** ②	**78** $y=\dfrac{2}{3}x+5$	
79 2	**80** 2	**81** 5	**82** ⑤
83 ⑤	**84** ③	**85** $\dfrac{8}{3}$	**86** ⑤
87 $\dfrac{3}{2}$	**88** $-\dfrac{5}{2}$	**89** -3	**90** ②
91 (1) $y=25x+16$ (2) 66 ℃			**92** 3 km
93 95 ℉	**94** 90분	**95** 75분	**96** ①

97 $y=4x+10$, 10 cm **98** ④ **99** 28초

100 $y=400-25x$, 16초 **101** $y=2400-40x$

102 ② **103** $y=60-5x$, 3초

1 ① $y=6x$ ② $y=300x$ ③ $y=5x$ ④ $y=\dfrac{20}{x}$

⑤ $x=2$일 때, 자연수 2의 배수 y는 2, 4, 6, 8, ⋯

즉, 하나의 x의 값에 대하여 y의 값이 하나로 정해지지 않으므로 함수가 아니다.

2 ① $x=6$일 때, $y=2$, 4이므로 함수가 아니다.

② (농도)$=\dfrac{(\text{소금의 양})}{(\text{소금물의 양})}\times100$이므로

$y=\dfrac{x}{200}\times100=\dfrac{1}{2}x$

③ $x=\dfrac{1}{2}$일 때, $y=0$, 1이므로 함수가 아니다.

④ $y=20-x$

⑤ $y=2\times\pi\times x=2\pi x$

3 (1) $f(2)=4\times2=8$

(2) $f(-1)=4\times(-1)=-4$

4 (1) $y=-2\times2=-4$ (2) $y=5\times2-1=9$

(3) $y=\dfrac{4}{2}=2$ (4) $y=-\dfrac{2}{2}=-1$

5 $f(2)=-6\times2=-12$

$f(4)=-6\times4=-24$

$\therefore f(2)-f(4)=-12-(-24)=12$

6 $f(-4)=\dfrac{12}{-4}=-3$, $f(3)=\dfrac{12}{3}=4$

$\therefore f(-4)+f(3)=-3+4=1$

7 $y=\dfrac{a}{x}$에서 $x=3$일 때 $y=-4$이므로

$-4=\dfrac{a}{3}$ $\therefore a=-12$

8 $f(k)=-5k$이므로 $-5k=-20$ $\therefore k=4$

9 $f(x)=2x+3$에서 $f\left(\dfrac{a}{2}\right)=2\times\dfrac{a}{2}+3=-1$

$a+3=-1$ $\therefore a=-4$

10 y가 x에 정비례하므로 $f(x)=3x$이고, $f(k)=150$이므로

$f(k)=3k=150$ $\therefore k=50$

11 $f(3)=-5$이므로

$a\times3+1=-5$, $3a=-6$ $\therefore a=-2$

따라서 $f(x)=-2x+1$이므로

$f(-1)=-2\times(-1)+1=3$

12 $f(-3)=4$이므로 $4=\dfrac{a}{-3}$ $\therefore a=-12$

따라서 $f(x)=-\dfrac{12}{x}$이므로 $f(6)=-\dfrac{12}{6}=-2$

13 $f(-1)=\dfrac{a}{-1}+1=2$, $-a=1$ $\therefore a=-1$

즉, $f(x)=-\dfrac{1}{x}+1$

$f(b)=-\dfrac{1}{b}+1=3$, $-\dfrac{1}{b}=2$ $\therefore b=-\dfrac{1}{2}$

$\therefore a+b=-1-\dfrac{1}{2}=-\dfrac{3}{2}$

14 $g(5)=-\dfrac{a}{5}=-2$ $\therefore a=10$

$f(b)=3b+1=10$, $3b=9$ $\therefore b=3$

$\therefore a-b=10-3=7$

15 ① $y=\dfrac{5}{3}x-\dfrac{2}{3}$ ③ $y=-x^2+2x$

④ $y=-\dfrac{1}{x}$ ⑤ $y=-6$

따라서 일차함수인 것은 ①이다.

16 ㄷ. $y=-3$ ㄹ. $y=-\dfrac{15}{x}$ ㅁ. $y=-1$

따라서 일차함수가 아닌 것은 ㄱ, ㄷ, ㄹ, ㅁ의 4개이다.

17 ㄷ. $y=6x-2$ ㄹ. $y=x^2+x$ ㅁ. $y=-6$

따라서 일차함수인 것은 ㄱ, ㄷ, ㅂ이다.

18 ① $y=\pi x^2$ ② $y=600x$ ③ $y=x^2$

④ $y=100-4x$ ⑤ $y=\dfrac{300}{x}$

19 ① $y=80x$

② $y=\dfrac{x}{200+x}\times100=\dfrac{100x}{200+x}$

③ $y=10000-500\times x=-500x+10000$

④ $y=24-x$

⑤ $2(x+y)=40$에서 $y=-x+20$

20 $f(3)=3\times3+2=11$

$f(-2)=3\times(-2)+2=-4$

$\therefore f(3)-f(-2)=11-(-4)=15$

21 $f(1)=a+3=5$ $\therefore a=2$

따라서 $f(x)=2x+3$이므로 $f(3)=2\times3+3=9$

22 $f(2)=-3\times2+b=-4$이므로 $b=2$

따라서 $f(x)=-3x+2$이므로

$f(p)=-3p+2=-7$

$\therefore p=3$

23 $f(-2)=-2a+b=3$ $\cdots\cdots$ ㉠

$f(1)=a+b=6$ $\cdots\cdots$ ㉡

㉠, ㉡을 연립하여 풀면 $a=1$, $b=5$

따라서 $f(x)=x+5$이므로 $f(0)=0+5=5$

24 ④ a의 절댓값이 클수록 y축에 가까워진다. 즉, 일차함수 $y=-2x$의 그래프가 일차함수 $y=x$의 그래프보다 y축에 가깝다.

25 $\dfrac{1}{2}<a<2$

26 ② $0<a<1$

27 ② $-3\times\left(-\dfrac{1}{2}\right)+7\neq\dfrac{15}{2}$

28 $y=\dfrac{1}{2}x+b$의 그래프가 점 $(3, -1)$을 지나므로

$-1=\dfrac{1}{2}\times3+b$ $\therefore b=-\dfrac{5}{2}$

따라서 $y=\dfrac{1}{2}x-\dfrac{5}{2}$의 그래프가 점 $(p, -8)$을 지나므로

$-8=\dfrac{1}{2}p-\dfrac{5}{2}$, $\dfrac{1}{2}p=-\dfrac{11}{2}$ $\therefore p=-11$

29 $x=a$, $y=a-1$을 $y=3x+1$에 대입하면

$a-1=3a+1$, $2a=-2$ $\therefore a=-1$

$x=b$, $y=b+3$을 $y=3x+1$에 대입하면

$b+3=3b+1$, $2b=2$ $\therefore b=1$

$\therefore a-b=-1-1=-2$

30 $y=3x+2$의 그래프가 점 $(-2, k)$를 지나므로

$k=3\times(-2)+2=-4$

따라서 $y=-ax-2$의 그래프가 점 $(-2, -4)$를 지나므로

$-4=-a\times(-2)-2$, $2a=-2$ $\therefore a=-1$

$\therefore a+k=-1+(-4)=-5$

31 ⑤ $y=\dfrac{5}{2}x$의 그래프를 y축의 방향으로 1만큼 평행이동하면 $y=\dfrac{5}{2}x+1$의 그래프와 겹쳐진다.

32 $y=4x+b$의 그래프를 y축의 방향으로 -3만큼 평행이동한 그래프의 식은

$y=4x+b-3$

이 함수의 그래프가 $y=4x-1$의 그래프와 겹쳐지므로

$b-3=-1$ $\therefore b=2$

따라서 $y=4x+2$의 그래프를 y축의 방향으로 5만큼 평행이동한 그래프의 식은

$y=4x+2+5$, 즉 $y=4x+7$

33 $y=ax-2$의 그래프를 y축의 방향으로 p만큼 평행이동한 그래프의 식은 $y=ax-2+p$이고, $y=\dfrac{1}{2}x+3$과 같으므로

$a=\dfrac{1}{2}$, $-2+p=3$ $\therefore a=\dfrac{1}{2}$, $p=5$

$\therefore 2a+p=2\times\dfrac{1}{2}+5=6$

34 $y=-2x$의 그래프를 y축의 방향으로 -2만큼 평행이동한 그래프의 식은 $y=-2x-2$

이 함수의 그래프가 점 $(-4, a)$를 지나므로

$y=-2x-2$에 $x=-4$, $y=a$를 대입하면

$a=-2\times(-4)-2=6$

35 $y=-3x+1$의 그래프를 y축의 방향으로 k만큼 평행이동한 그래프의 식은

$y=-3x+1+k$

이 함수의 그래프가 점 $(3, 7)$을 지나므로

$y=-3x+1+k$에 $x=3$, $y=7$을 대입하면

$7=-3\times3+1+k$ $\therefore k=15$

36 $y=ax+b$의 그래프가 두 점 $(2, 1)$, $(-3, 11)$을 지나므로

$1=2a+b$, $11=-3a+b$

위의 두 식을 연립하여 풀면 $a=-2$, $b=5$

$\therefore ab=-2\times5=-10$

37 $y=3ax-2$의 그래프를 y축의 방향으로 b만큼 평행이동한 그래프의 식은

$y=3ax-2+b$

이 그래프가 두 점 $(2, 7)$, $(-1, -11)$을 지나므로

$7=6a-2+b$, $-11=-3a-2+b$

즉, $6a+b=9$, $3a-b=9$

두 식을 연립하여 풀면 $a=2$, $b=-3$

$\therefore ab=2\times(-3)=-6$

38 $y=ax+\dfrac{1}{4}$의 그래프가 점 $(5, -1)$을 지나므로

$-1=5a+\dfrac{1}{4}$ $\therefore a=-\dfrac{1}{4}$

즉, $y=-\dfrac{1}{4}x+\dfrac{1}{4}$의 그래프를 y축의 방향으로 b만큼 평행이동한 그래프의 식은

$y=-\dfrac{1}{4}x+\dfrac{1}{4}+b$이고, 이 그래프가 점 $(4, 1)$을 지나므로

$1=-\dfrac{1}{4}\times4+\dfrac{1}{4}+b$ $\therefore b=\dfrac{7}{4}$

$\therefore a-b=-\dfrac{1}{4}-\dfrac{7}{4}=-2$

39 $y=2x-8$의 그래프를 y축의 방향으로 b만큼 평행이동한 그래프의 식은

$y=2x-8+b$

$y=2x-8+b$의 그래프가 점 $(-3, -1)$을 지나므로

$-1=2\times(-3)-8+b$ $\therefore b=13$

즉, $y=2x+5$의 그래프가 점 $(a+1, 1-2a)$를 지나므로

$1-2a=2(a+1)+5$ $\therefore a=-\dfrac{3}{2}$

$\therefore 2a+b=2\times\left(-\dfrac{3}{2}\right)+13=10$

40 $y=-\dfrac{2}{5}x+2$의 그래프의 식에

$y=0$을 대입하면 $x=5$

$x=0$을 대입하면 $y=2$

따라서 x절편은 5, y절편은 2이므로 $A(5, 0)$, $B(0, 2)$

41 $y=ax+3$의 그래프가 점 $\left(-\dfrac{1}{4}, 1\right)$을 지나므로

$1=-\dfrac{1}{4}a+3$ $\therefore a=8$

즉, $y=8x+3$이므로 $0=8x+3$에서 $x=-\dfrac{3}{8}$

따라서 $y=8x+3$의 그래프의 x절편은 $-\dfrac{3}{8}$이다.

42 $y=ax+4$의 그래프가 점 $(1, 2)$를 지나므로

$2=a+4$ $\therefore a=-2$

즉, $y=-2x+4$에 $y=0$을 대입하면

$0=-2x+4$ $\therefore x=2$

$x=0$을 대입하면 $y=4$

따라서 $y=-2x+4$의 그래프의 x절편은 2, y절편은 4이다.

43 $y=\dfrac{4}{7}x$의 그래프를 y축의 방향으로 -8만큼 평행이동한 그래프의 식은 $y=\dfrac{4}{7}x-8$

$y=\dfrac{4}{7}x-8$에 $y=0$을 대입하면 $0=\dfrac{4}{7}x-8$

$\therefore x=14$

$y=\dfrac{4}{7}x-8$에 $x=0$을 대입하면 $y=-8$

따라서 $a=14$, $b=-8$이므로

$a-b=14-(-8)=22$

44 $y=ax+b$의 그래프의 x절편이 -2이므로

$0=-2a+b$ ...... ㉠

점 $(1, -2)$를 지나므로 $-2=a+b$ ...... ㉡

㉠, ㉡을 연립하여 풀면 $a=-\dfrac{2}{3}$, $b=-\dfrac{4}{3}$

$\therefore a-b=-\dfrac{2}{3}-\left(-\dfrac{4}{3}\right)=\dfrac{2}{3}$

45 x절편이 -2이므로 $0=-2a+1$ $\therefore a=\dfrac{1}{2}$

즉, $y=\dfrac{1}{2}x+1$의 그래프가 점 $(-8, m)$을 지나므로

$m=\dfrac{1}{2}\times(-8)+1=-3$

$\therefore 2a-m=2\times\dfrac{1}{2}-(-3)=4$

46 $y=0$을 $y=\dfrac{1}{4}x-1$에 대입하면

$0=\dfrac{1}{4}x-1$ $\therefore x=4$

$x=0$을 $y=\dfrac{1}{3}x+2k+1$에 대입하면

$y=2k+1$

따라서 $4=2k+1$이므로 $k=\dfrac{3}{2}$

47 $y=ax-1$에 $x=-3$, $y=5$를 대입하면

$5=-3a-1$ $\therefore a=-2$

즉, 두 일차함수 $y=-2x-1$과 $y=\dfrac{1}{2}x+b$의 그래프

가 y축 위에서 만나므로 y절편이 같다.

$\therefore b=-1$

$\therefore a+b=-2+(-1)=-3$

48 $y=ax+5$의 그래프의 x절편은

$-\dfrac{5}{a}$, y절편은 5이므로

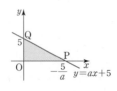

$\triangle OPQ=\dfrac{1}{2}\times\left(-\dfrac{5}{a}\right)\times 5=25$

$\therefore a=-\dfrac{1}{2}$

49 $y=-\dfrac{4}{3}x+2$의 그래프의 x절편은 $\dfrac{3}{2}$, y절편은 2이고,

$y=\dfrac{2}{5}x+2$의 x절편은 -5,

y절편은 2이므로 그 그래프는

오른쪽 그림과 같다.

따라서 구하는 넓이는

$\dfrac{1}{2}\times\left(\dfrac{3}{2}+5\right)\times 2=\dfrac{13}{2}$

50 $y=-\dfrac{1}{3}x-3$의 그래프의 x절편은 -9, y절편은 -3

이고, $y=-x-2$의 그래프의

x절편은 -2, y절편은 -2이

므로 그 그래프는 오른쪽 그림

과 같다.

따라서 구하는 넓이는

$\dfrac{1}{2}\times 9\times 3-\dfrac{1}{2}\times 2\times 2=\dfrac{23}{2}$

51 $(\text{기울기})=\dfrac{(y\text{의 값의 증가량})}{(x\text{의 값의 증가량})}=\dfrac{-6}{3}=-2$

따라서 기울기가 -2인 것은 ㄴ, ㄹ, ㅂ이다.

52 $(\text{기울기})=\dfrac{(y\text{의 값의 증가량})}{1-(-3)}=\dfrac{(y\text{의 값의 증가량})}{4}$

$=-3$

$\therefore (y\text{의 값의 증가량})=-12$

53 x절편이 $-\dfrac{1}{2}$이므로 $0=-\dfrac{1}{2}a+2$ $\therefore a=4$

즉, 기울기가 4이므로 $\dfrac{k}{-3-2}=4$ $\therefore k=-20$

$\therefore a-k=4-(-20)=24$

54 $y=ax+3$의 그래프가 점 $(2,-1)$을 지나므로

$-1=2a+3$ $\therefore a=-2$

즉, 기울기가 -2이므로

$\dfrac{k}{2-(-2)}=-2$ $\therefore k=-8$

55 $(\text{기울기})=\dfrac{(2k-3)-1}{-2-k}=-\dfrac{6}{5}$이므로

$\dfrac{2k-4}{-2-k}=-\dfrac{6}{5}$, $10k-20=12+6k$

$4k=32$ $\therefore k=8$

56 $(\text{기울기})=\dfrac{3-4}{-1-1}=\dfrac{1}{2}$이므로

$\dfrac{(y\text{의 값의 증가량})}{-4-(-7)}=\dfrac{1}{2}$

$\therefore (y\text{의 값의 증가량})=\dfrac{3}{2}$

57 그래프가 두 점 $(-3,0)$, $(0,a)$를 지나므로

$(\text{기울기})=\dfrac{a-0}{0-(-3)}=-2$

$\therefore a=-6$

58 $y=f(x)$의 그래프가 두 점 $(0,-1)$, $(3,2)$를 지나므로

$m=\dfrac{2-(-1)}{3-0}=1$

$y=g(x)$의 그래프가 두 점 $(3,2)$, $(6,0)$을 지나므로

$n=\dfrac{0-2}{6-3}=-\dfrac{2}{3}$

$\therefore m+n=1+\left(-\dfrac{2}{3}\right)=\dfrac{1}{3}$

59 $\dfrac{-7-1}{-3-1}=\dfrac{a-1}{4-1}$이므로 $2=\dfrac{a-1}{3}$, $a-1=6$

$\therefore a=7$

60 $\dfrac{a-(-3)}{2-(-1)}=\dfrac{(3a-1)-a}{3-2}$이므로

$\dfrac{a+3}{3}=2a-1$, $a+3=6a-3$

$5a=6$ $\therefore a=\dfrac{6}{5}$

61 $\dfrac{(k+1)-1}{2k-k}=\dfrac{(k+2)-(k+1)}{3k-2k}$ 이므로 $1=\dfrac{1}{k}$

$\therefore k=1$

62 $\dfrac{a-0}{1-(-5)}=\dfrac{3-a}{b-1}$, $\dfrac{a}{6}=\dfrac{3-a}{b-1}$

$a(b-1)=6(3-a)$

$ab-a=18-6a$ $\quad\therefore ab+5a=18$

63 기울기의 절댓값이 작을수록 x축에 가깝다.

$\left|\dfrac{1}{3}\right|<\left|-\dfrac{1}{2}\right|<\left|\dfrac{3}{2}\right|<|2|<|-3|$ 이므로 그래프

가 x축에 가장 가까운 것은 ③이다.

64 그래프가 오른쪽 위를 향하려면 (기울기)>0이고, 동시에 제4사분면을 지나려면 (y절편)<0이어야 한다.

65 평행이동한 그래프의 일차함수의 식은 $y=\dfrac{3}{5}x+\dfrac{1}{2}$이고

그 그래프는 오른쪽 그림과 같다.

① 오른쪽 위로 향하는 직선이다.

③ x의 값이 5만큼 증가하면 y의

값은 3만큼 증가한다.

④ 점 $\left(-5, -\dfrac{5}{2}\right)$를 지난다.

66 일차함수 $y=-ax+ab$의 그래프에서

(기울기)>0, (y절편)<0이므로

$-a>0$, $ab<0$ $\quad\therefore a<0, b>0$

67 $y=ax+b$의 그래프에서 $a>0, b>0$

$y=mx+n$의 그래프에서 $m<0, n<0$

① $ab>0$ ② $am<0$ ④ $b-n>0$ ⑤ $\dfrac{m}{n}>0$

68 $y=-ax-\dfrac{a}{b}$의 그래프에서

(기울기)<0, (y절편)>0이므로

$-a<0$, $-\dfrac{a}{b}>0$ $\quad\therefore a>0, b<0$

따라서 $y=ax+b$의 그래프는 오른쪽 그림과 같으므로 제2사분면을 지나지 않는다.

69 $-3a=12, 8=2b$이므로 $a=-4, b=4$

$\therefore a-b=-4-4=-8$

70 $2p-1=p-q+1$, $p-4q+3=q+1$에서

$p+q=2$, $p-5q=-2$

두 식을 연립하여 풀면 $p=\dfrac{4}{3}$, $q=\dfrac{2}{3}$

$\therefore p-q=\dfrac{4}{3}-\dfrac{2}{3}=\dfrac{2}{3}$

71 평행이동한 그래프의 일차함수의 식 $y=2ax+4$가

$y=6x-b$와 같으므로

$2a=6, 4=-b$ $\quad\therefore a=3, b=-4$

$\therefore a+b=3+(-4)=-1$

72 평행이동한 그래프의 일차함수의 식 $y=-2x+b-3$

이 $y=-2x+1$과 같으므로

$b-3=1$ $\quad\therefore b=4$

또한, 평행이동한 그래프의 일차함수의 식

$y=-2x+4-5$, 즉 $y=-2x-1$과 $y=mx+n$이

같으므로

$m=-2, n=-1$

$\therefore m+n=-2+(-1)=-3$

73 기울기가 같고 y절편이 다른 두 일차함수의 그래프는 서로 평행하므로 $y=3x+1$의 그래프와 평행한 것은 ㄷ, ㅁ이다.

74 두 일차함수의 그래프가 서로 평행하려면 기울기가 같아야 하므로

$3a=-2$ $\quad\therefore a=-\dfrac{2}{3}$

75 $y=2ax+3$의 그래프와 $y=-3x+2$의 그래프가 서로

평행하므로

$2a=-3$ $\quad\therefore a=-\dfrac{3}{2}$

즉, $y=-3x+3$의 그래프가 점 $(k, -2)$를 지나므로

$-2=-3k+3, 3k=5$ $\quad\therefore k=\dfrac{5}{3}$

$\therefore ak=-\dfrac{3}{2}\times\dfrac{5}{3}=-\dfrac{5}{2}$

76 $y=-ax+2$의 그래프와 $y=5x-1$의 그래프가 서로

평행하므로

$-a=5$ $\quad\therefore a=-5$

즉, $y=5x+2$의 그래프의 x절편은 $-\dfrac{2}{5}$,

$y=bx-6$의 그래프의 x절편은 $\dfrac{6}{b}$이고, 서로 같으므로

$-\dfrac{2}{5}=\dfrac{6}{b}$ $\quad\therefore b=-15$

$\therefore a-b=-5-(-15)=10$

77 기울기가 5이고 y절편이 -4인 일차함수의 그래프를 나타내는 식은

$y=5x-4$

즉, 그래프는 오른쪽 그림과 같으므로 제 2사분면을 지나지 않는다.

78 주어진 일차함수의 그래프의 기울기가 $\dfrac{2}{3}$이므로 기울기가 $\dfrac{2}{3}$이고 y절편이 5인 직선을 그래프로 하는 일차함수의 식은

$y=\dfrac{2}{3}x+5$

79 기울기가 $-\dfrac{3}{2}$이고, y절편이 2인 직선을 그래프로 하는 일차함수의 식은

$y=-\dfrac{3}{2}x+2$

이 직선이 점 $(2a, -2a)$를 지나므로

$-2a=-\dfrac{3}{2}\times 2a+2$ $\quad \therefore a=2$

80 $y=f(x)$의 그래프의 기울기가 $\dfrac{2}{3}$, y절편이 2이므로

$f(x)=\dfrac{2}{3}x+2$

따라서 $f(2)=\dfrac{2}{3}\times 2+2=\dfrac{10}{3}$,

$f(-1)=\dfrac{2}{3}\times(-1)+2=\dfrac{4}{3}$이므로

$f(2)-f(-1)=\dfrac{10}{3}-\dfrac{4}{3}=2$

81 $y=-2x+b$로 놓고 $x=3$, $y=-1$을 대입하면

$-1=-2\times 3+b$에서 $b=5$

$\therefore (y절편)=b=5$

82 주어진 일차함수의 식은 $y=-2x+3$의 그래프와 평행하므로 $y=-2x+b$로 놓고 이 그래프가 점 $(-1, 4)$를 지나므로

$4=-2\times(-1)+b$ $\quad \therefore b=2$

$\therefore y=-2x+2$

⑤ $x=5$일 때, $y=-2\times 5+2=-8\neq -6$

83 주어진 직선의 기울기는 2이므로 $a=2$

즉, $y=2x+b$의 그래프가 점 $(-1, 1)$을 지나므로

$1=2\times(-1)+b$ $\quad \therefore b=3$

$\therefore a+b=2+3=5$

84 $y=2x+b$로 놓으면 이 그래프가 점 $(2, 8)$을 지나므로

$8=4+b$ $\quad \therefore b=4$

$\therefore y=2x+4$

이 그래프는 오른쪽 그림과 같으므로 구하는 넓이는

$\dfrac{1}{2}\times 2\times 4=4$

85 $(기울기)=\dfrac{10-1}{2-(-1)}=3$

$y=3x+b$의 그래프가 점 $(-1, 1)$을 지나므로

$1=3\times(-1)+b$ $\quad \therefore b=4$ $\quad \therefore y=3x+4$

$y=3x+4$의 그래프의 x절편이 $-\dfrac{4}{3}$, y절편이 4이므로

$a=-\dfrac{4}{3}$, $b=4$ $\quad \therefore a+b=-\dfrac{4}{3}+4=\dfrac{8}{3}$

86 $(기울기)=\dfrac{-3-7}{-1-(-3)}=-5$

$y=-5x+b$의 그래프가 점 $(-1, -3)$을 지나므로

$-3=-5\times(-1)+b$ $\quad \therefore b=-8$

따라서 $y=-5x-8$의 그래프의 x절편은 $-\dfrac{8}{5}$이다.

⑤ $y=\dfrac{5}{2}x+4$의 그래프의 x절편도 $-\dfrac{8}{5}$이므로 두 그래프는 x축 위에서 만난다.

87 선영이가 그린 직선을 그래프로 하는 일차함수의 식은

$(기울기)=\dfrac{-2-1}{0-3}=1$, y절편은 -2이므로

$y=x-2$

세은이가 그린 직선을 그래프로 하는 일차함수의 식은

$(기울기)=\dfrac{-4-3}{-2-2}=\dfrac{7}{4}$에서 $y=\dfrac{7}{4}x+b$이고,

이 직선이 점 $(2, 3)$을 지나므로 대입하면 $b=-\dfrac{1}{2}$

$\therefore y=\dfrac{7}{4}x-\dfrac{1}{2}$

따라서 원래의 일차함수의 식의 기울기는 $\dfrac{7}{4}$이고 y절편은 -2이므로 $y=\dfrac{7}{4}x-2$이고, 이 그래프가 점 $(2, k)$를 지나므로

$k=\dfrac{7}{4}\times 2-2=\dfrac{3}{2}$

88 두 점 $(8, 0)$, $(0, -2)$를 지나므로

$(기울기)=\dfrac{-2-0}{0-8}=\dfrac{1}{4}$ $\quad \therefore y=\dfrac{1}{4}x-2$

$y=\dfrac{1}{4}x-2$의 그래프가 점 $(-2, k)$를 지나므로

$$k=\dfrac{1}{4}\times(-2)-2=-\dfrac{5}{2}$$

89 두 점 $(-1, 0)$, $(0, -5)$를 지나므로

$$(\text{기울기})=\dfrac{-5-0}{0-(-1)}=-5 \qquad \therefore y=-5x-5$$

이 직선을 y축의 방향으로 -10만큼 평행이동한 직선을 그래프로 하는 일차함수의 식은

$y=-5x-5-10$에서 $y=-5x-15$

$y=-5x-15$에 $y=0$을 대입하면

$0=-5x-15 \qquad \therefore x=-3$

따라서 $y=-5x-15$의 그래프의 x절편은 -3이다.

90 두 점 $(2, 0)$, $(0, -1)$을 지나는 직선의 기울기는

$$\dfrac{-1-0}{0-2}=\dfrac{1}{2} \qquad \therefore y=\dfrac{1}{2}x-1$$

즉, $a=\dfrac{1}{2}$, $b=-1$이므로 $ab=-\dfrac{1}{2}$, $a+b=-\dfrac{1}{2}$

$$\therefore y=-abx+a+b=\dfrac{1}{2}x-\dfrac{1}{2}$$

따라서 $y=\dfrac{1}{2}x-\dfrac{1}{2}$의 그래프의 x절편은 1, y절편은

$-\dfrac{1}{2}$이므로 그래프로 알맞은 것은 ②이다.

91 (1) 1 km 내려갈 때마다 온도가 25 ℃씩 올라가므로

   $y=25x+16$

(2) $x=2$일 때, $y=25\times2+16=66$

   따라서 지하 2 km에서의 온도는 66 ℃이다.

92 1 m 높아질 때마다 기온이 0.006 ℃씩 내려가므로 지면으로부터 높이가 x m인 지점의 기온을 y ℃라 하면

$y=15-0.006x$

$y=-3$일 때, $-3=15-0.006x \qquad \therefore x=3000$

따라서 기온이 -3 ℃인 지점의 지면으로부터의 높이는 3 km이다.

93 섭씨온도가 0 ℃일 때 화씨온도가 32 °F이고,

섭씨온도가 10 ℃ 증가할 때 화씨온도는 18 °F 증가하므로

섭씨온도가 1 ℃ 증가할 때, 화씨온도는 $\dfrac{18}{10}=\dfrac{9}{5}$(°F)

증가한다.

섭씨온도가 x ℃일 때, 화씨온도를 y °F라 하면

$$y=\dfrac{9}{5}x+32$$

$x=35$일 때, $y=\dfrac{9}{5}\times35+32=95$

따라서 섭씨온도가 35 ℃일 때, 화씨온도는 95 °F이다.

94 1분마다 $\dfrac{1}{3}$ cm씩 짧아지므로 불을 붙인 지 x분 후의 양초의 길이를 y cm라 하면

$$y=30-\dfrac{1}{3}x$$

$y=0$일 때, $0=30-\dfrac{1}{3}x \qquad \therefore x=90$

따라서 양초가 모두 타는 데 걸리는 시간은 90분이다.

95 얼음의 높이가 1분마다 $\dfrac{4}{5}$ cm씩 짧아지므로 x분 후의 얼음의 높이를 y cm라 하면

$$y=80-\dfrac{4}{5}x$$

$y=20$일 때, $20=80-\dfrac{4}{5}x \qquad \therefore x=75$

따라서 얼음의 높이가 20 cm가 되는 것은 75분 후이다.

96 1 g마다 0.5 cm씩 늘어나므로 x g의 추를 달았을 때 용수철의 길이를 y cm라 하면

$y=0.5x+10$

$x=20$일 때, $y=0.5\times20+10=20$

따라서 20 g의 추를 달았을 때, 용수철의 길이는 20 cm 이다.

97 5분 후에 30 cm, 10분 후에 50 cm가 되므로 5분 동안 20 cm, 즉 1분에 4 cm씩 높아진다. 처음 들어 있던 물의 높이를 a cm라 하면 x분 후의 물의 높이는

$y=4x+a$

$x=10$, $y=50$을 $y=4x+a$에 대입하면

$50=40+a \qquad \therefore a=10$

따라서 $y=4x+10$이고 처음 들어 있던 물의 높이는 10 cm이다.

98 1분에 60 m, 즉 0.06 km를 걸으므로

$y=3-0.06x$

99 1초에 5 m를 내려오므로 엘리베이터가 출발한 지 x초 후의 지면으로부터 엘리베이터까지의 높이를 y m라 하면

$y=260-5x$

$y=120$일 때, $120=260-5x \qquad \therefore x=28$

따라서 높이가 120 m인 순간은 출발한 지 28초 후이다.

100 A 지점에서 출발한 자동차와 B 지점에서 출발한 자동차가 x초 동안 움직인 거리는 각각 $10x$ m, $15x$ m이다.

따라서 두 자동차 사이의 거리는

$y=400-(10x+15x)$, 즉 $y=400-25x$

또, 두 자동차가 만나려면 $y=0$이므로

$0=400-25x$, $25x=400$ $\therefore x=16$

즉, 두 자동차는 출발한 지 16초 후에 만난다.

101 점 P가 움직이기 시작한 지 x초 후에

$\overline{BP}=2x$ cm, $\overline{PC}=(60-2x)$ cm이므로

$y=\dfrac{1}{2}\times\{60+(60-2x)\}\times40$

$\therefore y=2400-40x$

102 x초 후의 $\triangle APC$의 넓이를 y cm^{2}라 하면

$\overline{CP}=(12-x)$ cm이므로

$y=\dfrac{1}{2}\times(12-x)\times10=60-5x$

$y=40$일 때, $40=60-5x$ $\therefore x=4$

따라서 $\triangle APC$의 넓이가 40 cm^{2}가 되는 것은 점 P가 꼭짓점 B를 출발한 지 4초 후이다.

103 $\overline{CP}=2x$ cm, $\overline{BP}=(12-2x)$ cm이므로

$y=(사각형\ ABCD)-\triangle AMD-\triangle MBP-\triangle DPC$

$=12\times10-\dfrac{1}{2}\times12\times5-\dfrac{1}{2}\times(12-2x)\times5$

$\qquad\qquad\qquad\qquad -\dfrac{1}{2}\times2x\times10$

즉, $y=60-5x$

$y=45$일 때, $45=60-5x$ $\therefore x=3$

따라서 $\triangle DMP$의 넓이가 45 cm^{2}가 되는 것은 점 P가 꼭짓점 C를 출발한 지 3초 후이다.

개념완성익힘   익힘북 81~82쪽

1 ①, ②   **2** ②, ④   **3** 2   **4** ②

5 ④   **6** -11   **7** ②

8 $y=-\dfrac{3}{4}x+\dfrac{5}{2}$ **9** 4   **10** 20분 후

11 16   **12** $\dfrac{27}{2}$ **13** 15초 후

---

1 ① $x=6$일 때, 6의 약수 y는 1, 2, 3, 6의 4개이므로 함수가 아니다.

② $x=2$일 때, 2와 서로소인 자연수 y는 3, 5, 7, ⋯이 므로 함수가 아니다.

③ 모든 정수 x에 대하여 x의 절댓값은 오직 하나 존재하므로 y는 x의 함수이다.

2 ① $y=x^2$

② $y=500x+1500$

③ $\dfrac{x}{100}\times y=5$ $\therefore y=\dfrac{500}{x}$

④ $x\div y=3$ $\therefore y=\dfrac{x}{3}$

⑤ $xy=100$ $\therefore y=\dfrac{100}{x}$

3 $y=ax+8$의 그래프가 점 $(4,\ 16)$을 지나므로

$16=4a+8$, $4a=8$ $\therefore a=2$

따라서 $y=2x+8$의 그래프가 점 $(-3,\ k)$를 지나므로

$k=2\times(-3)+8=2$

4 ②

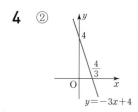

5 일차함수 $y=-\dfrac{1}{3}x+6$의 그래프는 오른쪽 그림과 같다.

④ $\left|-\dfrac{1}{3}\right|>\left|\dfrac{1}{4}\right|$

이므로 $y=\dfrac{1}{4}x-1$의 그래프가 $y=-\dfrac{1}{3}x+6$의 그래프보다 x축에 가깝다.

6 $y=\dfrac{1}{2}x-6$의 그래프를 y축의 방향으로 -3만큼 평행이동한 그래프의 식은

$y=\dfrac{1}{2}x-6-3$, 즉 $y=\dfrac{1}{2}x-9$

$y=\dfrac{1}{2}x-9$의 그래프가 점 $(-4,\ a)$를 지나므로

$a=\dfrac{1}{2}\times(-4)-9=-11$

7 $y=-\dfrac{1}{3}x-1$과 $y=ax+b$의 그래프가 y축 위에서 만나므로 y절편이 같다.

$\therefore b=-1$

$y=-\dfrac{1}{3}x-1$의 그래프가 x축과 만날 때 $y=0$이므로

$0=-\dfrac{1}{3}x-1$ $\quad\therefore x=-3$

$\therefore \mathrm{A}(-3,\,0)$

이때 $\overline{\mathrm{OA}}=\overline{\mathrm{OB}}$이므로 $\mathrm{B}(3,\,0)$이다.

따라서 $y=ax-1$의 그래프가 점 $\mathrm{B}(3,\,0)$을 지나므로

$0=3a-1$ $\quad\therefore a=\dfrac{1}{3}$

$\therefore ab=\dfrac{1}{3}\times(-1)=-\dfrac{1}{3}$

8 직선이 두 점 $(-2,\,4)$, $(2,\,1)$을 지나므로

$(기울기)=\dfrac{1-4}{2-(-2)}=-\dfrac{3}{4}$

$y=-\dfrac{3}{4}x+b$로 놓고 $x=2$, $y=1$을 대입하면

$1=-\dfrac{3}{4}\times2+b$ $\quad\therefore b=\dfrac{5}{2}$

$\therefore y=-\dfrac{3}{4}x+\dfrac{5}{2}$

9 $y=ax-2+m$의 그래프의 y절편이 1이므로

$-2+m=1$ $\quad\therefore m=3$

따라서 $y=ax+1$의 그래프의 x절편이 -2이므로

$0=-2a+1$ $\quad\therefore a=\dfrac{1}{2}$

$\therefore 2a+m=2\times\dfrac{1}{2}+3=4$

10 1분마다 $0.2\,\mathrm{cm}$씩 짧아지므로 x분 후에 남은 초의 길이를 $y\,\mathrm{cm}$라고 하면

$y=20-0.2x$

$y=16$일 때, $16=20-0.2x$, $0.2x=4$ $\quad\therefore x=20$

따라서 초의 길이가 $16\,\mathrm{cm}$가 되는 것은 20분 후이다.

11 $y=-4ax+1$의 그래프는 $y=8x-2$의 그래프와 평행하므로 $-4a=8$ $\quad\therefore a=-2$ $\quad\cdots\cdots$ ①

즉, $y=8x+1$의 그래프와 $y=(b-2)x+2$의 그래프가 x축 위에서 만나므로 두 그래프의 x절편이 같다.

$y=8x+1$의 그래프의 x절편은 $-\dfrac{1}{8}$이고,

$y=(b-2)x+2$의 그래프의 x절편은 $\dfrac{-2}{b-2}$이므로

$-\dfrac{1}{8}=\dfrac{-2}{b-2}$, $b-2=16$ $\quad\therefore b=18$ $\quad\cdots\cdots$ ②

$\therefore a+b=-2+18=16$ $\quad\cdots\cdots$ ③

단계	채점 기준	비율
①	a의 값 구하기	40 %
②	b의 값 구하기	40 %
③	$a+b$의 값 구하기	20 %

12 $y=3x+b$로 놓으면 그래프가 점 $(2,\,-3)$을 지나므로

$-3=3\times2+b$ $\quad\therefore b=-9$

$\therefore y=3x-9$ $\quad\cdots\cdots$ ①

이 함수의 그래프는 오른쪽 그림과 같으므로 구하는 넓이는

$\dfrac{1}{2}\times3\times9=\dfrac{27}{2}$ $\quad\cdots\cdots$ ②

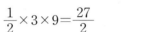

단계	채점 기준	비율
①	$y=3x-10$의 그래프와 평행한 그래프의 식 구하기	60 %
②	도형의 넓이 구하기	40 %

13 점 P가 출발한 지 x초 후의 $\overline{\mathrm{PC}}$의 길이는

$(10-0.5x)\,\mathrm{cm}$이므로 $\quad\cdots\cdots$ ①

$y=\dfrac{1}{2}\times(10+10-0.5x)\times8$

$\therefore y=80-2x$ $\quad\cdots\cdots$ ②

$y=50$일 때, $50=80-2x$ $\quad\therefore x=15$

따라서 사다리꼴 APCD의 넓이가 $50\,\mathrm{cm}^2$가 되는 것은 점 P가 출발한 지 15초 후이다. $\quad\cdots\cdots$ ③

단계	채점 기준	비율
①	$\overline{\mathrm{PC}}$의 길이를 x로 나타내기	30 %
②	y를 x의 식으로 나타내기	40 %
③	점 P가 출발한 지 몇 초 후인지 구하기	30 %

2 일차함수와 일차방정식의 관계

익힘북 83~86쪽

개념적용익힘

1 ②, ③   **2** 9   **3** 제1사분면

4 $\dfrac{11}{2}$ **5** ⑤   **6** ③   **7** ㄹ, ㅁ

8 $x=7$ **9** ②, ④   **10** 6   **11** $\dfrac{5}{2}$

12 1   **13** ②   **14** 2   **15** 7

16 ①   **17** -1 **18** ④   **19** ③

20 $y=-\dfrac{5}{3}x-4$ **21** ④

22 (1) $m=2,\ n\neq-5$ (2) $m=2,\ n=-5$ (3) $m\neq2$

23 $m=6,\ n=3$ **24** -4 **25** ⑤

26 20   **27** $\dfrac{63}{4}$ **28** ③

---

1 $x-3y+3=0$에서 $y=\dfrac{1}{3}x+1$이

고, 그 그래프는 오른쪽 그림과 같다.

① x절편은 -3이다.

④ 일차함수 $y=\dfrac{1}{3}x$의 그래프와 평행하다.

⑤ 점 $\left(-1,\ \dfrac{2}{3}\right)$를 지난다.

2 $8x+9y+36=0$에서 $y=-\dfrac{8}{9}x-4$

따라서 $y=-\dfrac{8}{9}x-4$의 그래프는

오른쪽 그림과 같으므로 구하는 도

형의 넓이는

$$\dfrac{1}{2}\times\dfrac{9}{2}\times4=9$$

3 점 $(a-b,\ ab)$가 제3사분면 위의 점이므로

$a-b<0,\ ab<0$ $\therefore a<0,\ b>0$

$ax-by-1=0$에서 $y=\dfrac{a}{b}x-\dfrac{1}{b}$

따라서 $\dfrac{a}{b}<0,\ -\dfrac{1}{b}<0$이므로

$y=\dfrac{a}{b}x-\dfrac{1}{b}$의 그래프는 오른쪽 그림과

같이 제1사분면을 지나지 않는다.

4 $x=-\dfrac{5}{3},\ y=0$을 $6x-3y+2b-1=0$에 대입하면

$6\times\left(-\dfrac{5}{3}\right)+2b-1=0,\ 2b=11$ $\therefore b=\dfrac{11}{2}$

5 주어진 두 점을 지나는 직선의 기울기는

$$\dfrac{6-(-3)}{4-(-2)}=\dfrac{3}{2}$$

$ax-2y+4=0$에서 $2y=ax+4,\ y=\dfrac{a}{2}x+2$

두 직선이 평행하므로 $\dfrac{a}{2}=\dfrac{3}{2}$ $\therefore a=3$

6 $ax+2y+b=0$에서 $y=-\dfrac{a}{2}x-\dfrac{b}{2}$

직선 l의 기울기는 $\dfrac{1}{2}$, 직선 m의 y절편은 -2이므로

$y=-\dfrac{a}{2}x-\dfrac{b}{2}$의 그래프의 기울기는 $\dfrac{1}{2}$, y절편은 -2

이다.

즉, $-\dfrac{a}{2}=\dfrac{1}{2}$, $-\dfrac{b}{2}=-2$이므로 $a=-1,\ b=4$

$\therefore a+b=-1+4=3$

7 ㄱ. $x=\dfrac{4}{5}$ ㄴ. $y=\dfrac{5}{4}x$ ㄷ. $y=2x$

ㄹ. $y=7$ ㅁ. $y=-\dfrac{3}{4}$ ㅂ. $y=x-13$

따라서 x축에 평행한 직선의 방정식은 $y=q$ 꼴이므로

ㄹ, ㅁ이다.

8 $3y+6=0$에서 $y=-2$

직선 $y=-2$에 수직인 직선은 y축에 평행하므로 $x=p$

의 꼴이고 점 $(7,\ -2)$를 지나므로 구하는 직선의 방정

식은 $x=7$

9 주어진 방정식은 $y=-3$이다.

① x축에 평행한 직선이다.

③ 제3, 4사분면을 지난다.

⑤ 직선 $y=2$와 평행하다.

10 두 점의 x좌표가 a로 같으므로 $a=b=3$

$\therefore a+b=3+3=6$

11 두 점의 x좌표가 같아야 하므로

$2a=4a-5,\ 2a=5$ $\therefore a=\dfrac{5}{2}$

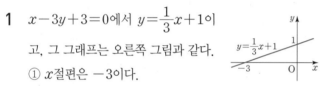

12 점 $(5, 3)$을 지나고 y축에 평행한 직선의 방정식은
$x=5$
또, 점 $(-2, 4)$를 지나고 x축에 평행한 직선의 방정식은
$y=4$
따라서 $m=5$, $n=4$이므로 $m-n=5-4=1$

13 주어진 그림에서 직선의 방정식은 $y=4$이므로
$ax+by=-2$에서 $a=0$
$by=-2$에서 $y=-\dfrac{2}{b}=4$이므로 $b=-\dfrac{1}{2}$
$\therefore a+b=-\dfrac{1}{2}$

14 $x+y=-3$에 $y=-7$을 대입하면
$x-7=-3$ $\therefore x=4$
$ax+y=1$에 $x=4$, $y=-7$을 대입하면
$4a-7=1$ $\therefore a=2$

15 $2x+y=a$가 점 $(2, 5)$를 지나므로
$4+5=a$ $\therefore a=9$
$bx-y=-1$이 점 $(2, 5)$를 지나므로
$2b-5=-1$ $\therefore b=2$
$\therefore a-b=9-2=7$

16 직선 $-x+y=6$이 점 $(k, 2)$를 지나므로
$-k+2=6$ $\therefore k=-4$
직선 $2x+2y=m$이 점 $(-4, 2)$를 지나므로
$-8+4=m$ $\therefore m=-4$
$\therefore k+m=-4+(-4)=-8$

17 직선 l은 기울기가 $\dfrac{1}{2}$, y절편이 2이므로
$y=\dfrac{1}{2}x+2$ $\therefore x-2y+4=0$
직선 m은 기울기가 -1, y절편이 -1이므로
$y=-x-1$ $\therefore x+y+1=0$
연립방정식 $\begin{cases} x-2y+4=0 \\ x+y+1=0 \end{cases}$ 을 풀면 $x=-2$, $y=1$
따라서 $a=-2$, $b=1$이므로 $a+b=-2+1=-1$

18 $x-y-4=0$, $x+y-6=0$을 연립하여 풀면
$x=5$, $y=1$
따라서 점 $(5, 1)$을 지나고 x축에 평행한 직선의 방정식은
$y=1$

19 연립방정식 $\begin{cases} 3x+4y=1 \\ 2x-3y=-5 \end{cases}$를 풀면 $x=-1$, $y=1$
따라서 점 $(-1, 1)$을 지나고 y축에 평행한 직선의 방정식은 $x=-1$

20 $2x+y+5=0$, $x-2y+5=0$을 연립하여 풀면
$x=-3$, $y=1$
$5x+3y=0$, 즉 $y=-\dfrac{5}{3}x$의 그래프와 평행하므로
기울기는 $-\dfrac{5}{3}$이다.
따라서 $y=-\dfrac{5}{3}x+b$라 놓고 $x=-3$, $y=1$을 대입하면
$1=5+b$ $\therefore b=-4$
따라서 구하는 직선의 방정식은 $y=-\dfrac{5}{3}x-4$

21 연립방정식 $\begin{cases} x-2y+3=0 \\ 3x+y-5=0 \end{cases}$을 풀면 $x=1$, $y=2$
직선 $4x-y=1$, 즉 $y=4x-1$과 평행하므로 구하는 직선의 방정식을 $y=4x+b$로 놓고 $x=1$, $y=2$를 대입하면
$2=4+b$에서 $b=-2$ $\therefore y=4x-2$
④ $14=4\times4-2$

23 두 연립방정식의 교점이 무수히 많으므로 두 그래프는 일치한다.
따라서 $\dfrac{3}{n}=\dfrac{-1}{-1}=\dfrac{m}{2n}$이므로 $m=6$, $n=3$

24 $2x-3y=-1$에서 $y=\dfrac{2}{3}x+\dfrac{1}{3}$
$ax+6y=3$에서 $y=-\dfrac{a}{6}x+\dfrac{1}{2}$
두 직선이 평행하므로
$\dfrac{2}{3}=-\dfrac{a}{6}$ $\therefore a=-4$

25 $-2x+ay=3$에서 $y=\dfrac{2}{a}x+\dfrac{3}{a}$
$6x+3y=b$에서 $y=-2x+\dfrac{b}{3}$
두 직선이 일치하므로
$\dfrac{2}{a}=-2$, $\dfrac{3}{a}=\dfrac{b}{3}$ $\therefore a=-1$, $b=-9$
$\therefore ab=(-1)\times(-9)=9$

26 연립방정식 $\begin{cases} y=2x+2 \\ y=-\dfrac{1}{2}x-3 \end{cases}$ 을 풀면

$x=-2,\ y=-2$ $\quad\therefore A(-2,\ -2)$

$y=2x+2$에 $x=2$를 대입하면 $y=6$ $\quad\therefore B(2,\ 6)$

$y=-\dfrac{1}{2}x-3$에 $x=2$를 대입하면 $y=-4$

$\therefore C(2,\ -4)$

$\therefore \triangle ABC=\dfrac{1}{2}\times10\times4=20$

27 연립방정식 $\begin{cases} x-y-5=0 \\ 2x+5y+11=0 \end{cases}$

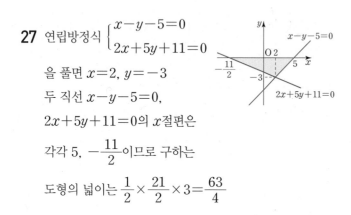

을 풀면 $x=2,\ y=-3$
두 직선 $x-y-5=0$,
$2x+5y+11=0$의 x절편은

각각 $5,\ -\dfrac{11}{2}$이므로 구하는

도형의 넓이는 $\dfrac{1}{2}\times\dfrac{21}{2}\times3=\dfrac{63}{4}$

28 직선 l의 방정식은 $y=\dfrac{3}{2}x+\dfrac{3}{2}$, 즉 $3x-2y+3=0$

직선 m의 방정식은 $y=-x+4$, 즉 $x+y-4=0$

연립방정식 $\begin{cases} 3x-2y+3=0 \\ x+y-4=0 \end{cases}$ 을 풀면 $x=1,\ y=3$

따라서 두 직선의 교점의 좌표는 $(1,\ 3)$이므로 구하는
도형의 넓이는

$\dfrac{1}{2}\times5\times3=\dfrac{15}{2}$

개념완성익힘

익힘북 87~88쪽

1 ④	**2** ⑤	**3** ④	**4** -3
5 ③	**6** 3	**7** ②	
8 $a=-5,\ b=1$		**9** $a>\dfrac{1}{2}$	**10** -8
11 $\dfrac{27}{8}$	**12** ②, ④	**13** $(-2,\ -4)$	
14 $y=-x+2$		**15** $-\dfrac{1}{3}$	

1 ④ 기울기가 -2, y절편이 4이므로 $y=-2x+4$
즉, $2x+y-4=0$의 그래프이다.

2 $3x+2y-6=0$에서 $y=-\dfrac{3}{2}x+3$

(기울기)$=a=-\dfrac{3}{2}$, (y절편)$=b=3$이므로

$a+b=-\dfrac{3}{2}+3=\dfrac{3}{2}$

3 ① $-2+(-3)=-5\neq-1$
② $2\times2-(-3)=7\neq1$
③ $2\times2+4\times(-3)=-8\neq-6$
④ $3\times2-2\times(-3)=12$
⑤ $4\times2-3\times(-3)=17\neq-1$

4 $x=1,\ y=-5$를 $ax-y=2$에 대입하면
$a-(-5)=2$ $\quad\therefore a=-3$
따라서 $-3x-y=2$에서 $y=-3x-2$이므로 이 그래
프의 기울기는 -3이다.

5 $5x+2y-3=0$에서

$y=-\dfrac{5}{2}x+\dfrac{3}{2}$이므로 주어진 일차방

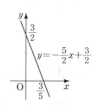

정식의 그래프는 오른쪽 그림과 같다.
따라서 제3사분면을 지나지 않는다.

6 $x=-1,\ x=3,\ y=-2,$
$y=2a-1\left(a>\dfrac{1}{2}\right)$의 그래

프는 오른쪽 그림과 같다.
색칠한 도형의 넓이가 28이
므로
$\{(2a-1)+2\}\times4=28$
$2a+1=7$ $\quad\therefore a=3$

7 연립방정식 $\begin{cases} x-y=-4 \\ x+3y=0 \end{cases}$ 을 풀면

$x=-3,\ y=1$ $\quad\cdots\cdots\ \text{㉠}$

㉠을 $(a+1)x-ay=-1$에 대입하면

$-3a-3-a=-1$ $\quad\therefore a=-\dfrac{1}{2}$

8 연립방정식의 해가 $x=-1,\ y=2$이므로 일차방정식
$x-2y=a,\ bx+y=1$에 각각 대입하면
$-1-4=a$에서 $a=-5$
$-b+2=1$에서 $b=1$

9 연립방정식 $\begin{cases} 2x-2y+1=0 \\ x+3y+a=0 \end{cases}$ 을 풀면

$x=\dfrac{-2a-3}{8},\ y=\dfrac{-2a+1}{8}$

점 $\left(\dfrac{-2a-3}{8},\ \dfrac{-2a+1}{8}\right)$ 이 제3사분면 위에 있으므로

$\dfrac{-2a-3}{8}<0,\ \dfrac{-2a+1}{8}<0$

즉, $-2a-3<0,\ -2a+1<0$ 이므로

$a>-\dfrac{3}{2},\ a>\dfrac{1}{2}$ $\therefore a>\dfrac{1}{2}$

10 $ax+2y=-1$ 에서 $y=-\dfrac{a}{2}x-\dfrac{1}{2}$

$6x+by=3$ 에서 $y=-\dfrac{6}{b}x+\dfrac{3}{b}$

두 직선이 일치하므로

$-\dfrac{a}{2}=-\dfrac{6}{b},\ -\dfrac{1}{2}=\dfrac{3}{b}$ $\therefore a=-2,\ b=-6$

$\therefore a+b=-2+(-6)=-8$

11 연립방정식 $\begin{cases} 2x-y=4 \\ 2x+2y=1 \end{cases}$ 을 풀면

$x=\dfrac{3}{2},\ y=-1$

두 일차방정식

$2x-y=4,\ 2x+2y=1$ 의 그래프의

y절편은 각각 $-4,\ \dfrac{1}{2}$ 이므로

구하는 도형의 넓이는 $\dfrac{1}{2}\times\dfrac{9}{2}\times\dfrac{3}{2}=\dfrac{27}{8}$

12 세 직선으로 삼각형이 만들어지지 않는 경우는 다음과 같다.

(i) 두 직선 $x+y-5=0,\ 2x+ay+4=0$ 이 서로 평행할 때,

$y=-x+5,\ y=-\dfrac{2}{a}x-\dfrac{4}{a}$ 에서 $-\dfrac{2}{a}=-1$ 이므로 $a=2$

(ii) 두 직선 $2x-y-4=0,\ 2x+ay+4=0$ 이 서로 평행할 때,

$y=2x-4,\ y=-\dfrac{2}{a}x-\dfrac{4}{a}$ 에서 $-\dfrac{2}{a}=2$ 이므로 $a=-1$

(iii) 세 직선이 한 점에서 만날 때, 두 직선 $x+y-5=0,\ 2x-y-4=0$ 의 교점의 좌표가

$(3, 2)$ 이므로 $2x+ay+4=0$ 에 대입하면

$6+2a+4=0$ $\therefore a=-5$

(i), (ii), (iii)에서 $a=-5$ 또는 $a=-1$ 또는 $a=2$

13 점 $(1, -4)$ 를 지나면서 x축에 평행한 직선의 방정식은

$y=-4$ …… ①

점 $(-2, 3)$ 을 지나면서 x축에 수직인 직선의 방정식은

$x=-2$ …… ②

따라서 두 직선의 교점의 좌표는 $(-2, -4)$ …… ③

단계	채점 기준	비율
①	x축에 평행한 직선의 방정식 구하기	40 %
②	x축에 수직인 직선의 방정식 구하기	40 %
③	두 직선의 교점의 좌표 구하기	20 %

14 k의 값에 관계없이 항상 지나는 점 P의 좌표를 (a, b) 라 하면

$y=-kx-k+3$ 의 그래프가 $k=0$일 때, $k=1$일 때 모두 점 (a, b) 를 지나므로 …… ①

$\begin{cases} b=3 \\ b=-a+2 \end{cases}$ 에서 $a=-1,\ b=3$

$\therefore P(-1, 3)$ …… ②

$x+y=3$, 즉 $y=-x+3$ 의 그래프와 평행한 직선의 방정식을 $y=-x+c$ 로 놓으면 이 그래프가 점 $(-1, 3)$ 을 지나므로

$3=-(-1)+c$ 에서 $c=2$

$\therefore y=-x+2$ …… ③

단계	채점 기준	비율
①	상수 k의 값에 관계없이 항상 지나는 점 P의 의미 알기	30 %
②	점 P의 좌표 구하기	30 %
③	직선의 방정식 구하기	40 %

15 $y=-\dfrac{1}{3}x+2$ 에 $y=0$ 을 대입 하면 $x=6$

$\therefore A(6, 0)$ …… ①

$y=-\dfrac{1}{3}x+2$ 에 $x=0$ 을 대입하면 $y=2$

$\therefore B(0, 2)$ …… ②

$\therefore \triangle ABO=\dfrac{1}{2}\times6\times2=6$ …… ③

두 직선 $y=-\dfrac{1}{3}x+2$ 와 $ax+y=0$ 의 교점을 C라 하면

$\triangle ACO=3$ 이므로 점 C의 y좌표를 k 라 하면

$\dfrac{1}{2} \times 6 \times k = 3$ $\quad \therefore k = 1$

$y = -\dfrac{1}{3}x + 2$에 $y = 1$을 대입하면 $x = 3$ $\quad$ …… ④

즉, 직선 $ax + y = 0$이 점 $(3, 1)$을 지나므로

$3a + 1 = 0$ $\quad \therefore a = -\dfrac{1}{3}$ $\quad$ …… ⑤

단계	채점 기준	비율
①	점 A의 좌표 구하기	20 %
②	점 B의 좌표 구하기	20 %
③	△ABO의 넓이 구하기	10 %
④	두 직선의 교점의 좌표 구하기	30 %
⑤	a의 값 구하기	20 %

대단원 마무리 익힘북 89~90쪽

1 ③   **2** ⑤   **3** ①   **4** -2

5 ②   **6** ③   **7** -1 **8** ②

9 $\dfrac{2}{5} \le a \le 4$ **10** ①   **11** ①

12 ②   **13** ④

1 15를 3으로 나눈 나머지는 0이므로 $f(15) = 0$
16을 3으로 나눈 나머지는 1이므로 $f(16) = 1$
17을 3으로 나눈 나머지는 2이므로 $f(17) = 2$
$\therefore f(15) + f(16) + f(17) = 0 + 1 + 2 = 3$

2 ① $y = 2x$
② $y = 3x$
③ $y = \dfrac{30}{100}x = \dfrac{3}{10}x$
④ $52 = x \times 5 + y$에서 $y = -5x + 52$
⑤ $\dfrac{1}{2} \times x \times y = 10$에서 $y = \dfrac{20}{x}$
따라서 일차함수가 아닌 것은 ⑤이다.

3 $y = -x + 2$의 그래프의 y절편은 2이고, $y = \dfrac{5}{4}x - 10$
의 그래프의 x절편은 8이므로 구하는 일차함수의 그래
프는 두 점 $(8, 0)$, $(0, 2)$를 지난다.
$(\text{기울기}) = \dfrac{2 - 0}{0 - 8} = -\dfrac{1}{4}$이므로 일차함수의 식은

$y = -\dfrac{1}{4}x + 2$이다.

① $3 = -\dfrac{1}{4} \times (-4) + 2$

4 $y = \dfrac{2}{3}x - 4$의 그래프의 x절편은 6, y절편은 -4이고,
$y = ax - 4$의 그래프의 x절편은 $\dfrac{4}{a}$ $(a < 0)$, y절편은 -4이
므로 그래프는 오른쪽 그림과 같다.

따라서 구하는 도형의 넓이는 색칠한 부분이므로
$\dfrac{1}{2} \times \left(6 - \dfrac{4}{a}\right) \times 4 = 16$ $\quad \therefore a = -2$

5 $f(x+2) - f(x-1) = -12$이므로
$$\dfrac{f(x+2) - f(x-1)}{(x+2) - (x-1)} = \dfrac{f(x+2) - f(x-1)}{3}$$
$$= \dfrac{-12}{3} = -4$$
즉, $y = f(x)$의 그래프의 기울기는 -4이고, $f(0) = 5$
이므로 y절편은 5이다.
$\therefore f(x) = -4x + 5$

6 $y = ax + b$의 그래프가 두 점 $(-3, 5)$, $(5, 1)$을 지나
므로
$\begin{cases} 5 = -3a + b \\ 1 = 5a + b \end{cases}$ $\quad \therefore a = -\dfrac{1}{2}, b = \dfrac{7}{2}$
따라서 $y = \dfrac{7}{2}x - \dfrac{1}{2}$의 그래프가 점 $(3, -2k)$를 지나
므로
$-2k = \dfrac{7}{2} \times 3 - \dfrac{1}{2}$ $\quad \therefore k = -5$

7 $y = -4x + a - 5$의 그래프가 점 $(-2, 2)$를 지나므로
$2 = -4 \times (-2) + a - 5$, $2 = 3 + a$
$\therefore a = -1$ $\quad$ …… ①
따라서 $y = -4x - 6$의 그래프를 y축의 방향으로 b만큼
평행이동한 그래프의 식은 $y = -4x - 6 + b$
이때 $y = -4x - 6 + b$의 그래프가 $y = cx - 2$의 그래
프와 일치하므로
$-4 = c$, $-6 + b = -2$ $\quad \therefore b = 4, c = -4$ …… ②
$\therefore a + b + c = -1 + 4 + (-4) = -1$ $\quad$ …… ③

단계	채점 기준	비율
①	a의 값 구하기	30 %
②	b, c의 값 구하기	60 %
③	$a+b+c$의 값 구하기	10 %

8 주어진 직선은 두 점 $(5, 0)$, $(0, 3)$을 지나므로 기울기는 $-\dfrac{3}{5}$이고 y절편이 3이다.

따라서 이 직선을 그래프로 하는 일차함수의 식은

$$y=-\frac{3}{5}x+3 \qquad \cdots\cdots \text{㉠}$$

또, $y=(a-1)x-3$의 그래프를 y축의 방향으로 m만큼 평행이동하면

$$y=(a-1)x-3+m \qquad \cdots\cdots \text{㉡}$$

㉠, ㉡이 일치하므로

$$a-1=-\frac{3}{5}, \ -3+m=3 \qquad \therefore a=\frac{2}{5}, \ m=6$$

$$\therefore am=\frac{2}{5}\times6=\frac{12}{5}$$

9 (i) 직선 $y=ax$가
점 $(-5, -2)$를 지날 때,

$$-2=-5a$$

$$\therefore a=\frac{2}{5} \qquad \cdots\cdots ①$$

(ii) 직선 $y=ax$가 점 $(-1, -4)$를 지날 때,

$$-4=-a$$

$$\therefore a=4 \qquad \cdots\cdots ②$$

(i), (ii)에서 $\dfrac{2}{5}\leq a\leq4$ $\qquad \cdots\cdots ③$

단계	채점 기준	비율
①	직선 $y=ax$가 점 $(-5, -2)$를 지날 때, a의 값 구하기	40 %
②	직선 $y=ax$가 점 $(-1, -4)$를 지날 때, a의 값 구하기	40 %
③	a의 값의 범위 구하기	20 %

10 $ax-by-c=0$에서 $y=\dfrac{a}{b}x-\dfrac{c}{b}$

주어진 그래프에서 $\dfrac{a}{b}<0$, $\dfrac{c}{b}=0$, 즉 $\dfrac{a}{b}<0$, $c=0$

$cx+by+a=0$에서 $c=0$이므로 $y=-\dfrac{a}{b}$

이때 $-\dfrac{a}{b}>0$이므로 $y=-\dfrac{a}{b}$의 그래프는 제1사분면과 제2사분면을 지난다.

11 $x-2y=1$에서 $y=\dfrac{1}{2}x-\dfrac{1}{2}$

$ax+4y=4$에서 $y=-\dfrac{a}{4}x+1$

두 직선이 평행하므로

$$\frac{1}{2}=-\frac{a}{4} \qquad \therefore a=-2$$

12 기온이 5 °C 오를 때마다 소리의 속력이 초속 3 m씩 증가하므로 1 °C에 초속 $\dfrac{3}{5}$ m씩 증가한다.

기온이 x °C일 때, 소리의 속력을 초속 y m라 하면

$$y=\frac{3}{5}x+331$$

$x=25$일 때, $y=\dfrac{3}{5}\times25+331=346$

따라서 현재 기온이 25 °C일 때 소리의 속력은 초속 346 m이다.

13 5 g짜리 추를 달 때마다 1 cm씩 늘어나므로 무게가 1 g인 추를 달 때마다 0.2 cm씩 늘어난다.

무게가 x g인 추를 달았을 때의 용수철의 길이를 y cm라 하면

$$y=0.2x+10$$

$x=50$일 때, $y=0.2\times50+10=20$

따라서 무게가 50 g인 추를 달았을 때의 용수철의 길이는 20 cm이다.

개념 확장

최상위수학

수학적 사고력 확장을 위한
심화 학습 교재

심화 완성

개념부터
심화까지

수학은 개념이다